安装工程预算与工程量清单计价

丁云飞 编著

The Third Edition

第三版

化学工业出版社

·北京·

本书内容与《建设工程工程量清单计价规范》（GB 50500—2013）及《通用安装工程工程量计算规范》（GB 50856—2013）保持一致，主要讲述建筑安装工程定额的基本概念及施工图预算书的编制方法，详细介绍了基本建设、安装工程造价定额计价方法、安装工程造价工程量清单计价方法、电气安装工程、给排水、采暖与燃气安装工程、通风空调安装工程、消防及安全防范设备安装工程、刷油、绝热、防腐蚀工程、工程结算、建设工程招投标及施工合同。本书在介绍预算书的编制方法时重点突出预算书的编制实例，对于各部分均给出了编制实例。

本书内容翔实，实践性很强，可作为高等院校建筑环境与设备工程专业、制冷与空调专业、给排水工程专业、建筑工程造价与管理专业等的教学参考书，同时也可以供建筑安装工程预算专业技术人员参考。

图书在版编目（CIP）数据

安装工程预算与工程量清单计价/丁云飞编著 . —3 版 .
北京：化学工业出版社，2016.6（2024.1重印）
ISBN 978-7-122-26541-8

Ⅰ.①安… Ⅱ.①丁… Ⅲ.①建筑安装-建筑预算定额
②建筑安装-工程造价 Ⅳ.①TU723.3

中国版本图书馆 CIP 数据核字（2016）第 052933 号

责任编辑：董　琳　　　　　　　　　　　　　装帧设计：王晓宇
责任校对：吴　静

出版发行：化学工业出版社（北京市东城区青年湖南街 13 号　邮政编码 100011）
印　　装：大厂聚鑫印刷有限责任公司
787mm×1092mm　1/16　印张 21¾　字数 579 千字　2024 年 1 月北京第 3 版第 12 次印刷

购书咨询：010-64518888　　　　　　　　售后服务：010-64518899
网　　址：http://www.cip.com.cn
凡购买本书，如有缺损质量问题，本社销售中心负责调换。

定　　价：75.00 元

第三版前言

工程造价的确定工作是我国社会主义现代化建设中一项重要的基础性工作，是规范建设市场秩序、提高投资效益和逐渐与国际接轨的关键环节，具有很强的技术性、经济性、政策性。安装工程造价是建设工程造价的一个重要组成部分，它涉及给排水、暖通空调、电气工程与控制等多学科知识，同时还要应用施工技术、项目管理等相关知识。

目前工程造价的确定方法主要采用工程量清单计价方法。工程量清单计价方法的主要依据是《建设工程工程量清单计价规范》。该规范于 2003 年 7 月开始实施，对规范工程招投标中的发、承包计价行为起到了重要作用，为建立市场形成工程造价的机制奠定了基础。但在使用中也存在一些需要进一步完善的地方，因此，我国相关部门又相继发布了《建设工程工程量清单计价规范》（GB 50500—2008）、《建设工程工程量清单计价规范》（GB 50500—2013）及《通用安装工程工程量计算规范》（GB 50856—2013），目前执行的是 2013 版本。

为了与《建设工程工程量清单计价规范》（GB 50500—2013）及《通用安装工程工程量计算规范》（GB 50856—2013）的相关规定和计价方法保持一致，本书作者对书中的相关内容进行了修订。同时，为了使读者能更好地理解书中的内容，有针对性地增加了部分例题。

本书可作为高等学校建筑环境与能源应用工程、工程造价与管理、给排水工程、电气工程与控制、消防工程等专业的学习用书，也可作为工程造价编审人员的参考书。

本书的编著出版得到了广州大学的大力支持。研究生王元明、王剑平、苏浩、向华等为本书的修订提供了帮助，广州易达建信科技开发有限公司为本书的编著提供了"清单大师 2013"软件。

此外，在本书的编著过程中参考了国内许多学者同仁的著作和国家发布的最新规范，并列于书末，以便读者在使用本书过程中进一步查阅相关资料，在此对各参考文献的作者表示衷心的感谢。

由于作者水平有限，本书不当之处在所难免，诚意接受广大读者批评指正，以便共同为我国工程造价管理事业做出贡献。

编著者
2016 年 1 月

第二版前言

　　工程造价的确定工作是我国社会主义现代化建设中一项重要的基础性工作，是规范建设市场秩序、提高投资效益和逐渐与国际接轨的关键环节，具有很强的技术性、经济性和政策性。安装工程造价是建设工程造价的一个重要组成部分，它涉及给排水、暖通空调、电气工程与控制等多学科知识，同时还要应用施工技术、项目管理等相关知识。

　　目前工程造价的确定方法主要采用工程量清单计价方法。工程量清单计价方法的主要依据是《建设工程工程量清单计价规范》。该规范于 2003 年 7 月开始实施，对规范工程招投标中的发、承包计价行为起到了重要作用，为建立市场工程造价的机制奠定了基础。但在使用中也存在一些需要进一步完善的地方，因此，住房和城乡建设部在 2008 年 7 月以第 63 号公告批准了《建设工程工程量清单计价规范》（GB 50500—2008）为国家标准，自 2008 年 12 月 1 日起实施。

　　为了与《建设工程工程量清单计价规范》（GB 50500—2008）的相关规定和计价方法保持一致，根据《建设工程工程量清单计价规范》（GB 50500—2008）的要求对本书第一版中的相关内容进行了修订。同时，为了使读者能更好地理解书中的内容，有针对性地增加了本书的部分实例。

　　本书可作为高等院校建筑环境与设备工程、工程造价与管理、给排水工程、电气工程与控制、消防工程等专业的学习用书，也可作为工程造价编审人员的参考书。

　　本书的编写出版得到了广州大学的大力支持。广州易达建信科技开发有限公司为本书的编写提供了"清单大师 2010"软件，对此作者表示感谢。

　　此外，在本书的编写过程中参考了国内许多学者同仁的著作和国家发布的最新规范，在此对各参考文献的作者表示衷心的感谢。

　　由于作者水平有限，书中不妥和疏漏之处在所难免，恳请广大读者批评指正，以期共同为我国工程造价管理事业做出贡献。

作者

2012 年 1 月

第一版前言

  工程造价的确定工作是我国社会主义现代化建设中一项重要的基础性工作，是规范建设市场秩序、提高投资效益和逐渐与国际接轨的关键环节，具有很强的技术性、经济性和政策性。安装工程造价是建设工程造价的一个重要组成部分，它涉及给排水、暖通空调、电气工程与控制等多学科知识，同时还要应用施工技术、项目管理等相关知识。目前工程造价的确定有两种方法：一种是传统的定额计价方法，另一种是工程量清单计价方法。这两种方法既有区别又有联系。本书对安装工程定额计价方法和工程量清单计价方法的原理及计价应用进行了详细介绍，并对建筑电气工程、给水排水工程和空调工程给出了造价计价实例。为了方便读者对两种计价方法进行比较，书中对每一实例均给出了两种计价方法。

  本书的作者均来自于教学、设计、造价咨询等不同部门，在长期的教学、工程实践和管理工作中积累了一定的经验，并较全面地把握着学科的发展动向。本书由丁云飞统稿并制订了编写大纲。具体编写工作分工如下：刘惠贞、周志新编写第四章第四节、第五章第四节、第六章第四节部分内容（其中工程量计算由丁云飞、刘惠贞、周志新共同完成），陈只兵编写第九章、第十章；其余部分由丁云飞编写。

  本书可作为高等院校建筑环境与设备工程、工程造价与管理、给排水工程、电气工程与控制、消防工程等专业的教材，也可作为工程造价编审人员的参考书。

  本书的编写出版得到了广州大学的大力支持。此外，在本书的编写过程中参考了国内许多学者同仁的著作和国家发布的最新规范，在此对各参考文献的作者表示衷心的感谢！

  由于作者水平有限，书中不当之处在所难免，恳请广大读者批评指正，以期共同为我国工程造价管理事业做出贡献。

作 者

2005 年 1 月

目　录

第一章　基本建设

第一节　基本建设的概念

基本建设是指国民经济各部门中为固定资产再生产而进行的投资活动。具体地讲，就是建造、购置和安装固定资产的活动以及与之相联系的工作，如征用土地、勘察设计、筹建机构、培训职工等。例如建设一所学校、一个工厂、一座电站等都为基本建设。这里提到的固定资产是指使用期限在一年以上、单位价值在规定标准以上，并且有物质形态的资产。如房屋、汽车、轮船、机械设备等。

一、基本建设的组成

1. 建筑工程

建筑工程指永久性和临时性的建筑物、工程，动力、电信管线的敷设工程，道路、场地平整、清理和绿化工程等。

2. 安装工程

安装工程是指生产、动力、电信、起重、运输、医疗、实验等设备的装配工程和安装工程，以及附属于被安装设备的管线敷设、保温、防腐、调试、运转试车等工作。

3. 设备、工器具及生产用具的购置

指车间、实验室、医院、学校、宾馆、车站等生产、工作、学习所应配备的各种设备、工具、器具、家具及实验设备的购置。

4. 勘察设计和其他基本建设工作

二、基本建设项目的划分

基本建设（工程）项目一般分为：建设项目、单项工程、单位工程、分部工程和分项工程等。

1. 建设项目

建设项目是限定资源、限定时间、限定质量的一次性建设任务。它具有单件性的特点，具有一定的约束：确定的投资额、确定的工期、确定的资源需求、确定的空间要求（包括土地、高度、体积、长度等）、确定的质量要求。项目各组成部分有着有机的联系。例如，投入一定的资金，在某一地点、时间内按照总体设计建造一所学校，即可称为一个建设项目。

2. 单项工程

单项工程是建设项目的组成部分，是指具有独立性的设计文件，建成后可以独立发挥生产能力或使用效益的工程。例如，在某学校建设项目中，教学楼、办公楼、实验楼等建成后可以独立发挥使用效益，因此它们均为单项工程。

3. 单位工程

单位工程是单项工程的组成部分，一般是指具有独立的设计文件和独立的施工条件，但

不能独立发挥生产能力或使用效益的工程。例如，教学楼内的电气照明工程、生活给水排水工程、通风空调工程等都是单位工程。需要特别说明的是建筑安装工程预算（造价）都是以单位工程为基本单元进行编制的。

4. 分部工程

分部工程是单位或单项工程的组成部分，指在单位或单项工程中，按结构部位、路段长度及施工特点或施工任务，将单项或单位工程划分为若干分部的工程。例如，在教学楼通风空调单位工程中，又分为薄钢板通风管道的制作安装、调节阀的制作安装、风口的制作安装、通风空调设备的安装等分部工程。给排水系统安装单位工程中，又划分为管道安装、栓类阀门安装、卫生器具的制作安装、小型容器的制作安装等分部工程。电气设备安装单位工程又划分为变压器、配电装置、配管配线、照明器具等分部工程。

5. 分项工程

分项工程是分部工程的组成部分，它是指分部工程中，按照不同的施工方法、材料、工序及路段长度等将分部工程划分为若干个分期或项目的工程。例如，通风空调系统薄钢板通风管道的制作安装中又按管道的形状和薄钢板的厚度分为若干个分项工程，室内给水镀锌钢管安装分部工程，又可根据不同的公称直径和连接方式分成若干个分项工程。

三、基本建设分类

基本建设分类方法很多，常见的有以下几种。

1. 按建设项目用途分

可分为生产性建设项目和非生产性建设项目。

生产性建设项目是指直接用于物质生产或直接为物质生产服务的建设项目，主要包括：工业建设、农业建设、商业建设、建筑业、林业、运输、邮电、基础设施以及物质供应等建设项目；非生产性建设项目（消费性建设）是指用于满足人民物质、文化和福利事业需要的建设和非物质生产部门的建设，主要包括：办公用房、居住建筑、公共建筑、文教卫生、科学实验、公用事业以及其他建设项目。

2. 按建设项目性质分

可分为新建项目、扩建项目、改建项目、恢复及易地重建项目等。

新建项目指以技术、经济和社会发展为目的，从无到有，新开始建设的项目；扩建项目指原有建设单位为扩大原有产品的生产能力和效益，或增加新产品的生产能力和效益而进行的固定资产的增建项目；改建项目指原有建设单位为了提高生产效率，改进产品质量，对原有设备工艺流程进行技术改造的项目，或为了提高综合生产能力，增加一些附属和辅助车间或非生产工程的项目；迁建项目指原有建设单位，由于各种原因迁移到另外的地方建设的项目；恢复项目指固定资产因自然灾害、战争或人为灾害等原因已全部或部分报废，又投资重新建设的项目。如在我国前期三大机场建设项目中，北京首都机场建设工程属扩建项目，上海浦东机场建设工程属新建项目，广州白云机场建设工程属易地重建项目。

3. 按建设项目组成分

可分为建筑工程、设备安装工程、设备和工具及器具购置及其他基本建设项目。

4. 按建设规模分

可分为大型、中型和小型项目。这种分类方法主要依据投资额度的大小。

四、基本建设程序

基本建设程序是指建设项目在整个建设过程中各项建设活动必须遵循的先后次序。建设工程是一项复杂的系统工程，涉及面广、内外协作配合环节多、影响因素复杂，所以有关工作必须按照一定的程序，依次进行，才能达到预期的效果，按程序办事是建设工程科学决策和顺利进行的重要保证。我国的基本建设程序概括起来主要划分为建设前期、工程设计、工程施工和竣工验收四个阶段。基本建设程序的具体实施步骤可参见图1-1所示。

1. 建设前期阶段

主要包括提出项目建议书、进行可行性研究、组织评估决策等工作环节。

项目建议书是主管部门根据国民经济中长期计划和行业、地区发展规划，提出的要求建设某一具体项目的建设性文件，是基本建设程序中最初阶段的工作，是投资决策前对拟建项目的轮廓设想，它主要从宏观上来考察项目建设的必要性。因此，项目建议书把论证的重点放在项目是否符合国家宏观经济政策，是否符合产业政策和产品结构要求，是否符合生产布局要求等方面，从而减少盲目建设和不必要的重复建设。项目建议书是国家选择建设项目的依据，当项目建议书批准后即可立项，进行可行性研究。项目建议书的内容主要有：项目提出的依据和必要

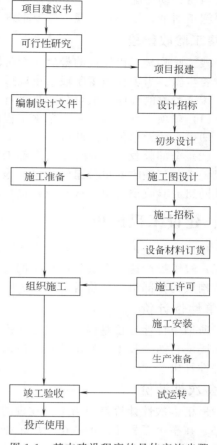

图 1-1　基本建设程序的具体实施步骤

性；拟建规模和建设地点的初步设想；资源情况、建设条件、协作关系、引进国别和厂商等方面的初步分析；投资估算和资金筹措设想；项目的进度安排；经济效益和社会效益分析等。

可行性研究是根据国民经济发展规划及项目建议书，运用多种研究成果，对建设项目投资决策进行的技术经济论证。通过可行性研究，观察项目在技术上的先进性和适用性，经济上的盈利性和合理性，建设的可能性和可行性等。

2. 工程设计阶段

主要包括设计招标、勘察设计、征地拆迁、三通一平、组织订货等工作环节。

设计文件是安排建设项目和组织施工的主要依据，一般由主管部门或建设单位委托设计单位编制。一般建设项目，按初步设计和施工图设计两个阶段进行。对于技术复杂且缺乏经验的项目，经主管部门指定，按初步设计、技术设计和施工图设计三个阶段进行。根据初步设计编制设计概算，根据技术设计编制修正概算，根据施工图设计编制施工图预算。

3. 工程施工阶段

主要包括施工准备、组织施工、生产准备、工程验收等工作环节。

按照计划、设计文件的规定，确定实施方案，将建设项目的设计变成可供人们进行生产和生活活动的建筑物、构筑物等固定资产。施工阶段一般包括：土建、给排水、采暖通风、电气照明、动力配电、工业管道以及设备安装等工程项目。为确保工程质量，施工必须严格按照施工图纸、施工验收规范等要求进行，按照合理的施工顺序组织施工。

4. 竣工验收阶段

竣工验收是工程建设的最后一个阶段，是全面考核项目建设成果、检验设计和工程质量的重要步骤。当工程施工阶段结束以后，应及时组织验收，办理移交固定资产手续。

竣工验收的程序一般可分两步进行。

（1）单项工程验收 一个单项工程已按设计施工完毕，并能满足生产要求或具备使用条件，即可由建设单位组织验收。

（2）全部验收 在整个项目全部工程建成后，则必须根据国家有关规定，按工程的不同情况，由负责验收的单位组织建设、施工、设计单位以及建设银行、环境保护和其他有关部门共同组成验收委员会（或小组）进行验收。

五、建设工程造价

建设工程造价是建设项目从设想立项开始，经可行性研究、勘察设计、建设准备、安装施工、竣工投产这一全过程所耗费的费用之和。建设工程造价具有单件性计价、多次性计价和按构成的分部组合计价等特点。

1. 单件性计价

所谓单件性计价是因为建设工程产品的固定性和多样性决定了不同的建设工程都具有自身不同的自然、技术与经济特征，所以每项工程均必须按照一定的计价程序和计价方法采用单件性计价。

2. 多次性计价

所谓多次性计价是因为工程建设的目的是为了节约投资、获取最大的经济效益，这就要求必须在整个工程建设的各个阶段依据一定的计价顺序、计价资料和计价方法分别计算各个阶段的工程造价，并对其进行监督和控制，以防工程超支。建设工程造价不是固定的、唯一的和静止的，而是一个随着工程不断展开而逐渐深化、逐渐细化和逐渐接近实际造价的动态过程。建设工程造价具体进程如图1-2所示。

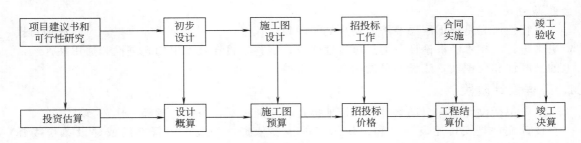

图1-2 建设工程造价进程

3. 分部组合计价

所谓分部组合计价是因为建设工程造价包括从立项到完工所支出的全部费用，它的组成内容十分复杂，必须把建设工程造价的各个组成部分按性质分类，再分解成能够准确计算的基本组成要素，最后再汇总归集为整个工程造价。建设工程划分与计价的基本顺序如图1-3所示。

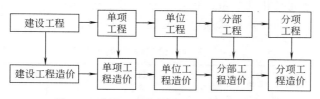

图 1-3 建设工程划分与计价的基本顺序

六、工程预算

通常所说的工程概预算或工程预算从广义上讲是指通过编制各类价格文件对拟建工程造价进行的预先测算和确定的过程，建设工程造价是一个以建设工程为主体、由一系列不同用途、不同层次的各类价格所组成的建设工程造价体系，包括建设项目投资估算、设计概算、施工图预算、招投标价格、工程结算价格、竣工决算价格等。

1. 投资估算

投资估算是指在项目建议书和可行性研究环节，通过编制估算文件对拟建工程所需投资预先测算和确定的过程，估算出的价格称为估算造价。投资估算是决策、筹资和控制造价的主要依据。

2. 设计概算

设计概算是指在初步设计环节根据设计意图，通过编制工程概算文件对拟建工程所需投资预先测算和确定的过程，计算出来的价格称为概算造价，概算造价较估算造价准确，但要受到估算造价的控制。设计概算是由设计单位根据初步设计或扩大初步设计和概算定额（概算指标）编制的工程投资文件，它是设计文件的重要组成部分。没有设计概算，就不能作为完整的技术文件报请审批。经批准的设计概算，是基本建设投资、编制基本建设计划的依据，也是控制施工图预算、考核工程成本的依据。

3. 施工图预算

施工图预算也称为设计预算，它是指在施工图设计完成以后，根据施工图纸通过编制预算文件对拟建工程所需投资预先测算和确定的过程，计算出来的价格称为预算造价，预算造价较概算造价更为详尽和准确，是编制招投标价格和进行工程结算等的重要依据，同样要受概算造价的控制。

4. 招投标价格

招投标价格是指在工程招投标环节，根据工程预算价格和市场竞争情况等通过编制相关价格文件对招标工程预先测算和确定招标控制价、投标价和承包合同价的过程。

5. 工程结算价格

工程结算是指在工程施工阶段，根据工程进度、工程变更与索赔等情况通过编制工程结算书对已完成施工价格进行计算的过程，计算出来的价格称为工程结算价，结算价是该结算工程部分的实际价格，是支付工程款项的凭据。

6. 竣工决算价格

竣工决算是指整个建设工程全部完工并经过验收以后，通过编制竣工决算书计算整个项目从立项到竣工验收、交付使用全过程中实际支付的全部建设费用、核定新增资产和考核投资效果的过程，计算出的价格称为竣工决算价，它是整个建设工程的最终价格。

以上对于建设工程的计价过程是一个由粗到细、由浅入深，最终确定整个工程实际造价的过程，各计价过程之间是相互联系、相互补充、相互制约的关系，前者制约后者，后者补充前者。对于其相互之间的区别和联系可参见表 1-1 所示。

表 1-1　各种建设工程造价的区别

项目	编制单位	编制时间	编制依据	编制方法
投资估算	建设单位 咨询单位	项目研究 项目评估	产品方案、类似工程、估算指标	指标、指数、系数和比例估算
设计概算	设计单位	初步设计	初步设计文件、概算定额（指标）	概算定额、概算指标、类似工程
施工图预算	招标单位 投标单位	施工图设计	施工图纸、预算定额、费用定额	预算单价、实物单价、综合单价
招投标定价	招标单位 投标单位	工程招投标	工程量清单、市场竞争状况	综合单价
工程结算	施工单位	工程施工	施工图纸、承包合同、预算定额	工程变更、施工索赔、中间结算
竣工决算	建设单位	竣工验收	设计概算、工程结算、承包合同	资料整理、决算报表、分析比较

第二节　基本建设定额

一、定额的概念

定额，即标准。具体到建筑安装工程来说，定额即是指在正常的施工条件下，采用科学的方法制定的完成一计量单位的质量合格产品所必须消耗的人工、材料、机械设备及其价值的数量标准。它除了规定各种资源和资金的消耗量外，还规定了应完成的工作内容、达到的质量标准和安全要求。

二、定额的作用

1. 定额是基本建设计划管理的依据

建设工程中编制各种计划都直接或间接地以定额为尺度，计算和确定计划期内的劳动生产率、所需人工和材料物资数量等一系列重要指标。在企业施工过程中，定额还直接作为班组下达具体施工和计划组织施工任务的基本依据。为了检查计划落实情况，也要借助于定额资料，以衡量计划的完成程度。计划管理离不开定额，定额是计划管理的依据。

2. 定额是科学地组织施工的必要手段

建设工程是一种多工种、多行业且协作关系密切的施工活动。在施工过程中，必须要把施工现场的各种劳力、设备、材料、施工机械等科学、合理地组织起来，使之运作有序，有条不紊。这就需要施工企业中的各职能部门之间、部门与基层之间密切配合，形成统一指挥、相互协调、各负其责的整体。在这种统一协调的全部工作过程中，定额起着十分重要的作用。例如，为了按期、保质、保量地完成施工任务和承担经济责任，计划部门要根据施工任务，按照定额计算人工、材料和机械设备的需要量和需要的时间；供应部门要根据计划适时地、保质保量地供应材料和机械设备；作业班组则按照定额领取施工所需的材料和机械设备。所以施工是离不开定额的，它是科学组织施工的工具和手段。

3. 定额是评价的依据

定额是进行按劳分配、经济核算，厉行节约、提高经济效益的有效工具，是确定工程造价和最终进行技术经济评价的依据。

三、定额的分类

定额的种类有很多，通常的分类方法如图 1-4 所示。

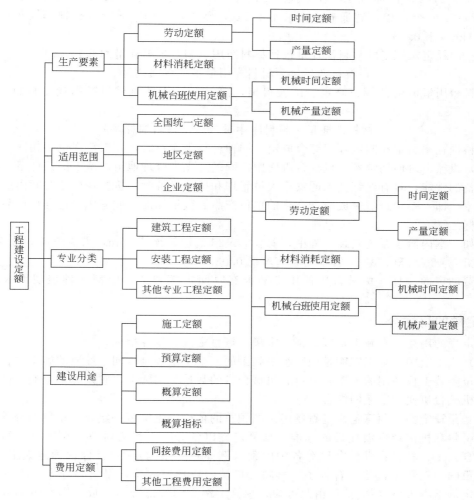

图 1-4　建设工程定额分类

1. 按生产要素分

按施工生产要素分为劳动定额、材料消耗定额、机械台班使用定额。

（1）劳动定额　表示在正常施工条件下劳动生产率的合理指标。劳动定额因表现形式不同，分为时间定额和产量定额两种。

① 时间定额是安装单位工程项目所需消耗的工作时间，以单位工程的时间计量单位表示。定额时间包括工人的有效工作时间、必需的休息与生理需要时间、不可避免的中断时间。例如，2.2 工日/10m $DN25$ 镀锌钢管（螺纹连接）。

②产量定额是在单位时间内应安装合格的单位工程项目的数量，以单位时间的单位工程计量单位表示。例如，4.55m $DN25$ 镀锌钢管（螺纹连接）/工日。

时间定额和产量定额互成倒数。

（2）材料消耗定额　材料消耗定额是指在合理与节约使用材料的条件下，安装合格的单位工程所需消耗的材料数量。以单位工程的材料计量单位来表示。

例如，室内给水系统安装工程中，安装 $DN25$ 的镀锌钢管 10m，需要消耗 $DN25$ 镀锌钢管 10.2m，$DN25$ 室内镀锌钢管接头零件 9.780 个，钢锯条 2.550 根，$\phi400$ 砂轮片 0.05 片，机油 0.17kg，铅油 0.13kg，线麻 0.13kg，$DN25$ 管子托钩 1.16 个，$DN25$ 管卡子（单立管）2.06 个，425$^\#$普通硅酸盐水泥 4.2kg，砂子 0.01m³，8$^\#$～12$^\#$镀锌铁丝 0.44kg，破布 0.1kg，水 0.08t。

材料消耗定额规定的材料消耗量包括材料净用量和合理损耗量两部分，即：

$$材料消耗量＝材料净用量＋材料损耗量$$

材料净用量可由计算、测定、试验得出，而材料损耗量＝材料净用量×材料损耗率。因此

$$材料消耗量＝材料净用量×（1＋材料损耗率）$$

材料损耗率由定额制定部门综合取定，同种材料用途不同，其损耗率也不相同。

（3）机械台班使用定额　机械台班使用定额是在先进合理地组织施工的条件下，由熟悉机械设备的性能，具有熟练技术的操作人员管理和操作设备时，机械在单位时间内所应达到的生产率。即一个台班应完成质量合格的单位产品的数量标准，或完成单位合格产品所需台班数量标准。

例如，室内给水系统安装工程中，安装 $DN25$ 的镀锌钢管 10m，需要消耗 $\phi60$～150 管子切断机 0.020 台班，$\phi159$ 管子切断套丝机 0.030 台班。

同劳动定额一样，机械台班使用定额也有时间定额和产量定额两种表现形式，互为倒数。

2. 按定额的用途分

按定额的用途分有施工定额、预算定额、概算定额、概算指标。

（1）施工定额　施工定额是用来组织施工的。施工定额是以同一性质的施工过程来规定完成单位安装工程耗用的人工、材料和机械台班的数量。实际上，它是劳动定额、材料消耗定额和机械台班使用定额的综合。

（2）预算定额　预算定额是编制施工图预算的依据，是确定一定计量单位的分项工程的人工、材料和机械台班消耗量的标准。预算定额以各分项工程为对象，在施工定额的基础上，综合人工、材料、机械台班等各种因素（例如超运距因素等），合理确定人工、材料、机械台班的消耗数量，并结合人工、材料、机械台班预算单价，得出各分项工程的预算价格，即定额基本价格（基价）。由此可知，预算定额由两大部分所组成，即数量部分和价值部分。

（3）概算定额和概算指标　概算定额是确定一定的计量单位扩大分项工程的人工、材料、机械台班的消耗数量的标准，是编制设计概算的依据。概算指标的内容和作用与概算定额基本相似。

3. 按定额的编制部门和适用范围分

按定额的编制部门和适用范围分有全国统一定额、专业部定额、地区定额、企业定额等。

（1）全国统一定额　全国统一定额是由国家主管部门制定颁发的定额。如 1986 年国家计划委员会颁发的《全国统一安装工程预算定额》及 2000 年由国家建设部重新组织修订和批准执行的《全国统一安装工程预算定额》均是全国统一定额。全国统一定额不分地区，全国适用。

（2）地区定额　地区定额由各省、市、自治区组织编制颁发，只适用于本地区范围内使

用。如《广东省安装工程综合定额》是在《全国统一安装工程预算定额》耗量的基础上，结合本地区的特点编制的。

（3）企业定额　企业定额是由企业内部根据自己的实际情况自行编制，只限于在本企业内部使用的定额。在工程造价工程量清单计价过程中，各企业就是根据自己企业所制定的企业定额来综合报价的。在目前工程造价计价逐渐由定额计价向工程量清单计价转变的情况下，企业定额的地位将越来越重要。

第三节　建设工程造价

一、建设工程总造价的概念

建设工程总造价，就是建设工程从设想立项开始，经可行性研究、勘察设计、建设准备、工程施工、竣工投产这一全过程所耗费的费用之和。总造价是按国家规定的计算标准、定额、计算规则、计算方法和有关政策法令，预先计算出来的价格，所以也称为"建设工程预算总造价"。这样计算出来的价格，实际上是计划价格。如果将总造价形成的全过程进行控制和管理，即工程造价管理，就能准确地掌握和反映投入产出，控制投资，节约资金，提高投资效益，对国民经济建设起重大作用。

二、建设工程总造价费用的构成

建设工程造价即建设工程产品的价格，它的组成既要受到价值规律的制约，也要受到各类市场因素的影响。我国现行的建设工程总造价的构成主要划分为建筑安装工程费用，设备、工器具购置费用，工程建设其他费用，预备费用，建设期贷款利息和固定资产投资方向调节税等。具体构成内容如图1-5所示。

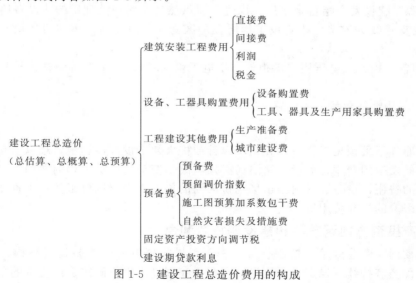

图1-5　建设工程总造价费用的构成

1. 建筑安装工程费用

在工程建设中，建筑安装工程是一项主要的建设环节。建筑安装工程费用由建筑工程费用和安装工程费用两部分组成，在项目投资费用中占有相当大的比重，因此，国家制定了建筑安装工程的有关定额、标准、规则、方法来计算这部分费用。

建筑安装工程费用构成又包括直接费、间接费、利润、税金四大部分。

2. 设备、工器具购置费用

设备、工器具购置费用是由购置在建工程项目所要求的用于生产或服务于生产、办公和生活的各种设备、工具、器具、生产家具等的费用所组成。它由设备购置费和工具、器具及生产家具购置费所组成。

3. 工程建设其他费用

工程建设其他费用是指从工程筹建起到工程竣工验收交付使用止的整个建设期间，除建筑安装工程费用和设备、工器具购置费外的，为保证工程建设顺利完成和交付使用后能够正常发挥效用而发生的各项费用总和。对工程建设其他费用，各地征收的费用名称及计算方法差异较大。这部分费用按其不同性质和用途，可分为生产准备费、城市建设费两项。

（1）生产准备费 是指工程建设的前期准备和工程项目建成投产后试生产阶段的费用项目。包括下列费用。

①土地征购费；②建设场地各种障碍物拆迁和处理费；③拆迁安置费；④建设场地"三通一平"费；⑤建设单位管理费；⑥生产职工培训费；⑦新建单位办公和生活用具购置费；⑧联合试车运转费；⑨工器具及生产用具购置费；⑩交通工具购置费；⑪勘察设计费；⑫研究试验费；⑬工程招标管理费；⑭招标标底编制费，合同预算审查费；⑮工程质量监督费或施工监理费；⑯工程总承包费；⑰工程施工执照费；⑱建设场地竣工清理费；⑲竣工图测量、绘制费。

（2）城市建设费 建设工程在筹建中，由筹建机构直接向有关部门支付的各项费用，因用于市政建设，也称"市政基础设施建设费"。这项费用各地征收的内容和计算方法差异较大，一般包括下列费用。

①"四源"建设费 指自来水厂、煤气厂、供热站及污水处理厂的建设费用。

②市政支管线分摊费 指建设工程所在地区尚无市政支线而需建设市政支线所分摊的费用。

③电贴费 指各级电压用户承担外部供电工程（35kV以下）的新建、扩建和改建工程费用的总称。

④厂区、场地绿化费。

4. 预备费

预备费原称不可预见工程费。在初步设计或扩大初步设计概算中，难以预料的因素使建设过程中可能发生的费用，如设计错漏而必须修改、变动、增加工程的费用；按施工图预算加系数包干的费用；设备、材料因市场物价波动的价差而预留调价指数；工资变动；自然灾害的损失和采取的措施费用等。

5. 固定资产投资方向调节税和建设期贷款利息

为了贯彻国家产业政策，控制投资规模，引导投资方向，调整投资结构，加强重点建设，促进国民经济持续、稳定、协调发展，对在我国境内进行固定资产投资的单位和个人征收固定资产投资方向调节税（简称投资方向调节税）。

建设期贷款利息包括向国有银行和其他非国有银行金融机构贷款、出口信贷、外国政府贷款、国际商业银行贷款以及在境内外发行的债券等在建设期间内应偿还的借款利息。

三、建设工程总造价费用的计算

我国现行的建设工程造价构成与各项费用的计算方法见表1-2。

表 1-2　建设工程造价构成与各项费用计算方法

序号	费用名称	计算式
（一）	建筑安装工程费	(1)＋(2)＋(3)＋(4)
（1）	直接费	
（2）	间接费	计费基础×间接费率
（3）	利润	计费基础×利润率
（4）	税金	不含税工程造价×税率
（二）	设备购置费(包括备用件)	原价×(1＋运杂费率)
（三）	工器具购置费	设备购置费×费率
（四）	工程建设其他费用	按规定计
（五）	预备费	按规定计
（六）	建设项目总费用	(一)＋(二)＋(三)＋(四)＋(五)
（七）	固定资产投资方向调节税	(六)×规定税率
（八）	建设期贷款利息	按实际利率计算
（九）	建设项目总造价	(六)＋(七)＋(八)

四、建设工程造价的职能

建设工程造价的职能既是价格职能的反映，也是价格职能在建筑领域的特殊表现。工程造价的职能除一般商品价格职能以外，还有自己特殊的职能。

1. 预测职能

工程造价的大额性和多变性，无论投资者或建筑商都要对拟建工程进行预先测算。投资者预先测算工程造价不仅作为项目决策依据，同时也是筹集资金、控制造价的依据。承包商对工程造价的测算，既为投标决策提供依据，也为投标报价和成本管理提供依据。

2. 控制职能

工程造价的控制职能表现在两方面，一方面是它对投资的控制，即在投资的各个阶段，根据对造价的多次性预估，对造价进行全过程、多层次的控制；另一方面，是对以承包商为代表的商品和劳务供应企业的成本控制。在价格一定的条件下，企业实际成本开支决定企业的盈利水平，成本越高盈利越低，成本高于价格就危及企业的生存，所以企业要以工程造价来控制成本，利用工程造价提供的信息资料作为控制成本的依据。

3. 评价职能

工程造价是评价总投资和分项投资合理性和投资效益的主要依据之一，如评价土地价格、建筑安装产品和设备价格的合理性时，就必须利用工程造价资料。在评价建设项目偿贷能力、获利能力和宏观效益时，也可依据工程造价。工程造价也是评价建筑安装企业管理水平和经营成果的重要依据。

4. 调控职能

工程建设直接关系到国家的资源分配、资金流向，对国民经济发展有着重大影响。因此国家对建设规模、投资结构等进行宏观调控在任何条件下都是不可缺少的。这些方面都要用工程造价作为经济杠杆，对工程建设中的物质消耗水平、建设规模、投资方向等进行管理。

第四节　建设工程造价计价的基本原理和方法

一、工程造价计价的基本原理——工程项目分解与组合

工程造价计价即是对投资项目造价（或价格）的计算，也称为工程估价。由于工程项目的技术经济特点如单件性、体积大、生产周期长、价值高以及交易在先、生产在后等，使得工程项目造价形成过程与机制和其他商品不同。

工程项目是单件性与多样性组成的集合体。每一个工程项目的建设都需要按业主的特定需要单独设计、单独施工，不能批量生产和按整个工程项目确定价格，只能以特殊的计价程序和计价方法进行计算，即要将整个项目进行分解，划分为可以按定额等技术经济参数测算价格的基本单元子项或称分部、分项工程。这是既能够用较为简单的施工过程生产出来，又可以用适当的计量单位计算并便于测定或计算的工程的基本构造要素，也可称为假定的建筑安装产品。工程计价的主要特点就是把工程结构分解，将工程分解至基本项就较容易地计算出基本子项的费用。一般来说，分解结构层次越多，基本子项也越细，计算也更精确。

工程造价的计算从分解到组合的特征与建设项目的组合性有关。一个建设项目是一个工程综合体。这个综合体可以分解为许多有内在联系的独立和不独立的工程，那么建设项目的工程计价过程就是一个逐步组合的过程。

二、工程造价计价的基本方法

工程造价计价的形式和方法有多种，各不相同，但计价的基本过程和原理是相同的。如果仅从工程费用计算角度分析，工程造价计价的顺序是：分部分项工程单价——单位工程造价——单项工程造价——建设项目总造价。影响工程造价的主要因素有两个，即基本构造要素的单位价格和基本构造要素的实物工程数量，可用下列基本计算式表达：

$$工程造价 = \sum（工程实物量 \times 单位价格）$$

基本子项的单位价格高，工程造价就高；基本子项的实物工程数量大，工程造价也就大。

在进行工程造价计价时，实物工程量的计量单位是由单位价格的计量单位决定的。如果单位价格计量单位的对象取得较大，得到的工程估算就较粗，反之则工程估算较细较准确。基本子项的工程实物量可以通过工程量计算规则和设计图纸计算而得，它可以直接反映工程项目的规模和内容。

对基本子项的单位价格分析，可以有两种形式。

（1）直接费单价　如果分部分项工程单位价格仅仅考虑人工、材料、机械资源要素的消耗量和价格形成，即单位价格 = $\sum$（分部分项工程的资源要素消耗量 × 资源要素的价格），该单位价格是直接费单价。资源要素消耗量的数据经过长期的收集、整理和积累形成了工程建设定额，它是工程计价的重要依据，它与劳动生产率、社会生产力水平、技术和管理水平密切相关。

（2）综合单价　如果在单位价格中还考虑直接费以外的其他一切费用，则构成的是综合单价。在我国工程造价计价过程中，综合单价是指完成一个规定清单项目所需的人工费、材料和工程设备费、施工机具使用费和企业管理费、利润以及一定范围内的风险费用。

不同的单价形式形成不同的计价方式。

1. 直接费单价——定额计价方法

直接费单价只包括人工费、材料费和机械台班使用费，它是分部分项工程的不完全价格。我国现行有两种计价方式，一种是单位估价法。它是运用定额单价计算的，即首先计算

工程量，然后查定额单价（基价），与相对应的分项工程量相乘，得出各分项工程的人工费、材料费、机械费，再将各分项工程的上述费用相加，得出分部分项工程的直接费；另一种是实物估价法，它首先计算工程量，然后套基础定额，计算人工、材料和机械台班消耗量，将所有分部分项工程资源消耗量进行归类汇总，再根据当时、当地的人工、材料、机械单价，计算并汇总人工费、材料费、机械使用费，得出分部分项工程直接费。在此基础上再计算其他直接费、现场经费、间接费、利润和税金，将直接费与上述费用相加，即可得出单位工程造价（价格）。

2. 综合单价——工程量清单计价方法

综合单价法指分部分项工程量的单价既包括分部分项工程直接费、其他直接费、现场经费、间接费、利润和税金，也包括合同约定的所有工料价格变化风险等一切费用，它是一种完全价格形式。考虑我国的现实情况，综合单价未包括规费、税金，根据《建设工程工程量清单计价规范》（GB 50500—2013）的规定，我国目前的综合单价是指完成一个规定计量单位的分部分项工程量清单或措施项目清单所需的人工费、材料费、施工机械使用费和企业管理费与利润，以及一定范围内的风险费用。

工程量清单计价方法是一种国际上通行的计价方式，所采用的就是分部分项工程的完全单价。所谓工程量清单计价是指投标人根据招标人公开提供的工程量清单进行自主报价或招标人编制招标控制价以及承发包双方确定合同价款、调整工程竣工结算等活动。在招投标过程中，投标人可以利用工程量清单计价方法进行投标报价，工程量清单由招标人公开提供，投标人根据自身的实际情况自主确定工程量清单中各分部分项工程的综合单价进行投标价格计算。

《建设工程工程量清单计价规范》（GB 50500—2013）规定：全部使用国有资金投资或国有资金投资为主的工程建设项目，必须采用工程量清单计价。

利用有限的工程造价信息准确估算所需要的工程造价，是工程造价计价中的一项重要的工作。

第二章　安装工程造价定额计价方法

第一节　全国统一安装工程预算定额

预算定额是指在正常的施工条件和合理劳动组织、合理使用材料及机械的条件下，完成单位合格产品所必须消耗资源的数量标准。这里消耗资源的数量标准是指消耗在组成安装工程基本构造要素上的劳动力、材料和机械台班数量的标准。

在安装工程中，预算定额中的单位产品就是工程基本构造要素，即组成安装工程的最小工程要素，也称"细目"或"子目"。

《全国统一安装工程预算定额》是完成规定计量单位的分项工程所需的人工、材料、施工机械台班的消耗量标准，是统一全国安装工程预算工程量计算规则、项目划分、计量单位的依据，是编制安装工程施工图预算的依据，也是编制概算定额、投资估算指标的基础。对于招标承包的工程，则是编制标底的基础；对于投标单位，也是确定报价的基础。因而定额的编制是一项严肃、科学的技术经济立法工作，应充分体现按社会平均必要劳动量来确定消耗的物化劳动和活劳动数量的原则。

一、《全国统一安装工程预算定额》的分类

《全国统一安装工程预算定额》（2000 年）是由国家建设部组织修订和批准执行的。《全国统一安装工程预算定额》共十二册，包括：

第一册　机械设备安装工程　GYD-201—2000；
第二册　电气设备安装工程　GYD-202—2000；
第三册　热力设备安装工程　GYD-203—2000；
第四册　炉窑砌筑工程　GYD-204—2000；
第五册　静置设备与工艺金属结构制作安装工程　GYD-205—2000；
第六册　工业管道工程　GYD-206—2000；
第七册　消防及安全防范设备安装工程　GYD-207-2000
第八册　给排水、采暖、燃气工程　GYD-208—2000；
第九册　通风空调工程　GYD-209—2000；
第十册　自动化控制仪表安装工程　GYD-210—2000；
第十一册　刷油、防腐蚀、绝热工程　GYD-211—2000；
第十二册　通信设备及线路工程　GYD-212—2000。

二、《全国统一安装工程预算定额》的编制依据

（1）《全国统一安装工程预算定额》是依据现行有关国家产品标准、设计规范、施工及验收规范、技术操作规程、质量评定标准和安全操作规程编制的，也参考了行业、地方标准以及有代表性的工程设计、施工资料和其他资料。

（2）《全国统一安装工程预算定额》是按目前国内大多数施工企业采用的施工方法、机械化装备程度、合理的工期、施工工艺和劳动组织条件制订的，除各章另有说明外，均不得

因上述因素有差异而对定额进行调整或换算。

（3）《全国统一安装工程预算定额》是按下列正常的施工条件进行编制的：

① 设备、材料、成品、半成品、构件完整无损，符合质量标准和设计要求，附有合格证书和试验记录。

② 安装工程和土建工程之间的交叉作业正常。

③ 安装地点、建筑物、设备基础、预留孔洞等均符合安装要求。

④ 水、电供应均满足安装施工正常使用。

⑤ 正常的气候、地理条件和施工环境。

三、《全国统一安装工程预算定额》的结构组成

《全国统一安装工程预算定额》共分十二册，每册均包括总说明、册说明、目录、章说明、定额项目表、附录。

1. 总说明

总说明主要说明定额的内容、适用范围、编制依据、作用，定额中人工、材料、机械台班消耗量的确定及其有关规定。

2. 册说明

主要介绍该册定额的适用范围、编制依据、定额包括的工作内容和不包括的工作内容、有关费用（如脚手架搭拆费、高层建筑增加费）的规定以及定额的使用方法和使用中应注意的事项和有关问题。

3. 目录

开列定额组成项目名称和页次，以方便查找相关内容。

4. 章说明

章说明主要说明定额章中以下几方面的问题：①定额适用的范围；②界线的划分；③定额包括的内容和不包括的内容；④工程量计算规则和规定。

5. 定额项目表

定额项目表是预算定额的主要内容，主要包括以下内容：

① 分项工程的工作内容。一般列入项目表的表头。

② 一个计量单位的分项工程人工、材料、机械台班消耗量。

③ 一个计量单位的分项工程人工、材料、机械台班单价。

④ 分项工程人工、材料、机械台班基价。

表2-1是《全国统一安装工程预算定额》第八册《给排水、采暖、燃气工程》第一章《管道安装》中室内管道安装其中的一部分定额项目表的内容。

6. 附录

附录放在每册定额表之后，为使用定额提供参考数据。主要内容包括：①工程量计算方法及有关规定；②材料、构件、元件等重量表，配合比表，损耗率；③选用的材料价格表；④施工机械台班单价表等。

四、安装工程预算定额基价的确定

1. 定额消耗量指标的确定

（1）人工日消耗量的确定　安装工程预算定额人工消耗量指标是以劳动定额为基础确定

表 2-1 《全国统一安装工程预算定额》项目表示例——镀锌钢管（螺纹连接）

工作内容：打堵洞眼、切管、套丝、上零件、调直、栽钩卡及管件安装、水压试验

定 额 编 号			8-87	8-88	8-89	8-90	8-91	8-92
项 目			公 称 直 径/mm					
			≤15	≤20	≤25	≤32	≤40	≤50
名 称	单位	单价/元	数 量					
人工 综 合 工 日	工日	23.22	1.830	1.830	2.200	2.200	2.620	2.680
材料 镀锌钢管 DN15	m	—	—	(10.200)	—	—	—	—
镀锌钢管 DN20	m	—	—	—	(10.200)	—	—	—
镀锌钢管 DN25	m	—	—	—	(10.200)	—	—	—
镀锌钢管 DN32	m	—	—	—	—	(10.200)	—	—
镀锌钢管 DN40	m	—	—	—	—	—	(10.200)	—
镀锌钢管 DN50	m	—	—	—	—	—	—	(10.200)
室内镀锌钢管接头零件 DN15	个	0.800	16.370	—	—	—	—	—
室内镀锌钢管接头零件 DN20	个	1.140	—	11.520	—	—	—	—
室内镀锌钢管接头零件 DN25	个	1.850	—	—	9.780	—	—	—
室内镀锌钢管接头零件 DN32	个	2.740	—	—	—	8.030	—	—
室内镀锌钢管接头零件 DN40	个	3.530	—	—	—	—	7.160	—
室内镀锌钢管接头零件 DN50	个	5.870	—	—	—	—	—	6.510
钢锯条	根	0.620	3.790	3.410	2.550	2.410	2.670	1.330
砂轮片 φ400mm	片	23.800	—	—	0.050	0.050	0.050	0.150
机油	kg	3.550	0.230	0.170	0.170	0.160	0.170	0.200
铅油	kg	8.770	0.140	0.120	0.130	0.120	0.140	0.140
线麻	kg	10.400	0.014	0.012	0.013	0.012	0.014	0.014
管子托钩 DN15	个	0.480	1.460	—	—	—	—	—
管子托钩 DN20	个	0.480	—	1.440	—	—	—	—
管子托钩 DN25	个	0.530	—	—	1.160	1.160	—	—
管卡子（单立管）DN25	个	1.340	1.640	1.290	2.060	—	—	—
管卡子（单立管）DN50	个	1.640	—	—	—	2.060	—	—
普通硅酸盐水泥 425#	kg	0.340	1.340	3.710	4.200	4.500	0.690	0.390
砂子	m³	44.230	0.010	0.010	0.010	0.010	0.002	0.001
镀锌铁丝 8#~12#	kg	6.140	0.140	0.390	0.440	0.150	0.010	0.040
破布	kg	5.830	0.100	0.100	0.100	0.100	0.220	0.250
水	t	1.650	0.050	0.060	0.080	0.090	0.130	0.160
机械 管子切断机 φ60~150mm	台班	18.290	—	—	0.020	0.020	0.020	0.060
管子切断套丝机 φ159mm	台班	22.030	—	—	0.030	0.030	0.030	0.080
基 价/元			65.45	66.72	83.51	86.16	93.85	111.93
其中 人工费/元			42.49	42.49	51.08	51.08	60.84	62.23
材料费/元			22.96	24.23	31.40	34.05	31.98	46.84
机械费/元			—	—	1.03	1.03	1.03	2.86

的完成单位分项工程所必须消耗的劳动量标准。在定额中以"时间定额"的形式表示，其表达式如下：

$$人工消耗量＝基本用工＋超运距用工＋人工幅度差$$
$$＝（基本用工＋超运距用工）×（1＋人工幅度差率）$$

式中，基本用工指完成该分项工程的主要用工，包括材料加工、安装等用工；超运距用

工指在劳动定额规定的运输距离上增加的用工；人工幅度差指劳动定额人工消耗只考虑就地操作，不考虑工作场地转移、工序交叉、机械转移、零星工程等用工，而预算定额则考虑了这些用工差，目前，国家规定预算的人工幅度差率为10％。

《全国统一安装工程预算定额》中定额的人工工日不分列工种和技术等级，一律以综合工日表示，内容包括基本用工、超运距用工和人工幅度差。

（2）材料消耗量指标的确定　安装工程在施工过程中不但安装设备，而且还要消耗材料，有的安装工程是由施工加工材料组装而成。构成安装工程主体的材料称为主要材料（主材），其次要材料称为辅助材料（辅材）。材料消耗量的表达式如下：

$$材料消耗量＝材料净用量＋材料损耗量＝材料净用量×（1＋材料损耗率）$$

式中，材料净用量指构成工程子目实体必须占有的材料量；材料损耗量包括从工地仓库、现场集中堆放地点或现场加工地点到操作或安装地点的运输损耗、施工操作损耗、施工现场堆放损耗。主要材料损耗率见《全国统一安装工程预算定额》各册附录。

（3）机械台班消耗量指标的确定　机械台班消耗量是按正常合理的机械配备和大多数施工企业的机械化装备程度综合取定的。机械台班消耗量的单位是台班。按现行规定，每台机械工作8小时为一个台班。预算定额中的机械台班消耗指标是按全国统一机械台班定额编制的，它表示在正常施工条件下，完成单位分项工程或构件所额定消耗的机械工作时间。其表达式如下：

$$机械台班消耗量＝实际消耗量＋影响消耗量＝实际消耗量×（1＋幅度差额系数）$$

式中，实际消耗量指根据施工定额中机械产量定额的指标换算求出的；影响消耗量指考虑机械场内转移、质量检测、正常停歇等合理因素的影响所增加的台班耗量，一般采用机械幅度差额系数计算，对于不同的施工机械，幅度差额系数不相同。

2．定额单价的确定

（1）人工工日单价的确定　人工工日单价指在预算中应计入的一个建筑安装工人一个工作日的全部人工费用。目前，预算人工工日单价中包括了工人的基本工资、工资性津贴、流动施工津贴、房租补贴、劳动保护费和职工福利费。

《全国统一安装工程预算定额》综合工日的单价采用北京市1996年安装工程人工费单价，每工日23.22元，包括基本工资和工资性津贴等。

（2）材料预算价格的确定　在《全国统一安装工程预算定额》中主材不注明单价，基价中不包括其价格，其用量在材料消耗栏中用"（ ）"标识出，其价格应根据"（ ）"内所列的用量，按各省、自治区、直辖市的材料预算价格计算。

辅材单价采用北京市1996年材料预算价格。

（3）机械台班单价的确定　施工机械台班单价是施工机械每个台班所必须消耗的人工、材料、燃料动力和应分摊的费用。施工机械台班的单价由七项费用组成：折旧费、大修理费、经常修理费、安拆费及场外运费、燃料动力费、人工费、养路费及车船使用税等。

《全国统一安装工程预算定额》的机械台班消耗量是按正常合理的机械配备和大多数施工企业的机械化装备程度综合取定的。施工机械台班单价，按1998年建设部颁发的《全国统一施工机械台班费用定额》计算，其中未包括的养路费和车船使用税等，可按各省、自治区、直辖市的有关规定计入。

3．定额基价的确定

预算定额基价是指完成单位分项工程所必须投入的货币量的标准数值，由人工费、材料费、机械费三部分构成，即：

$$预算定额基价＝人工费＋材料费＋机械费$$

式中
$$人工费 = \sum 定额人工消耗量指标 \times 人工工日单价$$
$$材料费 = \sum 定额材料消耗量指标 \times 材料预算单价$$
$$机械费 = \sum 定额机械台班消耗量指标 \times 机械台班单价$$

五、《全国统一安装工程预算定额》子目系数和综合系数

安装工程施工图预算造价计算的特点之一，就是用系数计算一些费用。系数有子目系数和综合系数两种，用这两种系数计算的费用，均是直接费的构成部分。

1. 子目系数

是费用计算的最基本的系数，子目系数计算的费用是综合系数的计算基础。子目系数又分以下两种。

（1）换算系数　在定额册中，有的子目需要增减一个系数后才能使用，这个系数一般分别在定额册各章节的说明中，所以也可称为"章节系数"，属子目系数性质。

（2）子目系数　有些项目不便列目制定定额进行计算，如安装工程中高层建筑工程增加费；单层房屋工程超高增加费；施工过程操作超高增加费。这些系数和计取方法分别列在各定额册的册说明中。

① 超高系数　当操作物高度大于定额高度时，为了补偿人工降效而收取的费用称为操作超高增加费。这项费用一般用系数计取，系数称为操作超高增加费系数。专业不同，定额所规定计取增加费的高度也不一样，因此系数也不相同，安装工程中的操作超高增加费系数见表2-2。虽然各专业计取该项费用的系数不同，但计取此项费用的方法是一样的（未列出部分具体参见相关章节），计算公式为：

$$操作超高增加费 = 操作超高部分工程的人工费 \times 操作超高增加费系数$$

表 2-2　安装工程操作超高增加费系数

工程名称	定额高度/m	取费基数	系　数/%
给排水、采暖、燃气工程	3.6	操作超高部分人工费	10(3.6~8m)、15(3.6~12m)、20(3.6~16m)、25(3.6~20m)
通风空调工程	6		15
电气设备安装工程	5		33(20m以下)（全部为人工费）

② 高层建筑增加费　安装工程中所指高层建筑是特指，不可与其他地方的高层建筑划分方法相混淆。安装工程中的高层建筑是指六层以上（不含六层）的多层建筑、单层建筑物自室外设计正、负零至檐口（或最高层楼地面）高度在20m以上（不含20m）的建筑物。

高层建筑增加费是为了补偿由于建筑物高度增加为安装工程施工所带来的人工降效补偿，全部计入人工费。各专业高层建筑增加费系数见表2-3。其计算方法为：

$$高层建筑增加费 = 工程全部人工费 \times 高层建筑增加费系数$$

表 2-3　安装工程高层建筑增加费系数　　　　　　　单位：%

工程名称	计算基数	建筑物层数或高度（层以下或米以下）								
		9(30)	12(40)	15(50)	18(60)	21(70)	24(80)	27(90)	30(100)	33(110)
给排水、采暖、燃气工程	工程人工费	2	3	4	6	8	10	13	16	19
通风空调工程		1	2	3	4	5	6	8	10	13
电气设备安装工程		1	2	4	6	8	10	13	16	19

工程名称	计算基数	建筑物层数或高度（层以下或米以下）								
		36（120）	39（130）	42（140）	45（150）	48（160）	51（170）	54（180）	57（190）	60（200）
给排水、采暖、燃气工程	工程人工费	22	25	28	31	34	37	40	43	46
通风空调工程		16	19	22	25	28	31	34	37	40
电气设备安装工程		22	25	28	31	34	37	40	43	46

2. 综合系数

是以单位工程全部人工费（包括以子目系数所计算费用中的人工费部分）作为计算基础，计算费用的一种系数。主要包括脚手架搭拆费、安装与生产同时进行的增加费、在有害身体健康的环境中施工的增加费、在高原高寒特殊地区施工的增加费等。综合系数计算的费用也构成直接费，其费率见表2-4。

表 2-4　安装工程定额综合系数

工 程 名 称	取费基数	综合系数/%					
		脚手架搭拆费		系统调试费		安装与生产同时进行	有害健康环境中施工
		系数	人工费占	系数	人工费占		
给排水、采暖、燃气工程	全部人工费	5	25	15(采暖)	20		
通风空调工程		3	25	13	25	10	10
电气设备安装工程		4	25	按各章规定		10(全为人工费)	10

注：在电气设备安装工程中，脚手架搭拆费只限于10kV以下的电气设备安装工程（架空线路除外）。对10kV以上的工程，该费用已包括在定额内，不另计取。

（1）脚手架搭拆费　按定额的规定，脚手架搭拆费不受操作物高度限制均可收取。同时，在测算脚手架搭拆费系数时，考虑了如下因素：①各专业工程交叉作业施工时可以互相利用脚手架的因素，测算时已扣除可以重复利用的脚手架费用；②安装工程脚手架与土建所用的脚手架不尽相同，测算搭拆费用时大部分是按简易架考虑的；③施工时如部分或全部使用土建的脚手架时，作有偿使用处理。计算方法：

脚手架搭拆费＝定额人工费×脚手架搭拆系数

（2）安装与生产同时进行增加的费用　该项费用的计取是指改扩建工程在生产车间或装置内施工，因生产操作或生产条件限制干扰了安装工程正常进行而增加的降效费用。这其中不包括为保证安全生产和施工所采取的措施费用。如安装工作不受干扰的，不应计取此项费用。计算方法：

安装与生产同时进行增加费＝定额人工费×安装与生产同时进行增加系数

（3）在有害身体健康的环境中施工降效增加的费用　该项费用指在民法规则有关规定允许的前提下，改扩建工程中由于车间有害气体或高分贝的噪声超过国家标准以至影响身体健康而增加的降效费用，不包括劳保条例规定的应享受的工种保健费。计算方法：

有害身体健康的环境中施工增加费＝定额人工费×有害身体健康的环境中施工增加系数

（4）系统调整费　在系统施工完毕后，对整个系统进行综合调试而收取的费用。计算方法：

系统调试费＝定额人工费×系统调试费系数

六、《全国统一安装工程预算定额》使用中的其他问题

1. 关于水平和垂直运输

（1）设备　包括自安装现场指定堆放地点运至安装地点的水平和垂直运输。

（2）材料、成品、半成品　包括自施工单位现场仓库或现场指定堆放地点运至安装地点的水平和垂直运输。

（3）垂直运输基准面　室内以室内地平面为基准面，室外以安装现场地平面为基准面。

2. 定额适用范围

定额适用于海拔高程2000m以下，地震烈度七度以下的地区，超过上述情况时，可结合具体情况，由各省、自治区、直辖市或国务院有关部门制定调整办法。

3. 相关数据范围

定额中注有"×××以内"或"×××以下"者均包括×××本身，"×××以外"或"×××以上"者，则不包括×××本身。

第二节　材料（设备）预算价格

建设工程材料预算价格是地区建筑造价管理部门结合地区的具体情况：如地区的材料资源、供货方式、运输条件及相应运价计算规则、材料运抵地区内各施工工程的加权平均运距、运价考虑相关运输环节所发生的费用，综合测算编制的，是本地区材料法定价格，是地区各种建设工程计价的基本依据之一。

材料预算价格，是指材料由来源地（或交货地）起，运到施工工地指定材料堆放地点或仓库的全部费用（包括入库费用）。由材料原价、供销部门手续费、包装费、运杂费、场外合理运输损耗费、采购及保管费组成，即：

材料预算价格＝［材料原价×（1＋供销部门手续费率）＋包装费＋运杂费]×

（1＋合理运输损耗率）×（1＋采购及保管费率）－包装回收值

一、材料原价

材料原价是指材料未经过商品流通的出厂价。由于材料来源地往往不止一个，出厂价也并不统一，材料原价应按不同价格的供货比例，采用加权平均的方法计算确定。计算公式如下：

$$材料综合原价 = \frac{K_1 C_1 + K_2 C_2 + \cdots + K_n C_n}{K_1 + K_2 + \cdots + K_n}$$

式中，K_1，K_2，$\cdots$，K_n 指各不同供应地点的供应量或各不同使用地点的需求量；C_1，C_2，$\cdots$，C_n 指各不同供应地点的材料原价。

例如：某地区钢材年用量约3000t，由A、B、C三个厂家供货。已知A厂年供货量1500t，每吨出厂价为2300元，B厂年供货量1000t，每吨出厂价为2400元；C厂年供货量500t，每吨出厂价为2600元。则该地区钢材原价：（2300×1500＋2400×1000＋2600×500）元/3000t＝2383.33元。

二、供销部门手续费

供销部门手续费是指材料不能直接向生产厂订货采购，而需向当地供销部门采购时所附加的手续费。其费率由各地物价部门确定。应该注意：如果此项费用已包括在供销部门的材

料销售价格内或材料不是专业物资部门经营的，则不得计收此项费用。

三、包装费

包装费是指为了便于材料运输，或者为了减少材料运输、保管过程中的损耗而需要对材料包装所发生的费用。一般按照包装材料的成本价格、正常折旧摊销费、因包装所发生的其他费用计算。

$$材料包装费＝包装材料原值－包装回收值$$

四、运杂费

运杂费是指材料由材料来源地（交货地）起，运至施工工地仓库（加工厂或加工场）堆放地点，所发生的运输费用总和。包括铁路运输、公路运输、水路运输费以及装卸费、港务费、码头管理费、滩地囤存费、仓储费等。还包括合理的场外运输损耗费。

运杂费的计算一般有两种方法：直接计算法和间接计算法。

直接计算法是根据材料的重量，按运输部门规定的运价计算。

间接计算法则是根据测定的运杂费系数来计算运杂费。当材料有几个来源地时，按各来源地供应材料的比例及运距来计算材料的运杂费。计算公式如下：

$$加权平均运杂费＝\frac{T_1K_1＋T_2K_2＋\cdots＋T_nK_n}{K_1＋K_2＋\cdots＋K_n}$$

式中，T_1，T_2，$\cdots$，T_n 指各不同运距的运费；K_1，K_2，$\cdots$，K_n 指各不同供应地点的材料供应量。

五、采购及保管费

材料采购及保管（简称采保）费指施工企业材料供应管理部门（包括工地仓库及施工企业各级材料供应管理部门）在组织材料采购供应和保管过程所发生的各项费用，包括施工企业各级材料采购、供应、管理人员的工资、福利费、办公费、差旅费以及固定资产使用费、工具用具使用费、劳保费、检测试验费、材料正常的储存损耗率费用等。

采购及保管费一般按材料到库价格以费率取定。国家经济委员会规定：采购及保管费率为 2.5％，其中采购费率为 1％，保管费率为 1.5％。但各地区一般根据自己的特点制订不同的采购及保管费率。

需要注意的是，由建设单位供应的材料，施工单位只收取保管费。

第三节　施工图预算及费用构成

以单位工程施工图为依据，按照安装工程预算定额的规定和要求以及有关造价费用标准和规定，结合工程现场施工条件，按一定的工程费用计算程序，计算出来的安装工程造价，称为"安装工程施工图预算"，其书面文字称为"安装工程预算书"。如表 2-5 所示，建筑安装工程费用的具体构成主要包括四部分：直接费、间接费、利润和税金。

一、直接费

直接费是指在工程施工过程中直接耗费的构成工程实体或有助于工程形成的各种费用，包括人工费、材料费和施工机械使用费以及其他直接耗费在工程上的费用之和。建筑安装工程工程直接费由直接工程费和措施费组成。直接工程费又包括定额直接费和用系数计取的其他直接费，而定额直接费是工程造价计价的重要组成部分。

（一）直接工程费

1. 定额直接费

表 2-5　建筑安装工程费用的具体构成

建筑安装工程造价	直接费	直接工程费	人工费
			材料费
			施工机械使用费
		措施费	环境保护费
			文明施工费
			安全施工费
			临时设施费
			夜间施工费
			二次搬运费
			大型机械设备进出场及安拆费
			混凝土、钢筋混凝土模板及支架费
			脚手架费
			已完工程及设备保护费
			施工排水、降水费
	间接费	规费	工程排污费
			工程定额测定费
			社会保障费
			(1)养老保险费
			(2)失业保险费
			(3)医疗保险费
			住房公积金
			危险作业意外伤害保险
		企业管理费	管理人员工资
			办公费
			差旅交通费
			固定资产使用费
			工具用具使用费
			劳动保险费
			工会经费
			职工教育经费
			财产保险费
			财务费
			税金
			其他费用
	利润		
	税金	营业税	
		城市维护建设税	
		教育费附加	

　　（1）人工费　建筑安装工程费的人工费，是指直接从事于建筑安装工程施工的生产工人开支的各项费用。构成人工费的基本要素有两个，即人工工日消耗量和人工工日工资单价。

预算定额中的人工工日消耗量是指在正常施工生产条件下，生产单位假定建筑安装产品（分部分项工程或结构构件）必须消耗的某种技术等级的人工工日数量。它由分项工程所综合的各个工序施工劳动定额包括的基本用工、其他用工两部分组成。

相应等级的人工工日工资单价包括生产工人基本工资、工资性补贴、生产工人辅助工资、职工福利费及劳动保护费。人工费的基本计算公式为：

人工费＝Σ（工程量×人工工日概预算定额×相应等级的人工工日工资单价）

（2）材料费　建筑安装工程费中的材料费，是指施工过程中耗用的构成工程实体的原材料、辅助材料、构配件、零件、半成品的费用和周转材料的摊销（或租赁）费用。构成材料费的两个基本要素是材料消耗量和材料预算价格。

预算定额中的材料消耗量是指在合理和节约使用材料的条件下，生产单位假定建筑安装产品（分部分项工程或结构构件）必须消耗的一定品种规格的材料、半成品、构配件等的数量标准。它包括材料净耗量和材料不可避免的损耗量。概算定额中的材料消耗量则是由扩大分部分项工程包含的各分部分项工程预算定额材料消耗量综合而定的。

材料的预算价格是指材料从其来源地到达施工工地仓库后的出库价格。材料预算价格内容包括材料原价、供销部门手续费、包装费、运输费及采购与保管费。材料费的基本计算公式为：

材料费＝Σ（工程量×材料定额消耗量×材料相应预算价格）

（3）施工机械使用费　建筑安装工程费中的施工机械使用费，是指使用施工机械作业所发生的机械使用费以及机械安、拆和进出场费。构成施工机械使用费的基本要素是机械台班消耗量和机械台班单价。

概预算定额中的机械台班消耗量，它是指在正常施工条件下，生产单位完成假定建筑安装产品（分部分项工程或结构构件）必须消耗的某类某种型号施工机械的台班数量。

机械台班综合单价包括折旧费、大修理费、经常修理费、安拆费及场外运输费、燃料动力费、人工费及运输机械养路费、车船使用税及保险费，这同时也体现了该施工机械使用费所包括的内容。施工机械使用费的基本计算公式为：

施工机械使用费＝Σ（工程量×机械定额台班消耗量×机械台班综合单价）＋其他机械使用费

2. 用系数计取直接费

在直接费中用系数计取的费用主要包括高层建筑增加费、操作超高增加费、脚手架搭拆费、系统调试费、安装与生产同时进行增加费、在有害健康环境施工增加费、洞库工程施工增加费、高原高寒地区施工增加费等。这些系数在定额中都有明确的规定，它们均构成直接费。但要注意，就具体单位工程来讲，这些费用可能发生，也可能不发生，需要根据工程的具体情况和现场施工条件加以确定。

（二）措施费

措施费是指除了直接工程费之外的，在施工过程中直接发生的其他费用。同材料费、人工费、施工机械使用费相比，其他直接费具有较大弹性。就具体单位工程来讲，可能发生，也可能不发生，需要根据工程的具体情况和现场施工条件加以确定。

措施费主要包括：环境保护费、文明施工费、安全施工费、临时设施费、夜间施工费、二次搬运费、大型机械设备进出场及安拆费，混凝土，钢筋混凝土模板及支架费，脚手架费，已完工程及设备保护费，施工排水、降水费。

措施费按相应的计费基础乘以相应费率确定。

二、间接费

建筑安装工程间接费是指虽不直接由施工的工艺过程所引起，但却与工程的总体条件有关的建筑安装企业为组织施工和进行经营管理，以及间接为建筑安装生产服务的各项费用。按现行规定，建筑安装工程间接费由企业管理费和规费组成。

1. 企业管理费

企业管理费，是指建筑安装企业为组织施工生产和经营管理活动所需的费用。内容包括以下几点。

① 管理人员的工资　指管理人员的基本工资、工资性补贴、职工福利费和劳动保护费等；

② 办公费　指企业管理办公用的文具、纸张、账表、印刷、邮电、书报、会议、水、电、烧水和计提取暖（包括现场临时宿舍取暖）用煤等费用；

③ 差旅交通费　指企业职工因公出差、工作调动的差旅费，住勤补助费，市内交通及误餐补助费，职工探亲路费，劳动力招募费，职工离退休、退职一次性路费，工伤人员就医路费和工地转移费，以及管理部门使用的交通工具燃料、油料、牌照费及养路费等；

④ 固定资产使用费　指管理和试验部门及附属生产单位使用的属于固定资产的房屋、设备、仪器等折旧、大修、维修或租赁费；

⑤ 工具用具使用费　指管理使用的不属于固定资产的工具、用具、家具、交通工具以及检验、试验、测绘、消防等用具的购置、维修和摊销费；

⑥ 劳动保险费　指企业支付离退休职工的退休金（包括按规定交纳地方统筹退休金）、价格补贴、医药费（包括支付离退休人员参加医疗保险的费用）、异地安家费、职工退职金、6个月以上病假人员工资、职工死亡丧葬补助费、抚恤费、按规定支付给离休人员的其他费用；

⑦ 工会经费　指企业按职工工资总额提取的工会经费；

⑧ 职工教育经费　指企业为职工学习先进技术和提高文化水平按职工工资总额计提的费用；

⑨ 财产保险费　指企业管理用财产、车辆保险费用；

⑩ 财务费　指企业为筹集资金而发生的各种费用；

⑪ 税金　指企业按规定缴纳的房产税、车船使用税、土地使用税、印花税等；

⑫ 其他费用　包括技术转让费、技术开发费、业务招待费、绿化费、广告费、公证费、法律顾问费、审计费、咨询费等。

2. 规费

规费是根据省级政府或省级有关权力部门规定必须缴纳的，应计入工程造价的费用，包括：工程排污费、工程定额测定费、社会保障费（养老保险费、失业保险费、医疗保险费）、住房公积金、危险作业意外伤害保险。

三、利润

利润是建筑安装企业完成建筑产品后扣除建筑产品生产成本和税金后的纯收入。利润率是施工企业在市场经济中效益好坏的一个重要指标。计算公式为：

$$利润＝定额人工费×利润率$$

四、税金

建筑安装工程税金是指国家税法规定的应计入建筑安装工程费用的营业税、城乡维护建设税及教育费附加。

1. 营业税

营业额是指从事建筑、安装、修缮、装饰及其他工程作业收取的全部收入，还包括建筑、修缮、装饰工程所用原材料及其他物资和动力的价款。当安装设备的价值作为安装工程产值时，亦包括所安装设备的价款。但建筑安装工程总承包方将工程分包或转包给他人的，其营业额中不包括付给分包或转包方的价款。营业税按营业额乘以营业税税率确定。

2. 城乡维护建设税

城乡维护建设税是国家为了加强城乡的维护建设，稳定和扩大城市、乡镇维护建设的资金来源，而对有经营收入的单位和个人征收的一种税。

城乡维护建设税按应纳营业税额乘以适用税率确定。城乡维护建设税的纳税人所在地为市区的，其适用税率为营业税的 7%；所在地为县镇的，其适用税率为营业税的 5%，所在地为农村的，其适用税率为营业税的 1%。

3. 教育费附加

教育费附加是按应纳营业税额乘以 3% 确定。

建筑安装企业的教育费附加要与其营业税同时缴纳。即使办有职工子弟学校的建筑安装企业，也应当先缴纳教育费附加，教育部门可根据企业的办学情况，酌情返还给办学单位，作为对办学经费的补助。

第四节　施工图预算的编制

一、施工图预算编制的依据

1. 施工图纸及其说明

施工图纸及其说明是编制施工图预算的主要对象和依据。施工图纸必须经建设、设计、施工单位共同会审确定后，才能作为编制的依据。

2. 预算定额或单位估价表

预算定额或单位估价表是编制预算的基础资料，施工图预算项目的划分、工程量计算等都必须以预算定额为依据。

3. 工程量计算规则

与《全国统一安装工程预算定额》配套执行的"工程量计算规则"是计算工程量、套用定额单价的必备依据。

4. 批准的初步设计及设计概算等有关文件

我国基本建设预算制度决定了经批准的初步设计、设计概算是编制施工图预算的依据。

5. 费用定额及取费标准

费用定额及取费标准是计取各项应取费用的标准。目前各省、市、自治区都制定了费用定额及取费标准，编制施工图预算时，应按工程所在地的规定执行。

6. 地区人工工资、材料及机械台班预算价格

预算定额的工资标准仅限定额编制时的工资水平，在实际编制预算时应结合当时、当地的相应工资单价调整。同样，在一段时间内，材料价格和机械费都可能变动很大，必须按照当地规定调整价差。

7. 施工组织设计或施工方案

施工组织设计或施工方案是确定工程进度计划、施工方法或主要技术组织措施以及施工现场平面布置和其他有关准备工作的文件。经过批准的施工组织设计或施工方案是编制施工图预算的依据。

8. 建设单位、施工单位共同拟订的施工合同、协议

建设单位、施工单位共同拟订的施工合同、协议，包括在材料加工订货方面的分工，材料供应方式等的协议。

二、编制施工图预算的步骤

在编制依据和文件已具备的情况下，可按下列步骤进行施工图预算的编制。

1. 阅读施工图

通过阅读施工图，了解设计意图，才能正确地计算出工程量，正确地选用定额。

2. 了解现场情况和施工组织设计资料

通过了解现场情况和施工组织设计资料，预算人员能够确切掌握工程施工条件、该工程可能采用的施工方法等，为正确地分层、分段计算工程量及正确选用定额提供必备的基础资料。

3. 计算工程量

工程量是指以物理计量单位或自然计量单位所表示的各分项工程或结构构件的实物数量。物理计量单位是指以度量表示的长度、面积、质量等计量单位；自然计量单位是指在自然状态下安装成品所表示的台、个、块等计量单位。

计算工程量是编制施工图预算过程中的重要步骤，工程量计算的正确与否，直接影响施工图预算的编制质量。计算工程量必须注意：计算口径应与预算定额相一致，计算工程量时所列分项工程内容应与定额中项目内容一致；计算单位应与预算定额相一致；计算方法应与定额规定相一致，这样才能符合施工图预算编制的要求。

需要注意的是，由于安装工程涉及的专业工程很多，因此，其工程量计算比较复杂，主要表现在：安装工程的专业性较强，各专业施工图所用的标准都不一样，要完全读懂施工图必须具备一定的专业知识；安装工程涉及机械设备、电气设备、热力设备、工业管道、给排水、采暖、通风空调等专业工程安装，施工及验收规范、技术操作规程不尽相同，为预算的编制带来了难度；安装工程每个专业的工程量计算规则都不一样。因此在进行工程量的计算时应熟悉各专业安装工程施工图，掌握各专业的工程量计算规则，并不断积累工程量计算的经验，完善工程量的计算方法。

4. 计算各种应取费用和累计总价

根据各地区颁发的现行的费用定额、计价文件等，计算间接费、利润、税金和其他费用等，并累计得出单位工程含税总造价。

5. 计算单位工程经济指标

单位工程经济指标包括单位工程每平方米造价、主要材料消耗指标、劳动量消耗指标等。

6. 编写预算编制说明

编制说明简明扼要地介绍编制依据（定额、价格标准、费用标准、调价系数等）、编制范围等。

7. 校核、复核及审核

工程预算造价书完成后必须进行自校、校核、审核、复制、备案等过程。

工程预算造价书的审查有很多种方法，根据要求不同可以灵活运用，最基本的方法有全面审查法、重点审查法、指标审查法 3 种。

（1）全面审查法　就是根据施工图纸、合同和定额及有关规定，对工程预算造价书内容一项不漏地，逐一审查的方法。

（2）重点审查法　是抓住预算中的重点部分进行审查的方法。所谓重点，一是根据工程特点，工程某部分复杂、工程量计算繁杂、定额缺项多、对整个造价有明显影响者；二是工程数量多、单价高，占造价比重大的子目；三是在编制预算造价书过程中易犯错误处或易弄假处。

（3）指标审查法　就是利用建筑结构、用途、工程规模、建造标准基本相同的工程预算造价及各项技术经济指标，与被审查的工程造价相比较，这些指标和造价基本相符，则可认为该预算造价计算基本上是合理的。如果出入较大，应该作进一步分析对比，找出重点，进行审查。

三、施工图预算书包含的内容

施工图预算书的具体格式可参见各章定额计价实例。一般包括封面、目录、编制说明、预算分析表、计费程序表、工程量汇总表、工料分析等内容。

1. 封面

预算书的封面格式根据其用途不同，可以包括不同的项目。通常必须包括工程编号、工程名称、工程造价、单位建筑面积的造价、编制单位、编制人及证号、编制时间等。

对于中介单位，封面通常还须包括招标单位名称。对于施工单位则应包括建设单位名称等。对于投标单位则应包括投标人及其法人代表等信息。

2. 目录

对于内容较多的预算书，将其内容按顺序排列，并给出页码编号，以方便查找。

3. 编制说明

编制说明是将编制过程的依据及其他要说明的问题罗列出来。主要包括：
① 工程名称及建设所在地和该地工资区类别；
② 根据×设计院×年度×号图纸编制；
③ 采用×年度×地×种定额；
④ 采用×年度×地×取费标准（或文号）；
⑤ 根据×地×年×号文件调整价差；
⑥ 根据×号合同规定的工程范围编制的预算；
⑦ 定额换算原因、依据、方法；
⑧ 未解决的遗留问题。

4. 预算分析表

表 2-6 是一种常用的预算分析表形式。

表 2-6　预算分析表示例

工程名称：　　　　　　　　　　　　　　　　　　　　　　　　　　　　第　页，共　页

序号	定额编号	名称及说明	单位	数量	单位价值/元						总价值/元					
					损耗	主材费	人工费	材料费	机械费	管理费	主材费	人工费	材料费	机械费	管理费	合计

编制人：　　　　　　　　　　　　证号：　　　　　　　　　　　　编制日期：

5. 计费程序表

不同时期、不同地区采用的计费程序表可能有所不同，对于不同地区的工程应采用当地造价管理部门公布的计费程序进行计算。表 2-7 是某地区安装工程计费程序表。

6. 工程量汇总表

将安装工程中所有工程量分类汇总。

7. 工料分析

将人工、材料等进行汇总。

表 2-7　安装工程计费程序表示例

工程名称：　　　　　　　　　　　　　　　　　　　　　　　　　　　　　第　　页，共　　页

行号	序号	名称	计算办法	金额/元	备注
1	一、	分部分项工程费	[2]+[9]		
2	1	定额分部分项工程费	[3]+[4]+[7]+[8]		
3	1.1	人工费	人工费合计		
4	1.2	材料费	[5]+[6]		
5	1.2.1	主材费	主材费合计+设备费合计		
6	1.2.2	辅材费	辅助材料费合计		
7	1.3	机械费	机械费合计		
8	1.4	管理费	管理费合计		
9	2	价差	[10~12]		
10	2.1	人工价差	人工表价差合计		
11	2.2	辅材价差	辅助材料表价差合计		
12	2.3	机械价差	机械表价差合计		
13	二、	利润	([3]+[10])×27.5%		
14	三、	措施项目费	其他措施费		
15	四、	其他项目费	其他项目费		
16	五、	规费	[17~20]		
17	1.1	社会保险费	(人工费合计+人工表价差合计)×27.81%		
18	1.2	住房公积金	(人工费合计+人工表价差合计)×8%		
19	1.3	工程定额测定费	([1]+[13]+[14]+[15])×0.1%		
20	1.4	工程排污费	([1]+[13]+[14]+[15])×0.33%		
21	六、	不含税工程造价	[1]+[13]+[14]+[15]+[16]		
22	七、	税金	[21]×3.54%		
24	八、	含税工程造价	[21]+[22]		
25	含税工程造价：		（大写）	小写：	

编制人：　　　　　　　　　　　　　证号：　　　　　　　　　　　　编制日期：

第三章　安装工程造价工程量清单计价方法

第一节　工程量清单计价的概念

一、工程量清单及工程量清单计价

工程量清单是载明建设工程分部分项工程项目、措施项目、其他项目的名称和相应数量以及规费、税金项目等内容的明细清单。工程量清单在不同阶段，又可分别称为"招标工程量清单"、"已标价工程量清单"等。

招标工程量清单是招标人依据国家标准、招标文件、设计文件以及施工现场实际情况编制的，随招标文件发布供投标报价的工程量清单，包括其说明和表格。具体来说是在建设工程招投标阶段由具有编制能力的招标人或受其委托、具有相应资质的工程造价咨询人编制的技术文件，必须作为招标文件的组成部分，其准确性和完整性由招标人负责。招标工程量清单应以单位（单项）工程为单位编制，由分部分项工程项目清单、措施项目清单、其他项目清单、规费和税金项目清单组成。

已标价工程量清单是指构成合同文件组成部分的投标文件中已标明价格，经算术性错误修正（如有）且承包人已确认的工程量清单，包括其说明和表格。

工程量清单计价是建设工程招投标中，利用工程量清单进行造价计算的一种方法。招标人编制招标控制价和投标人编制投标价均可以利用工程量清单计价方法。所谓招标控制价是指招标人根据国家或省级、行业建设主管部门颁发的有关计价依据和办法，以及拟定的招标文件和招标工程量清单，结合工程具体情况编制的招标工程的最高投标限价。所谓投标价是指投标人投标时响应招标文件要求所报出的对已标价工程量清单汇总后标明的总价。

在建设工程招投标过程中，工程量清单计价按造价的形成过程分为两个阶段，第一阶段是招标人编制工程量清单，作为招标文件的组成部分；第二阶段由投标人根据工程量清单进行计价或报价。

为了规范建设工程造价计价行为，统一建设工程计价文件的编制原则和计价方法，我国专门制订了国家标准《建设工程工程量清单计价规范》（GB 50500—2013），同时还配套有相应的《工程量计算规范》，用来统一工程量的计算规则及工程量清单的编制方法。《工程量计算规范》按专业分为九本，分别是《房屋建筑与装饰工程工程量计算规范》、《仿古建筑工程工程量计算规范》、《通用安装工程工程量计算规范》、《市政工程工程量计算规范》、《园林绿化工程工程量计算规范》、《矿山工程工程量计算规范》、《构筑物工程工程量计算规范》、《城市轨道交通工程工程量计算规范》、《爆破工程工程量计算规范》。

二、工程量清单计价的特点

工程量清单计价是改革和完善工程价格管理体制的一个重要的组成部分。工程量清单计价方法相对于定额计价方法是一种新的计价模式，或者说是一种市场定价模式，是由建设产品的买方和卖方在建设市场上根据供求状况、信息状况进行自由竞价，从而最终能够签订工程合同价格的方法。在工程量清单的计价过程中，工程量清单为建设市场的交易双方提供了一个平等的平台，其内容和编制原则的确定是整个计价方式改革中的重要工作。

工程量清单计价真实反映了工程实际，为把定价自主权交给市场参与方提供了可能。在工程招标投标过程中，投标企业在投标报价时必须考虑工程本身的内容、范围、技术特点要求以及招标文件的有关规定、工程现场情况等因素；同时还必须充分考虑到许多其他方面的因素，如投标单位自己制定的工程总进度计划、施工方案、分包计划、资源安排计划等。这些因素对投标报价有着直接而重大的影响，而且对每一项招标工程来讲都具有其特殊性的一面，所以应该允许投标单位针对这些方面灵活机动地调整报价，以使报价能够比较准确地与工程实际相吻合。而只有这样才能把投标定价自主权真正交给招标和投标单位，投标单位才会对自己的报价承担相应的风险与责任，从而建立起真正的风险制约和竞争机制，避免合同实施过程中的推诿和扯皮现象的发生，为工程管理提供方便。

与在招投标过程中采用定额计价法相比，采用工程量清单计价方法具有如下一些特点：

（1）满足竞争的需要　招投标过程本身就是一个竞争的过程，招标人给出工程量清单，投标人去填单价（此单价为综合单价一般包括成本、利润），填高了中不了标，填低了又要赔本，这时候就体现出了企业技术、管理水平的重要性，形成了企业整体实力的竞争。

（2）提供了一个平等的竞争条件　采用施工图预算来投标报价，由于设计图纸的缺陷，不同投标企业的人员理解不一，计算出的工程量也不同，报价相去甚远，容易产生纠纷。而工程量清单报价就为投标者提供一个平等竞争的条件，相同的工程量，由企业根据自身的实力来填不同的单价，符合商品交换的一般性原则。

（3）有利于工程款的拨付和工程造价的最终确定　中标后，业主要与中标施工企业签订施工合同，工程量清单报价基础上的中标价就成了合同价的基础。投标清单上的单价也就成了拨付工程款的依据。业主根据施工企业完成的工程量，可以很容易地确定进度款的拨付额。工程竣工后，再根据设计变更、工程量的增减乘以相应单价，业主也很容易确定工程的最终造价。

（4）有利于实现风险的合理分担　采用工程量清单报价方式后，投标单位只对自己所报的成本、单价等负责，而对工程量的变更或计算错误等不负责任；相应的，对于这一部分风险则应由业主承担，这种格局符合风险合理分担与责权利关系对等的一般原则。

（5）有利于业主对投资的控制　采用施工图预算形式，业主对因设计变更、工程量的增减所引起的工程造价变化不敏感，往往等竣工结算时才知道这些对项目投资的影响有多大，但此时常常是为时已晚，而采用工程量清单计价的方式则一目了然，在要进行设计变更时，能马上知道它对工程造价的影响，这样业主就能根据投资情况来决定是否变更或进行方案比较，以决定最恰当的处理方法。

三、工程量清单计价方式下的安装工程造价组成

安装工程造价，根据其计算方法的不同，费用组成也略有不同。表3-1是采用工程量清单计价时的造价费用组成，由表可见，工程造价由分部分项工程费（含管理费、价差、利润）、措施项目费、其他项目费、规费和税金组成。

1. 分部分项工程费

分部分项工程是单项或单位工程的组成部分，是按结构部位、路段长度及施工特点或施工任务将单项或单位工程划分为若干分部的工程。分项工程是分部工程组成部分，是按不同施工方法、材料、工序及路段长度等将分部工程划分为若干个分项工程或项目的工程。

表 3-1 安装工程造价费用组成（工程量清单计价）

安装工程费	分部分项工程费		安装工程费	规费	工程排污费
	措施项目费	专业措施项目费			社会保险费
		安全文明施工及其他措施项目费			住房公积金
	其他项目费	暂列金额		税金	营业税
		暂估价			城市维护建设税
		计日工			教育费附加
		总承包服务费			地方教育附加

分部分项工程费是工程实体的费用，指为完成设计图纸所要求的工程所需的费用。

2．措施项目费

措施项目是为完成工程项目施工，发生于该工程施工准备和施工过程中的技术、生活、安全、环境保护等方面的项目所需的费用。

措施项目分专业措施项目、安全文明施工及其他措施项目两大类。

3．其他项目费

其他项目费包括暂列金额、暂估价、计日工及总承包服务费。

（1）暂列金额　招标人在工程量清单中暂定并包含在合同价款中的一笔款项。用于施工合同签订时尚未确定或者不可预见的所需材料、工程设备、服务的采购，施工中可能发生的工程变更、合同约定调整因素出现时的合同价款调整以及发生的索赔、现场签证确认等的费用。

（2）暂估价　招标人在工程量清单中提供的用于支付必然发生但暂时不能确定价格的材料、工程设备的单价以及专业工程的金额。

（3）计日工　在施工过程中，承包人完成发包人提出的工程合同范围以外的零星项目或工作，按合同中约定的单价计价的一种方式。计日工包括计日工"人工、材料和施工机械"。

（4）总承包服务费　总承包人为配合协调发包人进行的专业工程分包，对发包人自行采购的材料、工程设备等进行保管以及施工现场管理、竣工资料汇总整理等服务所需的费用。

4．规费

规费是指根据国家法律、法规规定，由省级政府或省级有关权力部门规定施工企业必须缴纳的，应计入建筑安装工程造价的费用。

5．税金

税金是指国家税法规定的应计入建筑安装工程造价内的营业税、城市维护建设税、教育费附加和地方教育附加。

第二节　工程量清单的编制

工程量清单由有编制招标文件能力的招标人或受其委托具有相应资质的工程造价咨询机构、招标代理机构，依据有关计价办法、招标文件的有关要求、设计文件和施工现场实际情况进行编制，必须作为招标文件的组成部分，其准确性和完整性由招标人负责。

工程量清单由分部分项工程量清单、措施项目清单和其他项目清单等组成，是编制招标控制价和投标报价的依据，是签订工程合同、调整工程量和办理竣工结算的基础。

工程量清单编制必须遵循《建设工程工程量清单计价规范》（GB 50500—2013）以及相关的工程量计算规范的规定，本专业所涉及的内容主要执行《通用安装工程工程量计算规范》（GB 50856—2013）的规定。

《建设工程工程量清单计价规范》正文共 16 章，包括总则、术语、一般规定、工程量清单编制、招标控制价、投标报价、合同价款约定、工程计量、合同价款调整、合同价款期中支付、竣工结算与支付、合同解除的价款结算与支付、合同价款争议的解决、工程造价鉴定、工程计价资料与档案、工程计价表格等。附录共 11 部分，主要是计价过程中使用的各种表格。

《通用安装工程工程量计算规范》正文包括总则、术语、工程计量、工程量清单编制四部分内容。附录按专业划分为 13 部分，包括附录 A《机械设备安装工程》、附录 B《热力设备安装工程》、附录 C《静置设备与工艺金属结构制作安装工程》、附录 D《电气设备安装工程》、附录 E《建筑智能化工程》、附录 F《自动化控制仪表安装工程》、附录 G《通风空调工程》、附录 H《工业管道工程》、附录 J《消防工程》、附录 K《给排水、采暖、燃气工程》、附录 L《通信设备及线路工程》、附录 M《刷油、防腐蚀、绝热工程》、附录 N《措施项目》。

工程量清单编制依据包括：

1. 《建设工程工程量清单计价规范》及相关的工程量计算规范；
2. 国家或省级、行业建设主管部门颁发的计价定额和办法；
3. 建设工程设计文件及相关资料；
4. 与建设工程相关的标准、规范、技术资料；
5. 撰写的招标文件；
6. 施工现场情况、地勘水文资料、工程特点及常规施工方法；
7. 其他相关资料。

一、分部分项工程量清单的编制

分部分项工程量清单应按照《通用安装工程工程量计算规范》附录中规定的项目编码、项目名称、项目特征、计量单位和工程量计算规则进行编制。招标人必须按规范规定执行，不得因情况不同而变动。在设置清单项目时，以规范附录中项目名称为主体，考虑该项目的规格、型号、材质等特征要求，结合拟建工程的实际情况，在清单中详细地反映出影响工程造价的主要因素。表 3-2 是附录 K《给排水、采暖、燃气工程》中 K.1"给排水、采暖、燃气管道"中部分工程量清单的项目设置表。

表 3-2　工程量清单的项目设置

项目编码	项目名称	项目特征	计量单位	工程量计算规则	工作内容
031001001	镀锌钢管	1. 安装部位 2. 介质 3. 规格、压力等级 4. 连接形式 5. 压力试验及吹、洗设计要求 6. 警示带形式	m	按设计图示管道中心线以长度计算	1. 管道安装 2. 管件制作、安装 3. 压力试验 4. 吹扫、冲洗 5. 警示带铺设
031001002	钢管				
031001003	不锈钢管				
031001004	铜管				

1. 项目编码

《通用安装工程工程量计算规范》附录文件中对每一个分部分项工程清单项目均给定一个编码。项目编码用十二位阿拉伯数字表示。具体编码代表的含义如下。

一、二位为专业工程代码，01 为房屋建筑与装饰工程，02 为仿古建筑工程工程量计算规范，03 为通用安装工程，04 为市政工程，05 为园林绿化工程，06 为矿山工程，07 为构筑物工程，08 为城市轨道交通工程，09 为爆破工程，以后进入国标的专业工程代码以此类推。

三、四位为附录分类顺序码，01 为机械设备安装工程，02 为热力设备安装工程，03 为静置设备与工艺金属结构制作安装工程，04 为电气设备安装工程，05 为建筑智能化工程，06 为自动化控制仪表安装工程，07 为通风空调工程，08 为工业管道工程，09 为消防工程，10 为给排水、采暖、燃气工程，11 为通信设备及线路工程，12 为刷油、防腐蚀、绝热工程。

五、六位为分部分项工程的顺序码。

七、八、九位为分部分项工程项目名称的顺序码。

十、十一、十二位为清单项目名称顺序码。

例：030703001 表示"通用安装工程"专业工程中的附录 G"通风空调工程"中的分部分项工程"通风管道部件制作安装"中的第 1 项"碳钢阀门"项目。

例：031001004 表示"通用安装工程"专业工程中的附录 K"给排水、采暖、燃气工程"中的分部分项工程"给排水、采暖、燃气管道"中的第 6 项"铜管"项目。

当同一标段（或合同段）的一份工程量清单中含有多个单位工程且工程量清单是以单位工程为编制对象时，在编制工程量清单时应特别注意对项目编码十至十二位的设置不得有重码的规定。例如一个标段的工程量清单中含有三个单位工程，每一个单位工程中都有项目特征相同的电梯安装工作，在工程清单中又需要反映三个不同单位工程的电梯工程量时，则第一个单位工程的电梯项目编码应为 030107001001，第二个单位工程的电梯项目编码应为 030107001002，第三个单位工程的电梯项目编码应为 030107001003。

随着工程建设中新材料、新技术、新工艺等的不断涌现，工程量计算规范附录中所列的工程量清单项目不可能包含所有项目。在编制工程量清单时，当出现附录中未包括的清单项目时，编制人可以补充。补充时要注意以下几点。

（1）补充项目的编码要按计算规范的规定确定。补充项目的编码由通用安装工程代码 03 与 B 和三位阿拉伯数字组成，并应从 03B001 开始，同时也要注意同一招标工程的项目不得有重码；

（2）在工程量中应补充项目名称、项目特征、计量单位、工程量计算规划和工作内容；

（3）将编制的补充项目报省级或行业工程造价管理机构备案。

2. 项目名称

分部分项工程量清单项目名称应按附录的项目名称结合拟建工程的实际确定。

3. 项目特征

项目特征是确定一个清单项目综合单价不可缺少的重要依据，在编制工程量清单时必须对项目特征进行准确、全面的描述。

项目特征按不同的工程部位、施工工艺或材料品种、规格等分别列项。凡项目特征中未描述到的其他独有特征，由清单编制人视项目具体情况确定，以准确描述清单项目为准。安装工程项目的特征主要体现在以下几个方面。

（1）项目的本体特征　属于这些特征的主要有项目的材质、型号、规格、品牌等，这些特征对工程造价影响较大，若不加以区分，必然造成计价混乱。

（2）安装工艺方面的特征　对于项目的安装工艺，在清单编制时有必要进行详细说明。例如，$DN \leqslant 100$ 的镀锌钢管采用螺纹连接，$DN > 100$ 的管道连接可采用法兰连接或卡套式专用管件连接，在清单项目设置时，必须描述其连接方法。

（3）对工艺或施工方法有影响的特征　有些特征将直接影响到施工方法，从而影响工程造价。例如设备的安装高度，室外埋地管道工程地下水的有关情况等。

计价规范中各部分的基本安装高度：附录 A 机械设备安装工程 10m；附录 D 电气设备安装工程 5m；附录 E 建筑智能化工程 5m；附录 G 通风空调工程 6m；附录 J 消防工程 5m；附录 K 给排水、采暖、燃气工程 3.6m；附录 M 刷油、防腐蚀、绝热工程 6m。

安装工程项目的特征是清单项目设置的重要内容，在设置清单项目时，应对项目的特征作全面的描述。即使是同一规格同一材质的项目，如果安装工艺或安装位置不一样时，应考虑分别设置清单项目。原则上具有不同特征的项目都应分别列项。只有做到清单项目清晰、准确，才能使投标人全面、准确地理解招标人的工程内容和要求，做到计价有效。招标人编制工程量清单时，对项目特征的描述是非常关键的内容，必须予以足够的重视。

4. 计量单位

计量单位应采用基本单位，不使用扩大单位（100kg、10m²、10m 等），这一点与定额计价有很大差别（各专业另有特殊规定除外）。

① 以重量计算的项目——吨或千克（t 或 kg）；
② 以体积计算的项目——立方米（m³）；
③ 以面积计算的项目——平方米（m²）；
④ 以长度计算的项目——米（m）；
⑤ 以自然计量单位计算的项目——个；
⑥ 没有具体数量的项目——系统、项。

以 "t" 为单位的，保留小数点后三位，第四位小数四舍五入；以 "m"、"m²"、"m³"、"kg" 为单位的，应保留两位小数，第三位小数四舍五入；以 "台"、"个"、"件"、"套"、"根"、"组"、"系统" 等为单位的，应取整数。

5. 工程量计算规则

工程量计算是指建设项目以工程设计图纸、施工组织设计或施工方案及有关技术经济文件为依据，按照相关工程国家标准的计算规则、计量单位等规定，进行工程数量的计算活动，也称 "工程计量"。

6. 工作内容

工作内容是指完成该清单项目可能发生的具体工作，可供招标人确定清单项目和投标人投标报价参考，需要指出的是，对没有发生的工作内容不能计入清单项目的综合单价。

二、措施项目清单的编制

措施项目清单的编制应考虑多种因素，除工程本身的因素外，还涉及水文、气象、环境、安全等和施工企业的实际情况。

措施项目分专业措施项目、安全文明施工及其他措施项目两大类，《通用安装工程工程量计算规范》附录 N 中列出了措施项目内容，见表 3-3、表 3-4。

表 3-3　专业措施项目一览表

序号	项目名称	序号	项目名称
1	吊装加固	10	安装与生产同时进行增加
2	金属抱杆安装、拆除、移位	11	在有害身体健康环境中施工增加
3	平台铺设、拆除	12	工程系统检测、检验
4	顶升、提升装置	13	设备、管道施工的安全、防冻和焊接保护
5	大型设备专用机具	14	焦炉烘炉、热态工程
6	焊接工艺评定	15	管道安拆后的充气保护
7	胎（模）具制作、安装、拆除	16	隧道内施工的通风、供水、供气、供电、照明及通讯设施
8	防护棚制作安装拆除	17	脚手架搭拆
9	特殊地区施工增加	18	其他措施

表 3-4 安全文明施工及其他措施项目一览表

序号	项 目 名 称
1	安全文明施工(含环境保护、文明施工、安全施工、临时设施)
2	夜间施工增加
3	非夜间施工增加
4	二次搬运
5	冬雨季施工增加
6	已完工程及设备保护
7	高层施工增加

措施项目中列出了项目编码、项目名称、项目特征、计量单位、工程量计算规则的项目,编制工程量清单时,应根据分部分项工程量清单编制要求执行。如措施项目仅列出了项目编码、项目名称,未列出项目特征、计量单位、工程量计算规则的项目,编制工程量清单时,应按规划附录 N 措施项目规定的项目编码、项目名称确定。

措施项目费为一次性报价,通常不调整。结算需要调整的,必须在招标文件和合同中明确。

三、其他项目清单的编制

其他项目清单应根据拟建工程的具体情况列项。一般包括暂列金额、暂估价、计日工、总承包服务费。

第三节 工程量清单计价

工程量清单计价是指投标人根据招标人公开提供的工程量清单进行自主报价或招标人编制招标控制价以及承发包双方确定合同价款、调整工程竣工结算等活动。

工程量清单计价采用综合单价计价。综合单价是完成一个规定清单项目所需的人工费、材料和工程设备费、施工机具使用费和企业管理费、利润以及一定范围内的风险费用。综合单价不但适用于分部分项工程量清单,也适用于措施项目清单、其他项目清单等。

工程量清单计价的价款应包括按招标文件规定,完成工程量清单所列项目的全部费用,包括分部分项工程费、措施项目费、其他项目费和规费、税金。

工程量清单计价的主要依据包括以下几点。

1.《建设工程工程量清单计价规范》;

2.国家或省级、行业建设主管部门颁发的计价办法;

3.企业定额,国家或省级、行业建设主管部门颁发的计价定额和计价办法;

4.招标文件、招标工程量清单及其补充通知、答疑纪要;

5.建设工程设计文件及相关资料;

6.施工现场情况、工程特点及投标时拟定的施工组织设计或施工方案;

7.与建设工程相关的标准、规范、技术资料;

8.市场价格信息或工程造价管理机构发布的工程造价信息;

9.其他相关资料。

一、分部分项工程费

安装工程分部分项工程费=∑清单工程量×综合单价

分部分项工程量清单的综合单价，应按设计文件或参照《通用安装工程工程量计算规范》附录文件中的工程内容确定。分部分项工程的综合单价包括以下内容。

（1）分部分项工程一个清单计量单位人工费、材料费、机械费、管理费、利润；

（2）在不同条件下施工需增加的人工费、材料费、机械费、管理费、利润；

（3）人工、材料、机械动态价格调整与相应的管理费、利润调整；

（4）包括招标文件要求的风险费用。

综合单价的计算依据是招标文件（包括招标用图）、合同条件、工程量清单和定额。特别要注意清单对"项目特征"及"工作内容"的描述。分部分项工程量清单综合单价的确定一般采用综合单价分析表进行（见表 3-5）。在综合单价组成明细中，列出该清单下实际发生的所有工作的价格（没有发生的工作不计价）。综合单价分析可以采用国家或省级、行业建设主管部门颁发的计价定额和计价办法。

表 3-5　综合单价分析表

项目编码				项目名称			计量单位		工程量	
清单综合单价组成明细										
定额编号	定额项目名称	定额单位	数量	单价/元				合价/元			
				人工费	材料费	机械费	管理费和利润	人工费	材料费	机械费	管理费和利润
人工单价/（元/工日）		小计									
		未计价材料费									
清单项目综合单价											
材料费明细	主要材料名称、型号、规格			单位	数量	单价/元	合价/元	暂估单价/元	暂估合价/元		
	其他材料费					—		—			
	材料费小计					—		—			

二、措施项目费

我国将措施项目费中的安全文明施工费纳入国家强制性管理范围，其费用标准不予竞争。除此之外的措施项目费属于竞争性的费用，投标报价时由编制人根据企业的情况自行计算，可高可低。编制人没有计算或少计算的费用，视为此费用已包括在其他费用内，额外的费用除招标文件和合同约定外，不予支付。

措施项目在计价时分两类情况：一类是不能计算工程量的项目，如文明施工和安全防护、临时设施等，以"项"计价，称为"总价项目"；另一类是可以计算工程量的项目，如脚手架、降水工程等，以"量"计价，称为"单价项目"。

对于以"总价项目"形式计价的措施项目，其计算方法是以确定的"计算基础"乘以相应的费率来确定的。如安全文明施工费的计算基础可为"定额基价"、"定额人工费"或"定额人工费＋定额机械费"等。

对于以"单价项目"形式计算措施项目的综合单价时，应根据拟建工程的施工组织设计或施工方案，详细分析其所含的工程内容，然后确定其综合单价。措施项目不同，其综合单价组成内容可能有差异。

三、其他项目费

其他项目费包括暂列金额、暂估价、计日工及总承包服务费。

（1）暂列金额　编制招标控制价时，暂列金额可根据工程特点、工期长短，按有关计价规定进行估算，一般可按分部分项工程费的10%～15%为参考。

（2）暂估价　编制招标控制价时，材料暂估价单价应按工程造价管理机构发布的工程造价信息或参考市场价格确定。专业工程暂估价应分不同专业，按有关计价规定估算。

（3）计日工　编制招标控制价时，招标人应根据工程特点，按照列出的计日工项目和有关计价依据计算。

（4）总承包服务费　编制招标控制价时，招标人应根据招标文件中列出的内容和向总承包人提出的要求参照下列标准计算：①招标人仅要求对分包的专业工程进行总承包管理和协调时，按分包的专业工程估算造价的1.5%计算；②招标人要求对分包的专业工程进行总承包管理和协调并同时要求提供配合服务时，根据招标文件中列出的配合服务内容和提出的要求按分包的专业工程估算造价的3%～5%计算；③招标人自行供应材料的，按招标人供应材料价值的1%计算。

四、工程量清单计价方法

工程量清单计价的基本过程可以描述为：在统一的工程量计算规则的基础上，制定工程量清单项目设置规则，根据具体工程的施工图纸计算出各个清单项目的工程量，再根据各种渠道所获得的工程造价信息和经验数据计算得到工程造价。这一计算过程如图3-1所示。

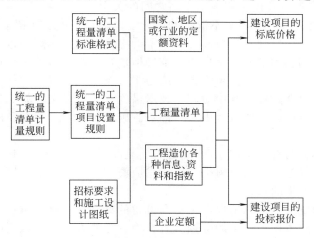

图 3-1　工程量清单计价过程示意图

从工程量清单计价过程的示意图中可以看出，其编制过程可以分为两个阶段：工程量清单的编制和利用工程量清单来进行投标报价。投标报价是在工程采用招标发包的过程中，由投标人按照招标文件的要求，根据工程特点，并结合自身的施工技术、装备和管理水平，依据有关计价规定确定的工程造价，是投标人希望达成工程承包交易的期望价格。

具体的步骤如下。

1. 研究招标文件，熟悉图纸

（1）熟悉工程量清单　工程量清单是计算工程造价最重要的依据，在计价时必须全面了解每一个清单项目的特征描述，熟悉其所包括的工程内容，以便在计价时不漏项，不重复计算。

（2）研究招标文件　工程招标文件及合同条件的有关条款和要求，是计算工程造价的重要依据。在招标文件及合同条件中对有关承发包工程范围、内容、期限、工程材料、设备采购供应办法等都有具体规定，只有在计价时按规定进行，才能保证计价的有效性；因此，投标单位拿到招标文件后，根据招标文件的要求，要对照图纸，对招标文件提供的工程量清单进行复查或复核，其内容主要如下。

① 分专业对施工图进行工程量的数量审查。一般招标文件上要求投标单位核查工程量清单，如果投标单位不审查，则不能发现清单编制中存在的问题，也就不能充分利用招标单位给予投标单位澄清问题的机会，则由此产生的后果由投标单位自行负责。

② 根据图纸说明和选用的技术规范对工程量清单项目进行审查。这主要是指根据规范和技术要求，审查清单项目是否漏项，例如电气设备中有许多调试工作（母线系统调试、低压供电系统调试等），是否在工程量清单中被漏项。

③ 根据技术要求和招标文件的具体要求，对工程需要增加的内容进行审查。认真研究招标文件是投标单位争取中标的第一要素。表面上看，各招标文件基本相同，但每个项目都有自己的特殊要求，这些要求一定会在招标文件中反映出来，这需要投标人仔细研究。有的工程量清单上要求增加的内容与技术要求和招标文件上的要求不统一，只有通过审查和澄清才能统一起来。

（3）熟悉施工图纸　全面、系统地阅读图纸，是准确计算工程造价的重要工作。阅读图纸时应注意以下几点。

① 按设计要求，收集图纸选用的标准图、大样图。

② 认真阅读设计说明，掌握安装构件的部位和尺寸，安装施工要求及特点。

③ 了解本专业施工与其他专业施工工序之间的关系。

④ 对图纸中的错、漏以及表示不清楚的地方予以记录，以便在招标答疑会上询问解决。

（4）熟悉工程量计算规则　当分部分项工程的综合单价采用定额进行单价分析时，对定额工程量计算规则的熟悉和掌握，是快速、准确地进行单价分析的重要保证。

（5）了解施工组织设计　施工组织设计或施工方案是施工单位的技术部门针对具体工程编制的施工作业的指导性文件，其中对施工技术措施、安全措施、施工机械配置，是否增加辅助项目等，都应在工程计价的过程中予以注意。施工组织设计所涉及的图纸以外的费用主要属于措施项目费。

（6）熟悉加工订货的有关情况　明确建设、施工单位双方在加工订货方面的分工。对需要进行委托加工订货的设备、材料生产厂或供应商询价，并落实厂家或供应商对产品交货期及产品到工地交货价格的承诺。

（7）明确主材和设备的来源情况　主材和设备的型号、规格、重量、材质、品牌等对工程造价影响很大，因此主材和设备的范围及有关内容需要发包人予以明确，必要时注明产地和厂家。大宗材料和设备价格，必须考虑交货期和从交通运输线至工地现场的运输条件。

2. 计算工程量

清单计价的工程量计算主要有两部分内容，一是核算工程量清单所提供清单项目工程量是否准确，二是计算每一个清单项目所组合的工程项目（子项）的工程量，以便进行单价分析。在计算工程量时，应注意清单计价和定额计价时的计算方法不同。清单计价时，是辅助项目随主项计算，将不同的工程内容组合在一起，计算出清单项目的综合单价；而定额计价时，是按相同的工程内容合并汇总，然后套用定额，计算出该项目的分部分项工程费。

3. 分部分项工程量清单计价

分部分项工程量清单计价分两个步骤：第一步，按招标文件给定的工程量清单项目逐个进行综合单价分析。在分析计算依据采用方面，可采用企业定额，也可采用各地现行的安装工程综合定额。第二步，按分部分项工程量清单计价格式，将每个清单项目的工程数量，分别乘以对应的综合单价计算出各项合价，再将各项合价汇总。

4. 措施项目清单计价

措施项目清单是完成项目施工必须采取的措施所需的工程内容，一般在招标文件中提供。如提供的项目与拟建工程情况不完全相符时，投标人可做增减。费用的计算可参照计价办法中措施项目指引的计算方法进行，也可按施工方案和施工组织设计中相应项目要求进行人工、材料、机械分析计算。

5. 其他项目费、规费、税金的计算

其他项目费、规费、税金可按各地规定计算。

五、工程量清单计价汇总

工程量清单计价汇总见表 3-6。

表 3-6　工程量清单计价汇总表

序号	名　　称	计　算　办　法
1	分部分项工程费	Σ(清单工程量×综合单价)
2	措施项目费	按规定计算(含利润)
3	其他项目费	按招标文件规定计算
4	规费	按规定计算
5	不含税工程造价	1＋2＋3＋4
6	税金	按税务部门规定计算
7	含税工程造价	5＋6

第四节　工程量清单计价表格

根据《建设工程工程量清单计价规范》的要求，工程量清单与计价要使用统一的表格。工程量清单计价的相关表格见表 3-7～表 3-27。

表 3-7　招标工程量清单封面

　　　　　　　　　工程

招标工程量清单

招标人：＿＿＿＿＿＿＿
（单位盖章）

造价咨询人：＿＿＿＿＿＿＿
（单位盖章）

年　月　日

表 3-8　招标控制价封面

_____工程

招标控制价

投　标　人：_____
（单位盖章）

造价咨询人：_____
（单位盖章）

年　月　日

表 3-9　投标总价封面

_____工程

投标总价

投　标　人：_____
（单位盖章）

年　月　日

表 3-10　招标工程量清单扉页

_____工程

招 标 工 程 量 清 单

招　标　人：_____　　　造价咨询人：_____
（单位盖章）　　　　　　　　　　　　　　　　（单位资质专用章）

法定代表人　　　　　　　　　　　　　　　　法定代表人
或其授权人：_____　　　或其授权人：_____
（签字或盖章）　　　　　　　　　　　　　　（签字或盖章）

编　制　人：_____　　　复　核　人：_____
（造价人员签字盖专用章）　　　　　　　　　（造价工程师签字盖专用章）

编制时间：　年　月　日　　　　　　　　　　复核时间：　年　月　日

表 3-11　招标控制价扉页

_____工程

招标控制价

招标控制价(小写)：_____

(大写)：_____

招　标　人：_____　　　造价咨询人：_____

(单位盖章)　　　　　　　　　　　　　　　　　(单位资质专用章)

法定代表人　　　　　　　　　　　　　　　　法定代表人

或其授权人：_____　　　或其授权人：_____

(签字或盖章)　　　　　　　　　　　　　　　(签字或盖章)

编　制　人：_____　　　复　核　人：_____

(造价人员签字盖专用章)　　　　　　　　　　(造价工程师签字盖专用章)

编制时间：　年　　月　　日　　　　　　　　复核时间：　年　　月　　　日

表 3-12　投标总价扉页

投 标 总 价

招　　标　　人：_____

工　程　名　称：_____

投标总价(小写)：_____

(大写)：_____

投　　标　　人：_____

(单位盖章)

法定代表人

或其授权人：_____

(签字或盖章)

编　　制　　人：_____

(造价人员签字盖专用章)

时　　　间：　　年　　月　　日

表 3-13　工程计价总说明

总 说 明

工程名称：_____　　　　　　　　　　　第　页,共　页

注:工程量清单编制的总说明应包括:(1)工程概况(建设规模、工程特征、计划工期、施工现场实际情况、自然地理条件、环境保护要求等);(2)工程招标和专业工程发包范围;(3)工程量清单编制依据;(4)工程质量、材料、施工等的特殊要求;(5)其他需要说明的问题。

工程量清单计价总说明应包括:(1)工程概况(建设规模、工程特征、计划工期、施工现场及变化情况、自然地理条件、环境保护要求等);(2)编制依据。

表 3-14　单位工程招标控制价/投标报价汇总表

工程名称：　　　　　　　　　　　标段：　　　　　　　　　　　第　页，共　页

序号	汇总内容	金额/元	其中:暂估价/元
1	分部分项工程		
1.1			
1.2			
2	措施项目		—
2.1	其中:安全文明施工费		
3	其他项目		—
3.1	其中:暂列金额		—
3.2	其中:专业工程暂估价		—
3.3	其中:计日工		—
3.4	其中:总承包服务费		—
4	规费		—
5	税金		—
	招标控制价 合计＝1＋2＋3＋4＋5		

注:本表适用于单位工程投标报价或招标控制价的汇总,如无单位工程划分,单项工程也使用本表汇总。

表 3-15　分部分项工程和单价措施项目清单与计价表

工程名称：　　　　　　　　　　　标段：　　　　　　　　　　　第　页，共　页

序号	项目编码	项目名称	项目特征描述	计量单位	工程量	综合单价	合价	其中:暂估价
本页小计								
合计								

注:为计取规费等的使用,可在表中增设其中:"定额人工费"。

表 3-16　综合单价分析表

工程名称：　　　　　　　　　　　标段：　　　　　　　　　　　第　页，共　页

项目编码			项目名称			计量单位		工程量	

| 清单综合单价组成明细 |

定额编号	定额项目名称	定额单位	数量	人工费	材料费	机械费	管理费和利润	人工费	材料费	机械费	管理费和利润

| 人工单价 | | 小计 | |
| 元/工日 | | 未计价材料费 | |

　安装工程预算与工程量清单计价

项目编码		项目名称		计量单位		工程量	
清单项目综合单价							
材料费明细	主要材料名称、型号、规格	单位	数量	单价/元	合价/元	暂估单价/元	暂估合价/元
	其他材料费			—		—	
	材料费小计			—		—	

注:1. 如不使用省级或行业建设主管部门发布的计价依据,可不填写定额编号、名称等。

2. 招标文件提供了暂估单价的材料,按暂估的单价填入表内"暂估单价"栏及"暂估合价"栏。

表 3-17   总价措施项目清单与计价表

工程名称: 标段: 第   页,共   页

序号	项目名称	计算基础	费率/%	金额/元	调整费率/%	调整后金额/元	备注
1	安全文明施工费						
2	夜间施工费						
3	二次搬运费						
4	冬雨季施工增加费						
5	已完工程及设备保护费						
	合计						

编制人(造价人员):   复核人(造价工程师):

注:1. "计算基础"中安全文明施工费可为"定额基价"、"定额人工费"或"定额人工费＋定额机械费",其他项目可为"定额人工费"或"定额人工费＋定额机械费"。

2. 按施工方案计算的措施费,若无"计算基础"和"费率"的数值,也可只填"金额"数值,但应在备注栏说明施工方案出处或计算方法。

表 3-18   其他项目清单与计价汇总表

工程名称: 标段: 第   页,共   页

序号	项目名称	金额/元	结算金额/元	备注
1	暂列金额			明细详见表 3-19
2	暂估价			
2.1	材料(工程设备)暂估价/结算价		—	明细详见表 3-20
2.2	专业工程暂估价/结算价			明细详见表 3-21
3	计日工			明细详见表 3-22
4	总承包服务费			明细详见表 3-23
5	索赔与现场签证			
	合计			

注:材料(工程设备)暂估单价进入清单项目综合单价,此处不汇总。

表 3-19　暂列金额明细表

工程名称：　　　　　　　　　　　　　标段：　　　　　　　　　　　　　第　页，共　页

序号	项目名称	计量单位	暂定金额/元	备注
1				
2				
3				
合计				

注：此表由招标人填写，如不能详列，也可只列暂定金额总额，投标人应将上述暂列金额计入投标总价中。

表 3-20　材料（工程设备）暂估单价及调整表

工程名称：　　　　　　　　　　　　　标段：　　　　　　　　　　　　　第　页，共　页

序号	材料（工程设备）名称、规格、型号	计量单位	数量		暂估/元		确认/元		差额±/元		备注
			暂估	确认	单价	合价	单价	合价	单价	合价	
合计											

注：此表由招标人填写"暂估单价"，并在备注栏说明暂估价的材料、工程设备拟用在哪些清单项目上，投标人应将上述材料、工程设备暂估单价计入工程量清单综合单价报价中。

表 3-21　专业工程暂估价及结算价表

工程名称：　　　　　　　　　　　　　标段：　　　　　　　　　　　　　第　页，共　页

序号	工程名称	工程内容	暂估金额/元	结算金额/元	差额±/元	备注
合计					—	

注：此表"暂估金额"由招标人填写，投标人应将"暂估金额"计入投标总价中。结算时按合同约定结算金额填写

表 3-22　计日工表

工程名称：　　　　　　　　　　　　　标段：　　　　　　　　　　　　　第　页，共　页

编号	项目名称	单位	暂定数量	实际数量	综合单价/元	合价/元	
						暂定	实际
一	人工						
1							
2							
人工小计							
二	材料						
1							
2							

编号	项目名称	单位	暂定数量	实际数量	综合单价/元	合价/元	
						暂定	实际
	材料小计						
三	施工机械						
1							
2							
	施工机械小计						
四、企业管理费和利润							
	总计						

注:此表项目名称、暂定数量由招标人填写,编制招标控制价时,单价由招标人按有关计价规定确定;投标时,单价由投标人自主报价,按暂定数量计算合价计入投标总价中。结算时,按发承包双方确认的实际数量计算合价。

表 3-23　总承包服务费计价表

工程名称:　　　　　　　　　　　标段:　　　　　　　　　　　第　页,共　页

序号	项目名称	项目价值/元	服务内容	计算基础	费率/%	金额/元
1	发包人发包专业工程					
2	发包人供应材料					
	合计	—		—	—	

注:此表项目名称、服务内容由招标人填写,编制招标控制价时,费率及金额由招标人按有关计价规定确定;投标时,费率及金额由投标人自主报价,计入投标总价中。

表 3-24　规费、税金项目计价表

工程名称:　　　　　　　　　　　标段:　　　　　　　　　　　第　页,共　页

序号	项目名称	计算基础	计算基数	计算费率/%	金额/元
1	规费	定额人工费			
1.1	社会保险费	定额人工费			
(1)	养老保险费	定额人工费			
(2)	失业保险费	定额人工费			
(3)	医疗保险费	定额人工费			
(4)	工伤保险费	定额人工费			
(5)	生育保险费	定额人工费			
1.2	住房公积金	定额人工费			
1.3	工程排污费	按工程所在地环境保护部门收取标准,按实计入			
2	税金	分部分项工程费+措施项目费+其他项目费+规费—按规定不计税的工程设备金额			
	合计				

编制人(造价人员):　　　　　　　　　　　复核人(造价工程师):

表 3-25　发包人提供的材料和工程设备一览表

工程名称：　　　　　　　　　　　　　　标段：　　　　　　　　　　　　　　第　页，共　页

序号	材料(工程设备) 名称、规格、型号	单位	数量	单价/元	交货方式	送达地点	备注

注：此表由招标人填写，供投标人在投标报价、确定总承包服务费时参考。

表 3-26　承包人提供的材料和工程设备一览表
（适用于造价信息差额调整法）

工程名称：　　　　　　　　　　　　　　标段：　　　　　　　　　　　　　　第　页，共　页

序号	名称、规格、型号	单位	数量	风险系数 /%	基准单价 /元	投标单价 /元	发承包人 确认单价 /元	备注

注：1. 此表由招标人填写除"投标单价"栏的内容，投标人在投标时自主确定投标单价；
　　2. 招标人应优先采用工程造价管理机构发布的单价作为基准单价，未发布的，通过市场调查确定其基准单价。

表 3-27　承包人提供的材料和工程设备一览表
（适用于造价指数差额调整法）

工程名称：　　　　　　　　　　　　　　标段：　　　　　　　　　　　　　　第　页，共　页

序号	名称、规格、型号	变值 权重 B	基本价格 指数 F_0	基本价格 指数 F_t	基准单价 /元	投标单价 /元	发承包人 确认单价 /元	备注

注：1. 此表由招标人填写除"投标单价"栏的内容，投标人在投标时自主确定投标单价；
　　2. 招标人应优先采用工程造价管理机构发布的单价作为基准单价，未发布的，通过市场调查确定其基准单价。

第四章　电气安装工程

第一节　电气安装工程基础知识

一、电力系统

如图 4-1 所示，电力系统一般由发电厂、输电线路、变电所、配电线路及用电设备构成。

在我国，一般把 1kV 以上的电压称为高压，1kV 以下的电压称为低压。6~10kV 电压用于送电距离为 10km 左右的工业与民用建筑的供电，380V 电压用于民用建筑内部动力设备供电或向工业生产设备供电。220V 电压则用于向小型电器和照明系统供电。

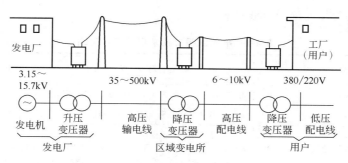

图 4-1　电力系统示意图

二、低压配电系统

高压供电通过降压变压器将电压降至 380V 后供给用户，通过建筑内部的低压配电系统将电能供应到各个用电设备。低压配电系统可分为动力和照明配电系统，由配电装置及配电线路组成。电源引入建筑物后，应在便于维护操作之处装设配电开关和保护设备，若装于配电装置上时，应尽量接近负荷中心。低压配电一般采用 380/220V 中性点直接接地系统。照明和电力设备一般由同一台变压器供电，当电力负荷所引起的电压波动超过照明或其他用电设施的电压质量要求时，可分别设置电力和照明变压器。单相用电设备应均匀分配到三相电路中，不平衡中性电流应小于规定的允许值。

低压配电系统的接线一般应考虑简单、经济、安全、操作方便、调度灵活和有利发展等因素。但由于配电系统直接和用电设备相连，故对接线的可靠性、灵活性和方便性要求更高。低压配电的接线方式有放射式、树干式及混合式之分，如图 4-2 所示。

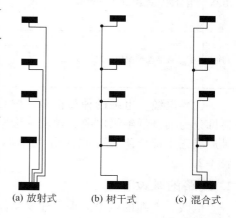

(a) 放射式　　(b) 树干式　　(c) 混合式

图 4-2　低压配电接线方式示意图

从低压电源引入的总配电装置（第一级配电点）开始，至末端照明支路配电盘为止，配电级数一般不宜多于三级，每一级配电线路的长度不宜大于30m。如从变电所的低压配电装置算起，则配电级数一般不多于四级，总配电长度一般不宜超过200m，每路干线的负荷计算电流一般不宜大于200A。

三、配电导线

1. 导线的型号

（1）电线　室内低压线路一般采用绝缘电线。绝缘电线按绝缘材料的不同，分为橡皮绝缘电线和塑料绝缘电线；按导体材料分铝芯电线和铜芯电线，铝芯电线比铜芯电线电阻率大、机械强度低，但质轻、价廉；按制造工艺分单股电线和多股电线。截面在 $10mm^2$ 以下的电线通常为单股。其型号一般用下述符号表示。

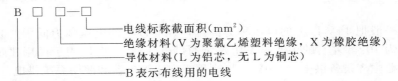

电气照明工程常用的绝缘电线见表4-1。

表 4-1　电气照明工程常用的绝缘电线

型号	名　称	电压/V	线芯标称截面积/mm²	用　途
BV	铜芯塑料绝缘线	500	0.75,1.0,1.5,2.5,4,6,10,16,25,35,50,70,95	室内明装固定敷设或穿管敷设用
BLV	铝芯塑料绝缘线	500	2.5,4,6,10,16,25,35,50,70,95	
BVV	铜芯塑料绝缘及护套线	500	0.75,1.0,1.5,2.5,4,6,10 2×0.75,2×1.0,2×1.5,2×2.25,2×4,2×6,2×10 3×0.75,3×1.0,3×1.5,3×2.5,3×4,3×6,3×10	室内明装固定敷设或穿管敷设用，可采用铝卡片敷设
BLVV	铝芯塑料绝缘及护套线	500	2.5,4,6,10,2×2.5,2×4,2×6,2×10,3×2.5,3×4,3×6,3×10	
BXF	铜芯氯丁橡胶绝缘线	500	0.75,1.0,1.5,2.5,4,6,10,16,25,35,50,70,95	室内外明装固定敷设用
BLXF	铝芯氯丁橡胶绝缘线	500	2.5,4,6,10,16,25,35,50,70,95	
BBX	铜芯玻璃丝编织橡胶绝缘线	250	0.75,1.0,1.5,2.5,4	室内外明装固定敷设用
		500	0.75,1.0,1.5,2.5,4,6,10,16,25,35,50,70,95	室内外明装固定敷设用或穿管敷设用
BBLX	铝芯玻璃丝编织橡胶绝缘线	250	2.5,4	室内外明装固定敷设用
		500	2.5,4,6,10,16,25,35,50,70,95	室内外明装固定敷设用或穿管敷设用

（2）电缆　电缆的种类很多，按其用途可分为电力电缆和控制电缆两大类；按其绝缘材料可分为油浸纸绝缘电缆、橡皮绝缘电缆和塑料绝缘电缆三大类。一般都由线芯、绝缘层和保护层三个部分组成。线芯分为单芯、双芯、三芯及多芯。其型号、名称及主要用途见表4-2。

2. 线路的敷设

电线、电缆的敷设应根据建筑功能、室内装饰要求和使用环境等因素，经技术、经济比较后确定。特别是按环境条件确定导线的型号及敷设方式。

表 4-2 塑料绝缘电力电缆种类及用途

型号 铝芯	型号 铜芯	名称	主要用途
VLV	VV	聚氯乙烯绝缘、聚氯乙烯护套电力电缆	敷设在室内、隧道内及管道中,不能受机械外力作用
VLV_{29}	VV_{29}	聚氯乙烯绝缘、聚氯乙烯护套内钢带铠装电力电缆	敷设在地下,能承受机械外力作用,但不能承受大的拉力
VLV_{30}	VV_{30}	聚氯乙烯绝缘、聚氯乙烯护套裸细钢丝铠装电力电缆	敷设在室内,能承受机械外力作用,并能承受相当的拉力
VLV_{39}	VV_{39}	聚氯乙烯绝缘、聚氯乙烯护套内细钢丝铠装电力电缆	敷设在水中
VLV_{50}	VV_{50}	聚氯乙烯绝缘、聚氯乙烯护套裸粗钢丝铠装电力电缆	敷设在室内,能承受机械外力作用,并能承受较大的拉力
VLV_{59}	VV_{59}	聚氯乙烯绝缘、聚氯乙烯护套内粗钢丝铠装电力电缆	敷设在水中,能承受较大的拉力

(1) 绝缘导线的敷设　绝缘导线的敷设方式可分为明敷和暗敷。明敷时,导线直接或者在管子、线槽等保护体内,敷设于墙壁、顶棚的表面及桁架等处;暗敷时,导线在管子、线槽等保护体内,敷设于墙壁、顶棚、地坪及楼板等内部,或者在混凝土板孔内。布线用塑料管、塑料线槽及附件,应采用难燃型制品。明敷方式有以下几种方式:电线架设于绝缘支柱(绝缘子、瓷珠或线夹)上,电线直接沿墙、天棚等建筑物结构敷设(用线卡固定),称为直敷布线或线卡布线,导线穿金属(塑料)管或金属(塑料)线槽用支持码直接敷设在墙、天棚表面。

(2) 电缆线路的敷设　室外电缆可以架空敷设和埋地敷设。架空敷设造价低,施工容易,检修方便,但美观性较差。埋地敷设可在排管、电缆沟、电缆隧道内敷设,也可直接埋地敷设。

室内电缆通常采用金属托架或金属托盘明设。在有腐蚀性介质的房屋内明敷的电缆宜采用塑料护套电缆。无铠装的电缆在室内明敷时,水平敷设的电缆离地面的距离不应小于2.5m;垂直敷设的电缆离地面的距离小于 1.8m 时应有防止机械损伤的措施,但明敷在配电室内时例外。

线路敷设方式及敷设部位代号见表 4-3、表 4-4。

表 4-3 线路敷设方式代号

代号	说明	代号	说明	代号	说明	代号	说明
K	用瓷瓶或瓷柱敷设	TC	用电线管敷设	CT	用桥架(托盘)敷设	PC (PVC)	用硬塑料管敷设
PL	用瓷夹敷设	SC	用焊接钢管敷设	PR	用塑料线槽敷设		
PCL	用塑料夹敷设	SR	用金属线槽敷设	FEC	用半硬塑料管敷设		

表 4-4 线路敷设部位代号

明敷				暗敷			
代号	说明	代号	说明	代号	说明	代号	说明
SR	沿钢索敷设	WE	沿墙敷设	BC	暗设在梁内	FC	暗设在地面内或地板内
BE	沿屋架或屋架下弦敷设	CE	沿天棚敷设	CC	暗设在屋面内或顶板内	WC	暗设在墙内
CLE	沿柱敷设	ACE	在能进入的吊顶棚内敷设	CLC	暗设在柱内	AC	暗设在不能进入的吊顶内

四、变配电设备

1. 配电柜(盘)

为了集中控制和统一管理供配电系统,常把整个系统中或配电分区中的开关、计量、保护和信号等设备，分路集中布置在一起，形成各种配电柜（盘）。

配电柜是用于成套安装供配电系统中受配电设备的定型柜，各类柜各有统一的外形尺寸，按照供配电过程中不同功能要求，选用不同标准接线方案。

按照用电设备的种类，配电盘有照明配电盘和照明动力配电盘。配电盘可明装在墙外或暗装镶嵌在墙体内。箱体材料有木制、塑料制和钢板制。

当配电盘明装时，应在墙内适当位置预埋木砖或铁件，若不加说明，盘底离地面的高度一律为 1.2m。当配电盘暗装时，应在墙面适当部位预留洞口，若不加说明，底口距地面高度为 1.4m。

2. 刀开关

刀开关是最简单的手动控制电器，可用于非频繁接通和切断容量不大的低压供电线路，并兼做电源隔离开关。按工作原理和结构形式，刀开关可分为胶盖闸刀开关、刀形转换开关、铁壳开关、熔断式刀开关、组合开关等五类。

"H" 为刀开关和转换开关的产品编码，HD 为刀型开关，HH 为封闭式负荷开关，HK 为开启式负荷开关；HR 为熔断式刀开关；HS 为刀型转换开关；HZ 为组合开关。

刀开关按其极数分，有三极开关和二极开关。二极开关用于照明和其他单相电路，三极开关用于三相电路。各种低压刀开关的额定电压，二极有 250V，三极有 380V、500V 等，开关的额定电流可从产品样本中查找，其最大等级为 1500A。

3. 熔断器

熔断器是一种保护电器，它主要由熔体和安装熔体用的绝缘体组成。它在低压电网中主要用作短路保护，有时也用于过载保护。熔断器的保护作用是靠熔体来完成，一定截面的熔体只能承受一定值的电流，当通过的电流超过规定值时，熔体将熔断，从而起到保护作用。汉语拼音 "R" 为熔断器的型号编码，RC 为插入式熔断器，RH 为汇流排式；RL 为螺旋式；RM 为封闭管式；RS 为快速式；RT 为填料管式；RX 为限流式熔断器。

4. 自动空气开关

自动空气开关属于一种能自动切断电路故障的控制兼保护电器。在正常情况下，可作 "开" 与 "合" 的开关作用；在电路出现故障时，自动切断故障电路，主要用于配电线路的电气设备过载、失压和短路保护。自动空气开关动作后，只要切除或排除了故障，一般不需要更换零件，又可以再投入使用。它的分断能力较强，所以应用极为广泛，是低压网络中非常重要的一种保护电器。

自动空气开关按其用途可分为：配电用空气开关、电动机保护用空气开关、照明用自动空气开关；按其结构可分为塑料外壳式、框架式、快速式、限流式等；但基本形式主要有万能式和装置式两种，分别用 W 和 Z 表示。

自动开关用 D 表示，其型号含义为：

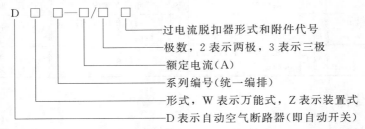

目前常用的自动空气开关型号主要有：DW5、DW10、DZ5、DZ6、DZ10、DZ12 等系列。

5. 漏电保护器

　　漏电保护器又称触电保安器，它是一种自动电器。装有检漏元件及联动执行元件，能自动分断发生故障的线路。漏电保护器能迅速断开发生人身触电、漏电和单相接地故障的低压线路。

　　漏电保护器的型号含义为：

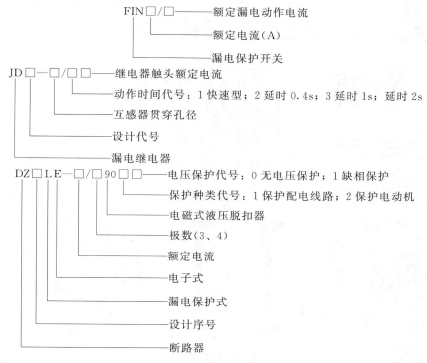

五、灯具

　　灯具是能透光、分配和改变光源光分布的器具，以达到合理利用和避免眩光的目的。灯具由光源和控照器（灯罩）配套组成。

　　电光源按照其工作原理可分为两大类，一类是热辐射光源，如白炽灯、卤钨灯等，另一类是气体放电光源，如荧光灯、高压汞灯、高压钠灯、金属卤化物灯等。

　　灯具有多种形式，其类型按结构分为以下几种。

　　（1）开启式灯具　光源与外界环境直接相通。

　　（2）保护式灯具　具有闭合的透光罩，但内外仍能自由通气，如半圆罩天棚灯和乳白玻璃球形灯等。

　　（3）密封式灯具　透光罩将灯具内外隔绝，如防水防尘灯具。

　　（4）防爆式灯具　在任何条件下，不会产生因灯具引起爆炸的危险。

　　按固定方式分类有以下几种。

　　（1）吸顶灯　直接固定于顶棚上的灯具称为吸顶灯。

　　（2）镶嵌灯　灯具嵌入顶棚中。

　　（3）吊灯　吊灯是利用导线或钢管（链）将灯具从顶棚上吊下来。大部分吊灯都带有灯罩。灯罩常用金属、玻璃和塑料制作而成。

　　（4）壁灯　壁灯装设在墙壁上。在大多数情况下它与其他灯具配合使用。除有实用价值外，也有很强的装饰性。

常用灯具的安装方式见图 4-3，其代号见表 4-5。

表 4-5　常用灯具安装方式代号

代号	说　明	代号	说　明	代号	说　明	代号	说　明
CP	自在器线吊式	CH	链吊式	R	嵌入式	SP	支架上安装
CP1	固定线吊式	P	管吊式	T	台上安装	CL	柱上安装
CP2	防水线吊式	W	壁装式	CR	顶棚内安装		
CP3	吊线器式	S	吸顶式	WR	墙壁内安装		

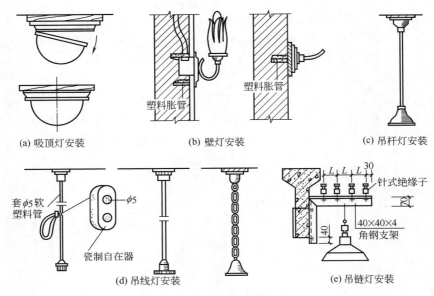

(a) 吸顶灯安装　　　　(b) 壁灯安装　　　　(c) 吊杆灯安装

(d) 吊线灯安装　　　　　　(e) 吊链灯安装

图 4-3　常用灯具安装方式

第二节　预算定额及施工图预算编制

一、工程量计算规则

电气设备安装工程定额是编制电气设备安装工程施工图预算的依据，也是编制概算定额和概算指标的基础。它适用于新建和扩建工程。其主要内容和范围是：电压为 10kV 以下和 35～500kV 的配电设备，1.5～300MW 发电机组所属电气设备，车间动力电气设备，10kV 以下架空线路，电气照明及电梯电气装置等。该部分定额分 15 个分部工程，其中包括变配电装置，动力、照明控制设备，电缆敷设，配管配线，照明器具，电梯电气装置，防雷及接地装置及电气调整等。

（一）变配电装置

图 4-4 所示为某变配电装置示意图。

在变配电系统中，变压器是主要设备，它的作用是变换电压。在电力系统中，为减小线路上的功率损耗，实现远距离输电，用变压器将发电机发出的电能电压升高后再送入输电电网。在配电地点，为了用户安全和降低用电设备的制造成本，先用变压器将电压降低，然后分配给用户。变压器的种类很多，电力系统中常用三相电力变压器，有油浸式和干式之分。干式变压器的铁芯和绕组都不浸在任何绝缘液体中，它一般用于安全防火要求较高的场合。

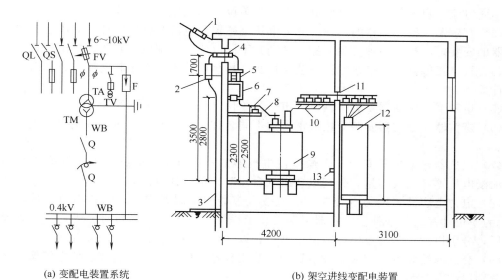

(a) 变配电装置系统　　　　　　　　(b) 架空进线变配电装置

图 4-4　某变配电装置示意图

1—高压架空引入线拉紧装置；2—避雷器；3—避雷器接地引下线；4—高压穿通板及穿墙套管；
5—负荷开关 QL，或断路器 QF，或隔离开关 QS，均带操动机构；6—高压熔断器；7—高压支柱
绝缘子及钢支架；8—高压母线 WB；9—电力变压器 TM；10—低压母线 WB 及电车绝缘子和
钢支架；11—低压穿通板；12—低压配电箱（屏）AP、AL；13—室内接地母线；
TV—电压互感器；TA—电流互感器；FV—跌落式熔断器；F—阀式避雷器

油浸式变压器外壳是一个油箱，内部装满变压器油，套装在铁芯上的原、副绕组都要浸没在变压器油中。变压器的型号表示如下：

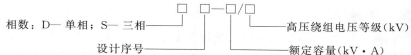

　　配电装置可分为高压配电装置和低压配电装置两大类。高压配电装置由开关设备（包括高压断路器、高压负荷开关、高压隔离开关等）、测量设备（包括电压互感器和电流互感器）、连接母线、保护设备（包括高压熔断器和电压、电流继电器等）、控制设备和端子箱等组成。低压配电装置由线路控制设备（包括胶盖瓷底闸刀开关、铁壳开关、组合开关、控制按钮、自动空气开关、交流接触器、磁力启动器等）、测量仪器仪表（包括电流表、电压表、功率表、功率因数表等指示仪表，有功电度表、无功电度表及与仪表相配套的电压互感器、电流互感器等计量仪表）、母线及二次线（包括测量、信号、保护、控制回路的连接线）、保护设备（包括熔断器、继电器、触电保安器等）、配电箱（盘）等组成。

1. 变压器

　　变压器的安装和干燥工程量，应按变压器的不同种类、名称，区别其不同电压和容量，分别以"台"为单位计算；变压器油过滤，以"t"为单位计算。

2. 配电装置

　　（1）断路器　断路器安装应按断路器的不同种类、名称，区别其不同电流，分别以"台"为单位计算。

　　（2）隔离开关及负荷开关　隔离开关及负荷开关安装应按其开关的不同种类、名称，区

别其不同电流、户内与户外，分别以"组"为单位，每组按三相计算。

（3）互感器　按互感器的用途可分为电压互感器和电流互感器两种。电压互感器和电流互感器的安装，应按不同种类和名称，区别其不同电流，分别以"台"为单位计算。

（4）真空接触器　真空接触器安装应按真空接触器的不同电压和电流，分别以"台"为单位计算。

（5）熔断器　熔断器安装工程以"组"为单位，每组按三相计算。

（6）避雷器　避雷器安装应按避雷器的不同名称，区别不同电压，分别以"组"为单位计算。

（7）电抗器　电抗器安装、干燥应按电抗器的不同种类、名称，干式电抗器区别其质量，油浸电抗器区别其容量，分别以"组（台）"为单位计算。

（8）电力电容器　电力电容器安装应按电容器的不同名称，区别其不同重量，分别以"个"为单位计算。并联补偿电容器组架安装工程量，应区别其单列两层或三层、双列两层或三层，分别以"台"为单位计算。小型组合以"台"为单位计算。

（9）交流滤波装置　交流滤波装置的安装工程量，应区别电抗组架、放电组架、连线组架，分别以"台"为单位计算。

（10）高压成套配电柜　将高压开关及其相应的控制、信号、测量、保护和调节装置组合在一起，以及由上述开关和装置内部连接、辅件、外壳和支持件所组成的成套设备称为高压成套开关设备，通称高压开关柜。高压开关柜按主开关与柜体配合的不同方式分为固定式和移动式，按主母线系统不同可分为单母线柜和双母线柜（一路母线退出时可由另一路母线供电）两大类。高压成套配电柜安装应按高压配电柜的不同名称，区别其单母线柜或双母线柜，分别以"台"为单位计算。

（11）组合型成套箱式变电站　组合型成套箱式变电站安装应按组合型成套箱式变电站不带高压开关柜或带高压开关柜，区别其不同变压器的容量，分别以"台"为单位计算。

（二）母线、绝缘子

（1）悬式绝缘子安装　10kV 以下悬式绝缘子安装以"10 串（10 个）"为单位计算。

（2）户内支持绝缘子安装　10kV 以下户内支持绝缘子安装区别其不同孔数，分别以"10 串（10 个）"为单位计算。

（3）户外支持绝缘子安装　10kV 以下户外支持绝缘子安装区别其不同孔数，分别以"10 串（10 个）"为单位计算。

（4）穿墙套管安装　10kV 以下穿墙套管安装以"个"为单位计算。

（5）软母线安装　应按软母线的不同截面积，分别以"跨/三相"为单位计算。

（6）软母线引下线、跳线及设备连线安装　应按软母线引下线、跳线及设备连线的不同截面积，分别以"跨/三相"为单位计算。

（7）组合软母线安装　应按组合软母线的不同根数，分别以"组/三相"为单位计算。

（8）带形母线安装　应按带形母线的不同材质（铜或铝）、每相的不同片数和截面积，分别以"10m/单相"为单位计算。

（9）带形母线引下线安装　应按带形母线引下线的不同材质（铜或铝）、每相的不同片数和截面积，分别以"10m/单相"为单位计算。

（10）带形母线用伸缩接头及铜过渡板安装　带形母线用伸缩接头的工程量，应区别其每相母线的不同片数，均以"个"为单位计算。铜过渡板的工程量以"块"为单位计算。

（11）槽形母线安装　应按槽形母线的不同规格和材质，分别以"10m/单相"为单位计算。

（12）槽形母线与设备连接　应按槽形母线与设备连接的不同名称，区别其不同连接头的个数，分别以"台"为单位计算。

（13）共箱母线安装　应按共箱母线的不同材质（铜或铝），区别其不同规格和电压（箱体/导体），分别以"10m"为单位计算。

（14）低压封闭式插接母线槽安装　应按低压封闭式插接母线槽的每相不同电流，分别以"10m"为单位计算。

（15）封闭式母线槽进出分线箱安装　应按其进出分线箱的不同电流，分别以"台"为单位计算。

（16）重形母线安装　应按重型母线的不同材质，钢母线安装区别其不同截面积；铝母线安装不分规格，但应区别其不同受电设备名称，均以"t"为单位计算。

（17）重型母线伸缩器及导板制作安装　重型母线伸缩器制作安装的工程量，应按其不同材质和截面积，分别以"个（束）"计算。导板制作安装应按不同材质，区别其阳极和阴极，均以"束"为单位计算。重型铝母线接触面加工应按其接触面的不同面积和规格，分别以"片/单相"为单位计算。

（三）控制、继电保护

（1）控制、继电、模拟及配电屏安装　应按控制、继电、模拟及配电屏的不同名称，模拟屏区别其不同宽度，分别以"台"为单位计算。

（2）整流柜安装　应按硅整流柜的不同容量，分别以"台"为单位计算。

（3）可控硅柜安装　应按可控硅柜的不同功率，分别以"台"为单位计算。低压电容器柜的安装工程量以"台"为单位计算。

（4）直流屏及其他电气屏（柜）安装　应按励磁、灭磁、蓄电池、直流馈电屏、事故照明切换屏的不同名称，分别以"台"为单位计算。屏边的安装工程量以"台"为单位计算。

（5）端子箱、屏门安装　端子箱的安装工程量，应区别户外式和户内式，分别以"台"为单位计算。屏门安装的工程量均以"台"为单位计算。

（6）电器、仪表、分流器、小母线安装　电器、仪表安装的工程量，应按其不同名称，分别以"个"为单位计算。分流器安装的工程量，应按其不同规格，均以"个"为单位计算。小母线安装的工程量，以"10m"为单位计算。

（7）基础型钢安装　应按基础型钢的不同种类和名称，分别以"10m"为单位计算。

（8）穿通板制作安装　应按穿通板的不同材质和名称，分别以"块"为单位计算。

（四）蓄电池

（1）蓄电池防振支架安装　应按蓄电池支架的不同结构形式，区别其不同安装方式（即单排式和双排式），分别以"10m"为单位计算。

（2）蓄电池安装　应按蓄电池的不同形式和容量，分别以"个"为单位计算。

（3）蓄电池充放电　应按蓄电池充放电的不同容量（A·h），分别以"组"为单位计算。

（五）动力、照明控制设备

（1）配电盘、箱、板安装　配电盘（箱）安装的工程量，应区别动力和照明、安装方式（落地式和悬挂嵌入式）；小型配电箱和配电板的安装工程量应按不同半周长，分别以"台（块）"为单位计算。

（2）控制开关安装　控制开关安装的工程量应按不同种类和名称，其中：自动空气开关、D型开关应区别其不同型式；自动空气开关（DZ装置式和DW万能式）、刀型开关

（手柄式和操作机构式），分别以"个"为单位计算。

（3）熔断器、限位开关安装　熔断器安装应按不同型式（瓷插式、螺旋式、管式、防爆式）；限位开关应区别普通型和防爆型，分别以"个"为单位计算。

（4）控制器、启动器、交流接触器安装　控制器安装应区别主令、鼓型、凸轮不同类型，启动器应区别磁力启动器和自耦减压启动器，分别以"台"为单位计算。

（5）电阻器、变阻器安装　电阻器安装工程量应区别一箱和每增加一箱，以"箱"为单位计算。变阻器安装的工程量应区别油浸式和频敏式，以"台"为单位计算。

（6）按钮、电笛、电铃安装　按钮和电笛的安装工程量，应区别普通型和防爆型，均以"个"为单位计算。电铃的安装工程量以"个"为单位计算。

（7）水位电气信号装置安装　水位电气信号装置应区别机械式和电子式及液位式，分别以"套"为单位计算。

（8）盘柜配线　盘柜配线的工程量应按导线的不同截面积，分别以"10m"为单位计算。

（9）端子板安装及外部接线　端子板安装工程量以"组"为单位计算。端子板的外部接线，应按导线的不同截面积，并区别有端子和无端子，分别以"10个头"为单位计算。

（10）焊、压接线端子　焊、压接线端子安装工程量，应按不同材质，区别其导线的不同截面积，分别以"10个头"为单位计算。

（11）铁构件制作安装及箱、盘、盒制作　铁构件制作安装的工程量，应区别一般铁构件和轻型铁构件，以及箱、盒制作，分别以"100kg"为单位计算。

（12）网门、保护网制作安装及二次喷漆　网门、保护网制作安装及二次喷漆的工程量，均以"m²"为单位计算。

（13）木配电箱制作　木配电箱制作区别木板配电箱和墙洞配电箱，以其不同半周长划分子目，分别以"套"为单位计算。

（14）配电板制作、安装、木配电板包铁皮　配电板制作区分木板、塑料板、胶木板，以"m²"为单位计算。配电板安装区分半周长以"块"为单位计算。配电板木板包铁皮以"m²"为单位计算。

（六）电机及调相机

（1）发电机及调相机检查接线　按发电机及调相机的不同型式（空冷式、氢冷和水氢式、水冷式），区别其不同容量（kW），分别以"台"为单位计算。励磁电阻器的安装工程量，以"台"为单位计算。

（2）小型电机检查接线　小型直流电机、小型交流异步电机、小型交流同步电机、小型防爆式电机、小型立式电机应区别电机的不同功率（kW），分别以"台"为单位计算。

（3）大中型电机检查接线　中型电机应按其不同重量，分别以"台"为单位计算。大型电机检查接线的工程量，以"台"为单位计算。

（4）微型电机及变频机组检查接线　微型电机的检查接线工程量，以"台"为单位计算。变频机组应按其不同功率（kW），分别以"台"为单位计算。

（5）电磁调速电动机检查接线　应按电磁调速电动机的不同功率（kW），以"台"为单位计算。

（6）小型电机干燥　应按电机的不同功率，分别以"台"为单位计算。

（7）大中型电机干燥　中型电机应按其不同功率（kW），分别以"台"为单位计算。大型电机干燥的工程量，以"t"为单位计算。

（8）同步电动机的检查接线　按交流电动机相应定额乘以系数1.4执行。

（七）电缆

（1）电缆沟挖填及人工开挖路面　电缆沟挖填应按不同土质（一般土沟、含建筑垃圾土、泥水土冻土、石方），均以"m³"为单位计算。人工开挖路面应按不同路面（混凝土路面、沥青路面、砂石路面），区别其不同厚度，分别以"m³"为单位计算。

直埋电缆的挖、填土（石）方，除特殊要求外，可按表 4-6 计算。

表 4-6　直埋电缆的挖、填土（石）方

项　目	电 缆 根 数	
	1～2	每增加 1 根
每米沟长挖方量/m³	0.45	0.153

注：1. 两根以内的电缆沟，按上口宽度 600mm、下口宽度 400mm、深 900mm 计算常规土方量（深度按规范的最低标准）。

2. 每增加一根电缆，其宽度增加 170mm。

3. 以上土方量埋深从自然地坪起算，如设计埋深超过 900mm 时，多挖的土方量应另行计算。

（2）电缆沟盖板揭、盖工程量　按每揭或每盖一次以"100m"计算，如又揭又盖，则按两次计算。

（3）电缆保护管长度　除按设计规定长度计算外，遇有下列情况，应按以下规定增加保护管长度：

① 横穿道路，按路基宽度两端各增加 2m；

② 垂直敷设时，管口距地面增加 2m；

③ 穿过建筑物外墙时，按基础外缘以外增加 1m；

④ 穿过排水沟时，按沟壁外缘以外增加 1m。

电缆保护管敷设的工程量，应按其不同材质（混凝土管、石棉水泥管、铸铁管、钢管），区别其不同管径，分别以"10m"为单位计算。

（4）桥架安装　钢制桥架安装、玻璃钢桥架安装、铝合金桥架安装应按其不同型式（槽式桥架、梯式桥架、托盘式桥架），区别其不同"宽+高"，分别以"10m"为单位计算。

组合式桥架安装的工程量以"100 片"为单位计算。桥架支撑架安装的工程量以"100kg"为单位计算。

（5）塑料电缆槽、混凝土电缆槽安装　塑料电缆槽安装工程量，应按小型塑料槽（宽50mm 以下）和加强式塑料槽（宽 100mm 以下），小型塑料槽区别其安装部位（盘后和墙上），分别以"10m"为单位计算。混凝土电缆槽安装的工程量，应区别其不同宽度，分别以"10m"为单位计算。

（6）电缆防火涂料、堵洞、隔板及阻燃槽盒安装　防火洞的工程量，应按堵洞的不同部位（防火门、盘柜下、电缆隧道、保护管），分别以"处"为单位计算。防火隔板安装工程量以"m²"为单位计算。防火涂料工程量以"10kg"为单位计算。阻燃槽盒安装工程量以"10m"为单位计算。

（7）电缆防护　电缆防护的工程量，应区别防腐、缠石棉绳、刷漆、剥皮，分别以"10m"为单位计算。

（8）电缆敷设　电缆敷设工程量应按不同材质（铝芯或铜芯）和安装方式，区别电缆不同截面积，以"单根 100m"为单位计算。电缆敷设长度应根据敷设路径的水平和垂直敷设长度，按表 4-7 规定计算附加长度，各附加（预留）长度部位见图 4-5。其工程量计算公式为：

$$L = (l_1 + l_2 + l_3 + l_4 + l_5 + l_6 + l_7) \times (1 + 2.5\%)$$

式中，l_1 为水平敷设长度；l_2 为垂直及斜长度；l_3 为预留（弛度）长度；l_4 为穿墙基及进入建筑物长度；l_5 为沿电杆、沿墙引上（引下）长度；l_6、l_7 为电缆中间头及电缆终端头长度；2.5% 为考虑电缆敷设弛度、波形弯曲、交叉系数。

穿越电缆竖井敷设电缆，应按竖井内电缆的长度及穿越过竖井的电缆长度之和计算工程量。

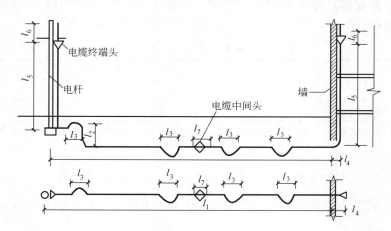

图 4-5　各附加（预留）长度部位

表 4-7　电缆敷设附加长度

序号	项　　目	预留(附加)长度	说　　明
1	电缆敷设弛度、波形弯度、交叉	2.5%	按电缆全长计算
2	电缆进入建筑物	2.0m	规范规定最小值
3	电缆进入沟内或吊架时引上(下)预留	1.5m	规范规定最小值
4	变电所进线、出线	1.5m	规范规定最小值
5	电力电缆终端头	1.5m	检修余量最小值
6	电缆中间接头盒	两端各留 2.0m	检修余量最小值
7	电缆进控制、保护屏及模拟盘等	高+宽	按盘面尺寸

（9）户内干包式电力电缆头、户内浇注式电力电缆终端头、户内热缩式电力电缆终端头制作与安装　应按电力电缆的中间头和终端头，区别其不同截面积，分别以"个"为单位计算。

（10）户外电力电缆终端头制作与安装　应按电力电缆的不同浇注型式和电压，区别其不同截面积，分别以"个"为单位计算。

（11）电力电缆中间头制作与安装　应按电力电缆的不同浇注方式和电压，区别其不同截面积，分别以"个"为单位计算。电力电缆中间头的制作数量，应按工程设计规定计算。如无设计规定，可参照制造厂的生产长度和敷设走径条件确定。

（12）控制电缆敷设　应按控制电缆的不同敷设方式，区别其不同芯数，分别以"100m"为单位计算。

（13）控制电缆头制作与安装　应按控制电缆的中间头和终端头，区别其不同芯数，分别以"个"为单位计算。

（14）电缆敷设及电缆头的制作与安装　均按有关铝芯电缆的定额执行；铜芯电缆的敷设按相应截面定额的人工和机械台班乘以系数 1.4 计算。电缆头的制作与安装按相应定额乘以系数 1.2 计算。

（15）电力电缆敷设　按电缆的单芯截面计算并套用定额，不得将三芯和零线截面相加计算。电缆头的制作与安装定额亦与此相同。

（16）单芯电缆敷设　可按同截面的三芯电缆敷设定额基价，乘以系数 0.66 计算。

（17）37 芯以下控制电缆敷设　套用 35mm² 以下电力电缆敷设定额。

（八）配管、配线

（1）各种配管工程量　以管材质、规格和敷设方式不同，按"100m"计算，不扣除管路中的接线箱（盒）、灯头盒、开关盒等所占长度。

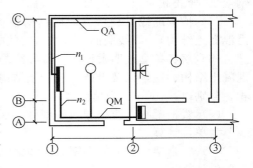

① 水平方向敷设的线管，以施工平面图的线管走向和敷设部位为依据，并借用建筑平面图所示墙、柱轴线尺寸进行线管长度的计算，以图 4-6 为例：当线管沿墙暗敷时，按相关墙轴线尺寸计算该配管长度，如 n_1 回路，沿 B-C、1-3 等轴线长度计算工程量；当线管沿墙明敷时，按相关墙面净空长度计算该配管长度，如 n_2 回路，沿 B-A、1-2 等墙面净空长度计算。

图 4-6　线管水平长度计算示意图

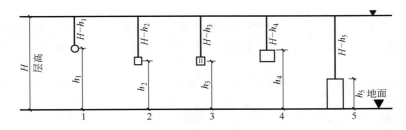

图 4-7　引下线管长度计算示意图
1—拉线开关；2—开关；3—插座；4—配电箱或电度表；5—配电柜

② 垂直方向敷设的管（沿墙、柱引上或引下），其工程量计算与楼层高度及与配电箱、柜、盘、板、开关等设备安装高度有关。无论配管明敷或暗敷均按图 4-7 计算线管长度。

需要注意的是，在吊顶（顶棚）内配管时应执行明配管的定额。在空心板内穿线时可按"管内穿线"定额执行。

（2）管内穿线工程量　应区别线路性质、导线材质、导线截面，以"100m 单线"计算。配线进入开关箱、柜、板的预留线按表 4-8 规定的长度分别计入相应工程量。

表 4-8　配线进入开关箱、柜、板的预留线（每根线）

序号	项　目	预留长度	说　明
1	各种开关、柜、板	宽＋高	盘面安装
2	单独安装（无箱、盘）的铁壳开关、闸刀开关、启动器、线槽进出线盒	0.3m	从安装对象中心算起
3	由地面管子出口引至动力接线箱	1.0m	从管口算起
4	电源与管内导线连接（管内穿线与软、硬母线接点）	1.5m	从管口算起
5	出户线	1.5m	从管口算起

管内穿线工程量：

$$管内穿线长度＝（配管长度＋导线预留长度）×同截面导线根数$$

（3）瓷夹板配线、塑料夹板配线　应按导线的不同型号、规格和不同敷设方式（沿木结构和沿砖、混凝土结构及沿砖、混凝土结构粘接）和二线式及三线式，区别其导线的不同截面积，分别以"100m 线路"计算。

（4）绝缘子配线工程量　应区别绝缘子形式（针式、鼓形、蝶式）、绝缘子配线位置（沿屋架、梁、柱、墙，跨屋架、梁、柱、木结构、顶棚内、砖、混凝土结构，沿钢支架及钢索）、导线截面积，以"100m 线路"计算。

（5）槽板配线工程量　应区别槽板材质（木槽板、塑料槽板）、配线位置（沿木结构、沿混凝土结构）、导线截面、线式（二线式及三线式），以"100m 线路"为单位计算。

（6）塑料护套线明敷设　应按导线的不同型号、规格和不同敷设方式（沿木结构、砖及混凝土结构、钢索以及沿砖、混凝土结构粘接）和二线式及三线式，区别其导线的不同截面积，分别以"100m"为单位计算。

（7）线槽配线　应按导线的型号、规格，区别其导线的不同截面积，分别以"100m 单线"为单位计算。

（8）钢索架设　应按圆钢架设和钢丝绳架设，区别其导线的不同直径，分别以"100m"为单位计算。

（9）母线拉紧装置及钢索拉紧装置制作与安装　母线拉紧装置的工程量，应按母线的不同截面积，分别以"10 套"为单位计算；钢索拉紧装置的工程量，应按花篮螺栓的不同直径，分别以"10 套"为单位计算。

（10）车间带形母线安装　应按带形母线的不同材质和规格及不同敷设方式（沿屋架、梁、柱、墙，跨屋架、梁、柱），区别其母线的不同截面积，分别以"100m"为单位计算。

（11）动力配管混凝土地面刨沟　应按动力配管的不同管径，分别以"10m"为单位计算。

（12）接线箱安装　应按其不同安装方式（明装和暗装），区别其接线箱的不同半周长，分别以"10 个"为单位计算。

（13）接线盒安装　应区别接线盒、开关盒、普通接线盒、防爆接线盒、钢索上接线盒，按其不同的安装方式（暗装和明装），分别以"10 个"为单位计算。

（九）照明灯具

（1）普通灯具安装

① 吸顶灯具安装的工程量，应按灯具的种类（圆球罩吸顶灯、半圆球罩吸顶灯、方形吸顶灯）、型号、规格，区别圆球罩灯的不同灯罩直径和矩形罩及大口方罩，分别以"10 套"为单位计算。

② 其他普通灯具安装的工程量，应按灯具的种类、型号、规格，区别软线吊灯、吊链灯、防水吊灯、一般弯脖灯、一般壁灯，分别以"10 套"为单位计算。软线吊灯、吊链灯的安装定额已含吊线盒，不得另计。

③ 灯头安装的工程量，应按防水灯头、节能座灯头、座灯头，分别以"10 套"为单位计算。

（2）装饰灯具安装

① 吊式艺术装饰灯具的安装工程量，应按灯具的种类〔蜡烛灯、挂片灯、串珠（穗）、串棒灯、吊杆式组合灯、玻璃罩灯（带装饰）〕、型号和规格区别其不同灯体直径和灯体垂吊长度，分别以"10 套"为单位计算。

② 吸顶式艺术装饰灯具安装的工程量，应按灯具的种类〔串珠（穗）、串棒灯（圆形）、挂片、挂碗、挂吊碟灯（圆形）、串珠（穗）、串棒灯（矩形）、挂片、挂碗、挂吊碟灯（矩

形)、玻璃罩灯（带装饰）]、型号和规格，区别其不同灯体直径、灯体垂吊长度、灯体半周长，分别以"10套"为单位计算。

（3）荧光艺术装饰灯具安装

① 组合荧光灯光带安装的工程量，应按吊杆式、吸顶式、嵌入式及光带的型号和规格，区别其灯管的不同根数，分别以"10m"为单位计算。

② 内藏组合式灯安装的工程量，应按其不同组合形式（方形组合、日形组合、田字组合、六边组合、锥形组合、双管组合、圆管光带）、型号和规格，分别以"10m"为单位计算。

③ 发光棚的安装工程量　应按发光棚灯、立体广告灯箱、荧光灯光沿的不同型号和规格，分别以"10m²"为单位计算。

④ 几何形状组合艺术灯具安装的工程量，应按其灯具的种类[单点固定灯具（繁星六火）、四点固定灯具（繁星十六火）、单点固定灯具（繁星四十火）、四点固定灯具（繁星一百火）、单点固定灯具（钻石星五火）、星形双火灯、礼花灯、玻璃罩钢架组合灯、凸片单火灯、凸片四火灯（以内）、凸片十八火灯（以内）、凸片二十八火灯（以内）、反射柱灯、筒形钢架灯、U形组合灯、弧形管组合灯]的不同型号和规格，分别以"10套"为单位计算。

⑤ 标志、诱导装饰灯具安装的工程量，应按灯具的不同安装方式（吸顶式、吊杆式、墙壁式、嵌入式）和灯具型号及规格，分别以"10套"为单位计算。

⑥ 水下艺术装饰灯具安装的工程量，应按灯具的种类[彩灯（简易形）、彩灯（密封形）、喷水池灯、幻光型灯]和型号及规格，分别以"10套"为单位计算。

⑦ 点光源艺术装饰灯具安装的工程量，应按吸顶式、嵌入式、射灯的型号和规格，嵌入式灯具区别其灯具的不同直径；射灯区别其吸顶式和滑轮式，分别以"10套"为单位计算。滑轨的安装工程量以"10m"为单位计算。

⑧ 草坪灯具安装的工程量，应按灯具不同安装方式（立柱式和墙壁式）和型号规格，分别以"10套"为单位计算。

⑨ 歌舞厅灯具安装的工程量，应按其灯具的种类[变色转盘灯、镭射灯、十二头幻影转彩灯、维纳斯旋转彩灯、卫星旋转效果灯、飞碟旋转效果灯、八头转灯、十八头转灯、滚筒灯、扭闪灯、太阳灯、雨灯、歌星灯、边界灯、射灯、泡泡发生灯、迷你满天星彩灯、迷你单立盘彩灯、宇宙灯（单排20头）、宇宙灯（双排20头）、镜面球灯、蛇光管、满天星彩灯、彩控器]和型号及规格，除彩控器以"台"为单位计算、蛇光管和满天星彩灯以"10m"为单位计算外，其余灯具均以"10套"为单位计算。

（4）荧光灯具安装　应按组装型和成套型及不同安装方式（吊链式、吊管式、吸顶式），并按荧光灯具的不同型号和规格，区别荧光灯管的不同数量（单管、双管、三管），分别以"套"为单位计算。

荧光灯具电容器安装的工程量，以"10套"为单位计算。

组装型荧光灯为所采购的灯具，均为散件，需要在现场组装、接线。如果所采购灯具的灯脚、整流器等已装好并联接好导线，则为成套型荧光灯。

吊链式成套日光灯具的安装定额中未计价材料除包括成套灯具本身价值外，每套内还包括两根（共8m长）吊链和两个吊线盒。

（5）工厂灯及防水防尘灯安装　应按其灯具的不同种类、型号和规格，分别以"10套"为单位计算。高压水银灯镇流器安装的工程量以"10个"为单位计算。

（6）工厂其他灯具安装　应按其灯具的不同种类、型号和规格，分别以"10套"为单位计算。烟囱、水塔、独立式塔架标志灯安装应按其灯具的不同高度，均以"10套"为单位计算。

（7）医院灯具安装　应按其灯具的不同种类、型号和规格，分别以"10套"为单位计算。

（8）路灯安装　应按路灯的不同种类、型号和规格，区别其不同灯口数量和臂长，分别以"10套"为单位计算。

（9）开关、按钮、插座安装　拉线开关、扳把开关（明装）、密闭开关的安装工程量均以"10套"为单位计算。扳式暗开关安装的工程量，应区别不同联数（单联、双联、三联、四联），均以"10套"为单位计算。一般按钮应按不同型号和规格，区别其不同安装方式（明装或暗装），分别以"10套"为单位计算。

（10）安全变压器、电铃、风扇安装　安全变压器安装应按不同容量，均以"台"为单位计算。电铃安装应按不同直径；电铃号牌箱安装应按不同号数；门铃安装应按明装或暗装，分别以"10个"为单位计算。风扇和壁扇及轴流排风扇的安装工程量，均以"台"为单位计算。

（11）盘管风机开关、请勿打扰灯、剃须插座、钥匙取电器安装　工程量均以"10套"为单位计算。

（十）电梯电气装置

（1）电梯电气装置安装　应区别自动控制或半自动控制、交流信号或直流信号、自动快速或自动高速、集选控制电梯或小型杂物电梯及电厂专用电梯，按不同规格（层/站），分别以"部"为单位计算。

（2）电梯电气安装材料定额　是按设备带有考虑的，包括电线管及线槽、金属软管、管子配件、紧固件、电缆、电线、接线（盒）、荧光灯具及其附件、备件等。

（3）电梯电气装置安装定额　不包括下列各项工作：

① 电源线路及控制开关的安装；

② 电动发电机组的安装；

③ 基础型钢和钢支架制作；

④ 接地极与接地干线敷设；

⑤ 电气调试；

⑥ 电梯的喷漆；

⑦ 轿厢内的空调、冷热风机、闭路电视、呼叫机、音响设备；

⑧ 群控集中监视系统以及模拟装置。

上述内容按安装定额有关篇、章相应项目计算。

（4）电梯电气装置调试　按电气调试相关定额执行。

（5）电梯本体安装　按《全国统一安装预算定额》第一篇《机械设备安装工程》定额执行。

（十一）防雷及接地装置

防雷及接地装置由接闪器、引下线、接地体三大部分组成，如图4-8所示。

接闪器部分有避雷针、避雷网、避雷带等。引下线部分有引下线、引下线支持卡子、断接卡子、引下线保护管等。接地部分有接地母线、接地极等。

对高层建筑，可利用建筑物本身的构件兼作防雷装置，将建筑物顶内的钢筋焊接成网状作为接闪器，把柱子内的主钢筋和接闪器可靠焊接成为一个电气通路作为引下线，接地极则可以利用基础主钢筋作为接地极。必须注意，整个防雷系统必须可靠焊接成一个电气通路，并且接地电阻必须符合设计要求。

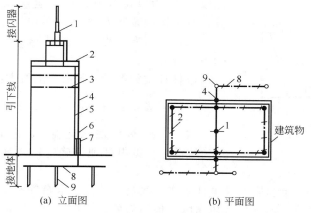

(a) 立面图　　　　　(b) 平面图

图 4-8　建筑物防雷与接地组成

1—避雷针；2—避雷网；3—避雷带；4—引下线；5—引下线卡子；6—断接卡子

7—引下线保护管；8—接地母线；9—接地极

（1）接地极（板）制作安装　应按不同材质，区别其埋设的不同土质，分别以"根"为单位计算。

（2）接地母线敷设　接地母线包括接地极之间的连接线以及与设备的连接线，应按不同材质，区别户外接地母线或户内接地母线，分别以"10m"为单位计算。

户外接地母线敷设定额系按自然地坪和一般土质综合考虑的，包括地沟的挖填土和夯实工作，执行定额时不应再计算土方量。如遇有石方、矿渣、积水、障碍物等情况时可另行计算。

（3）接地跨接线安装　应区别接地跨接线、构架接地、钢铝窗接地，分别以"处"为单位计算。

（4）避雷针制作与安装　避雷针制作应按不同材质，区别其不同长度，分别以"根"为单位计算。避雷针安装工程量，应区别下列不同安装方式列项：在烟囱上安装的，应按不同安装高度以"根"为单位计算；在建筑物上安装的，应区别在屋面上或墙上，按避雷针的不同长度以"根"为单位计算；在构筑物上安装的，应区别在木杆上、水泥杆上、金属构架上，均以"根"为单位计算；在金属容器上安装的，应区别在金属容器顶上或壁上，按避雷针的不同长度以"根"为单位计算。独立避雷针安装应区别其避雷针的不同针高，分别以"基"为单位计算。

避雷针拉线安装的工程量以"组"为单位计算（一组为 3 根拉线）。

（5）半导体少长消雷装置安装　应按其不同高度，分别以"套"为单位计算。

（6）避雷引下线安装：应区别其不同敷设方式（利用金属构件、沿建筑物或构筑物、利用建筑物主钢筋引下），避雷针引下线敷设的工程量，分别以"10m"为单位计算。

断接卡子制作与安装的工程量，均以"10 套"为单位计算。

（7）避雷网安装　避雷网安装应区别其不同敷设方式［沿混凝土块、沿折板支架、均压环（利用圈梁钢筋）］，分别以"10m"为单位计算。

避雷网长度＝按图示计算长度×（1＋3.9％）

式中，3.9％为避雷网转弯、避绕障碍物、搭接头等所占长度附加值。

混凝土块的制作工程量，以"10 块"为单位计算。

（十二）　10kV 以下架空配电线路

（1）工地运输　工地运输应按人力运输或汽车运输，人力运输应区别其不同平均运距，

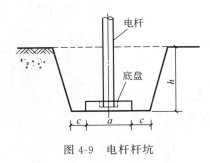

图 4-9 电杆杆坑

均以"t"为单位计算；汽车运输以"t·km"为单位计算；汽车运输装卸以"t"为单位计算。

（2）土石方工程 应按其不同土质，分别以"10m³"为单位计算。

电杆杆坑如图 4-9 所示。土石方工程量按下式计算：

$$V = (a + 2c + kh)(b + 2c + kh)h + \frac{1}{3}k^2h^3$$

式中，a，b 为底盘边宽；c 为工作面宽，$c = 0.1m$；h 为坑深，根据电杆埋深确定；k 为放坡系数，一般普通土取 0.25，坚土取 0.33。

（3）底盘、拉盘、卡盘安装及电杆防腐 底盘、拉盘、卡盘安装应区别其不同规格，分别以"块"为单位计算。木杆根部防腐以"根"为单位计算。

（4）电杆组立 应按木杆或混凝土杆、接腿杆（单腿接杆、双腿接杆、混合接腿杆）、撑杆（木撑杆或混凝土撑杆），区别其电杆的不同长度，分别以"根"为单位计算。

（5）横担安装 10kV 以下横担安装应按铁、木横担和瓷横担，铁、木横担应区别单根或双根；瓷横担应区别直线杆或承力杆，分别以"组"为单位计算。1kV 以下横担安装应按二线、四线、六线、瓷横担，四线与六线横担应区别单根或双根，分别以"组"为单位计算。进户线横担安装应按一端埋设式或两端埋设式，区别其横担的不同型式（二线、四线、六线），分别以"根"为单位计算。

（6）拉线制作与安装 应按不同拉线（普通拉线、水平及弓形拉线），区别其拉线的不同截面积，分别以"根"为单位计算。

（7）导线架设 应按导线的不同种类、型号和规格，区别其导线的不同截面积，分别以"km/单线"为单位计算。

（8）导线跨越及进户线架设 导线跨越应区别跨越电力线、通讯线、公路、铁路、河流，均以"处"为单位计算。进户线架设应按导线的不同种类、型号和规格，区别其导线的不同截面积，分别以"100m/单线"为单位计算。

（9）杆上变配电设备安装 变压器安装应区别其不同容量，均以"台"为单位计算。跌落式熔断器、避雷器、隔离开关、油开关、配电箱安装的工程量，应按其不同型号和规格，分别以"组（台）"为单位计算。

（十三）电气调整试验

（1）发电机、调相机系统调试 发电机及调相机系统调试的工作内容是指发电机、调相机、励磁机、隔离开关、断路器、保护装置和一、二次回路的调整试验。其工程量计算应区别发电机及调相机的不同容量，分别以"系统"为单位计算。

（2）电力变压器系统调试 电力变压器系统调试的工作内容是指变压器、断路器、互感器、隔离开关、风冷及油循环冷却系统电气装置、常规保护装置等的调整试验。其工程量计算应区别其变压器的不同容量，分别以"系统"为单位计算。

（3）送配电装置系统调试：送配电装置系统调试的工作内容是指自动开关或断路器、隔离开关、常规保护装置、电测量仪表、电力电缆等一、二次回路系统的调试。其工程量计算应按交流供电或直流供电，区别其供电的不同电压，分别以"系统"为单位计算。

（4）特殊保护装置调试 特殊保护装置调试的工作内容是指保护装置本体及二次回路的调整试验。其工程量计算应区别电器设备的不同保护（距离保护、高频保护、失灵保护、电机失磁保护、交流电器断线保护、小电流接地保护、电机转子接地、保护检查及打印机装置），分别以"套（台）"为单位计算。

（5）自动投入装置调试　自动投入装置调试的工作内容是指自动装置、继电器及控制回路的调整试验。其工程量计算应区别备用电源自投、备用电动机自投、线路自动重合闸（单侧电源或双侧电源）、综合重合闸、自动调频、同期装置（自动或手动），均以"系统（套）"为单位计算。

（6）中央信号装置、事故照明切换装置、不间断电源调试　中央信号装置及事故照明切换装置调试的工作内容是指装置本体及控制回路系统的调整试验。但事故照明切换装置调试为装置本体调试，不包括供电回路调试。其工程量计算应区别中央信号装置（变电所或配电室）、直流盘监视、变送器屏、事故照明切换、按周波减负荷装置、不间断电源（区分不同容量），均以"系统（套）"为单位计算。

（7）母线、避雷器、电容器、接地装置调试　母线系统调试的工作内容是指母线耐压试验及接触电阻测量，工程量应按母线的不同电压，分别以"段"为单位计算。避雷器、电容器试验应按不同电压，分别以"组"为单位计算。接地装置调试应区别独立接地装置或接地网，分别以"系统"为单位计算。

（8）电抗器、消弧线圈、电除尘器调试　电抗器及消弧线圈的调试，应区别干式或油浸式，分别以"台"为单位计算。电除尘器的调试，应区别除尘器的不同容量，分别以"组"为单位计算。

（9）硅整流设备、可控硅整流装置调试　硅整流设备调试的工作内容是指开关、调压设备、整流变压器、硅整流设备及一、二次回路的调试。其工程量计算应按一般硅整流或电解硅整流，区别其不同电压（V），分别以"系统"为单位计算。

可控硅整流装置调试的工程量，区别其不同容量，分别以"台"为单位计算。

（10）普通小型直流电动机调试　普通小型直流电动机调试的工作内容是指直流电动机（励磁机）、控制开关、电缆、保护装置及一、二次回路的调试。其工程量计算应按普通小型直流电动机的不同功率，分别以"台"为单位计算。

（11）可控硅调速直流电动机系统调试　可控硅调速直流电动机调试的工作内容是指控制调节器的开环、闭环调试，可控硅整流装置调试，直流电机及整组试验，快速开关、电缆及一、二次回路的调试。其工程量计算应按一般可控硅调速电机、全数字式控制可控硅调速电机，区别其不同功率，分别以"系统"为单位计算。

（12）普通交流同步电动机调试　普通交流同步电动机调试的工作内容是指电动机、励磁机、断路器、保护装置、启动设备和一、二次回路的调试。应按电动机的不同启动（直接启动或降压启动）和不同电压，区别其电机的不同功率，分别以"台"为单位计算。

380V同步电动机调试的工程量，应按直接启动或降压启动，以"台"为单位计算。

（13）低压交流异步电动机调试　低压交流异步电动机调试的工作内容是指电动机、开关、保护装置、电缆等及一、二次回路调试。其工程量计算应按低压笼型电动机或低压绕线型电动机，区别其电动机的不同控制（刀开关控制、电磁控制、非电量联锁、带过流保护、速断、过流保护、反时限过流保护），分别以"台"为单位计算。

（14）高压交流异步电动机调试　高压交流异步电动机调试的工作内容是指电动机、断路器、互感器、保护装置、电缆等一、二次回路的调试。其工程量计算应按不同电压和电动机一次设备调试或电机二次设备及回路调试；电动机一次设备调试区别其不同功率；电动机二次设备及回路调试区别差动过流保护、反时限过流保护、速断过流常规保护，分别以"台"为单位计算。

（15）交流变频调速电动机（AC-AG、AG-DC-AC 系统）调试 其调试的工作内容是指变频装置本体、变频母线、电动机、励磁机、断路器、互感器、电力电缆、保护装置等一、二次回路的调试。其工程量计算应按交流同步电动机变频调速或交流异步电动机变频调速，区别其电动机的不同功率，分别以"系统"为单位计算。

（16）微型电机、电加热器调试 其调试的工作内容是指微型电机、电加热器、开关、保护装置及一、二次回路的调试。微型电机和电加热器的工程量均以"台"为单位计算。

（17）电动机组及联锁装置调试 电动机组的调试工程量，应按两台机组或两台以上机组，均以"组"为单位计算。电动机联锁装置的调试工程量，应按电动机联锁的不同台数，分别以"组"为单位计算。备用励磁机组的调试工程量，以"组"为单位计算。

（18）绝缘子、套管、绝缘油、电缆试验：

① 悬式绝缘子试验应按不同型号，支持绝缘子试验应按不同电压，分别以"个"测试件为单位计算。

② 绝缘套管试验的工程量，以"每只"为单位计算。

③ 绝缘油试验的工程量，以"每试样"为单位计算。

④ 电缆试验的工程量计算，应按故障点测试或泄漏试验，分别以"点"或"根次"为单位计算。

（19）电梯装置的调试 各种电梯电气装置调试以"层、站"为规格，按"部"计量。调试两部或两部以上并联运行或群控的电梯时，按相应的定额乘以系数 1.5 计算。

（20）防雷接地装置调试 以"组"或"系统"计量。避雷器调试以三相为一组，按"组"计量，单个安装仍按一组。避雷针有一单独接地网者，以"一组"计算。杆上变压器按"一组"接地调试计算。

防雷接地装置调试定额，不适用于岩石地区，若发生凿岩坑或接地土壤处理时应按实计算。

接地极不论是由一根或两根以上组成的，均作一次试验。如果接地电阻达不到要求，则加一根地极，再作试验，可另计一次试验费。

接地网是由多根接地极联成的，只套接地网试验定额，包括其中的接地极。如果接地网是由若干组构成的大接地网，则按分网计算接地试验，一般分网由 10～20 根接地极构成。如果分网计算有困难，可按网长每 50m 为一个试验单位，不足 50m 也按一个网计算。设计中另有规定的，可按设计数量计算。

（21）灯具调试 只对有特殊要求的灯具做调试，其具体内容按产品要求执行。

（22）电气调整定额 其中每项定额均已包括本系统范围内所有设备的本体调试工作，一般情况不作调整，但新增加的调试内容可以另行计算；定额不包括设备的烘干处理、电缆故障查找、电动机抽心检查以及由于设备元件缺陷而造成的更换、修理和修改，亦未考虑由于设备元件质量低劣对调试工效的影响。遇此情况可另行计算。

（23）电气调整定额 调试范围只限于电气设备本身的调试，不包括电动机带动机械设备的试运转工作；各项调试定额均包括熟悉资料、核对设备、填写试验记录和整理、编写调试报告等工作，但不包括试验仪表装置的转移费用。

（24）发电机及大型电机调试定额 不包括试验用的蒸汽、电力和其他动力能源的消耗。

（25）送配电调试定额 1kV 以下定额适用于所有低压供电回路，如从低压配电装置至分配电箱的供电回路。但从配电箱至电动机的供电回路已包括在电动机的系统调试定额之内。供电系统调试包括系统内的电缆试验、瓷瓶耐压等全套调试工作。供电桥回路中的断路器、母线分段断路器皆作为独立的系统计算，定额皆按一个系统一侧配一台断路器考虑的，若两侧皆有断路器时，则按两个系统计。

二、使用定额应注意的问题

（一）本部分定额与其他有关定额册的关系

1. 与第一册"机械设备"定额的分界

① 各种电梯电气设备安装，即线槽、配管配线、电缆敷设、电机检查接线、照明装置、风扇和控制信号装置的安装与调试均执行本部分定额。各种电梯的机械部分执行第一册定额有关项目。

② 起重运输设备、各种金属加工机床等的安装执行第一册定额，其中的电气盘箱、开关控制设备、配管配线、照明装置和电气调试执行本部分定额。

③ 电机安装执行第一册定额，电机检查、接线执行本部分定额。

2. 本定额与第十册"自控仪表"定额的分界

① 自动化控制装置工程中的电气盘及其他电气设备的安装执行本部分定额。自动化控制装置专用盘箱的安装执行第十册定额。

② 自动化控制装置的电缆敷设执行本部分定额，其人工费乘以系数 1.05。

③ 自动化控制装置中的电气配管执行本部分定额，其人工费乘以系数 1.07。

④ 自动化控制装置的接地工程执行本部分定额。

（二）材料损耗率

1. 定额内未计价材料损耗率（见表 4-9）

表 4-9　定额内未计价的材料损耗率

序号	材料名称	损耗率	序号	材料名称	损耗率
1	裸软导线	1.3	9	一般灯具及附件	1.0
2	绝缘导线	1.8	10	荧光灯、水银灯灯泡	1.5
3	电力电缆	1.0	11	白炽灯泡	3.0
4	控制电缆	1.5	12	玻璃灯罩	5.0
5	硬母线	2.3	13	灯头、开关、插座	2.0
6	钢绞线、镀锌铁线	1.5	14	刀开关、铁壳开关、熔断器	1.0
7	金属管材、管件	3.0	15	塑料制品（槽、板、管）	5.0
8	金属板材	4.0	16	型钢	5.0

2. 关于损耗率的说明

① 绝缘导线、电缆、硬母线和用于母线的裸软导线，其损耗率中不包括为连接电气设备、器具而预留的长度，也不包括因各种弯曲（包括弧度）而增加的长度。这些长度均应计算在工程量的基本长度中。

② 10kV 以下架空线路中的裸软导线的损耗率中，已包括因弧垂及杆位高低差而增加的长度。

③ 拉线用的镀锌铁线损耗率中不包括为制作上、中、下把所需的预留长度。计算用线量的基本长度时，应以全根拉线的展开长度为准。

（三）定额需说明的问题

1. 定额没有的项目执行定额的问题

① 人工开挖路面：执行第五册"通信线路"。

② 电缆沟挖填土：执行第三册"送电线路"。

③ 架空线路中的"挖土（石）方"：执行第三册"送电线路"的"电杆、拉线塔、拉线坑挖填"定额。

④ 工地运输：执行第三册"送电线路"的"工地运输"定额。

2. 其他应说明的问题

① 对多册定额同时编入的某一分项工程定额，如蓄电池的安装定额，第四册"通信设备"和本部分定额均编入；电气盘箱的安装定额，"电气设备"、"通信设备"、"自控仪表"三册均编入。在执行这些定额时，一律按其规定的适用范围执行，不得任意选用。

② 凡单项试验配合人工费，已包括在相应的电气调试定额之内，不另行计算。

③ 在带电运行的电缆沟内敷设电缆，可按安装与生产同时进行，按人工费的10%计取增加费。

④ 在有粪便、臭水的电缆隧道内敷设电缆，不能算作"在有害身体健康的环境中施工"，不能收取"在有害身体健康环境中施工增加费"。但可根据情况适当增加清除粪便、臭水的人工费和排除臭气的费用。

（四）　定额除各章另有说明外，均包括下列工作内容

① 安装主要工序：施工准备，设备、材料及工、机具水平搬运，设备开箱、点件、外观检查、配合基础验收、铲麻面、划线、定位、起重机具装拆、清洗、吊装、组装、连接、安放垫铁及地脚螺栓，设备找正、调平、焊接、固定、灌浆、单机试运转。

② 人字架、三脚架、环链手拉葫芦、滑轮组、钢丝绳等起重机具及其附件的领用、搬运、搭拆、退库等。

③ 施工及验收规范中规定的调整、试验及无负荷试运转。

④ 与设备本体联体的平台、梯子、栏杆、支架、屏盘、电机、安全罩以及设备本体第一个法兰以内的管道等安装。

⑤ 工种间交叉配合的停歇时间，临时移动水、电源时间，以及配合质量检查、交工验收、收尾结束等工作。

（五）　本部分定额除各章另有说明外，均不包括下列内容，发生时应另行计算

① 设备自设备仓库运至安装现场指定堆放地点的搬运工作。

② 因场地狭小，有障碍物（沟、坑）等所引起的设备、材料、机具等增加的二次搬运、装拆工作。

③ 设备基础的铲磨，地脚螺栓孔的修整、预压，以及在木砖地层上安装设备所需增加的费用。

④ 设备构件、机件、零件、附件、管道及阀门、基础及基础盖板等的修理、修补、修改、加工、制作、焊接、煨弯、研磨、防震、防腐、保温、刷漆以及测量、透视、探伤、强度试验等工作。

⑤ 特殊技术措施及大型临时设施以及大型设备安装所需的专用机具等费用

⑥ 设备本体无负荷试运转所用的水、电、气、油、燃料等。

⑦ 负荷试运转、联合试运转、生产准备试运转。

⑧ 专用垫铁、特殊垫铁（如螺栓调整垫铁、球型垫铁等）和地脚螺栓。

⑨ 脚手架搭拆（本部分定额第四、五章除外）。

⑩ 设计变更或超规范要求所需增加的费用。

⑪ 设备的拆装检查（或解体拆装）。

⑫ 电气系统、仪表系统、通风系统、设备本体第一个法兰以外的管道系统等的安装、调试工作；非与设备本体联体的附属设备或附件（如平台、梯子、栏杆、支架、容器、屏盘等）的制作、安装、刷油、防腐、保温等工作。

（六）电梯安装工程量的计算

交流半自动电梯、交流自动电梯及直流自动快速电梯、直流自动高速电梯、小型杂物电梯安装的工程量计算，应按电梯的不同层数和站数，分别以"部"为单位计算。

电梯增减厅门、轿厢安装的工程量计算，应按厅门或轿厢门，区分其不同控制（手动或自动）及小型杂物电梯，分别以"个"为单位计算。

电梯增减提升高度的工程量以"m"为单位计算；电梯金属门套安装的工程量以"套"为单位计算；直流电梯发电机组安装的工程量以"组"为单位计算；角钢牛腿制作与安装的工程量以"个"为单位计算；电梯机器钢板底座制作的工程量计算，应区分交流电梯或直流电梯，分别以"座"为单位计算。

电梯安装定额包括以下内容。

① 准备工作、搬运、放样板、放线、清理预埋件及道架、道轨、缓冲器等安装。

② 组装轿厢、对重及门厅安装。

③ 稳工字钢、曳引机、抗绳轮、复绕绳轮、平衡绳轮。

④ 挂钢丝绳、钢带、平衡绳。

⑤ 清洗设备、加油、调整、试运行。

电梯安装定额不包括各种支架的制作、电气工程部分、脚手架的搭拆、电梯喷漆。

电梯安装应注意以下问题。

① 电梯门厅按每层一门，轿厢门按每部一门为准。如需增减时，按增减厅门和轿厢门的相应定额计算。

② 主材、紧固件、附件及备件等，按设备带有考虑。

③ 两部及两部以上并列运行及群控电梯，每部应增加工日：30层以内增加7工日，50层以内增加9工日，80层以内增加11工日，100层以内增加13工日，120层以内增加15工日。

④ 安装电梯的楼层高度按平均层高4m以内考虑，如超过4m时，应按增加提升高度定额计算。

⑤ 电梯安装定额是以室内地平±0.00以下为地坑（下缓冲）考虑的，如遇区间电梯地坑（下缓冲）在中间层时，其下部楼层垂直搬运工作按当地搬运定额另行计算。

⑥ 小型杂物电梯按载重量0.2t以内，无司机操作考虑的，如其底盘面积超过$1m^2$时，人工乘以系数1.2。载重量大于0.2t的杂物电梯，则按客、货梯相应的电梯定额执行。

⑦ 电梯安装定额已考虑了高层作业因素。

第三节　工程量清单编制与计价

一、变配电设备工程量清单编制与计价

（一）清单项目设置

变压器安装部分清单项目设置见表4-10；配电装置安装部分清单项目设置见表4-11；母线安装清单项目设置见表4-12；控制设备及低压电器安装部分清单项目设置见表4-13；蓄电池安装清单项目设置见表4-14；电机检查接线及高度部分清单项目设置见表4-15。

表 4-10 变压器安装部分清单项目设置

项目编码	项目名称	项目特征	计量单位	工程量计算规则	工作内容
030401001	油浸电力变压器	1. 名称; 2. 型号; 3. 容量(kV·A); 4. 电压(kV); 5. 油过滤要求; 6. 干燥要求; 7. 基础型钢形式、规格; 8. 网门、保护门材质、规格; 9. 温控箱型号、规格	台	按设计图示数量计算	1. 本体安装; 2. 基础型钢制作、安装; 3. 油过滤; 4. 干燥; 5. 接地; 6. 网门、保护门制作、安装; 7. 补刷(喷)涂料;
030401002	干式变压器				1. 本体安装; 2. 基础型钢制作、安装; 3. 温控箱安装; 4. 接地; 5. 网门、保护门制作、安装; 6. 补刷(喷)涂料

表 4-11 配电装置安装部分清单项目设置

项目编码	项目名称	项目特征	计量单位	工程量计算规则	工作内容
030402001	油断路器	1. 名称; 2. 型号; 3. 容量(A); 4. 电压等级(kV); 5. 安装条件; 6. 操作机构名称及型号; 7. 基础型钢规格; 8. 接线材质、规格; 9. 安装部位; 10. 油过滤要求	台	按设计图示数量计算	1. 本体安装、调试; 2. 基础型钢制作安装; 3. 油过滤; 4. 补刷(喷)涂料; 5. 接地
030402002	真空断路器				1. 本体安装、调试; 2. 基础型钢制作安装; 3. 补刷(喷)涂料; 4. 接地
030402003	SF$_6$断路器				
030402004	空气断路器	1. 名称; 2. 型号; 3. 容量(A); 4. 电压等级(kV); 5. 安装条件; 6. 操作机构名称及型号; 7. 接线材质、规格; 8. 安装部位			
030402007	负荷开关		组		1. 本体安装、调试; 2. 补刷(喷)涂料; 3. 接地
030402010	避雷器	1. 名称; 2. 型号; 3. 规格; 4. 电压等级(kV); 5. 安装部位			1. 本体安装 2. 接地

表 4-12　母线安装清单项目设置

项目编码	项目名称	项目特征	计量单位	工程量计算规则	工作内容
030403001	软母线	1. 名称； 2. 材质； 3. 型号； 4. 规格； 5. 绝缘子类型、规格	m	按设计图示尺寸以单相长度计算（含预留长度）	1. 母线安装； 2. 绝缘子耐压试验； 3. 跳线安装； 4. 绝缘子安装
030403008	重型母线	1. 名称； 2. 型号； 3. 规格； 4. 容量（A）； 5. 材质； 6. 绝缘子种类、规格； 7. 伸缩器及导板规格	t	按设计图示尺寸以质量计算	1. 母线制作、安装； 2. 伸缩器及导板制作、安装； 3. 支持绝缘子安装； 4. 补刷(喷)涂料

表 4-13　控制设备及低压电器安装部分清单项目设置

项目编码	项目名称	项目特征	计量单位	工程量计算规则	工作内容
030404001	控制屏	1. 名称； 2. 型号； 3. 规格； 4. 种类； 5. 基础型钢形式、规格； 6. 接线端子材质、规格； 7. 端子板外部接线材质、规格； 8. 小母线材质、规格； 9. 屏边规格	台	按设计图示数量计算	1. 本体安装； 2. 基础型钢制作、安装； 3. 端子板安装； 4. 焊、压接线端子； 5. 盘柜配线、端子接线； 6. 小母线安装； 7. 屏边安装； 8. 补刷(喷)涂料； 9. 接地
030404004	低压开关柜(屏)				1. 本体安装； 2. 基础型钢制作、安装； 3. 端子板安装； 4. 焊、压接线端子； 5. 盘柜配线、端子接线； 6. 屏边安装； 7. 补刷(喷)涂料； 8. 接地
030404016	控制箱	1. 名称； 2. 型号； 3. 规格； 4. 基础形式、材质、规格； 5. 接线端子材质、规格； 6. 端子板外部接线材质、规格； 7. 安装方式			1. 本体安装； 2. 基础型钢制作、安装； 3. 焊、压接线端子； 4. 补刷(喷)涂料； 5. 接地
030404017	配电箱				
030404019	控制开关	1. 名称； 2. 型号； 3. 规格； 4. 接线端子材质、规格； 5. 额定电流（A）	个		1. 本体安装； 2. 焊、压接线端子； 3. 接线

项目编码	项目名称	项目特征	计量单位	工程量计算规则	工作内容
030404031	小电器	1. 名称； 2. 型号； 3. 规格； 4. 接线端子材质、规格	个(套、台)	按设计图示数量计算	1. 本体安装； 2. 焊、压接线端子； 3. 接线
030404033	风扇	1. 名称； 2. 型号； 3. 规格； 4. 安装方式	台		1. 本体安装； 2. 调速开关安装
030404034	照明开关	1. 名称； 2. 型号； 3. 规格； 4. 安装方式	个		1. 本体安装； 2. 接线
030404035	插座				
030404036	其他电器	1. 名称； 2. 规格； 3. 安装方式	个(套、台)		1. 安装； 2. 接线

表 4-14　蓄电池安装清单项目设置

项目编码	项目名称	项目特征	计量单位	工程量计算规则	工作内容
030405001	蓄电池	1. 名称； 2. 型号； 3. 容量(A·h)； 4. 防震支架形式、材质； 5. 充放电要求	个(组件)	按设计图示数量计算	1. 本体安装； 2. 防震支架安装； 3. 充放电
030405002	太阳能电池	1. 名称； 2. 型号； 3. 规格； 4. 容量； 5. 安装方式	组		1. 安装； 2. 电池方阵铁架安装； 3. 联调

表 4-15　电机检查接线及高度部分清单项目设置

项目编码	项目名称	项目特征	计量单位	工程量计算规则	工作内容
030406001	发电机	1. 名称； 2. 型号； 3. 容量(kW)； 4. 接线端子材质、规格； 5. 干燥要求	台	按设计图示数量计算	1. 检查接线； 2. 接地； 3. 干燥； 4. 调试
030406003	普通小型直流电动机				
030406006	低压交流异步电动机	1. 名称； 2. 型号； 3. 容量(kW)； 4. 控制保护方式； 5. 接线端子材质、规格； 6. 干燥要求			

安装工程预算与工程量清单计价

（二） 清单设置说明

（1）油浸电力变压器安装工程量清单项目设置中，变压器油如需试验、化验、色谱分析应按《通用安装工程工程量清单计算规范》附录 N 中的"措施项目"相关项目编码列项。

（2）配电装置设置清单项目时需注意以下几点。

① 空气断路器的储气罐及储气罐至断路器的管路应按《通用安装工程工程量清单计算规范》附录 H"工业管道工程"相关项目编码列项。

② 设备安装未包括"地脚螺栓、浇注（二次灌浆、抹面）"，如需安装应按现行国家标准《房屋建筑与装饰工程工程量清单计算规范》相关编码列项。

（3）控制设备及低压电器安装设置清单项目时需注意以下几点

① 控制开关包括：自动空气开关、刀型开关、铁壳开关、胶盖刀闸开关、组合控制开关、万能转换开关、风机盘管三速开关、漏电保护开关等。

② 小电器包括：按钮、电笛、电铃、水位电气信号装置、测量表计、继电器、电磁锁、屏上辅助设备、辅助电压互感器、小型安全变压器等。

③ 其他电器安装包括：表中未列的电器项目，必须根据电器实际名称确定项目名称，明确描述工作内容、项目特征、计量单位、计算规则。

【例 4-1】 某电气安装工程项目，设计需要安装一台照明配电箱（暗装），该配电箱为成品，内部配线已在工厂完成。试编制配电箱的工程量清单。

解： 根据《通用安装工程工程量清单计算规范》附录 D.2 的规定，配电箱的项目特征需要描述：1. 名称，2. 型号，3. 规格，4. 基础形式、材质、规格，5. 接线端子材质、规格，6. 端子板外部接线材质、规格，7. 安装方式。本例中，名称为"照明配电箱"，型号为"ZM-1"，规格为"600（H）×400（L）"（箱体尺寸），由于是暗装，故无基础相关内容，若是落地式安装，则一般要有包含基础等相关内容的描述，接线端子材质、规格为"铜接线端子，$16mm^2$"，端子板外部接线材质、规格为"BVV16"，安装方式为"暗装"。因此，该配电箱的工程量清单如表 4-16 所示。

表 4-16 分部分项工程量清单

工程名称：　　　　　　　　　　　　标段：　　　　　　　　　　　　第　页，共　页

序号	项目编码	项目名称	项目特征描述	计量单位	工程量	金额/元		
						综合单价	合价	其中：暂估价
1	030404017001	配电箱	照明配电箱，ZM-1，规格 600（H）×400（L），铜接线端子 $16mm^2$，端子板外部接线 BVV16，暗装	台	1			
			本页小计					
			合计					

二、电缆敷设

（一） 清单项目设置

电缆安装工程量清单项目设置见表 4-17。

表 4-17　电缆安装部分清单项目设置

项目编码	项目名称	项目特征	计量单位	工程量计算规则	工作内容
030408001	电力电缆	1. 名称； 2. 型号； 3. 规格； 4. 材质； 5. 敷设方式、部位； 6. 电压等级（kV）； 7. 地形	m	按设计图示尺寸以长度计算（含预留长度及附加长度）	1. 电缆敷设； 2. 揭（盖）盖板
030408002	控制电缆				
030408003	电缆保护管	1. 名称； 2. 材质； 3. 规格； 4. 敷设方式		按设计图示尺寸以长度计算	保护管敷设
030408004	电缆槽盒	1. 名称； 2. 材质； 3. 规格； 4. 型号			槽盒安装
030208005	铺砂、盖保护板（砖）	1. 种类； 2. 规格			1. 铺砂； 2. 盖板（砖）
030208006	电力电缆头	1. 名称； 2. 型号； 3. 规格； 4. 材质、类型； 5. 安装部位； 6. 电压等级（kV）	个	按设计图示数量计算	1. 电力电缆头制作； 2. 电力电缆头安装； 3. 接地

（二）　清单设置说明

（1）电缆敷设项目的规格指电缆截面；电缆保护管敷设项目的规格指管径；电缆槽盒项目的规格指"宽＋高"的尺寸，同时要表述材质（钢制、玻璃钢制或铝合金制）和类型（槽式、梯式、托盘式、组合式等）。

（2）电缆沟土方工程量清单按《房屋建筑与装饰工程工程量计算规范》执行。

（3）电缆工程量按设计图示尺寸以长度计算（含预留长度及附加长度），预留长度及附加长度的计算方法与定额工程量计算方法相同，具体参见表 4-7 及图 4-5。

【例 4-2】　如图 4-10 所示，建筑内某低压配电柜与配电箱之间的水平距离为 20m，配电线路采用五芯电力电缆 VV（3×25＋2×16），在电缆沟底敷设，电缆沟的长度为 22m，深度为 1m，宽度为 0.8m，配电柜为落地式，配电箱为嵌入式，箱底边距地面为 1.5m。（1）计算电力电缆敷设工程量；（2）编制电力电缆工程量清单；（3）试根据定额进行该电力电缆清单项目的综合单价分析。

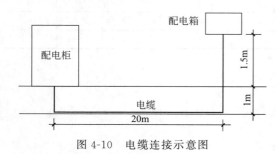

图 4-10　电缆连接示意图

解：（1）工程量＝｛［20m（柜与箱的水平距离）＋1m（柜底至沟底）＋1m（沟底至地面）＋1.5m（地面至箱底）］＋［2m（电

缆进入配电柜预留长度）＋1.5m（电缆进入沟内预留长度）＋1.5m（电缆从沟内引出预留长度）＋2m（电缆进入配电箱预留长度）＋1.5m×2（电缆终端头2个预留长度）］｝×（1＋2.5％）＝34.34m

2.5％为考虑电缆敷设弛度、波形弯度、交叉的系数。

（2）电力电缆的工程量清单见表4-18。

表4-18　电力电缆工程量清单

工程名称：　　　　　　　　　　　　　标段：　　　　　　　　　　　　第　页，共　页

序号	项目编码	项目名称	项目特征描述	计量单位	工程量	金额/元		
						综合单价	合价	其中：暂估价
1	030408001001	电力电缆敷设	电力电缆,1kV－VV(3×25+2×16),沟底敷设	m	34.34			
			本页小计					
			合计					

（3）综合单价分析

根据《通用安装工程工程量清单计算规范》的规定，电力电缆敷设的工作包括：①电缆敷设；②揭（盖）盖板。因此综合单价需综合这两部分的工作进行报价，其中盖（揭）盖板中，既揭又盖，算2次。报价可以利用当地造价管理部门公布的定额，也可以利用企业制订的定额，本例套用广东省安装工程定额（2010年）进行综合单价分析。综合单价的计算应利用综合单价分析表的格式进行，通过综合单价分析表可以更清楚地了解工程量清单计价模式下综合单价的构成。分部分项工程量清单综合单价计算表见表4-19。

表4-19　综合单价分析表

工程名称：电缆安装　　　　　　　　　标段：　　　　　　　　　　　　第　页，共　页

项目编码		030408001001			项目名称		电力电缆	计量单位		m
清单综合单价组成明细										

定额编号	定额名称	定额单位	数量	单价/元				合价/元			
				人工费	材料费	机械费	管理费和利润	人工费	材料费	机械费	管理费和利润
C2-8-145	铜芯电力电缆敷设 电缆（截面mm² 以下）35	100m	0.010	369.16	185.77	10.14	172.54	3.69	1.86	0.10	1.73
C2-8-5	电缆沟铺砂、盖砖及移动盖板 揭（盖）盖板（板长mm 以下）500	100m	0.013	337.67			157.83	4.33			2.02
人工单价			小计					8.02	1.86	0.10	3.75
51.00 元/工日			未计价材料费					45.45			

项目编码	030408001001		项目名称	电力电缆	计量单位	m
清单项目综合单价					59.17	

	主要材料名称、规格、型号	单位	数量	单价/元	合价/元	暂估单价/元	暂估合价/元
材料费明细	电缆VV(3×25+2×16)	m	1.010	45.00	45.45		
	其 他 材 料 费			—		—	
	材 料 费 小 计			—	45.45	—	

三、防雷及接地装置

(一) 清单项目设置

防雷及接地装置清单项目设置见表4-20。

表4-20 防雷及接地装置部分清单项目设置

项目编码	项目名称	项目特征	计量单位	工程量计算规则	工作内容
030409001	接地极	1. 名称; 2. 材质; 3. 规格; 4. 土质; 5. 基础接地形式	根(块)	接设计图示数量计算	1. 接地极(板、柱)制作、安装; 2. 基础接地网安装; 3. 补刷(喷)涂料
030409002	接地母线	1. 名称; 2. 材质; 3. 规格; 4. 安装部位; 5. 安装形式			1. 接地母线制作、安装; 2. 补刷(喷)涂料
030409003	避雷引下线	1. 名称; 2. 材质; 3. 规格; 4. 安装部位; 5. 安装形式; 6. 断接卡子、箱材质、规格	m	接设计图示尺寸以长度计算(含附加长度)	1. 避雷引下线制作、安装; 2. 断接卡子、箱制作、安装; 3. 利用主钢筋焊接; 4. 补刷(喷)涂料
030409004	均压环	1. 名称; 2. 材质; 3. 规格; 4. 安装形式			1. 均压环敷设; 2. 钢铝窗接地; 3. 柱主筋与圈梁焊接; 4. 利用圈梁钢筋焊接; 5. 补刷(喷)涂料
030409005	避雷网	1. 名称; 2. 材质; 3. 规格; 4. 安装形式; 5. 混凝土块标号			1. 避雷网制作、安装; 2. 跨接; 3. 混凝土块制作; 4. 补刷(喷)涂料
030409006	避雷针	1. 名称; 2. 材质; 3. 规格; 4. 安装形式、高度	根	按设计图示数量计算	1. 避雷针制作、安装; 2. 跨接; 3. 补刷(喷)涂料

（二）清单设置说明

（1）利用桩基础作接地极时，应描述桩台下桩的根数，每桩台下需要焊接柱筋根数，其工程量按柱引下线计算；利用基础钢筋作接地极按均压环项目编码列项。

（2）利用柱筋作引下线的，需要描述柱筋焊接根数。

（3）利用圈梁盘作为均压环的，需要描述圈梁盘焊接根数。

四、10kV 以下架空线路

（一）清单项目设置

10kV 以下架空配电线路清单项目设置见表 4-21。

表 4-21　10kV 以下架空配电线路清单项目设置

项目编码	项目名称	项目特征	计量单位	工程量计算规则	工作内容
030410001	电杆组立	1. 名称； 2. 材质； 3. 规格； 4. 类型； 5. 地形； 6. 土质； 7. 底盘、拉盘、卡盘规格； 8. 拉线材质、规格、类型； 9. 现浇基础类型、钢筋类型、规格，基础垫层要求； 10. 电杆防腐要求	根（基）	接设计图示数量计算	1. 施工定位； 2. 电杆组立； 3. 土（石）方挖填； 4. 底盘、拉盘、卡盘安装； 5. 电杆防腐； 6. 拉线制作安装； 7. 现浇基础、基础垫层； 8. 工地运输
030410002	横担组装	1. 名称； 2. 材质； 3. 规格； 4. 类型； 5. 电压等级（kV）； 6. 瓷瓶型号、规格； 7. 金具品种规格	组		1. 横担安装； 2. 瓷瓶、金具组装
030410003	导线架设	1. 名称； 2. 型号； 3. 规格； 4. 地形； 5. 跨越类型	km	按设计图示尺寸以单线长度计算（含预留长度）	1. 导线架设； 2. 导线跨越及进户线架设； 3. 工地运输

（二）清单设置说明

（1）在电杆组立的项目特征中，材质指电杆的材质，即木电杆还是混凝土杆；规格指杆长；类型指单杆、接腿杆、撑杆。

（2）在导线架设的项目特征中，导线的型号表示了材质是铝导线还是铜导线；规格是指导线的截面。

五、配管、配线

（一）清单项目设置

配管、配线工程量清单项目设置见表 4-22。

表 4-22　配管、配线部分清单项目设置

项目编码	项目名称	项目特征	计量单位	工程量计算规则	工作内容
030411001	配管	1. 名称； 2. 材质； 3. 规格； 4. 配置形式； 5. 接地要求； 6. 钢索材质、规格		按设计图示尺寸以长度计算	1. 电线管路敷设； 2. 钢索架设（拉紧装置安装）； 3. 预留沟槽； 4. 接地
030411002	线槽	1. 名称； 2. 材质； 3. 规格			1. 本体安装； 2. 补刷（喷）涂料
030411003	桥架	1. 名称； 2. 型号； 3. 规格； 4. 材质； 5. 类型； 6. 接地方式	m		1. 本体安装； 2. 接地
030411004	配线	1. 名称； 2. 配线形式； 3. 型号； 4. 规格； 5. 材质； 6. 配线部位； 7. 配线线制； 8. 钢索材质、规格		按设计图示尺寸以单线长度计算（含预留长度）	1. 配线； 2. 钢索架设（拉紧装置安装）； 3. 支持体（夹板、绝缘子、槽板等）安装
030411005	接线箱	1. 名称； 2. 材质； 3. 规格； 4. 安装形式	个	按设计图示数量计算	本体安装
030411006	接线盒				

（二）清单设置说明

（1）配管名称指电线管、钢管、防爆管、塑料管、软管、波纹管等。

（2）配管配置形式指明配、暗配、吊顶内、钢结构支架、钢索配管、埋地敷设、水下敷设、砌筑沟内敷设等。

（3）配线名称指管内穿线、瓷夹板配线、塑料夹板配线、绝缘子配线、槽板配线、塑料护套配线、线槽配线、车间带形母线等。

（4）配线形式指照明线路，动力线路，木结构，顶棚内，砖、混凝土结构，沿支架、钢索、屋架、梁、柱、墙，以及跨屋架、梁、柱。

（5）配管安装中不包括凿槽、刨沟，应按《通用安装工程工程量计算规范》附录"D.13"相关项目编码列项。

（6）清单项目工程量计算时注意以下几点。

① 配管、线槽工程量按设计图示尺寸以"m"计算。不扣除管路中间的接线箱（盒）、灯头盒、开关盒所占长度。计算方法与定额应用中线管配管工程量相同。

a. 配管、线槽工程量计算，一般是从配电箱算起，沿各回路计算。

b. 水平方向敷设的线管，当沿墙暗敷设时，按相关墙轴线尺寸计算。沿墙明敷时，按相关墙面净空尺寸计算。线槽沿墙明敷，按相关墙面净空尺寸计算。具体见图4-6所示。

c. 在顶棚内敷设，或者在地坪内暗敷，可用比例尺测量，或按设计定位尺寸计算。

d. 垂直方向敷设的线管、线槽，其工程量计算与楼层高度及箱、柜、盘、板、开关等设备安装高度有关。具体见图4-7所示。

e. 在吊顶内敷设的配管，应按明敷计算。

② 配线保护管遇到下列情况之一时，应增设管路接线拿和拉线盒。a. 管长度每超过30m，无弯曲；b. 管长度每超过20m，有1个弯曲；c. 管长度每超过15m，有2个弯曲；d. 管长度每超过8m，有3个弯曲。垂直敷设的电线保护管遇到下列情况之一时，应增设固定导线用的拉线盒。a. 管内导线截面为50mm² 及以下，长度每超过30m；b. 管内导线截面为70～95mm²，长度每超过20m；c. 管内导线截面为120～240mm²，长度每超过18m。在配管清单项目计量时，设计无要求时上述规定可以作为计量接线盒、拉线盒的依据。

③ 配线按设计图示尺寸以单线长度（m）计算。配线进入箱、柜、板的应按规定预留长度，预留长度见表4-8。

管内穿线工程量计算方法：

$$管内穿线长度＝（配管长度＋预留长度）×同截面导线根数$$

【例4-3】 某建筑的其中一个房间的照明系统图及平面图如图4-11、图4-12所示。其层高为3.6m。图中：照明平面图比例为1：100；灯具为 $2×40W$ 双管荧光灯盘，采用嵌入式

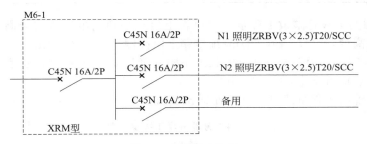

图4-11 照明系统图

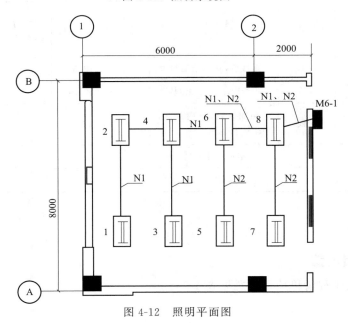

图4-12 照明平面图

安装；照明配电箱箱底距楼面 1.5m，暗装，箱外形尺寸为：宽×高×厚＝430mm×280mm×90mm；吊顶内电线管的安装高度为 3.2m，垂直布管暗敷设在墙内。(1) 计算配管和管内穿线定额工程量；(2) 计算配管和管内穿线清单工程量；(3) 编制配管和管内穿线工程量清单。

解：(1) 定额工程量计算

① 计算配管长度：对于水平尺寸作比例尺在平面图上量取，量取规则，对于墙壁按图 4-6 的规定执行，对于灯具则量至灯具的中心按图 4-7 的规定执行。

吊顶内的水平电线管安装属明装，而垂直布置在墙壁内的电线管则属于暗装，应分别计算。

N1 及 N2 回路电线管明敷工程量的计算见表 4-23。

表 4-23　N1 及 N2 回路电线管明敷工程量计算

回路号	位　置	工程量/m	回路号	位　置	工程量/m
N1	灯 1-灯 2	3.9	N2	灯 5-灯 6	3.9
	灯 3-灯 4	3.9		灯 7-灯 8	3.9
	灯 2-灯 4	1.8		灯 6-照明配电箱 M	1.8+1.3=3.1
	灯 4-照明配电箱 M	1.8+1.8+1.3=4.9		小计	10.9
	小计	14.5		合计	25.4

N1 及 N2 回路电线管暗敷工程量（配电箱上沿至吊顶内电线管安装高度）＝[3.2m（吊顶内电线管安装高度）−(1.5+0.28)m（配电箱上沿高度）]×2＝2.84m

② 管内穿线定额工程量＝[（明配管长度＋暗配管长度）＋导线预留长度]×3＝[(25.4+2.84)m＋(0.43+0.28)m]×3＝86.85m

(2) 配管及配线工程量清单项目设置见表 4-24。

表 4-24　分部分项工程量清单

工程名称：　　　　　　　　　　标段：　　　　　　　　　　第　页，共　页

序号	项目编码	项目名称	项目特征描述	计量单位	工程量	金额/元		
						综合单价	合价	其中：暂估价
1	030411001001	配管	电线管，ϕ20，沿墙暗敷	m	2.84			
2	030411001002	配管	电线管，ϕ20，吊顶内敷设	m	25.4			
3	030411004001	配线	照明线路，管内穿线，ZRBV-3×2.5	m	86.85			
			本页小计					
			合计					

六、照明器具

（一）清单项目设置

照明器具安装工程清单项目设置见表 4-25。

表 4-25 照明器具安装工程清单项目设置表

项目编码	项目名称	项目特征	计量单位	工程量计算规则	工作内容
030412001	普通灯具	1. 名称； 2. 型号； 3. 规格； 4. 类型	套	按设计图示数量计算	本体安装
030412005	荧光灯	1. 名称； 2. 型号； 3. 规格； 4. 安装形式	套		

（二）清单设置说明

（1）普通灯具包括圆球吸顶灯、半圆球吸顶灯、方形吸顶灯、软线吊灯、座灯头、吊链灯、防水吊灯、壁灯等。吸顶灯的规格对于圆球罩灯指不同灯罩直径，方形罩指矩形罩及大口方罩。

（2）荧光灯安装形式指吊链式、吸顶式、吊管式；安装规格指单管、双管、三管。

（3）照明器具安装工程清单工程量按设计图示数量计算。

【例 4-4】 同【例 4-3】，计算照明器具清单工程量，编制其工程量清单，并进行综合单价分析。

解：照明器具工程量＝8 套

照明器具工程量清单项目设置见表 4-26。综合单价分析见表 4-27。

表 4-26 分部分项工程量清单

工程名称：　　　　　　　　　　　　标段：　　　　　　　　　　　第 页，共 页

序号	项目编码	项目名称	项目特征描述	计量单位	工程量	金额/元		
						综合单价	合价	其中：暂估价
1	030412005001	荧光灯	双管荧光灯，XBY-S240，2×40W，嵌入式安装	套	8			
2								
3								
			本页小计					
			合计					

表 4-27 综合单价分析表

工程名称：广东省某市建筑工程学校学生宿舍楼供配电工程　　　标段：　　　　　　第 页，共 页

项目编码		030412005001					项目名称	荧光灯	计量单位	套

清单综合单价组成明细

定额编号	定额名称	定额单位	数量	单价/元				合价/元			
				人工费	材料费	机械费	管理费和利润	人工费	材料费	机械费	管理费和利润
C2-12-213	成套型荧光灯具安装 吸顶式 双管	10 套	0.100	104.60	25.09		48.89	10.46	2.51		4.89
人工单价		小计						10.46	2.51		4.89
51.00 元/工日		未计价材料费						167.33			

项目编码	030412005001		项目名称	荧光灯	计量单位	套
清单项目综合单价				185.19		

	主要材料名称、规格、型号	单位	数量	单价/元	合价/元	暂估单价/元	暂估合价/元
材料费明细	成套灯具成套型双管荧光灯	套	1.010	150.00	151.50		
	荧光灯	只	2.030	7.80	15.83		
	其他材料费			—	—		
	材料费小计			—	167.33		

七、附属工程

（一）清单项目设置

附属工程工程清单项目设置见表4-28。

表4-28 附属工程工程清单项目设置表

项目编码	项目名称	项目特征	计量单位	工程量计算规则	工作内容
030412001	铁构件	1. 名称； 2. 材质； 3. 规格	kg	按设计图示尺寸以质量计算	1. 制作； 2. 安装； 3. 补刷（喷）涂料
030412002	凿（压）槽	1. 名称； 2. 规格； 3. 类型； 4. 填充(恢复)方式； 5. 混凝土标准	m	按设计图示尺寸以长度计算	1. 开槽； 2. 恢复处理
030412003	打洞（孔）	1. 名称； 2. 规格； 3. 类型； 4. 填充(恢复)方式； 5. 混凝土标准	个	按设计图示数量计算	1. 开孔、洞； 2. 恢复处理

（二）清单设置说明

铁构件项目适用于电气工程的各种支架、铁构件的制作安装。铁构件的规格应区别一般铁构件（主结构厚度在3mm以上）和轻型铁构件（主结构厚度在3mm以内）。

八、电气调整试验

（一）清单项目设置

电气调整试验清单项目设置见表4-29。

（二）清单设置说明

（1）电气调整内容的项目特征是以系统名称或保护装置及设备本体名称来设置的。如变压器系统调试就以变压器的名称、型号、容量来设置。

表 4-29　电气调整试验部分清单项目设置表

项目编码	项目名称	项目特征	计量单位	工程量计算规则	工作内容
030414001	电力变压器系统	1. 名称; 2. 型号; 3. 容量(kV·A)	系统	按设计图示系统计算	系统调试
030414002	送配电装置系统	1. 名称; 2. 型号; 3. 电压等级(kV); 4. 类型	系统	按设计图示系统计算	系统调试
030414011	接地装置	1. 名称; 2. 类别	1. 系统; 2. 组	1. 以系统计量,按设计图示系统计算; 2. 以组计量,按设计图示数量计算	接地电阻测试
030414015	电缆试验	1. 名称; 2. 电压等级(kV)	次(根、点)	按设计图示数量计算	试验

（2）供电系统的项目设置：1kV 以下和直流供电系统均以电压来设置，而 10kV 以下的交流供电系统则以供电用的负荷隔离开关、断路器和带电抗器分别设置。

（3）特殊保护装置调试的清单项目按其保护名称设置，其他均按需要调试的装置或设备的名称来设置。

（4）调整试验项目是指一个系统的调整试验，它是由多台设备、组件（配件）、网络连在一起，经过调整试验才能完成某一特定的生产过程，这个工作（调试）无法综合考虑在某一实体（仪表、设备、组件、网络）上，因此不能用物理计量单位或一般的自然计量单位来计量，只能用"系统"为单位计量。

（5）电气调试系统的划分以设计的电气原理系统图为依据。具体划分可参照《全国统一安装工程预算工程量计算规则》的有关规定。

九、工程量清单编制与计价中需说明的问题

（1）电气设备安装工程适用于 10kV 以下变配电设备及线路的安装工程、车间动力电气设备及电气照明、防雷及接地装置安装、配管配线、电气调试等。

（2）挖土、填土工程，执行《房屋建筑与装饰工程工程量计算规范》相关项目编码列项。

（3）开挖路面，执行《市政工程工程量计算规范》相关项目编码列项。

（4）过梁、墙、楼板的钢（塑料）套管，执行《通用安装工程工程量清单计算规范》附录 K（给排水、采暖、燃气工程）相关项目编码列项。

（5）除锈、刷油（补刷漆除外）、保护层安装，应按《通用安装工程工程量清单计算规范》附录 M 刷油、防腐蚀、绝热工程相关项目编码列项。

第四节　电气安装工程造价计价实例

广州市某学校学生宿舍电气照明工程，总安装容量 104kW，计算电流 155A；负荷等级为三级负荷，电源由学校总配电房引入一路 3N-380V 电源。建筑物室内干线沿金属线槽敷

设，支线穿塑料管沿楼板（墙）暗敷。电力系统采用 TN-S 制，从总配电柜开始采用三相五线、单相三线制，电源零线（N）与接地保护线（PE）分别引出，所有电器设备不带电的导电部分、外壳、构架均与 PE 线可靠接地。

一、电气安装工程施工图

对于民用建筑电气安装工程来说，其施工图主要包括图纸目录、设计说明、图例、设备材料表、电气系统图及各层电气平面图等。

由于建筑电气安装工程施工图一般不包括剖面图，因此，许多设备及配管的安装高度不能从图中获得，这类信息一般包含在设计说明中，如在设计说明中，设计人员会说明开关、配电箱、插座等的安装高度，而这些电气设备在整幢建筑中的安装高度往往是相同的。由于水平导线一般沿顶棚敷设，因此在计算配管配线工程量时不要漏算由顶棚至安装在墙壁上的电气设备（开关、配电箱、插座、壁灯等）之间的垂直长度。建筑物中的灯具的安装位置、线管及导线的型号规格则用特定的表示方法表示在图上，动力、照明线路及设备在平面图上表示方法如下。

（1）线路文字标注格式

$$a\text{-}b(c\times d)e\text{-}f$$

式中，a 为线路编号或线路用途符号；b 为导线型号；c 为导线根数；d 为导线截面，不同截面分别标注；e 为配线方式符号及导线穿管管径；f 为敷设部位符号。

（2）电力和照明配电箱标注格式

$a\dfrac{b}{c}$ 或 $a\text{-}b\text{-}c$，当需要标注引入线规格时为 $a\dfrac{b\text{-}c}{d(e\times f)\text{-}g}$

式中，a 为设备编号；b 为设备型号；c 为设备功率，kW；d 为导线型号；e 为导线根数；f 为导线截面，mm^2；g 为导线敷设方式及部位。

（3）灯具的标注方法

$a\text{-}b\dfrac{c\times d\times L}{e}f$，吸顶灯为 $a\text{-}b\dfrac{c\times d\times L}{\_\_}f$

式中，a 为灯具数量；b 为灯具型号或编号；c 为每盏照明灯具的灯泡（管）数量；d 为灯泡（管）容量，W；e 为灯泡（管）安装高度，m；f 为灯具安装方式（B，X，L，G）；L 为光源种类（Ne，Xe，Na，Hg，I，IN，FL）。

电气安装工程造价计价实例施工图纸如图 4-13～图 4-16 所示。

图　例	说　明	备　注	图　例	说　明	备　注
◗	天棚灯	吸顶安装	✒	暗装四极开关	$h=1.4m$（暗装）
⊢⊣	荧光灯	详见平面图	▲	暗装二三极单相组合插座	$h=0.3m$（暗装）
✒	暗装单极开关	$h=1.4m$（暗装）	⏛	空调插座	$h=1.8m$（明装）
✒	暗装双极开关	$h=1.4m$（暗装）	▭	多种电源配电箱	中心标高 1.6m（暗装）
✒	暗装三极开关	$h=1.4m$（暗装）	⊖	排气扇	详见平面图

图 4-13　图例

二、工程量计算

1. 工程量计算表（见表 4-30）

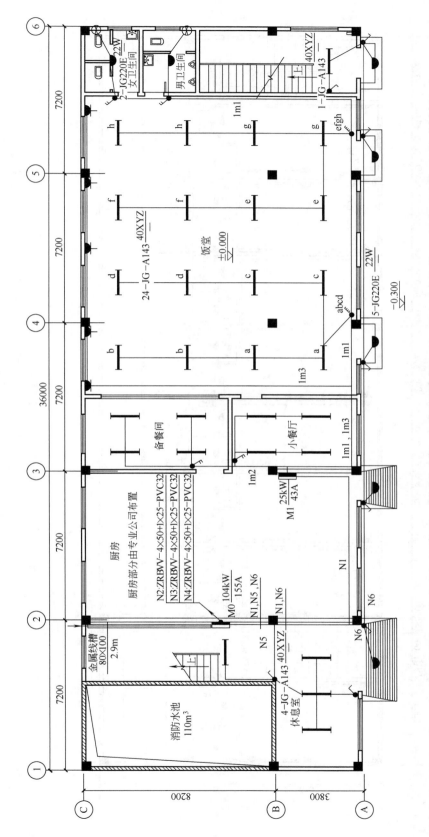

图 4-14 首层平面图

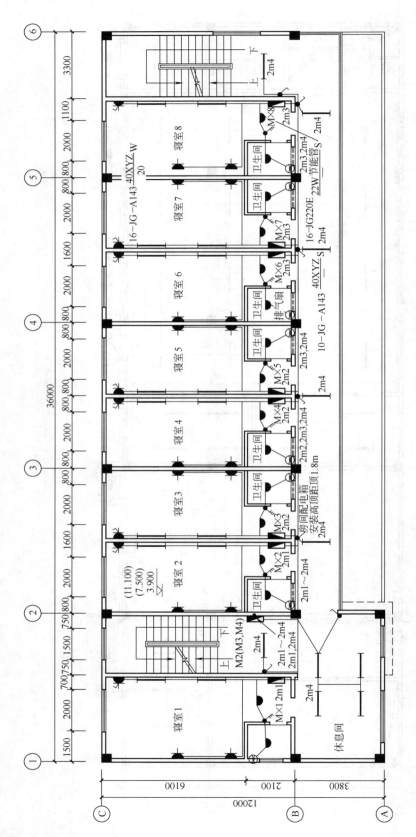

图 4-15　二～四层平面图

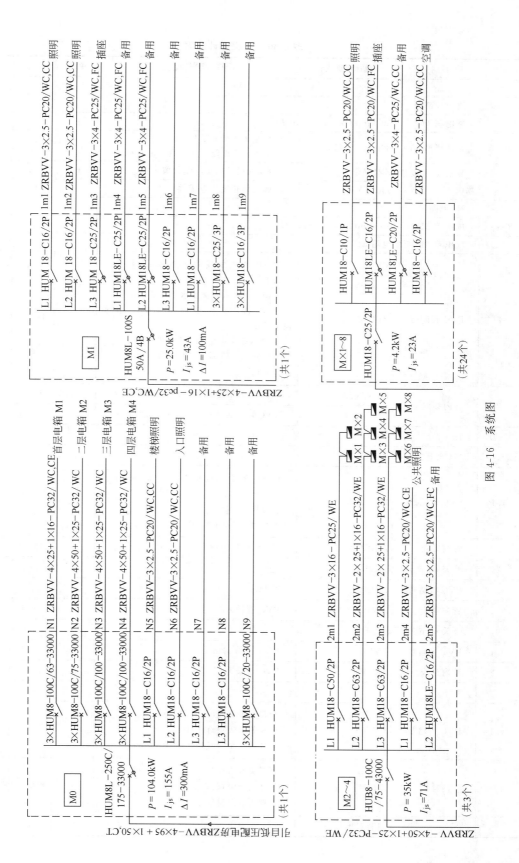

图 4-16 系统图

表 4-30　工程量计算表

序号	项目名称	规格型号	计算方法及说明	单位	数量	备注
			一层			
一	进户线部分					
(一)	配电箱 M0	500mm(L)×800mm(H)		台	1	
(二)	金属线槽	80mm×100mm	进户至 M0 水平段 5.8m +去 M0 垂直段[2.9−(1.6+0.4)]m	m	6.7	
(三)	导线金属线槽敷设	ZRBVV95	[金属线槽长度+电缆预留 3.3m]×4	m	40	
		ZRBVV50	金属线槽长度+电缆预留 3.3m	m	10	
二	N1 回路					
(一)	配电箱 M1	300mm(L)×500mm(H)		台	1	
(二)	配电箱 M0 至配电箱 M1 段					
1	PVC 管暗敷	PVC32	由 M0 箱引出线垂直段[3.9−(1.6+0.4)]m +M0 至轴 A-2 交点水平段 5.8m +轴 A-2 交点至轴 A-3 交点水平段 7.2m +轴 A-3 交点至 M1 箱水平段 3m +去 M1 箱垂直段[3.9−(1.6+0.25)]m	m	19.95	
2	管内穿线	ZRBVV25	[PVC 管长 19.95m+预留(1.3+0.8)m]×4	m	88.2	
		ZRBVV16	[PVC 管长 19.95m+预留(1.3+0.8)m]×1	m	22.05	
(三)	1m1 回路					
1	M1 至开关 abcd 处					
1.1	PVC 管暗敷	PVC20	由 M1 箱引出线垂直段[3.9−(1.6+0.25)]m +穿墙 0.24m +至开关 abcd 水平段(3+7.5)m	m	12.79	
1.2	管内穿线	ZRBVV2.5	(PVC 管长+预留 0.8m)×3	m	40.77	
2	开关 abcd 至开关 efgh 处					
2.1	PVC 管暗敷	PVC20	8.8m	m	8.8	
2.2	管内穿线	ZRBVV2.5	PVC 管长×3	m	26.4	
3	开关 efgh 处至女卫开关处					
3.1	PVC 管暗敷	PVC20	(1.8+10.3)m	m	12.1	
3.2	管内穿线	ZRBVV2.5	PVC 管长×3	m	36.3	
4	女卫					
4.1	PVC 管暗敷	PVC20	至开关垂直段(3.9−1.4)m +开关至吸顶灯 1.8m +吸顶灯至排气扇水平段 1.6m	m	5.9	
4.2	管内穿线	ZRBVV2.5	至开关垂直段(3.9−1.4)m×3 +开关至吸顶灯 1.8m×4 +吸顶灯至排气扇水平段 1.6m×3	m	19.5	
4.3	开关	暗装双极开关		只	1	

序号	项目名称	规格型号	计算方法及说明	单位	数量	备注
4.4	灯具	JG220E$\dfrac{22W}{—}$S		只	1	
4.5	排气扇			只	1	
5	男卫	与女卫相同				
6	饭堂					
6.1	开关abcd至灯abcd处					
6.1.1	PVC管暗敷	PVC20	开关abcd垂直段(3.9—1.4)m +开关abcd至第一个灯a处2.5m +第一个灯a至第二个灯b处8.7m +第一个灯a至第一个灯c处3.6m +第一个灯c至第二个灯d处8.7m	m	26	
6.1.2	管内穿线	ZRBVV2.5	开关abcd垂直段(3.9—1.4)m×5 +开关abcd至第一个灯a处2.5m×6 +灯a间2.9m×4 +第二个灯a至第二个灯b处5.8m×3 +第一个灯a至第一个灯c处3.6m×4 +灯c间2.9m×4 +第二个灯c至第二个灯d处5.8m×3	m	99.9	
6.2	开关efgh至灯efgh处					
6.2.1	PVC管暗敷	PVC20	至开关efgh垂直段(3.9—1.4)m +开关efgh至第一个灯g处1.3m +第一个灯g至第二个灯h处8.7m +第一个灯g至第一个灯e处3.6m +第一个灯e至第二个灯f处8.7m	m	24.8	
6.2.2	管内穿线	ZRBVV2.5	至开关efgh垂直段(3.9—1.4)m×5 +开关efgh至第一个灯g处1.3m×6 +灯g间2.9m×4 +第二个灯g至第二个灯h处5.8m×3 +第一个灯g至第一个灯e处3.6m×4 +灯e间2.9m×4 +第二个灯e至第二个灯f处5.8m×3	m	90.2	
6.3	开关	暗装四极开关		只	2	
6.4	灯具	JG-A143$\dfrac{40XYZ}{—}$		只	16	
(四)	1m2回路					
1	M1至备餐间开关					
1.1	PVC管暗敷	PVC20	4.1	m	4.1	
1.2	管内穿线	ZRBVV2.5	(PVC管长+预留0.8)×3	m	14.7	
2	备餐间					
2.1	PVC管暗敷	PVC20	至开关垂直段(3.9—1.4)m +备餐间水平段7.6m	m	10.1	
2.2	管内穿线	ZRBVV2.5	至开关垂直段(3.9—1.4)m×3 +备餐间水平段7.6m×3	m	30.3	
2.3	开关	暗装二极开关		只	1	

序号	项目名称	规格型号	计算方法及说明	单位	数量	备注
2.4	灯具	JG-A143 $\frac{40XYZ}{-}$		只	4	
3	小餐厅					
3.1	PVC管暗敷	PVC20	至开关垂直段(3.9－1.4)m ＋小餐厅水平段9.4m	m	11.9	
3.2	管内穿线	ZRBVV2.5	至开关垂直段(3.9－1.4)m×3 ＋小餐厅水平段9.4m×3	m	35.7	
3.3	开关	暗装二极开关		只	1	
3.4	灯具	JG-A143 $\frac{40XYZ}{-}$		只	4	
（五）	1m3回路					
1	PVC管暗敷	PVC20	由M1箱引出线垂直段[3.9－(1.6＋0.25)]m ＋穿墙0.24m ＋至1m1分支处6.6m ＋1m1分支处至最末插座(11.6＋13.8)m ＋去插座垂直段(3.9－0.3)m×5	m	52.29	
2	管内穿线	ZRBVV4	(PVC管长＋预留0.8m)×4	m	212.36	
3	暗装二三极单相组合插座			只	5	
三	N5回路					
1	PVC管暗敷	PVC20	由M0箱引出线垂直段[3.9－(1.6＋0.4)]m ＋M0至N5与N1分支处2.3m ＋N5与N1分支处至楼梯灯开关处2.8m ＋至楼梯灯3.4m ＋楼梯灯开关垂直段(3.9－1.4)m ＋休息室水平段7.3m ＋休息室灯开关垂直段(3.9－1.4)m	m	22.7	
2	管内穿线	ZRBVV2.5	[配电箱预留1.3m ＋由M0箱引出线垂直段[3.9－(1.6＋0.4)]m ＋M0至N5与N1分支处2.3m ＋N5与N1分支处至楼梯灯开关处2.8m ＋至楼梯灯3.4m ＋休息室水平段7.3m]×3 ＋[楼梯灯开关垂直段(3.9－1.4)m ＋休息室灯开关垂直段(3.9－1.4)m]×2	m	67	
3	开关	暗装单极开关		只	2	
4	灯具	JG-A143 $\frac{40XYZ}{-}$		只	4	
四	N6回路					
1	PVC管暗敷	PVC20	由M0箱引出线垂直段[3.9－(1.6＋0.4)]m ＋M0至左侧第一个开关处6.1m ＋左侧第一个开关至右侧第一个开关处28.3m ＋左侧第一个开关至灯具处1.8m ＋其余开关至灯具处0.9m×4 ＋楼梯间灯具部分3.1m ＋灯开关垂直段(3.9－1.4)m×6	m	59.8	

序号	项目名称	规格型号	计算方法及说明	单位	数量	备注
2	管内穿线	ZRBVV2.5	[配电箱预留 1.3m ＋由 M0 箱引出线垂直段[3.9－(1.6＋0.4)]m ＋M0 至左侧第一个开关处 6.1m ＋左侧第一个开关至右侧第一个开关处 28.3m ＋左侧第一个开关至灯具处 1.8m ＋其余开关至灯具处 0.9m×4 ＋楼梯间灯具部分 3.1m]×3 ＋[灯开关垂直段(3.9－1.4)m×6]×2	m	168.3	
3	开关	暗装单极开关		只	6	
4	灯具	JG-A143 $\dfrac{40XYZ}{—}$		只	1	
		JG220E $\dfrac{22W}{—}$S		只	5	

二层

一	M0 至 M2 部分					
（一）	配电箱 M2	300mm(L)×500mm(H)		台	1	
（二）	PVC 管暗敷	PVC32	M2 底标高[3.9＋(1.6－0.25)]m－M0 顶标高[3.9－(1.6＋0.4)]m	m	3.25	
（三）	管内穿线	ZRBVV-50	[PVC 管长＋预留(1.3＋0.8)m]×4	m	21.4	
		ZRBVV-25	[PVC 管长＋预留(1.3＋0.8)m]×1	m	5.35	
二	2m1 回路					
（一）	干线					
	PVC 管暗敷	PVC25	9.5	m	9.5	
	管内穿线	ZRBVV-16	(PVC 管长＋预留 0.8m＋预留0.5m)×3	m	32.4	
（二）	寝室 1					
1	配电箱	MX1	300mm(L)×200mm(H)	台	1	
2	MX1 箱至空调插座					
2.1	PVC 管暗敷	PVC20	MX1 箱垂直 1.8m＋MX1 箱至空调插座水平 6.7m＋空调插座垂直 1.8m	m	10.3	
2.2	管内穿线	ZRBVV2.5	(PVC 管长＋预留 0.5m)×3	m	32.4	
2.3	空调插座			只	1	
3	MX1 箱至照明灯具					
3.1	PVC 管暗敷	PVC20	MX1 箱垂直 1.8m＋MX1 箱至灯具水平 5.4m＋灯具垂直(3.6－2.6)m×2	m	9.2	
3.2	管内穿线	ZRBVV2.5	(PVC 管长＋预留 0.5m)×3 ＋至开关水平段 2.3m×2(开关垂直段在 5.2 中计)	m	23.7	
3.3	灯具	JG-A143 $\dfrac{40XYZ}{2.6}$W		只	2	
4	MX1 箱至普通插座					

序号	项目名称	规格型号	计算方法及说明	单位	数量	备注
4.1	PVC 管暗敷	PVC20	MX1 箱垂直 1.8m＋MX1 箱至普通插座水平 8.2m＋普通插座垂直（3.6－0.3)m	m	13.3	
4.2	管内穿线	ZRBVV2.5	（PVC 管长＋预留 0.5m）×3	m	41.4	
4.3	普通插座				2	
5	MX1 箱至卫生间					
5.1	PVC 管暗敷	PVC20	MX1 箱垂直 1.8m＋MX1 箱至卫生间水平 5.2m＋开关垂直(3.6－1.4)m	m	9.2	
5.2	管内穿线	ZRBVV2.5	（预留 0.5m＋MX1 箱垂直 1.8m＋MX1 箱至卫生间水平 5.2m）×3＋开关垂直（3.6－1.4)m×4	m	31.8	
5.3	灯具	JG220E$\frac{22W}{}$S		只	2	
5.4	开关	暗装三极开关		只	1	
5.5	排气扇			台	1	
（三)	寝室 2		寝室 2 宽度比寝室 1 小 0.6m,因此 PVC 管少 0.6m×2,ZRBVV2.5 线少 0.6m×8,其余全部相同			
三	2m2 回路					
（一)	干线					
1	PVC 管暗敷	PVC32	13.6m	m	13.6	
2	管内穿线	BVV-25	（PVC 管长＋预留 0.8m＋预留 0.5m）×2	m	29.8	
		BVV-16	（PVC 管长＋预留 0.8m＋预留 0.5m）×1		14.9	
（二)	寝室 3	同寝室 2				
（三)	寝室 4	同寝室 2				
（四)	寝室 5	同寝室 2				
四	2m3 回路					
（一)	干线					
1	PVC 管暗敷	PVC32	28.1m	m	28.1	
2	管内穿线	BVV-25	（PVC 管长＋预留 0.8m＋预留 0.5m）×2	m	58.8	
		BVV-16	（PVC 管长＋预留 0.8m＋预留 0.5m）×1		29.4	
（二)	寝室 6	同寝室 2				
（三)	寝室 7	同寝室 2				
（四)	寝室 8		寝室 8 宽度比寝室 1 小 0.3m,因此 PVC 管少 0.3m×2,ZRBVV2.5 线少 0.3m×8,其余全部相同			
五	2m4 回路					
（一)	干线					
1	PVC 管暗敷	PVC20	28.1m	m	28.1	
2	管内穿线	BVV-2.5	（PVC 管长＋预留 0.8m）×3	m	86.7	
（二)	休息间部分					

序号	项目名称	规格型号	计算方法及说明	单位	数量	备注
1	PVC管暗敷	PVC20	水平管段10m+开关垂直段(3.6−1.4)m	m	12.2	
2	管内穿线	BVV-2.5	水平管段8m×3+[开关水平段2m+开关垂直段(3.6−1.4)m]×2	m	32.4	
3	灯具	JG-A143 $\frac{40XYZ}{-}$S			4	
4	开关	暗装单极开关		只	1	
(三)	楼梯间部分					
1	PVC管暗敷	PVC20	左楼梯间水平段5m+右楼梯间水平段2.5m+左右开关垂直(3.6−1.4)m×2	m	11.9	
2	管内穿线	BVV-2.5	(左楼梯间水平段5m+右楼梯间水平段2.5m)×3+[左右开关垂直(3.6−1.4)m×2]×2	m	31.3	
3	灯具	JG-A143 $\frac{40XYZ}{-}$S			2	
4	开关	暗装单极开关	左、右楼梯间各1m	只	2	
(四)	走廊部分					
1	PVC管暗敷	PVC20	[干线至灯具0.4m+开关垂直段(3.6−1.4)m]×4	m	10.4	
2	管内穿线	BVV-2.5	[干线至灯具0.4m+开关垂直段(3.6−1.4)m]×4×2	m	22.4	
3	灯具	JG-A143 $\frac{40XYZ}{-}$S			4	
4	开关	暗装单极开关		台	4	
	三层					
一	M0至M3部分					
(一)	配电箱M3	300mm(L)×500mm(H)		台	1	
(二)	PVC管暗敷	M0至M3	M3底标高[7.5+(1.6−0.25)]m−M0顶标高[3.9−(1.6+0.4)]m	m	6.85	
(三)	管内穿线	ZRBVV-50	[PVC管长+预留(1.3+0.8)m]×4	m	35.8	
		ZRBVV-25	[PVC管长+预留(1.3+0.8)m]×1	m	8.95	
二	其余部分与第二层相同					
	四层					
一	M0至M4部分					
(一)	配电箱M4	300mm(L)×500mm(H)		台	1	
(二)	PVC管暗敷	M0至M4	M3底标高[11.1+(1.6−0.25)]m−M0顶标高[3.9−(1.6+0.4)]m	m	9.95	
(三)	管内穿线	ZRBVV-50	[PVC管长+预留(1.3+0.8)m]×4	m	48.2	
		ZRBVV-25	[PVC管长+预留(1.3+0.8)m]×1	m	12.05	
二	其余部分与第二层相同					
	塑料接线盒			只	85	
	塑料开关盒			只	64	

2. 工程量汇总表（见表 4-31）

表 4-31　工程量汇总表

序号	项目名称	单位	数量	序号	项目名称	单位	数量
1	配电箱 M0，500mm(L)×800mm(H)	台	1	13	管内穿线 BVV16	m	102.25
2	配电箱 M1，300mm(L)×500mm(H)	台	1	14	管内穿线 BVV4	m	213.56
				15	管内穿线 BVV2.5	m	3767.1
3	配电箱 M2、M3、M4，300mm(L)×500mm(H)	台	3	16	空调插座	个	24
4	房间配电箱 MX1～MX8	台	24	17	普通二三极插座	个	53
5	金属线槽 80mm×100mm	m	6.7	18	单极开关	个	26
6	导线金属线槽敷设 ZRB-VV95	m	40	19	双极开关	个	12
7	导线金属线槽敷设 ZRB-VV50	m	10	20	三极开关	个	24
				21	四极开关	个	2
8	PVC 管暗敷 PVC32	m	81.7	22	排气扇	个	26
9	PVC 管暗敷 PVC25	m	9.5	23	荧光灯具安装	只	77
10	PVC 管暗敷 PVC20	m	1241.78	24	吸顶灯具安装	只	55
11	管内穿线 BVV50	m	105.4	25	塑料接线盒	只	85
12	管内穿线 BVV25	m	207.15	26	塑料开关盒	只	64

三、工程造价定额计算方法

表 4-32～表 4-44 是广州市某学校学生宿舍电气安装工程施工图预算书标准格式。

表 4-32　工程预算书封面

广州市某学校学生宿舍电气安装工程

施工图（预）结算

编　号：　　AL-DQ-01

施工单位（承包人）：＿＿＿＿＿＿＿＿＿＿＿＿

编制（审核）工程造价：149409.76 元

编制（审核）造价指标：＿＿＿＿＿＿＿＿＿＿

编　制（审核）单　位：＿＿＿＿＿＿＿＿＿＿＿＿（单位盖章）

造价工程师及证号：＿＿＿＿＿＿＿＿＿＿＿＿（签字盖执业专用章）

负　　　责　　　人：＿＿＿＿＿＿＿＿＿＿＿＿（签字）

编　制　时　间：＿＿＿＿＿＿＿＿＿＿＿＿

表 4-33　工程预算书总说明

总　说　明

（一）工程概况

由某学校投资兴建的某学生宿舍楼电气安装工程；坐落于广州市白云区，建筑面积 1750m²，地下室建筑面积 0m²，占地面积 1000m²，建筑总高度 14.7m，首层层高 3.9m，标准层高 3.6m，层数 4 层，其中主体高度 14.7m，地下室总高度 0m；结构形式为框架结构；基础类型为管桩。本期工程范围包括：电气照明安装工程。

（二）主要编制依据

1. 某学校学生宿舍电气安装工程设计/施工图纸；
2. 2010 年广东省安装工程计价办法；
3. 2010 年广东省安装工程量清单项目设置规则；
4. 2010 年广东省安装工程综合定额；
5. 现行工程施工技术规范及工程施工验收规范；
6. 主材价格参照《广州地区建设工程材料指导价格》季度指导价格、市场价格以及设备/材料厂家优惠报价。

（三）本预算项目，按一类地区计算管理费，三类安装工程计算利润，预算包干费按 1.3% 计取。

表 4-34　单位工程总价表

工程名称：广州市某学校学生宿舍电气安装工程　　　　　　　　　　　　　　　　第　　页，共　　页

序号	项　目　名　称	计算办法	金额/元
1	分部分项工程费		112729.20
1.1	定额分部分项工程费		110568.23
1.1.1	人工费	DRGF	12005.40
1.1.2	材设费	QZC	89789.20
1.1.3	辅材费	DCLF	5150.76
1.1.4	机械费	DJXF	172.69
1.1.5	管理费	QGL	3450.18
1.2	价差		
1.2.1	人工价差	QRGJC	
1.2.2	材料价差	QCLJC	
1.2.3	机械价差	QJXJC	
1.3	利润	QRG	2160.97
2	措施项目费		3415.29
2.1	安全文明施工费	AQFHWMSG	3189.83
2.2	其他措施项目费	QTCSF	225.46
3	其他项目费		28244.85
3.1	暂列金额	ZLF	22545.84
3.2	暂估价	ZGGC	
3.3	计日工	LXF	1528.03
3.4	总承包服务费	ZBF	
3.5	材料检验试验费	CLJYSYF	225.46
3.6	预算包干费	YSBGF	2254.58
3.7	工程优质费	GCYZF	1690.94
3.8	索赔费用	SPFY	
3.9	现场签证费用	XCQZFY	
3.10	独立费	DLF	
3.11	其他费用	QTFY	
4	规费	GF	
4.1	工程排污费	QDF+QSF+QTF	
4.2	施工噪声排污费	QDF+QSF+QTF	
4.3	防洪工程维护费	QDF+QSF+QTF	
4.4	危险作业意外伤害保险费	QDF+QSF+QTF	
5	税金	1+2+3+4	5020.42
	合　计（大写）：壹拾肆万玖仟肆佰零玖元柒角陆分		￥149409.76

编制人：　　　　　　　　　　　　证号：　　　　　　　　　　　　编制日期：

工程名称：广州市某学校学生宿舍电气安装工程

表4-35 定额分部分项工程费汇总表

序号	定额编号	工程名称型号规格	单位	数量	单位价值/元					总价值/元					
					人工费	材料费	材设费	机械费	管理费	人工费	材料费	材设费	机械费	管理费	合计
1	C2-4-30	控制设备及低压电器 成套配电箱安装 悬挂嵌入式 半周长1.5m以内	台	1.000	92.92	34.03	1500.00		26.71	92.92	34.03	1500.00		26.71	1670.39
	SB-0001	成套配电箱 M0	台	1.000			1500.00					1500.00			
2	C2-4-113	控制设备及低压电器 焊铜 接线端子 导线截面（120mm²以内）	10个	0.400	29.89	218.51			8.59	11.96	87.40			3.44	104.95
3	C2-4-112	控制设备及低压电器 焊铜 接线端子 导线截面（70mm²以内）	10个	1.300	19.79	123.80			5.69	25.73	160.94			7.40	198.69
4	C2-4-111	控制设备及低压电器 焊铜 接线端子 导线截面（35mm²以内）	10个	0.700	15.76	68.89			4.53	11.03	48.22			3.17	64.41
5	C2-4-118	控制设备及低压电器 压铜 接线端子 导线截面（16mm²以内）	10个	0.700	17.75	36.30			5.10	12.43	25.41			3.57	43.64
6	C2-4-29	控制设备及低压电器 成套配电箱安装 悬挂嵌入式 半周长1m以内	台	1.000	72.73	32.03	1200.00		20.90	72.73	32.03	1200.00		20.90	1338.75
	SB-0002	成套配电箱 M1	台	1.000			1200.00					1200.00			
7	C2-4-118	控制设备及低压电器 压铜 接线端子 导线截面（16mm²以内）	10个	1.600	17.75	36.30			5.10	28.40	58.08			8.16	99.76
8	C2-4-111	控制设备及低压电器 焊铜 接线端子 导线截面（35mm²以内）	10个	0.400	15.76	68.89			4.53	6.30	27.56			1.81	36.81

安装工程预算与工程量清单计价

序号	定额编号	工程名称型号规格	单位	数量	单位价值/元 人工费	材料费	材设费	机械费	管理费	总价值/元 人工费	材料费	材设费	机械费	管理费	合计
9	C2-4-29	控制设备及低压电器 成套配电箱安装 悬挂嵌入式（半周长1m以内）	台	3.000	72.73	32.03	880.00		20.90	218.19	96.09	2640.00		62.70	3056.25
	SB-0003	成套配电箱 M2,M3	台	3.000			880.00					2640.00			
10	C2-4-112	控制设备及低压电器 焊铜接线端子 导线截面（70mm²以内）	10个	1.200	19.79	123.80			5.69	23.75	148.56			6.83	183.41
11	C2-4-111	控制设备及低压电器 焊铜接线端子 导线截面（35mm²以内）	10个	1.500	15.76	68.89			4.53	23.64	103.34			6.80	138.03
12	C2-4-110	控制设备及低压电器 焊铜接线端子 导线截面（16mm²以内）	10个	3.300	11.73	45.41			3.37	38.71	149.85			11.12	206.65
13	C2-4-28	控制设备及低压电器 成套配电箱安装 悬挂嵌入式（半周长0.5m以内）	台	24.000	60.59	26.91	450.00		17.41	1454.16	645.84	10800.00		417.84	13579.68
	SB-0004	成套配电箱 MX1-7	台	24.000			450.00					10800.00			
14	C2-4-111	控制设备及低压电器 焊铜接线端子 导线截面（35mm²以内）	10个	4.800	15.76	68.89			4.53	75.65	330.67			21.74	441.70
15	C2-4-110	控制设备及低压电器 焊铜接线端子 导线截面（16mm²以内）	10个	31.200	11.73	45.41			3.37	365.98	1416.79			105.14	1953.74
16	C2-11-194	金属线槽安装 宽＋高（300mm以内）	10m	0.670	93.43	28.93	412.00		26.85	62.60	19.38	276.04		17.99	387.28
	2603021-0001	金属线槽 宽×高＝100×80mm	m	6.901			40.00					276.04			

序号	定额编号	工程名称型号规格	单位	数量	单位价值/元					总价值/元					合计
					人工费	材料费	机械费	管理费	材设费	人工费	材料费	机械费	材设费	管理费	
17	C2-11-150	半硬质塑料管配 砖、混凝土结构暗配 公称直径（32mm 以内）	100m	0.817	407.13	8.43		117.01	2121.49	332.63	6.89		1733.26	95.60	2228.24
	2606631	套接管	m	1.013					1.20				1.22		
	1431001-0001	半硬质塑料管PVC32	m	86.602					20.00				1732.04		
18	C2-11-149	半硬质塑料管配 砖、混凝土结构暗配 公称直径（25mm 以内）	100m	0.095	350.98	7.74		100.87	1591.44	33.34	0.74		151.19	9.58	200.85
	2606631	套接管	m	0.114					1.20				0.14		
	1431001-0002	半硬质塑料管PVC25	m	10.070					15.00				151.05		
19	C2-11-148	半硬质塑料管配 砖、混凝土结构暗配 公称直径（20mm 以内）	100m	12.418	275.09	6.79		79.06	1273.14	3416.01	84.32		15809.60	981.75	20906.61
	2606631	套接管	m	11.797					1.20				14.16		
	1431001-0003	半硬质塑料管PVC20	m	1316.287					12.00				15795.44		
20	C2-11-302	线槽配线 导线截面（120mm² 以内）	100m单线	0.400	194.31	7.78		55.84	25200.00	77.72	3.11		10080.00	22.34	10197.16
	2503186-0007	绝缘电线 ZRBVV95	m	42.000					240.00				10080.00		
21	C2-11-301	线槽配线 导线截面（70mm² 以内）	100m单线	0.100	85.63	7.78		24.61	6300.00	8.56	0.78		630.00	2.46	643.34
	2503186-0008	绝缘电线 ZRBVV50	m	10.500					60.00				630.00		
22	C2-11-236	管内穿线 动力线路（铜芯）导线截面（50mm² 以内）	100m单线	1.054	109.04	29.02		31.34	6300.00	114.93	30.59		6640.20	33.03	6839.44
	2503186-0006	绝缘电线 BVV50	m	110.670					60.00				6640.20		
23	C2-11-234	管内穿线 动力线路（铜芯）导线截面（25mm² 以内）	100m单线	2.072	52.53	24.75		15.10	1711.50	108.82	51.27		3545.37	31.28	3756.33

序号	定额编号	工程名称型号规格	单位	数量	单价值/元 人工费	材料费	机械费	材设费	管理费	总价值/元 人工费	材料费	机械费	材设费	管理费	合计
	2503186-0001	绝缘电线|BVV-25	m	217.508				16.30					3545.37		
24	C2-11-233	管内穿线 动力线路(铜芯) 导线截面(16mm²以内)	100m单线	1.023	42.43	21.36		1004.85	12.19	43.38	21.84		1027.46	12.46	1112.96
	2503186-0002	绝缘电线|BVV-16	m	107.363				9.57					1027.46		
25	C2-11-204	管内穿线 照明线路(铜芯) 导线截面(4mm²以内)	100m单线	2.136	27.08	19.36		275.00	7.78	57.83	41.35		587.29	16.61	713.48
	2503186-0004	绝缘电线|BVV-4	m	234.916				2.50					587.29		
26	C2-11-203	管内穿线 照明线路(铜芯) 导线截面(2.5mm²以内)	100m单线	37.671	38.35	19.47		199.52	11.02	1444.68	733.45		7516.12	415.13	10369.32
	2503186-0005	绝缘电线|BVV-2.5	m	4369.836				1.72					7516.12		
27	C2-12-398	照明器具 单相暗插座 单相带接地(30A以下)	10套	2.400	43.60	15.84		102.00	12.53	104.66	38.02		244.80	30.07	436.39
	2341061-0001	成套插座|空调插座(30A)	套	24.480				10.00					244.80		
28	C2-12-397	照明器具 单相暗插座 单相带接地(15A以下)	10套	5.300	49.57	7.62		61.20	14.25	262.72	40.39		324.36	75.53	750.27
	2341061-0002	成套插座|单相暗插座(15A)	套	54.060				6.00					324.36		
29	C2-12-374	照明器具 开关及按钮 扳式暗开关(单控)单联	10套	2.600	32.74	5.32		61.20	9.41	85.12	13.83		159.12	24.47	297.86
	2300001-0004	照明开关|单联开关	个	26.520				6.00					159.12		
30	C2-12-375	照明器具 开关及按钮 扳式暗开关(单控)双联	10套	1.200	34.32	7.45		81.60	9.86	41.18	8.94		97.92	11.83	167.29
	2300001-0005	照明开关|双联	个	12.240				8.00					97.92		
31	C2-12-376	照明器具 开关及按钮 扳式暗开关(单控)三联	10套	2.400	34.32	9.58		122.40	9.86	82.37	22.99		293.76	23.66	437.62

序号	定额编号	工程名称型号规格	单位	数量	单价值/元					总价值/元					
					人工费	材料费	材设费	机械费	管理费	人工费	材料费	材设费	机械费	管理费	合计
	2300001-0006	照明开关 三联	个	24.480			12.00					293.76			
32	C2-12-377	照明器具 开关及按钮 扳式暗开关(单控)|四联	10套	0.200	34.32	11.71	153.00		9.86	6.86	2.34	30.60		1.97	43.01
	2300001-0007	照明开关|四联	个	2.040			15.00					30.60			
33	C2-12-429	照明器具 排气扇	台	55.000	24.63	2.23	55.00		7.08	1354.65	122.65	3025.00		389.40	5135.35
	5305011	排气扇	台	55.000			55.00					3025.00			
34	C2-12-213	成套型荧光灯具安装 吸顶式双管	10套	7.700	104.60	25.09	1673.34		30.06	805.42	193.19	12884.72		231.46	14259.78
	2200001-0001	成套灯具|成套型双管荧光灯	套	77.770			150.00					11665.50			
	ZC-0001	荧光灯	只	156.310			7.80					1219.22			
35	C2-12-5	半圆球吸顶灯 灯罩直径(350mm以内)	10套	5.500	82.82	35.90	1537.33		23.80	455.51	197.45	8455.31		130.90	9321.18
	2200001-0002	成套灯具|半球形吸顶灯	套	55.550			150.00					8332.50			
	ZC-0002	螺口灯泡(40W)	只	55.825			2.20					122.82			
36	C2-11-374	接线盒暗装	10个	8.500	17.39	13.40			5.00	147.82	113.90			42.50	330.82
	2611001	接线盒	个	86.700											
37	C2-11-373	开关(插座)盒暗装	10个	6.400	18.56	5.15	21.42		5.33	118.78	32.96	137.09		34.11	344.32
	2611001-0002	接线盒|开关盒86型	个	65.280			2.10					137.09			
38	C2-14-12	送配电装置系统调试 1kV以下交流供电(综合)	系统	1.000	378.22			172.69	108.70	378.22			172.69	108.70	733.26
		合价								12005.39	5150.76	89789.20	172.69	3450.16	112729.03

编制人: 证号: 编制日期:

表 4-36　措施项目费汇总表

工程名称：广州市某学校学生宿舍电气安装工程

序号	名称及说明	单位	数量	单价/元	合价/元
1	安全文明施工措施费部分				
1.1	安全文明施工	项	12005.400	0.27	3189.83
	小计	元			3189.83
2	其他措施费部分				
2.1	垂直运输				
	小计	元			
2.2	脚手架搭拆	项	1.000		
2.3	吊装加固	项	1.000		
2.4	金属抱杆安装、拆除、移位	项	1.000		
2.5	平台铺设、拆除	项	1.000		
2.6	顶升、提升装置	项	1.000		
2.7	大型设备专用机具	项	1.000		
2.8	焊接工艺评定	项	1.000		
2.9	胎(模)具制作、安装、拆除	项	1.000		
2.10	防护棚制作安装拆除	项	1.000		
2.11	特殊地区施工增加	项	1.000		
2.12	安装与生产同时进行施工增加	项	1.000		
2.13	在有害身体健康环境中施工增加	项	1.000		
2.14	工程系统检测、检验	项	1.000		
2.15	设备、管道施工的安全、防冻和焊接保护	项	1.000		
2.16	焦炉烘炉、热态工程	项	1.000		
2.17	管道安拆后的充气保护	项	1.000		
2.18	隧道内施工的通风、供水、供气、供电、照明及通讯设施	项	1.000		
2.19	夜间施工增加	项	1.000		
2.20	非夜间施工增加	项	1.000		
2.21	二次搬运	项	1.000		
2.22	冬雨季施工增加	项	1.000		
2.23	已完工程及设备保护	项	1.000		
2.24	高层施工增加	项	1.000		
2.25	赶工措施	项	12005.400		
2.26	文明工地增加费	项	112729.200	0.00	225.46
2.27	其他措施	项	1.000		
	小计	元			225.46
	合计				3415.29

编制人： 证号： 编制日期：

工程名称：广州市某学校学生宿舍电气安装工程

表4-37 措施项目费合价分析表

序号	项目编码	名称及说明	单位	数量	金额/元					
					人工费	材料费	机械费	管理费	利润	小计
1	AQFHWMSG	安全文明施工措施费部分								
1.1	031302001001	安全文明施工	项	12005.400						3189.83
		小计								3189.83
2	QTCSF	其他措施费部分								
2.1	CZYS	垂直运输								
		小计								
2.2	031301017001	脚手架搭拆	项	1.000						
2.3	031301001001	吊装加固	项	1.000						
2.4	031301002001	金属抱杆安装、拆除、移位	项	1.000						
2.5	031301003001	平台铺设、拆除	项	1.000						
2.6	031301004001	顶升、提升装置	项	1.000						
2.7	031301005001	大型设备专用机具	项	1.000						
2.8	031301006001	焊接工艺评定	项	1.000						
2.9	031301007001	胎（模）具制作、安装、拆除	项	1.000						
2.10	031301008001	防护棚制作安装拆除	项	1.000						
2.11	031301009001	特殊地区施工增加	项	1.000						
2.12	031301010001	安装与生产同时进行施工增加	项	1.000						
2.13	031301011001	在有害身体健康环境中施工增加	项	1.000						
2.14	031301012001	工程系统检测、检验	项	1.000						
2.15	031301013001	设备、管道施工的安全、防冻和焊接保护	项	1.000						

续表

| 序号 | 项目编码 | 名称及说明 | 单位 | 数量 | 金额/元 | | | | | |
					人工费	材料费	机械费	管理费	利润	小计
2.16	03130101401001	焦炉烘炉、热态工程	项	1.000						
2.17	03130101501001	管道安拆后的充气保护	项	1.000						
2.18	03130101601001	隧道内施工的通风、供水、供气、供电、照明及通讯设施	项	1.000						
2.19	03130202001001	夜间施工增加	项	1.000						
2.20	03130202003001	非夜间施工增加	项	1.000						
2.21	03130202004001	二次搬运	项	1.000						
2.22	03130202005001	冬雨季施工增加	项	1.000						
2.23	03130202006001	已完工程及设备保护	项	1.000						
2.24	03130202007001	高层施工增加	项	1.000						
2.25	GGCS001	赶工措施	项	12005.400						
2.26	WMGDZJF001	文明工地增加费	项	112729.200						225.46
2.27	03130101801001	其他措施	项	1.000						225.46
		小计								225.46
		合计								3415.29
1	AQFHWMSG	安全文明施工措施费部分								
1.1	03130202001001	安全文明施工	项	12005.400						3189.83
2	QTCSF	其他措施费部分								
2.1	CZYS	垂直运输								
		小计								3189.83
2.2	03130101701001	脚手架搭拆	项	1.000						
2.3	03130100101001	吊装加固	项	1.000						
2.4	03130100201001	金属抱杆安装、拆除、移位	项	1.000						
2.5	03130100301001	平台铺设、拆除	项	1.000						
2.6	03130100401001	顶升、提升装置	项	1.000						
2.7	03130100501001	大型设备专用机具	项	1.000						

续表

序号	项目编码	名称及说明	单位	数量	人工费	材料费	机械费	管理费	利润	小计
2.8	031301006001	焊接工艺评定	项	1.000						
2.9	031301007001	脂(模)具制作、安装、拆除	项	1.000						
2.10	031301008001	防护棚制作安装拆除	项	1.000						
2.11	031301009001	特殊地区施工增加	项	1.000						
2.12	031301010001	安装与生产同时进行施工增加	项	1.000						
2.13	031301011001	在有害身体健康环境中施工增加	项	1.000						
2.14	031301012001	工程系统检测、检验	项	1.000						
2.15	031301013001	设备、管道施工的安全、防冻和焊接保护	项	1.000						
2.16	031301014001	焦炉烘炉、热态工程	项	1.000						
2.17	031301015001	管道安拆后的充气保护	项	1.000						
2.18	031301016001	隧道内施工的通风、供水、供气、供电、照明及通讯设施	项	1.000						
2.19	031302020001	夜间施工增加	项	1.000						
2.20	031302003001	非夜间施工增加	项	1.000						
2.21	031302004001	二次搬运	项	1.000						
2.22	031302005001	冬雨季施工增加	项	1.000						
2.23	031302006001	已完工程及设备保护	项	1.000						
2.24	031302007001	高层施工增加	项	1.000						
2.25	GGCS001	赶工措施	项	12005.400						
2.26	WMGDZJF001	文明工地增加费	项	112729.200						225.46
2.27	031301018001	其他措施	项	1.000						
		小计								225.46
		合计								3415.29

编制人： 证号： 编制日期：

表 4-38   其他项目费汇总表

表 4-38   其他项目费汇总表

工程名称：广州市某学校学生宿舍电气安装工程

第　页，共　页

序号	项目名称	单位	金额/元	备注
1	暂列金额	元	22545.84	以暂列金额为计算基础×100%
2	暂估价			
2.1	材料暂估价	元		
2.2	专业工程暂估价	元		
3	计日工	元	1528.03	
4	总承包服务费	元		
5	索赔费用	元		
6	现场签证费用	元		
7	材料检验试验费	元	225.46	以分部分项项目费的0.2%计算（单独承包土石方工程除外）
8	预算包干费	元	2254.58	按分部分项项目费的0～2%计算
9	工程优质费	元	1690.94	市级质量奖1.5%；省级质量奖2.5%；国家级质量奖4%
10	其他费用	元		
	合计		28244.85	

编制人：　　　　　　　　　　　　　　　　证号：　　　　　　　　　　　　　　　　编制日期：

表 4-39   零星工作项目计价表

工程名称：广州市某学校学生宿舍电气安装工程

第　页，共　页

序号	名称	单位	数量	金额/元	
				综合单价	合价
1	人工				
1.1	电工	工日	10.000	51.00	510.00
1.2	铆工	工日	4.000	51.00	204.00
1.3	电焊工	工日	4.000	51.00	204.00
	小计	元			918.00
2	材料				
2.1	无缝钢管	m	10.000	15.30	153.00
2.2	金属软管	m	44.350	2.48	109.99
	小计	元			262.99
3	施工机械				
3.1	台式钻床	台班	8.000	43.38	347.04
	小计	元			347.04
	合计				

编制人：　　　　　　　　　　　　　　　　证号：　　　　　　　　　　　　　　　　编制日期：

表 4-40   规费计算表

工程名称：广州市某学校学生宿舍电气安装工程

第　页，共　页

序号	项目名称	计算基础	费率/%	金额/元
1	工程排污费	分部分项工程费＋措施项目费＋其他项目费		
2	施工噪声排污费	分部分项工程费＋措施项目费＋其他项目费		
3	防洪工程维护费	分部分项工程费＋措施项目费＋其他项目费		
4	危险作业意外伤害保险费	分部分项工程费＋措施项目费＋其他项目费		
	合计（大写）：			

表 4-41　工料机汇总表

工程名称：广州市某学校学生宿舍电气安装工程

第　页，共　页

序号	材料编码	材料名称及规格	厂址,厂家	单位	数量	定额价/元	编制价/元	价差/元	合价/元	备注
		[人工费]							12005.69	
1	0001001	综合工日		工日	235.406	51.00	51.00		12005.69	
		[材料费]							94939.92	
2	0135581	钢垫板 1~2		kg	4.350	4.32	4.32		18.79	
3	0305801	镀锌六角螺栓带螺帽 2 平 1 弹垫 M10×100 以内		10 套	6.090	5.04	5.04		30.69	
4	0327021	铁砂布 0~2#		张	64.750	1.03	1.03		66.69	
5	0343021	焊锡丝（综合）		kg	8.128	61.14	61.14		496.95	
6	1111271	酚醛磁漆		kg	0.290	8.71	8.71		2.53	
7	1111411	酚醛调和漆		kg	0.870	7.20	7.20		6.26	
8	1207011	电力复合脂		kg	12.520	17.72	17.72		221.85	
9	2417061	电气绝缘胶带 18mm×10m×0.13mm		卷	28.992	2.00	2.00		57.98	
10	1431091	塑料软管 D5		m	3.900	0.18	0.18		0.70	
11	2501111	裸铜线 10mm²		kg	1.030	58.50	58.50		60.26	
12	2609201	铜接线端子 DT-10mm²		个	197.094	2.40	2.40		473.03	
13	3113261	白布		kg	16.495	3.20	3.20		52.78	
14	0341001	低碳钢焊条（综合）		kg	2.920	4.90	4.90		14.31	
15	2501101	裸铜线 6mm²		kg	4.080	58.50	58.50		238.68	
16	2609191	铜接线端子 DT-6mm²		个	48.720	1.60	1.60		77.95	
17	0357011	镀锌低碳钢丝 φ1.2~2.2		kg	10.117	5.20	5.20		52.61	
18	0365271	钢锯条		条	15.555	0.56	0.56		8.71	
19	9946131	其他材料费		元	97.753	1.00	1.00		97.75	
20	0227001	棉纱		kg	10.213	11.02	11.02		112.55	
21	0345041	焊锡膏		kg	1.148	72.73	72.73		83.48	

序号	材料编码	材料名称及规格	厂址,厂家	单位	数量	定额价/元	编制价/元	价差/元	合价/元	备注
22	0347001	锡基钎料		kg	8.553	61.14	61.14		522.92	
23	1201021	汽油（综合）		kg	47.775	6.58	6.58		314.36	
24	2503186-0001	绝缘电线 BVV-25		m	217.508	16.30	16.30		3545.37	
25	2503186-0002	绝缘电线 BVV-16		m	107.362	9.57	9.57		1027.46	
26	2503186-0004	绝缘电线 BVV-4		m	234.916	2.50	2.50		587.29	
27	2503186-0005	绝缘电线 BVV-2.5		m	4369.836	1.72	1.72		7516.12	
28	0303341	木螺钉 M2～4×6～65		10个	41.206	0.21	0.21		8.65	
29	0365071	冲击钻头 $\phi6$～8		个	4.195	3.91	3.91		16.40	
30	1431411	塑料胀管 D6～8		个	653.400	0.28	0.28		182.95	
31	2503006	铜芯聚氯乙烯绝缘导线 BV-2.5mm^2		m	228.537	1.36	1.36		310.81	
32	2609391	铜接线端子 20A		个	133.980	0.20	0.20		26.80	
33	2200001-0001	成套灯具 双管型双管荧光灯		套	77.770	150.00	150.00		11665.50	
34	2200001-0002	成套灯具 半球形吸顶灯		套	55.550	150.00	150.00		8332.50	
35	2606481	镀锌钢管塑料护口 DN15～20		个	255.045	0.13	0.13		33.16	
36	0309131	镀锌锁紧螺帽 DN15×3		10个	6.592	3.42	3.42		22.54	
37	2611001-0002	接线盒 开关盒 86型		个	65.280	2.10	2.10		137.09	
38	SB-0001	成套配电箱 M0		台	1.000	1500.00	1500.00		1500.00	
39	SB-0002	成套配电箱 M1		台	1.000	1200.00	1200.00		1200.00	
40	SB-0003	成套配电箱 M2,M3		台	3.000	880.00	880.00		2640.00	
41	SB-0004	成套配电箱 MX1-7		台	24.000	450.00	450.00		10800.00	
42	0305665	半圆头镀锌螺栓 M2～5×15～50		10个	33.348	0.50	0.50		16.67	
43	ZC-0001	荧光灯		只	156.310	7.80	7.80		1219.22	
		……								
		合计							107718.30	

编制人：　　　　　　证号：　　　　　　编制日期：

四、工程造价工程量清单计价方法

（一）工程量清单编制

表 4-42～表 4-51 是广州市某学校学生宿舍电气安装工程工程量清单格式。

表 4-42　封面

广东省广州市某学校学生宿舍楼供配电　　　工程

招标工程量清单

招　标　人：＿＿＿＿＿＿＿＿＿＿＿＿

（单位盖章）

造价咨询人：＿＿＿＿＿＿＿＿＿＿＿＿

（单位盖章）

年　月　日

表 4-43　扉页

广东省广州市某学校学生宿舍楼供配电　　　工程

招 标 工 程 量 清 单

招　标　人：＿＿＿＿＿＿＿＿　　　造价咨询人：＿＿＿＿＿＿＿＿

（单位盖章）　　　　　　　　　　　　（单位资质专用章）

法定代表人　　　　　　　　　　　　法定代表人

或其授权人：＿＿＿＿＿＿＿＿　　　或其授权人：＿＿＿＿＿＿＿＿

（签字或盖章）　　　　　　　　　　　（签字或盖章）

编　制　人：＿＿＿＿＿＿＿＿　　　复　核　人：＿＿＿＿＿＿＿＿

（造价人员签字盖专用章）　　　　　　（造价工程师签字盖专用章）

编制时间：　年　月　日　　　　　　　复核时间：　年　月　日

表 4-44　总说明

工程名称：广东省广州市某学校学生宿舍楼供配电工程

1. 工程概况：由某学校投资兴建的某学生宿舍楼电气安装工程坐落于广州市白云区，建筑面积 1750m²，地下室建筑面积 0m²，占地面积 1000m²，建筑总高度 14.7m，首层层高 3.9m，标准层高 3.6m，层数 4 层，其中主体高度 14.7m，地下室总高度 0m；结构形式为框架结构；基础类型为管桩。本期工程范围包括：电气照明安装工程。

2. 工程招标和专业工程发包范围：电气照明安装工程；

3. 工程量清单编制依据：根据××单位设计的施工图计算实物工程量。

4. 工程质量、材料、施工等的特殊要求：工程质量优良等级；

5. 其他需要说明的问题：无。

表 4-45　分部分项工程和单价措施项目清单与计价表

工程名称：广州市某学校学生宿舍电气安装工程　标段：　　　　　　　　　　　　　　第　页，共　页

| 序号 | 项目编号 | 项目名称 | 项目特征描述 | 计量单位 | 工程量 | 金额/元 | | |
						综合单价	合价	其中：暂估价
1	030404017001	配电箱	成套配电箱 M0,悬挂嵌入式安装,尺寸 500mm×800mm	台	1.000			
2	030404017002	配电箱	成套配电箱 M1,悬挂嵌入式安装,尺寸 300mm×500mm	台	1.000			
3	030404017003	配电箱	成套配电箱 M2、M3,悬挂嵌入式安装,尺寸 300mm×500mm	台	3.000			
4	030404017004	配电箱	成套配电箱 MX1-7,悬挂嵌入式安装,尺寸 300mm×200mm	台	24.000			
5	030411002001	线槽	金属线槽安装,宽×高＝100mm×80mm	m	6.700			
6	030411001005	配管	PVC 管 DN32,砖、混凝土结构暗配	m	81.700			
7	030411001006	配管	PVC 管 DN25,砖、混凝土结构暗配	m	9.500			
8	030411001007	配管	PVC 管 DN20,砖、混凝土结构暗配	m	1241.780			
9	030411004007	配线	线槽配线,ZRB-VV95	m	40.000			
10	030411004008	配线	线槽配线,ZRB-VV50	m	10.000			
11	030411004006	配线	管内穿线,动力线路,BVV-50	m	105.400			
12	030411004001	配线	管内穿线,动力线路,BVV-25	m	207.150			
13	030411004002	配线	管内穿线,动力线路,BVV-16	m	102.250			
14	030411004004	配线	管内穿线,照明线路,BVV-4	m	213.560			
15	030411004005	配线	管内穿线,照明线路,BVV-2.5	m	3767.100			
16	030404035001	插座	空调插座,单相暗插座带接地,30A	个/套/台	24.000			
17	030404035002	插座	普通插座,单相暗插座带接地,15A	个/套/台	53.000			
18	030404034001	照明开关	照明器具 开关及按钮 扳式暗开关(单控)单联	个/套/台	26.000			
19	030404034002	照明开关	照明器具 开关及按钮 扳式暗开关(单控)双联	个/套/台	12.000			

序号	项目编号	项目名称	项目特征描述	计量单位	工程量	金额/元		
						综合单价	合价	其中：暂估价
20	030404034003	照明开关	照明器具 开关及按钮 扳式暗开关（单控）三联	个/套/台	24.000			
21	030404034004	照明开关	照明器具 开关及按钮 扳式暗开关（单控）四联	个/套/台	2.000			
22	030404031007	小电器	排气扇	个/套/台	55.000			
23	030412005001	荧光灯	成套型荧光灯具安装，吸顶式，双管	套	77.000			
24	030412001001	普通灯具	半圆球吸顶灯，灯罩直径300mm	套	55.000			
25	030411006001	接线盒	接线盒，86型，暗装	个	85.000			
26	030411006002	接线盒	开关盒，86型，暗装	个	64.000			
27	030414002001	送配电装置系统	送配电装置系统调试，380V交流供电	系统	1.000			
		措施项目						
		其他措施费部分						
28	031301017001	脚手架搭拆		项	1.000			
29	031301001001	吊装加固		项	1.000			
30	031301002001	金属抱杆安装、拆除、移位		项	1.000			
31	031301003001	平台铺设、拆除		项	1.000			
32	031301004001	顶升、提升装置		项	1.000			
33	031301005001	大型设备专用机具		项	1.000			
34	031301006001	焊接工艺评定		项	1.000			
35	031301007001	胎（模）具制作、安装、拆除		项	1.000			
36	031301008001	防护棚制作安装拆除		项	1.000			
37	031301009001	特殊地区施工增加		项	1.000			
38	031301010001	安装与生产同时进行施工增加		项	1.000			
39	031301011001	在有害身体健康环境中施工增加		项	1.000			
40	031301012001	工程系统检测、检验		项	1.000			
		本页小计						

表 4-46　总价措施项目清单与计价表

工程名称：广州市某学校学生宿舍电气安装工程　　标段：　　　　　　　　　第　页，共　页

序号	项目编码	项目名称	计算基础	费率/%	金额/元	调整费率/%	调整后金额/元	备注
1		安全文明施工措施费部分						
1.1	031302001001	安全文明施工	分部分项人工费	26.57				按 26.57%计算
		小计						
2		其他措施费部分						
2.1	031302002001	夜间施工增加						按夜间施工项目人工的20%计算
2.2	031302003001	非夜间施工增加						
2.3	031302004001	二次搬运						
2.4	031302005001	冬雨季施工增加						
2.5	031302006001	已完工程及设备保护						
2.6	GGCS001	赶工措施	分部分项人工费					费用标准为0～6.88%
2.7	WMGDZJF001	文明工地增加费	分部分项工程费	0.20				市级文明工地为0.2%,省级文明工地为0.4%
		小计						
		合计						

编制人(造价人员)：　　　　　　　　　　　　　　　　　　复核人(造价工程师)：

表 4-47　其他项目清单与计价汇总表

工程名称：广州市某学校学生宿舍电气安装工程　　标段：　　　　　　　　　第　页，共　页

序号	项目名称	金额/元/	结算金额/元	备注
1	暂列金额			
2	暂估价			
2.1	材料暂估价			
2.2	专业工程暂估价			
3	计日工			
4	总承包服务费			
5	索赔费用			
6	现场签证费用			
7	材料检验试验费			以分部分项项目费的0.2%计算(单独承包土石方工程除外)
8	预算包干费			按分部分项项目费的0～2%计算
9	工程优质费			市级质量奖1.5%;省级质量奖2.5%;国家级质量奖4%
10	其他费用			
	总计			

表 4-48 暂列金额明细表

工程名称：广州市某学校学生宿舍电气安装工程　　　　标段：　　　　　　第　页，共　页

序号	项目名称	计量单位	暂列金额/元	备注
1	暂列金额			以分部分项工程费为计算基础×20%
	合计			

表 4-49 计日工表

工程名称：广州市某学校学生宿舍电气安装工程　　　　标段：　　　　　　第　页，共　页

序号	项目名称	单位	暂定数量	实际数量	综合单价/元	合价/元	
						暂定	实际
一	人工						
1	电工	工日	10.000				
2	铆工	工日	4.000				
3	电焊工	工日	4.000				
	人工小计						
二	材料						
1	无缝钢管	m	10.000				
2	金属软管	m	44.350				
	材料小计						
三	施工机械						
	台式钻床	台班	8.000				
	施工机械小计						
	总计						

表 4-50 规费、税金项目计价表

工程名称：广州市某学校学生宿舍电气安装工程　　标段：　　　　　　第　页，共　页

序号	项目名称	计算基础	计算基数	计算费率/%	金额/元
1	规费				
1.1	工程排污费	分部分项工程费+措施项目费+其他项目费		0.33	
1.2	施工噪声排污费				
1.3	防洪工程维护费				
1.4	危险作业意外伤害保险费	分部分项工程费+措施项目费+其他项目费		0.10	
2	税金	分部分项工程费+措施项目费+其他项目费+规费		3.477	
	合计				

编制人(造价人员)：　　　　　　　　　　　　　　　复核人(造价工程师)：

表 4-51　承包人提供的材料和工程设备一览表

（适用于造价信息差额调整法）

工程名称：广州市某学校学生宿舍电气安装工程　标段：　　　　　　　　　　第　页，共　页

序号	名称、规格、型号	单位	数量	风险系数/%	基准单价/元	投标单价/元	发承包人确认单价/元	备注
1	成套配电箱 M0,悬挂嵌入式安装,尺寸 500mm×800mm	台	1.000					
2	成套配电箱 M1,悬挂嵌入式安装,尺寸 300mm×500mm	台	1.000					
3	成套配电箱 M2、M3,悬挂嵌入式安装,尺寸 300mm×500mm	台	3.000					
4	成套配电箱 MX1-7,悬挂嵌入式安装,尺寸 300mm×200mm	台	24.000					
5	金属线槽安装,宽×高＝100mm×80mm	m	6.700					
6	PVC 管 DN32,砖、混凝土结构暗配	m	81.700					
7	PVC 管 DN25,砖、混凝土结构暗配	m	9.500					
8	PVC 管 DN20,砖、混凝土结构暗配	m	1241.780					
9	线槽配线,ZRBVV95	m	40.000					
10	线槽配线,ZRBVV50	m	10.000					
11	管内穿线,动力线路,BVV-50	m	105.400					
12	管内穿线,动力线路,BVV-25	m	207.150					
13	管内穿线,动力线路,BVV-16	m	102.250					
14	管内穿线,照明线路,BVV-4	m	213.560					
15	管内穿线,照明线路,BVV-2.5	m	3767.100					
16	空调插座,单相暗插座带接地,30A	个/套/台	24.000					
17	普通插座,单相暗插座带接地,15A	个/套/台	53.000					
18	照明器具 开关及按钮 扳式暗开关(单控) 单联	个/套/台	26.000					
19	照明器具 开关及按钮 扳式暗开关(单控) 双联	个/套/台	12.000					
20	照明器具 开关及按钮 扳式暗开关(单控) 三联	个/套/台	24.000					
21	照明器具 开关及按钮 扳式暗开关(单控) 四联	个/套/台	2.000					
22	排气扇	个/套/台	55.000					
23	成套型荧光灯具安装,吸顶式,双管	套	77.000					

序号	名称、规格、型号	单位	数量	风险系数/%	基准单价/元	投标单价/元	发承包人确认单价/元	备注
24	半圆球吸顶灯,灯罩直径300mm	套	55.000					
25	接线盒,86型,暗装	个	85.000					
26	开关盒,86型,暗装	个	64.000					

注:1. 此表由招标人填写除"投标单价"栏的内容,投标人在投标时自主确定投标单价;

2. 招标人应优先采用工程造价管理机构发布的单价作为基准单价,未发布的,通过市场调查确定其基准单价。

(二) 工程量清单计价

表 4-52～表 4-66 是广州市某学校学生宿舍电气安装工程工程量清单计价格式。

表 4-52　封面

> 　　　　　广州市某学校学生宿舍电气安装　　　　　工程
>
> ## 招 标 控 制 价
>
> 招 标 人:_____
>
> 　　　　　　　　(单位盖章)
>
> 造价咨询人:_____
>
> 　　　　　　　　(单位盖章)

表 4-53　扉页

> 　　　　　广州市某学校学生宿舍电气安装　　　　　工程
>
> ## 招 标 控 制 价
>
> 招标控制价(小写):150043.65 元_____
>
> 　　　(大写):壹拾伍万零肆拾叁元陆角伍分_____
>
> 招 标 人:_____ 　　造价咨询人:_____
>
> 　　　　(单位盖章) 　　　　　　　　　　　(单位资质专用章)
>
> 法定代表人或 　　　　　　　　　法定代表人或
>
> 其授权人:_____ 　　其授权人:_____
>
> 　　　　(签字或盖章) 　　　　　　　　　　(签字或盖章)
>
> 编 制 人:_____ 　　复 核 人:_____
>
> 　(造价人员签字盖专用章) 　　　　(造价工程师签字盖章专用章)
>
> 编 制 时 间: 　　　　　　　　复核时间:

表 4-54　总说明

工程名称：广州市某学校学生宿舍电气安装工程　　　　　　　　　　　　　　　　　第　页，共　页

1. 工程概况：由某学校投资兴建的某学生宿舍楼电气安装工程坐落于广州市白云区，建筑面积 1750m²，地下室建筑面积 0m²，占地面积 1000m²，建筑总高度 14.7m，首层层高 3.9m，标准层高：3.6m，层数：4 层，其中主体高度 14.7m，地下室总高度 0m；结构形式为框架结构；基础类型为管桩。

2. 投标报价包括范围：为本次招标的施工图范围内的供配电系统安装工程。

3. 投标报价编制依据：

(1)招标文件及其所提供的工程量清单和有关报价的要求，招标文件的补充通知和答疑纪要。

(2)学校学生宿舍电气工程施工图及投标施工组织设计。

(3)有关的技术标准、规范和安全管理规定。

(4)省建设主管部门颁发的计价定额和计价管理办法及相关计价文件。

(5)材料价格根据本公司掌握的价格情况并参照工程所在地工程造价管理机构××××年×月工程造价信息发布的价格。

表 4-55　单位工程招标控制价汇总表

工程名称：广州市某学校学生宿舍电气安装工程　　标段：　　　　　　　　　　　　第　页，共　页

序号	汇总内容	金额/元	其中：暂估价/元
1	分部分项工程费	112722.53	
2	措施项目费	3415.28	
2.1	安全文明施工费	3189.83	
2.2	其他措施项目费	225.45	
3	其他项目费	28243.28	
3.1	暂列金额	22544.51	
3.2	暂估价		
3.3	计日工	1528.03	
3.4	总承包服务费		
3.5	索赔费用		
3.6	现场签证费用		
3.7	材料检验试验费	225.45	
3.8	预算包干费	2254.45	
3.9	工程优质费	1690.84	
3.10	其他费用		
4	规费	620.84	
4.1	工程排污费	476.46	
4.2	施工噪声排污费		
4.3	防洪工程维护费		
4.4	危险作业意外伤害保险费	144.38	
5	税金	5041.72	
6	含税工程总造价	150043.65	
	招标控制价合计＝1＋2＋3＋4＋5	150043.65	

表 4-56 分部分项工程和单价措施项目清单与计价表

工程名称：广州市某学校学生宿舍电气安装工程 标段：   第 页，共 页

序号	项目编号	项目名称	项目特征描述	计量单位	工程量	综合单价	合价	其中：暂估价
1	030404017001	配电箱	成套配电箱 M0,悬挂嵌入式安装,尺寸500mm×800mm	台	1.000	2082.09	2082.09	
2	030404017002	配电箱	成套配电箱 M1,悬挂嵌入式安装,尺寸300mm×500mm	台	1.000	1475.32	1475.32	
3	030404017003	配电箱	成套配电箱 M2、M3,悬挂嵌入式安装,尺寸300mm×500mm	台	3.000	1194.78	3584.34	
4	030404017004	配电箱	成套配电箱 MX1-7,悬挂嵌入式安装,尺寸300mm×200mm	台	24.000	665.63	15975.12	
5	030411002001	线槽	金属线槽安装,宽×高=100mm×80mm	m	6.700	57.80	387.26	
6	030411001005	配管	PVC 管 DN32,砖、混凝土结构暗配	m	81.700	27.27	2227.96	
7	030411001006	配管	PVC 管 DN25,砖、混凝土结构暗配	m	9.500	21.14	200.83	
8	030411001007	配管	PVC 管 DN20,砖、混凝土结构暗配	m	1241.780	16.84	20911.58	
9	030411004007	配线	线槽配线,ZRBVV95	m	40.000	254.93	10197.20	
10	030411004008	配线	线槽配线,ZRBVV50	m	10.000	64.33	643.30	
11	030411004006	配线	管内穿线,动力线路,BVV-50	m	105.400	64.89	6839.41	
12	030411004001	配线	管内穿线,动力线路,BVV-25	m	207.150	18.13	3755.63	
13	030411004002	配线	管内穿线,动力线路,BVV-16	m	102.250	10.88	1112.48	
14	030411004004	配线	管内穿线,照明线路,BVV-4	m	213.560	3.34	713.29	
15	030411004005	配线	管内穿线,照明线路,BVV-2.5	m	3767.100	2.75	10359.53	
16	030404031001	小电器	空调插座,单相暗插座带接地,30A	个/套/台	24.000	18.18	436.32	
17	030404031002	小电器	普通插座,单相暗插座带接地,15A	个/套/台	53.000	14.16	750.48	
18	030404031003	小电器	照明器具 开关及按钮扳式暗开关(单控)单联	个/套/台	26.000	11.46	297.96	
19	030404031004	小电器	照明器具 开关及按钮扳式暗开关(单控)双联	个/套/台	12.000	13.94	167.28	
20	030404031005	小电器	照明器具 开关及按钮扳式暗开关(单控)三联	个/套/台	24.000	18.23	437.52	
21	030404031006	小电器	照明器具 开关及按钮扳式暗开关(单控)四联	个/套/台	2.000	21.51	43.02	
22	030404031007	小电器	排气扇	个/套/台	55.000	93.37	5135.35	

安装工程预算与工程量清单计价

序号	项目编号	项目名称	项目特征描述	计量单位	工程量	金额/元		
						综合单价	合价	其中:暂估价
23	030412005001	荧光灯	成套型荧光灯具安装,吸顶式,双管	套	77.000	185.19	14259.63	
24	030412001001	普通灯具	半圆球吸顶灯,灯罩直径300mm	套	55.000	169.48	9321.40	
25	030411006001	接线盒	接线盒,86型,暗装	个	85.000	3.89	330.65	
26	030411006002	接线盒	开关盒,86型,暗装	个	64.000	5.38	344.32	
27	030414002001	送配电装置系统	送配电装置系统调试,380V交流供电	系统	1.000	733.26	733.26	
		措施项目						
		其他措施费部分						
28	031301017001	脚手架搭拆		项	1.000			
29	031301001001	吊装加固		项	1.000			
30	031301002001	金属抱杆安装、拆除、移位		项	1.000			
31	031301003001	平台铺设、拆除		项	1.000			
32	031301004001	顶升、提升装置		项	1.000			
33	031301005001	大型设备专用机具		项	1.000			
34	031301006001	焊接工艺评定		项	1.000			
35	031301007001	胎(模)具制作、安装、拆除		项	1.000			
36	031301008001	防护棚制作安装拆除		项	1.000			
37	031301009001	特殊地区施工增加		项	1.000			
38	031301010001	安装与生产同时进行施工增加		项	1.000			
39	031301011001	在有害身体健康环境中施工增加		项	1.000			
40	031301012001	工程系统检测、检验		项	1.000			
41	031301013001	设备、管道施工的安全、防冻和焊接保护		项	1.000			
42	031301014001	焦炉烘炉、热态工程		项	1.000			
43	031301015001	管道安拆后的充气保护		项	1.000			
44	031301016001	隧道内施工的通风、供水、供气、供电、照明及通讯设施		项	1.000			
45	031302007001	高层施工增加		项	1.000			
46	031301018001	其他措施		项	1.000			
		本页小计						
		合计					112722.53	

工程名称：广州市某学校学生宿舍电气安装工程　　　　标段：　　　　　　　　　　　　　　　　　　

表 4-57　综合单价分析表

项目编码	03040417001		项目名称		配电箱		计量单位		台	

清单综合单价组成明细

定额编号	定额名称	定额单位	数量	单价/元				合价/元			
				人工费	材料费	机械费	管理费和利润	人工费	材料费	机械费	管理费和利润
C2-4-30	控制设备及低压电器 成套配电箱安装 悬挂嵌入式(半周长 m 以内)1.5	台	1.000	92.92	34.03		43.44	92.92	34.03		43.44
C2-4-113	控制设备及低压电器 焊铜接线端子 导线线截面(mm² 以内)120	10 个	0.400	29.89	218.51		13.97	11.96	87.40		5.59
C2-4-112	控制设备及低压电器 焊铜接线端子 导线线截面(mm² 以内)70	10 个	1.300	19.79	123.80		9.25	25.73	160.94		12.03
C2-4-111	控制设备及低压电器 焊铜接线端子 导线线截面(mm² 以内)35	10 个	0.700	15.76	68.89		7.37	11.03	48.22		5.16
C2-4-118	控制设备及低压电器 压铜接线端子 导线线截面(mm² 以内)16	10 个	0.700	17.75	36.30		8.30	12.43	25.41		5.81
人工单价	小计							154.07	356.00	1500.00	72.03
51.00 元/工日	未计价材料费								2082.09		
	清单项目综合单价										

材料费明细	主要材料名称、规格、型号	单位	数量	单价/元	合价/元	暂估单价/元	暂估合价/元
	成套配电箱 M0	台	1.000	1500.00	1500.00	—	—
	其他材料费			—	1500.00		
	材料费小计			—	1500.00		

项目编码	03041001005		项目名称		配管		计量单位		m	

清单综合单价组成明细

定额编号	定额名称	定额单位	数量	单价/元				合价/元			
				人工费	材料费	机械费	管理费和利润	人工费	材料费	机械费	管理费和利润
C2-11-150	半硬质塑料管砖、混凝土结构暗配 公称直径(mm 以内)32	100m	0.010	407.13	8.43		190.29	4.07	0.08		1.90
人工单价	小计							4.07	0.08	21.21	1.90
51.00 元/工日	未计价材料费										

安装工程预算与工程量清单计价

项目编码 03041100105　项目名称 配管　计量单位 m

清单项目综合单价　27.27

材料费明细

主要材料名称、规格、型号	单位	数量	单价/元	合价/元	暂估单价/元	暂估合价/元
半硬质塑料管 PVC32	m	1.060	20.00	21.20		
套接管	m	0.012	1.20	0.01		
其他材料费	—		—		—	
材料费小计	—		—	21.21	—	

项目编码 03041100407　项目名称 配线　计量单位 m

清单综合单价组成明细

定额编号	定额名称	定额单位	数量	单价/元				合价/元			
				人工费	材料费	机械费	管理费利润	人工费	材料费	机械费	管理费利润
C2-11-302	线槽配线 导线截面（mm²以内）120	100m单线	0.010	194.31	7.78		90.82	1.94	0.08		0.91
人工单价	小计							1.94	0.08	—	0.91
51.00元/工日	未计价材料费							252.00			
	清单项目综合单价							254.93			

材料费明细

主要材料名称、规格、型号	单位	数量	单价/元	合价/元	暂估单价/元	暂估合价/元
绝缘电线 ZRBVV95	m	1.050	240.00	252.00	—	
其他材料费	—		—		—	
材料费小计	—		—	252.00	—	

项目编码 03040403001　项目名称 小电器　计量单位 个/套/台

清单综合单价组成明细

定额编号	定额名称	定额单位	数量	单价/元				合价/元			
				人工费	材料费	机械费	管理费利润	人工费	材料费	机械费	管理费利润
C2-12-398	照明器具 单相暗插座 单相带接地（A以下）30	10套	0.100	43.61	15.84		20.38	4.36	1.58		2.04
人工单价	小计							4.36	1.58	—	2.04
51.00元/工日	未计价材料费							10.20			

项目编码 030404031001　项目名称 小电器　计量单位 个/套/台

清单综合单价组成明细

定额编号	定额名称	定额单位	数量	单价/元 人工费	材料费	机械费	管理费和利润	合价/元 人工费	材料费	机械费	管理费和利润
			1.020	10.00				10.20			

人工单价 51.00元/工日　小计　未计价材料费

清单项目综合单价

材料费明细

主要材料名称、规格、型号	单位	数量	单价/元	合价/元	暂估单价/元	暂估合价/元
成套插座 空调插座,30A	套	1.020	10.00	10.20	—	18.18
其他材料费					—	
材料费小计				10.20	—	

项目编码 030412005001　项目名称 荧光灯　计量单位 套

清单综合单价组成明细

定额编号	定额名称	定额单位	数量	单价/元 人工费	材料费	机械费	管理费和利润	合价/元 人工费	材料费	机械费	管理费和利润
C2-12-213	成套型荧光灯具安装 吸顶式 双管	10套	0.100	104.60	25.09	—	48.89	10.46	2.51	—	4.89

人工单价 51.00元/工日　小计　未计价材料费 167.33

清单项目综合单价 185.19

材料费明细

主要材料名称、规格、型号	单位	数量	单价/元	合价/元	暂估单价/元	暂估合价/元
成套灯具 成套型双管荧光灯	套	1.010	150.00	151.50	—	
荧光灯	只	2.030	7.80	15.83	—	
其他材料费					—	
材料费小计				167.33	—	

项目编码 030414002001　项目名称 送配电装置系统　计量单位 系统

清单综合单价组成明细

定额编号	定额名称	定额单位	数量	单价/元 人工费	材料费	机械费	管理费和利润	合价/元 人工费	材料费	机械费	管理费和利润
C2-14-12	送配电装置系统调试 1kV以下交流供电(综合)	系统	1.000	378.22	5.57	172.69	176.78	378.22	5.57	172.69	176.78

人工单价 51.00元/工日　小计　未计价材料费

清单项目综合单价 733.26

材料费明细

主要材料名称、规格、型号	单位	数量	单价/元	合价/元	暂估单价/元	暂估合价/元
其他材料费					—	
材料费小计					—	

表 4-58　总价措施项目清单与计价表

工程名称：广州市某学校学生宿舍电气安装工程　标段：　　　　　　　　　　　　　　　　第　页，共　页

序号	项目编码	项目名称	计算基础	费率/%	金额/元	调整费率/%	调整后金额/元	备注
1	AQFHWMSG	安全文明施工措施费部分						
1.1	031302001001	安全文明施工	分部分项人工费	26.57	3189.83			按26.57%计算
		小计			3189.83			
2	QTCSF	其他措施费部分						
2.1	031302002001	夜间施工增加						按夜间施工项目人工的20%计算
2.2	031302003001	非夜间施工增加						
2.3	031302004001	二次搬运						
2.4	031302005001	冬雨季施工增加						
2.5	031302006001	已完工程及设备保护						
2.6	GGCS001	赶工措施	分部分项人工费					费用标准为0~6.88%
2.7	WMGDZJF001	文明工地增加费	分部分项工程费	0.20	225.45			市级文明工地为0.2%，省级文明工地为0.4%
		小计			225.45			
		合计			3415.28			

编制人（造价人员）：　　　　　　　　　　　　　　　　　　　　　复核人（造价工程师）：

表 4-59　其他项目清单与计价汇总表

工程名称：广州市某学校学生宿舍电气安装工程　　　　　　　　标段：　　　　　　　　第　页，共　页

序号	项目名称	金额/元	结算金额/元	备注
1	暂列金额	22544.51		以暂列金额为计算基础×100%
2	暂估价			
2.1	材料暂估价			
2.2	专业工程暂估价			
3	计日工	1528.03		
4	总承包服务费			
5	索赔费用			
6	现场签证费用			
7	材料检验试验费	225.45		以分部分项项目费的0.2%计算（单独承包土石方工程除外）
8	预算包干费	2254.45		按分部分项项目费的0~2%计算
9	工程优质费	1690.84		市级质量奖1.5%；省级质量奖2.5%；国家级质量奖4%
10	其他费用			
	总计	28243.28		

表 4-60 暂列金额明细表

工程名称： 广州市某学校学生宿舍电气安装工程　　　　标段：　　　　　第　页，共　页

序号	项目名称	计量单位	暂列金额/元	备注
1	暂列金额		22544.51	以分部分项工程费为计算基础×20%
	合计		22544.51	

表 4-61 材料（工程设备）暂估单价及调整表

工程名称： 广州市某学校学生宿舍电气安装工程　　　　标段：　　　　　第　页，共　页

序号	材料(工程设备)名称、规格、型号	计量单位	数量		暂估/元		确认/元		差额±/元		备注
			暂估	确认	单价	合价	单价	合价	单价	合价	
	合计										

表 4-62 专业工程暂估价及结算价表

工程名称： 广州市某学校学生宿舍电气安装工程　　　　标段：　　　　　第　页，共　页

序号	工程名称	工程内容	暂估金额/元	结算金额/元	差额±/元	备注
	合计					

表 4-63 计日工表

工程名称： 广州市某学校学生宿舍电气安装工程　　　　标段：　　　　　第　页，共　页

序号	项目名称	单位	暂定数量	实际数量	综合单价/元	合价/元	
						暂定	实际
一	人工					918.00	
1	电工	工日	10.000		51.00	510.00	
2	铆工	工日	4.000		51.00	204.00	
3	电焊工	工日	4.000		51.00	204.00	
	人工小计					918.00	
二	材料					262.99	
1	无缝钢管	m	10.000		15.30	153.00	
2	金属软管	m	44.350		2.48	109.99	
	材料小计					262.99	
三	施工机械					347.04	
1	台式钻床	台班	8.000		43.38	347.04	
	施工机械小计					347.04	
	总计					1528.03	

表 4-64 总承包服务费计价表

工程名称： 广州市某学校学生宿舍电气安装工程　　　　标段：　　　　　第　页，共　页

序号	项目名称	项目价值/元	服务内容	计算基础	费率/%	金额/元
1	发包人发包专业工程				100.00	
2	发包人供应材料				100.00	
	合计		—		—	

　安装工程预算与工程量清单计价

表 4-65　规费、税金项目计价表

工程名称：　广州市某学校学生宿舍电气安装工程　　　　　　标段：　　　　　　　第　页，共　页

序号	项目名称	计算基础	计算基数	计算费率/%	金额/元
1	规费				620.84
1.1	工程排污费	分部分项工程费＋措施项目费＋其他项目费	144381.090	0.33	476.46
1.2	施工噪声排污费				
1.3	防洪工程维护费				
1.4	危险作业意外伤害保险费	分部分项工程费＋措施项目费＋其他项目费	144381.090	0.10	144.38
2	税金	分部分项工程费＋措施项目费＋其他项目费＋规费	145001.930	3.477	5041.72
	合　计				5662.56

编制人（造价人员）：　　　　　　　　　　　　　　　　　　复核人（造价工程师）：

表 4-66　承包人提供主要材料和工程设备一览表

（适用于造价信息差额调整法）

工程名称：广州市某学校学生宿舍电气安装工程　　　　　　标段：　　　　　　　第　页，共　页

序号	名称、规格、型号	单位	数量	风险系数/%	基准单价/元	投标单价/元	发承包人确认单价/元	备注
1	综合工日	工日	235.406			51.00		
2	钢垫板 1～2	kg	4.350			4.32		
3	棉纱	kg	10.213			11.02		
4	木螺钉 M2～4×6～65	10 个	41.206			0.21		
5	铜接地端子带螺栓 DT-6mm²	10 套	0.704			16.22		
6	半圆头镀锌螺栓 M2～5×15～50	10 个	33.348			0.50		
7	镀锌六角螺栓带螺帽 2 平 1 弹垫 M10×100 以内	10 套	6.090			5.04		
8	镀锌锁紧螺帽 DN15×3	10 个	6.592			3.42		
9	镀锌锁紧螺帽 DN20×3	10 个	18.913			4.44		
10	铁砂布 0～2#	张	64.750			1.03		
11	低碳钢焊条（综合）	kg	2.920			4.90		
12	焊锡丝（综合）	kg	8.128			61.14		
13	焊锡膏	kg	1.148			72.73		
14	锡基钎料	kg	8.553			61.14		
15	镀锌低碳钢丝 φ1.2～2.2	kg	10.117			5.20		
16	冲击钻头 φ6～8	个	4.195			3.91		
17	钢锯条	条	15.555			0.56		
18	酚醛磁漆	kg	0.290			8.71		
19	酚醛调和漆	kg	0.870			7.20		

序号	名称、规格、型号	单位	数量	风险系数/%	基准单价/元	投标单价/元	发承包人确认单价/元	备注
20	汽油（综合）	kg	47.775			6.58		
21	电力复合脂	kg	12.520			17.72		
22	黏合剂	kg	0.684			22.77		
23	半硬质塑料管 PVC32	m	86.602			20.00		
24	半硬质塑料管 PVC25	m	10.070			15.00		
25	半硬质塑料管 PVC20	m	1316.287			12.00		
26	塑料软管 D5	m	3.900			0.18		
27	塑料软管 D9	m	193.200			0.31		
28	塑料软管 D12	m	38.850			0.47		
29	塑料软管 D16	m	13.125			0.80		
30	塑料软管 D25	m	2.100			1.67		
31	塑料胀管 D6~8	个	653.400			0.28		
32	成套灯具 成套型双管荧光灯	套	77.770			150.00		
33	成套灯具 半球形吸顶灯	套	55.550			150.00		
34	照明开关 单联开关	个	26.520			6.00		
35	照明开关 双联	个	12.240			8.00		
36	照明开关 三联	个	24.480			12.00		
37	照明开关 四联	个	2.040			15.00		
38	成套插座 空调插座,30A	套	24.480			10.00		
39	成套插座 单相暗插座,15A	套	54.060			6.00		
40	黄腊带 20mm×10m	卷	13.448			7.02		
41	电气绝缘胶带 18mm×10m×0.13mm	卷	28.992			2.00		
42	扁形塑料绑带	m	2.678			0.60		
43	裸铜线 6mm²	kg	4.080			58.50		
44	裸铜线 10mm²	kg	1.030			58.50		
45	铜芯聚氯乙烯绝缘导线 BV-2.5mm²	m	228.537			1.36		
46	铜芯聚氯乙烯绝缘导线 BV-6mm²	m	10.992			3.20		
47	绝缘电线 BVV-25	m	217.508			16.30		
48	绝缘电线 BVV-16	m	107.362			9.57		
49	绝缘电线 BVV-4	m	234.916			2.50		
50	绝缘电线 BVV-2.5	m	4369.836			1.72		
51	绝缘电线 BVV50	m	110.670			60.00		
52	绝缘电线 ZRBVV95	m	42.000			240.00		
53	绝缘电线 ZRBVV50	m	10.500			60.00		
54	双色多股铜芯绝缘软导线 BVR-6mm²	m	1.705			3.41		

序号	名称、规格、型号	单位	数量	风险系数 /%	基准单价 /元	投标单价 /元	发承包人 确认单价 /元	备注
55	金属线槽 宽×高＝100mm×80mm	m	6.901			40.00		
56	镀锌钢管塑料护口 DN15～20	个	255.045			0.13		
57	套接管	m	12.924			1.20		
58	铜接线端子 DT-6mm²	个	48.720			1.60		
59	铜接线端子 DT-10mm²	个	197.094			2.40		
60	铜接线端子 DT-16mm²	个	186.944			3.38		
61	铜接线端子 DT-25mm²	个	37.592			3.77		
62	铜接线端子 DT-35mm²	个	37.592			4.28		
63	铜接线端子 DT-50mm²	个	12.700			6.42		
64	铜接线端子 DT-70mm²	个	12.700			8.56		
65	铜接线端子 DT-95mm²	个	2.032			11.41		
66	铜接线端子 DT-120mm²	个	2.032			16.04		
67	铜接线端子 20A	个	133.980			0.20		
68	接线盒	个	86.700					
69	接线盒 开关盒86型	个	65.280			2.10		
70	白布	kg	16.495			3.20		
71	标志牌 塑料扁形	个	3.000			0.10		
72	排气扇	台	55.000			55.00		
73	电能校验仪	台班	0.900			99.33		
74	数字万用表 F-87	台班	1.800			17.33		
75	大电流试验器	台班	0.900			31.36		
76	电缆测试仪 JH5132	台班	0.900			26.53		
77	其他材料费	元	97.753			1.00		
78	成套配电箱 M0	台	1.000			1500.00		
79	成套配电箱 M1	台	1.000			1200.00		
80	成套配电箱 M2、M3	台	3.000			880.00		
81	成套配电箱 MX1-7	台	24.000			450.00		
82	荧光灯	只	156.310			7.80		
83	螺口灯泡,40W	只	55.825			2.20		

第五章　给排水、采暖与燃气安装工程

第一节　水、暖、燃气安装工程基础知识

一、建筑给水与排水系统的基础知识

建筑给水系统的任务就是根据用户对水质、水量和水压等方面的要求，将水由城市给水管网安全可靠地输送到安装在室内的各种配水器具、生产用水设备和消防设备等用水点。建筑排水系统的任务是接纳、汇集建筑物内各种卫生器具和用水设备排放的污（废）水，以及屋面的雨（雪）水，并在满足排放要求的条件下，排入室外排水管网。

（一）室内给水系统

室内给水系统按其用途不同可划分为以下三类。

（1）生活给水系统　供民用、公共建筑和工业企业建筑物内部的饮用、烹调、盥洗、洗涤、淋浴等生活上的用水。

（2）生产给水系统　用于生产设备的冷却、原料和产品的洗涤、锅炉用水和某些工业的原料用水等。

（3）消防给水系统　主要为建筑物水消防系统供水。

根据具体情况，有时将上述三类基本给水系统或其中两类合并设置，如生产、消防共用给水系统，生活、生产共用给水系统，生活、生产、消防共用给水系统等。

室内给水系统由以下几个基本部分组成，如图 5-1 所示。

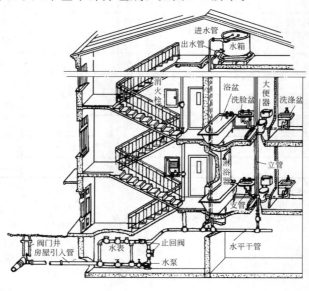

图 5-1　室内给水系统基本组成

（1）引入管　对单幢建筑物而言，引入管是室外给水管网与室内管网之间的联络管段，又称"进户管"。

（2）水表节点　是指引入管上装设的水表及其前后设置的阀门、泄水装置的总称。

（3）配水管网　是指室内给水水平或垂直干管、配水支管等组成的管道系统。

（4）给水附件　给水管道附件是安装在管道及设备上的启闭和调节装置的总称。一般分为配水附件和控制附件两类。配水附件就是装在卫生器具及用水点的各式水龙头，用以调节和分配水流。控制附件用来调节水量、水压、关断水流、改变水流方向，如球形阀、闸阀、止回阀、浮球阀及安全阀等。

（5）升压与贮水设备　在室外给水管网压力不能满足室内供水要求或室内对安全供水、水压稳定有要求时，需要设置各种附属设备，如水箱、水泵、气压装置、水池等。

（6）室内消防设备　根据《建筑设计防火规范》和《高层民用建筑设计防火规范》的要求，在建筑物内设置的各种消防设备。

（二）室内排水系统

室内排水系统按排水的性质可分为以下三类。

（1）生活污水排放系统　排除人们日常生活中所产生的洗涤污水和粪便污水等。

（2）生产污（废）水排放系统　排除生产过程中所产生的污（废）水。

（3）雨（雪）水排放系统　排除建筑屋面的雨水和融化的雪水。

上述三大类污（废）水，如分别设置管道排出建筑物外，称分流制室内排水；若将其中两类或三类污（废）水合流排出，则称合流制室内排水。一个完整的室内排水系统主要由卫生器具、排水管系、通气管系、清通设备、污水抽升设备等部分组成，如图5-2所示。

（1）卫生器具（或生产设备的受水器）　卫生器具是室内排水系统的起点，接纳各种污水后排入管网系统。污水从器具排出经过存水弯和器具排水管流入排水管系。

（2）排水管系　排水管系由排水横支管、排水立管及排出管等组成。横支管的作用是把各卫生器具排水管流来的污水排至立管。立管承接各楼层横支管排入的污水，然后再排入排出管。排出管是室内排水立管与室外排水检查井之间的连接管段，它接受一根或几根立管流来的污水并排入室外排水管网。

（3）通气管系　设置通气管的目的是使室内排水管系统与大气相通，尽可能使管内压力接近大气压力，以保护水封不致因压力波动而受破坏；同时排放排水管道中的臭气及有毒害的气体。最简单的通气管是将立管上端延伸出屋面300mm以上，称为伸顶通气管。

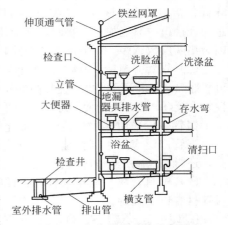

图5-2　室内排水系统示意图

（4）清通设备　一般有检查口、清扫口、检查井以及带有清通门（盖板）的90°弯头或三通接头等设备，作为疏通排水管道之用。

（5）污水抽升设备　民用建筑中的地下室、人防建筑物、高层建筑的地下技术层、某些工业企业车间地下室或半地下室、地下铁道等地下建筑物内的污（废）水不能自流排到室外时，必须设置污水抽升设备，将建筑物内所产生的污（废）水抽至室外排水管道。局部抽升污（废）水的设备最常用的是离心式污水泵。

（三） 室内给排水系统管路

1. 室内给排水系统常用管材及连接方式

（1）钢管　钢管是建筑设备工程中应用最广泛的金属管材。钢管有焊接钢管、无缝钢管两种。焊接钢管又分普通钢管和加厚钢管。钢管还可分镀锌钢管和不镀锌钢管。钢管镀锌的目的是防锈、防腐、不使水质变坏，延长使用年限。钢管强度高、承受流体的压力大、抗震性能好、长度大、接头少、加工安装方便，但造价较高，抗腐蚀性差。

无缝钢管采用较少，只在焊接钢管不能满足压力要求或特殊情况下才采用。

一般钢管的规格以公称直径（记为 DN）表示，钢管的公称直径是系列化的。无缝钢管以外径×壁厚来表示规格。

钢管连接方法有螺纹连接（又称丝扣连接）、焊接和法兰连接三种。

① 螺纹连接　利用配件连接，配件用可锻铸铁制成，配件为内丝，施工时在管端加工外丝。为了增加管子螺纹接口的严密性和维修时不致因螺纹锈蚀不易拆卸，螺纹处一般要加填充材料，填料即要能充填空隙又要能防腐蚀。常用的填料：对热水供暖系统或冷水管道，可以采用聚四氟乙烯胶带或麻丝沾白铅油（铅丹粉拌干性油）；对于介质温度超过 115℃ 的管路接口可采用黑铅油（石墨粉拌干性油）和石棉绳。

② 焊接　焊接一般采用手工电弧焊和氧-乙炔气焊，接口牢固严密，焊缝强度一般可达管子强度的 85％ 以上。缺点是不能拆卸。焊接只能用于非镀锌钢管，因为镀锌钢管焊接时锌层被破坏，反而加速锈蚀。焊接完成后要对焊缝进行外观检查、严密性检查和强度检查。

③ 法兰连接　在较大管径的管道上（DN50 以上），常将法兰盘焊接或用螺纹连接在管端，再以螺栓连接之。法兰连接一般用在连接阀门、水泵、水表等处，以及需要经常拆卸、检修的管段上。法兰连接的接口为了严密、不渗不漏，必须加垫圈，法兰垫圈厚度一般为 3～5mm，常用的垫圈材质有橡胶板、石棉橡胶板、塑料板、铜铝等金属板等。使用法兰垫圈应注意一个接口中只能加一个垫圈，不能用加双层垫圈、多层垫圈或偏垫解决接口间隙过大问题，因为垫圈层数越多，可能渗漏的缝隙越多，加之日久以后，垫圈材料疲劳老化，接口易渗漏。

（2）铜管　铜是一种贵金属材料，铜管的主要优点在于其具有很强的抗锈蚀能力，强度高，可塑性强，坚固耐用，能抵受较高的外力负荷，热胀冷缩系数小，同时铜管能抗高温环境，防火性能也较好，而且铜管使用寿命长，可完全被回收利用，不污染环境。主要缺点是价格较高。

铜管一般采用螺纹连接，连接配件为铜配件。在有些场合，铜管可采用焊接。

铜管广泛应用于高档建筑物室内热水供应系统和室内饮水供应系统。由于其承压能力高，还常用于高压消防供水系统。

（3）塑料管材　近年来各种各样的塑料管逐渐替代钢管被应用在设备工程中，常用的塑料管材有以下几种。

① 硬聚氯乙烯塑料（UPVC）管材　UPVC 管是国内外使用最为广泛的塑料管道。UPVC 管具有较高的抗冲击性能和耐化学性能。UPVC 管根据结构形式不同，又分为常用的单层实壁管、螺旋消声管、芯层发泡管、径向加筋管、螺旋缠绕管、双壁波纹管和单壁波纹管。UPVC 管主要用于城市供水、城市排水、建筑给水和建筑排水系统。

UPVC 室内给水管道连接一般采用粘接，与金属管配件则采用螺纹连接。

UPVC 室外给水管道可以采用橡胶圈连接、粘接连接、法兰连接等形式，目前最常用的是橡胶圈连接，规格从 $\phi 50 \sim 800mm$，此种连接施工方便。粘接连接只适用于管径小于 $\phi 225mm$ 管道的连接，法兰连接一般用于 UPVC 管与其他管材及阀门等管件的连接。

② 聚乙烯（PE）管材　聚乙烯管按其密度不同分为高密度聚乙烯（HDPE）管、中密度聚乙烯（MDPE）管、低密度聚乙烯（LDPE）管。HDPE 管具有较高的强度和刚度，

MDPE 管除了有 HDPE 管的耐压强度外，还具有良好的柔性和抗蠕变性能；LDPE 管的柔性、伸长率、耐冲击性能较好，尤其是耐化学稳定性好。目前，国内的 HDPE 管和 MDPE 管主要用作城市燃气管道，少量用作城市供水管道，LDPE 管大量用作农用排灌管道。

交联聚乙烯（PE-X）管材则主要用于建筑室内冷热水供应和地面辐射供暖。

③ 三型聚丙烯（PP-R）管材　三型聚丙烯是第三代改性聚丙烯，具有较好冲击性能、耐湿性能和抗蠕变性能，PP-R 管主要应用于建筑室内冷热水供应和地面辐射供暖。

（4）复合管材　常用的复合管材主要有钢塑复合（SP）管材和铝塑复合（PAP）管材。

① 钢塑复合（SP）管材　钢塑复合管具有钢管的机械强度和塑料管的耐腐蚀特点。一般为三层结构，中间层为带有孔眼的钢板卷焊层或钢网焊接层，内外层为熔于一体的高密度聚乙烯（HDPE）层或交联聚乙烯（PE-X）层，也有用外镀锌钢管内涂敷聚乙烯（PE）、硬聚氯乙烯（UPVC）或交联聚乙烯（PE-X）等的钢塑复合管。

② 铝塑复合（PAP）管材　铝塑复合管是通过挤出成型工艺而生产制造的新型复合管。它由聚乙烯层（或交联聚乙烯）—胶黏剂层—铝层—胶黏剂层—聚乙烯层（或交联聚乙烯）五层结构构成。铝塑复合管根据中间铝层焊接方式不同，分为搭接焊铝塑复合管和对接焊铝塑复合管。铝塑复合管可广泛应用于建筑室内冷热水供应和地面辐射供暖。建筑给水铝塑复合管管道的截断应使用专用的管剪将管道剪断，或采用管子割刀将管割断，管子的截断断面应垂直管道的轴线；外径小于等于 32mm 的管道，其成品为盘圈卷包装，施工时应调直；管道必须采用专用的铝塑复合管管件连接，并按产品使用说明书提供的连接操作顺序和方法连接管道与其他种类的管材，阀门、配水件连接时应采用过渡性管件。

2. 室内给水系统附件

给水管道附件是安装在管道及设备上的启闭和调节装置的总称。一般分为配水附件和控制附件两类。配水附件就是装在卫生器具及用水点的各式水龙头，用以调节和分配水流，如图 5-3 所示。控制附件用来调节水量、水压、关断水流、改变水流方向，如截止阀、闸阀、止回阀、浮球阀及安全阀等，见图 5-4。

（1）配水附件

① 球形阀式配水龙头　主要安装在洗涤盆、污水盆、盥洗槽上。水流经过此种龙头因改变流向，故阻力较大。

② 旋塞式配水龙头　主要安装在压力不大（101325Pa 左右）的给水系统上。这种龙头

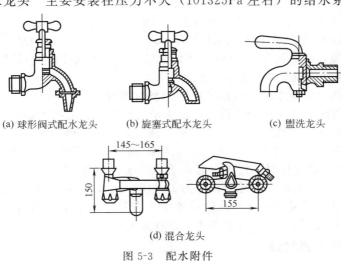

(a) 球形阀式配水龙头　　(b) 旋塞式配水龙头　　(c) 盥洗龙头

(d) 混合龙头

图 5-3　配水附件

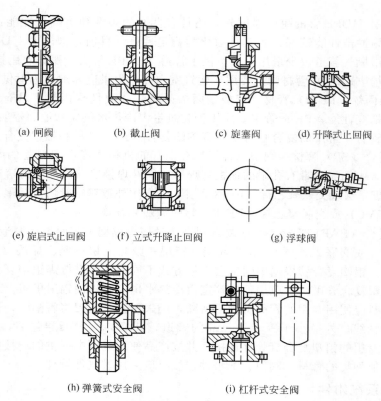

(a) 闸阀　　　(b) 截止阀　　　(c) 旋塞阀　　　(d) 升降式止回阀

(e) 旋启式止回阀　　(f) 立式升降止回阀　　　(g) 浮球阀

(h) 弹簧式安全阀　　　　(i) 杠杆式安全阀

图 5-4　控制附件

旋转 90°即完全开启，可短时获得较大流量，又因水流呈直线经过龙头，阻力较小。缺点是启闭迅速，容易产生水击，适用于浴池、洗衣房、开水间等处。

③ 盥洗龙头　装设在洗脸盆上专供冷水或热水用。有莲蓬头式、鸭嘴式、角式、长脖式等多种形式。

④ 混合龙头　用以调节冷、热水的龙头，供盥洗、洗涤、沐浴等用。

（2）控制附件

① 闸阀　一般管道 DN70 以上时采用闸阀；此阀全开时水流呈直线通过，阻力小；但水中有杂质落入阀座后。使阀不能关闭到底，因而产生磨损和漏水。

② 截止阀　截止阀关闭严密，但水流阻力较大，适用于管径≤DN50 的管道上。

③ 旋塞阀　装在需要迅速开启或关闭的地方，为了防止因迅速关断水流而引起水击，适用于压力较低和管径较小的管道。

④ 止回阀　用来阻止水流的反向流动。类型有两种：

a. 升降式止回阀　装于水平管道上，水头损失较大，只适用于小管径；

b. 旋启式止回阀　一般直径较大，水平、垂直管道上均可装置。

⑤ 浮球阀　是一种可以自动进水自动关闭的阀门，一般装在水箱或水池内控制水位。当水箱充水到设计最高水位时，浮球浮起，关闭进水口；当水位下降时，浮球下落，开启进水口，于是自动向水箱充水。浮球阀口径为 DN15～100，与各种管径规格相同。

⑥ 安全阀　是为了避免管网和其他设备中压力超过规定的范围而使管网、用具或密闭水箱受到破坏，需装此阀。一般有弹簧式、杠杆式两种。

3. 室内给排水管路的敷设

室内给水管道的敷设，根据建筑对卫生、美观方面要求不同，分为明装和暗装两类。

（1）明装　即管道在室内沿墙、梁、柱、天花板下、地板旁暴露敷设。明装管道造价低；施工安装、维护修理均较方便。缺点是由于管道表面积灰、产生凝水等影响环境卫生，而且明装有碍房屋美观。一般民用建筑和大部分生产车间均为明装方式。

（2）暗装　即管道敷设在地下室天花板下或吊顶中，或在管井、管槽、管沟中隐蔽敷设。管道暗装时，卫生条件好、房间美观，在标准较高的高层建筑、宾馆等均采用暗装；在工业企业中，某些生产工艺要求，如精密仪器或电子元件车间要求室内洁净无尘时，也采用暗装。暗装的缺点是造价高，施工维护均很不便。

另外为清通检修方便，排水管道应以明装为主。

二、室内采暖安装工程基础知识

（一）室内采暖系统

供暖就是用人工方法向室内供给热量，保持一定的室内温度，以创造适宜的生活条件或工作条件的技术。所有供暖系统都由热媒制备（热源）、热媒输送（管网）和热媒利用（散热设备）三个主要部分组成。根据三个主要组成部分的相互位置关系来分，供暖系统可分为局部供暖系统和集中式供暖系统。

1. 局部供暖系统

热媒制备、热媒输送和热媒利用三个主要组成部分在构造上都在一起的供暖系统，称为局部供暖系统，如烟气供暖（火炉、火墙和火炕等）、电热供暖和燃气供暖等。虽然燃气和电能通常由远处输送到室内来，但热量的转化和利用都是在散热设备上实现的。

2. 集中式供暖系统

热源和散热设备分别设置，用热媒管道相连接，由热源向各个房间或各个建筑物供给热量的供暖系统，称为集中式供暖系统。图5-5所示为集中式热水供暖系统示意图。

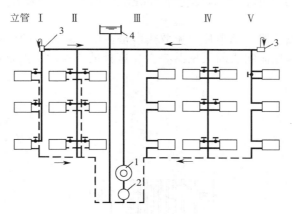

图 5-5　集中式热水供暖系统示意图
1—热水锅炉；2—循环水泵；3—集气装置；4—膨胀水箱

热水锅炉将水加热到供暖温度，通过循环水泵及热水管道（供水管和回水管）将热水供至散热器，通过散热器将热水携带的热量放散到室内。

以热水为热媒的供热系统，称为热水供暖系统。根据循环动力不同，热水供暖系统可分为自然循环系统和机械循环系统。

自然循环热水供暖靠水的密度差进行循环，它无须水泵为热水循环提供动力。但它作用压力小（供水温度为95℃，回水70℃，每米高差产生的作用压力为156Pa），因此仅适用于一些较小规模的建筑物。

机械循环热水供暖系统在系统中设置有循环水泵，参见图 5-5。靠水泵的机械能，使水在系统中强制循环。由于水泵所产生的作用压力很大，因而供热范围可以扩大。机械循环热水供暖系统不仅可用于单幢建筑物中，也可以用于多幢建筑，甚至发展为区域热水供暖系统。

（二） 散热器和换热器

1. 散热器

散热设备是安装在供暖房间里的一种放热设备，它把热媒（热水或蒸汽）的部分热量传给室内空气，用以补偿建筑物热损失，从而使室内维持所需要的温度，达到供暖目的。我国大量使用的散热设备有散热器、暖风机和辐射板三大类。

散热器用铸铁或钢制成。近年来我国常用的几种散热器有柱型散热器、翼型散热器以及光管散热器、钢串片对流散热器等。

（1）柱型散热器　柱型散热器由铸铁制成。它又分为四柱、五柱及二柱三种。图 5-6 所示为四柱 800 型散热片简图。四柱 800 型散热片高 800mm，宽 164mm，长 57mm。它有四个中空的立柱，柱的上、下端全部互相连通。在散热片顶部和底部各有一对带丝扣的穿孔供热媒进出，并可借正、反螺丝把单个散热片组合起来。在散热片的中间有两根横向连通管，以增加结构强度。我国现在生产的四柱和五柱散热片，有高度为 700mm、760mm、800mm 及 813mm 四种尺寸。

（2）翼型散热器　翼型散热器由铸铁制成，分为长翼型和圆翼型两种。长翼型散热器（图 5-7）是一个在外壳上带有翼片的中空壳体。在壳体侧面的上、下端各有一个带丝扣的穿孔，供热媒进出，并可借正反螺丝把单个散热器组合起来。这种散热器有两种规格，由于其高度为 600mm，所以习惯上称这种散热器为"大 60"及"小 60"。"大 60"的长度为 280mm，带 14 个翼片；"小 60"的长度为 200mm，带有 10 个翼片。除此之外，其他尺寸完全相同。

（3）钢串片对流散热器　钢串片对流散热器是在用联箱连通的两根（或两根以上）钢管上串上许多长方形薄钢片而制成的（见图 5-8）。这种散热器的优点是承压高、体积小、重量

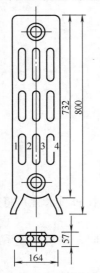
图 5-6　四柱 800 型散热片

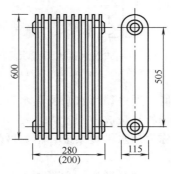
图 5-7　长翼型散热器

图 5-8　钢串片对流散热器

轻、容易加工、安装简单和维修方便；其缺点是薄钢片间距离小，不易清扫以及耐腐蚀性能不如铸铁好。薄钢片因热胀冷缩，容易松动，日久传热性能严重下降。

除上述散热器外，还有钢制板式散热器、钢制柱形散热器等。

2. 换热器

换热器是实现两种或两种以上温度不同的流体相互换热的设备。从构造上主要可分为：壳管式、肋片管式、板式、板翘式、螺旋板式等，以前两种用得最为广泛。

（1）壳管式换热器　图 5-9 所示为壳管式换热器示意图。流体在管外流动，管外各管间常设置一些圆缺形的挡板，其作用是提高管外流体的流速（挡板数增加，流速提高），使流体充分流经全部管面，改善流体对管子的冲刷角度，从而提高壳侧的换热系数。此外，挡板还可以起支承管束、保持管间距离等作用。流体从管的一端流到另一端称为一个管程，当管子总数及流体流量一定时，管程数设得越多，则管内流速越高。

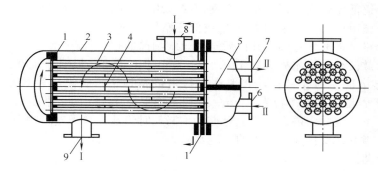

图 5-9　壳管式换热器示意图

1—管板；2—外壳；3—管子；4—挡板；5—隔板；

6，7—管程进口及出口；8，9—壳程进口及出口

（2）肋片管式换热器　肋片管亦称翅片管，图 5-10 所示为肋片管式换热器结构示意图。在管子外壁加肋，肋化系数可达 25 左右，大大增加了空气侧的换热面积，强化了传热，与光管相比，传热系数可提高 1～2 倍。这类换热器结构较紧凑，适用于两侧流体换热系数相差较大的场合。

（3）板式换热器　板式换热器是由若干传热板片叠置压紧组装而成，板四角开有角孔，流体由一个角孔流入，即在两块板形成的流道中流动，而经另一对角线角孔流出（该板的上角孔则由垫片堵住）；流道很窄，通常只有 3～4mm，冷热两流体的流道彼此相间隔。为强化流体在流道中的扰动，板面都做成波纹形，板片间装有密封垫片，它既用来防漏，又用以控制两板间的距离。图 5-11 所示为板式换热器流道示意图。

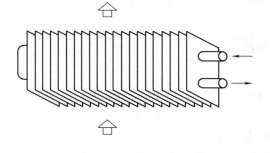

图 5-10　肋片管式换热器

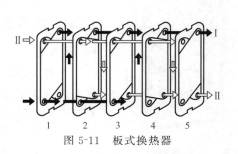

图 5-11　板式换热器

三、城市燃气系统基础知识

燃气是一种气体燃料。燃气根据来源的不同，主要有人工煤气、液化石油气和天然气三大类。液化石油气一般采用瓶装供应，而天然气、人工煤气则采取管道输送。

（一）城市燃气输配系统

天然气或人工煤气经过净化后即可输入城市燃气管网。城市燃气管网根据输送压力不同可分为：低压管网（$p \leqslant 5\text{kPa}$），中压管网（$5\text{kPa} < p \leqslant 150\text{kPa}$），次高压管网（$150\text{kPa} < p \leqslant 300\text{kPa}$）和高压管网（$300\text{kPa} < p \leqslant 800\text{kPa}$）。

城市燃气管网通常包括街道燃气管网和小区燃气管网两部分。

在大城市里，街道燃气管网大都布置成环状，只在边缘地区，才采用枝状管网。燃气由街道高压管网或次高压管网，经过燃气调压站，进入街道中压管网。然后，经过区域的燃气调压站，进入街道低压管网，再经小区管网而接入用户。临近街道的建筑物也可直接由街道管网引入。在小城市里，一般采用中-低压或低压燃气管网。

小区燃气管路是指燃气总阀门井以后至各建筑物前的户外管路。

小区燃气管敷设在土壤冰冻线以下 $0.1 \sim 0.2\text{m}$ 的土层内，根据建筑群的总体布置，小区燃气管道宜与建筑物轴线平行，并埋在人行道或草地下；管道距建筑物基础应不小于 2m，与其他地下管道的水平净距为 1.0m；与树木应保持 1.2m 的水平距离。小区燃气管不能与其他室外地下管道同沟敷设，以免管道发生漏气时经地沟渗入建筑物内。根据燃气的性质及含湿状况，当有必要排除管网中的冷凝水时，管道应具有不小于 0.003 的坡度坡向凝水器，凝结水应定期排除。

（二）室内燃气管道系统及其敷设

用户燃气管由引入管进入房屋以后，到燃具燃烧器前称为室内燃气管，这一套管道是低压的。室内管多用普压钢管丝扣连接，埋于地下部分应涂防腐涂料。明装于室内管应采用镀锌普压钢管。所有燃气管不允许有微量漏气以保证安全。

室内燃气管穿墙或地板时应设套管。为了安全，燃气立管不允许穿越居室，一般可布置在厨房、楼梯间墙角外。进户干管应设不带手轮旋塞式阀门。立管上接出每层的横支管一般在楼上部接出；然后折向燃气表，燃气表上伸出燃气支管，再接橡皮胶管通向燃气用具。燃气表后的支管一般不应绕气窗、窗台、门框和窗框敷设。当必须绕门窗时，应在管道绕行的最低处设置堵头，以利排泄水或吹扫使用。水平支管应具有坡度坡向堵头。

建筑物如有可通风的地下室时，燃气干管可以敷设在这种地下室上部。不允许室内煤气干管埋于地面下或敷于管沟内。若公共建筑物地沟为通行地沟且有良好的自然通风设施时，可与其他管道同沟敷设，但燃气干管应采用无缝钢管，焊接连接。

（三）燃气表及燃气用具

1. 燃气表

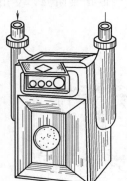

图 5-12　皮囊燃气流量表

燃气表是计量燃气用量的仪表。我国目前常用的是一种干式皮囊燃气流量表（图 5-12）。这种燃气表适用于室内低压燃气供应系统中。各种规格燃气表计量范围在 $2.8 \sim 260\text{m}^3/\text{h}$。为保证安全，小口径燃气表一般挂在室内墙壁上，表底距地面 $1.6 \sim 1.8\text{m}$，燃气表到燃气用具的水平距离不得小于 $0.8 \sim 1.0\text{m}$。

2. 燃气用具

住宅常用燃气用具有厨房燃气灶、燃气热水器等。

第二节 预算定额及施工图预算编制

《全国统一安装工程预算定额》第八册《给排水、采暖、燃气工程》适用于新建、扩建项目中的生活用给水、排水、燃气、采暖热源管道以及附件、配件安装，小型容器制作安装。定额共分七章，主要包括：管道安装，阀门、水位标尺安装，低压器具、水表组成与安装，卫生器具制作安装，供暖器具的安装，小型容器制作安装，燃气管道、附件、器具安装。对工业管道、生产生活共用的管道、锅炉房和泵类配管以及高层建筑物内加压泵间的管道安装执行第六册《工业管道工程》相应项目。安装管道的刷油、防腐蚀、绝热工程执行第十一册《刷油、防腐蚀、绝热工程》相应项目。

一、工程量计算规则

（一）管道安装

管道安装定额适用于室内外生活用给水、排水、雨水、采暖热源管道、法兰、套管、伸缩器等的安装。

1. 室内外管道安装

（1）室内外管道界线的划分

① 给水管道：室内外界线以建筑物外墙皮 1.5m 为界，入口处设阀门者以阀门为界；室外管道与市政管道界线以水表井为界，无水表井者，以与市政管道碰头点为界。

② 排水管道：室内外以出户第一个排水检查井为界；室外管道与市政管道界线以与市政管道碰头井为界。

③ 采暖热源管道：室内外以入口阀门或建筑物外墙皮 1.5m 为界；与工业管道界线以锅炉房或泵站外墙皮 1.5m 为界；工厂车间内采暖管道以采暖系统与工业管道碰头点为界；与设在高层建筑内的加压泵间管道以泵间外墙皮为界。

（2）工程量计算

① 各种管道安装，均以施工图所示管道中心线长度以"10m"计算，不扣除阀门及管件（包括减压阀、疏水器、水表、伸缩器等）所占长度。

② 管道中方形伸缩器的两臂，应按其臂长的两倍合并在管道延长米内计算，套筒式伸缩器所占长度不扣除。各种伸缩器制作安装均以"个"为计量单位，另行计算。钢管伸缩器两臂计算长度见表 5-1。

表 5-1 钢管伸缩器两臂计算长度

伸缩器形式	伸缩器公称直径/mm						
	25	50	100	150	200	250	300
	伸缩器两臂计算长度/m						
⌐‾⌐	0.6	1.2	2.2	3.5	5.0	6.5	8.5
⌒	0.6	1.1	2.0	3.0	4.0	5.0	6.0

③ 在采暖管道中，应扣除暖气片所占的长度。

④ 管道安装均包括水压试验或灌水试验，不另行计算。由于非施工方原因需再次进行管道压力试验时可执行管道压力试验定额。

⑤ 室内 $DN32$ 以内钢管包括管卡及托钩制作安装，$DN32$ 以上的钢管的管卡等需另列项计算。

⑥ 定额内未包括过楼板钢套管的制作安装，发生时按室外钢管（焊接）项目，按"延长米"计算。

⑦ 镀锌铁皮套管制作工程量分不同的公称直径以"个"计算。工作内容：下料、卷制、咬口。

⑧ 定额中已综合了配合土建施工的留洞留槽、修补洞所需的材料和人工，不应另行计算。

（3）定额的套用

① 管道安装定额是按不同材质、不同接口方式分列项目的；套用定额时应区分不同的材质、管径的大小以及接口形式选用。

② 管道安装定额均按公称直径分列子目，安装的设计规格与子目不符时，套用较大规格的子目。直径超过定额最大规格时，编制补充定额。

③ 螺纹连接钢管均已包括弯管制作与安装（伸缩器除外），焊接钢管 $DN100$ 以下全部考虑使用煨弯制，制弯工料包括在定额内，无论现场煨制或使用成品弯头均不作换算。但焊接钢管 $DN100$ 以上的压制弯头应按定额含量计算其主材费。

④ 铸铁排水管、雨水管及塑料排水管均已包括管卡及吊托支架、臭气帽（铅丝球）、雨水漏斗的制作安装，但未包括雨水漏斗及雨水管件本身价格，应按设计用量另行考虑。铸铁排水管、塑料排水管安装中透气帽定额是综合考虑的，不得换算。

⑤ 室内外给水、雨水铸铁管，定额中已包括接头零件所需的人工费，但接头零件的价格应另计。

⑥ 设计施工图中，雨水管与生活排水管合用时，执行管道安装工程的排水管定额子目。

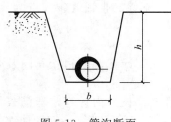

图 5-13　管沟断面

⑦ 室内外管道沟土方及管道基础，应执行《全国统一建筑工程基础定额》。

a. 管沟挖土方量的计算，见图 5-13，按下式计算：

$$V = h(b + 0.3h)l$$

式中，h 为沟深，按设计管底标高计算；b 为沟底宽；l 为沟长；0.3 为放坡系数。沟底有设计尺寸时，按设计尺寸取值，无设计尺寸时按表 5-2 取值。

表 5-2　管沟底宽取值

管径 DN/mm	铸铁、钢、石棉水泥管道沟底宽/m	混凝土、钢筋混凝土管道沟底宽/m
50～75	0.6	0.8
100～200	0.7	0.9
250～350	0.8	1.0
400～450	1.0	1.3
500～600	1.3	1.5
700～800	1.6	1.8
900～1000	1.8	2.0

计算管沟土石方量时，各种检查井和排水管道接口处加宽，多挖土石方工程量不增加。但铸铁给水管道接口处操作坑工程量应增加，按全部给水管沟土方量的2.5%计算增加量。

b. 管道沟回填土方量的计算。

$DN500$以下的管道沟回填土方量不扣除管道所占体积；$DN500$以上的管道沟回填土方量按表5-3所列数值扣除管道所占体积。

表5-3　管道占回填土方量

管径 DN/mm	钢管道占回填土方量 /(m³/m)	铸铁管占回填土方量 /(m³/m)	混凝土、钢筋混凝土管道占回填土方量/(m³/m)
500~600	0.21	0.24	0.33
700~800	0.44	0.49	0.60
900~1000	0.71	0.77	0.92

2. 管道支架制作安装

室内$DN32$以内钢管包括管卡及托钩制作安装。$DN32$以上的，按支架钢材图示几何尺寸以"100kg"为单位计算，不扣除切肢开孔重量，不包括电焊条和螺栓、螺母、垫片的重量。工作内容：切断、调直、煨制、钻孔、组对、焊接、打洞、安装、和灰、堵洞。

3. 法兰安装

法兰安装工程量按图示以"副"为计量单位计算。

法兰安装定额分铸铁螺纹法兰和碳钢焊接法兰，安装定额中已包括了垫片的制作，制作垫片的材料是按石棉板考虑的，如采用其他材料，不作调整。铸铁法兰（螺纹连接）定额已包括了带帽螺栓的安装人工和材料，如主材价不包括带帽螺栓者，其价格另计。碳钢法兰（焊接）定额基价中已包括螺栓、螺帽，不得另行计算。

碳钢法兰（丝接）安装可套用铸铁法兰丝接定额，其中填料不得换算。

在法兰阀门安装、减压器组成安装、疏水器组成安装、水表组成安装等项目中，法兰盘作为辅助材料列入了定额，这些子目中包括了法兰盘、带帽螺栓等，在编制预算时，不能重复套用法兰安装定额。

4. 伸缩器制作安装

定额中伸缩器制作安装按不同形式分法兰式套筒伸缩器安装（螺纹连接和焊接）和方形伸缩器制作安装，工程量按图示数以"个"为单位计算。

焊接法兰式套筒伸缩器定额中已包括法兰螺栓、螺帽、垫片，不应另行计算，方形伸缩器制作安装中的主材费已包括在管道延长米中，不另行计算。

5. 管道消毒、冲洗

管道消毒、冲洗按施工图说明或技术规范要求套用相应定额，其工程量按管道直径以"延长米（100m）"为单位计算，不扣除阀门、管件所占长度，如设计和工艺无要求，不列本项费用。工作内容：溶解漂白粉、灌水、消毒、冲洗。

（二）阀门、水位标尺安装

在本部分定额中，螺纹阀门安装适用于各种内外螺纹连接的阀门安装。法兰阀门的安装适用于各种法兰阀门的安装，如仅为一侧法兰连接时，定额中的法兰、带帽螺栓及钢垫圈数量减半。各种法兰连接用垫片均按石棉橡胶板计算，如用其他材料，不做调整。

1. 阀门安装

各种阀门安装，均以"个"为计量单位计算。法兰阀门安装如仅为一侧法兰连接时，定额所列法兰、带帽螺栓及垫圈量减半，其余不变。各种法兰连接用垫片均按橡胶石棉板计算，如用其他材料，不作调整。

螺纹阀门安装定额适用于各种型号内外螺纹连接的阀门安装；法兰阀门安装定额适用于各种型号法兰阀门的安装。

单体安装的安全阀（包括调试定压）可按阀门安装相应定额乘以系数 2.0 计算。

2. 浮标液面计、水塔水池浮漂水位标尺制作安装

浮标液面计 FQ-Ⅱ型安装是按 N102-3《采暖通风国家标准图集》编制的，工作内容包括支架制作安装。液面计安装以"组"为单位计算。

水塔、水池浮漂水位标尺的制作安装，是按 S318《全国通用给水排水标准图集》编制的，水位差及盖土厚均采取综合考虑，执行定额时不作调整。

（三） 低压器具、水表组成与安装

减压器、疏水器组成与安装是按《采暖通风国家标准图集》N108 编制的，如实际组成与图集不同时，阀门和压力表数量可按实调整，其余不变。

① 减压器、疏水器组成安装，以"组"为计量单位。

减压器安装按高压侧的直径计算。减压器、疏水器单体安装，可套用相应阀门安装项目。

② 水表组成与安装分螺纹水表、焊接法兰水表，定额是按 S145《全国通用给水排水标准图集》编制的，水表安装以"组"为单位计算，定额中的旁通管和止回阀，如与设计规定的安装形式不同时，阀门和止回阀可按设计规定调整，其余不变。

旋翼式水表属螺纹水表，其他形式的螺纹水表也套用此定额。

（四） 卫生器具制作安装

卫生器具制作安装项目较多，定额按不同内容分 18 个定额节。所有卫生器具安装，均参照《全国通用给水排水标准图集》中有关标准计算的。

卫生器具组成安装，以"组"为计量单位。定额内已按标准图综合了卫生器具与给水管、排水管连接的人工与材料用量，无特殊要求，不得另行计算。

1. 浴盆安装

浴盆安装定额适用于搪瓷浴盆、玻璃钢浴盆、塑料浴盆三种类型的各种型号的浴盆安装，分冷水、冷热水、冷热水带喷头等几种形式，以"组"为单位计算。

浴盆安装范围分界点：给水（冷、热）水平管与支管交接处；排水管在存水弯处。如图 5-14 所示。

浴盆未计价材料包括：浴盆、冷热水嘴或冷热水嘴带喷头、排水配件。

浴盆的支架及四周侧面砌砖、粘贴的瓷砖，应按土建定额计算。

2. 洗脸盆、洗手盆安装

洗脸盆、洗手盆安装定额分钢管组成式洗脸盆、钢管冷热水洗脸盆及立式冷热水式开关、脚踏开关等洗脸盆安装。

安装范围分界点：给水水平管与支管交接处；排水管垂直方向计算到地面。如图 5-15 所示。

3. 洗涤盆安装

洗涤盆安装范围分界点如图 5-16 所示，划分方法同洗脸盆。安装工作包括：上下水管连接、试水、安装洗涤盆、盆托架，不包括地漏的安装。未计价材料包括：洗涤盆、开关及弯管。

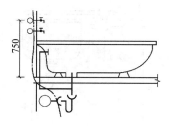

图 5-14　浴盆安装范围

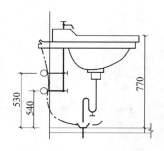

图 5-15　洗脸盆、洗手盆安装范围

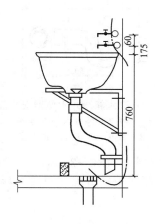

图 5-16　洗涤盆安装范围

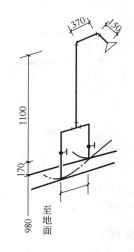

图 5-17　淋浴器安装范围

4. 淋浴器的安装

淋浴器组成安装定额分钢管组成（冷水、冷热水）及铜管制品（冷水、冷热水）安装子目。铜管制品定额适用于各种成品淋浴器的安装，分别以"组"为单位套用定额。

淋浴器安装范围划分点为支管与水平管交接处，如图 5-17 所示。

淋浴器组成安装定额中已包括截止阀、接头零件、给水管的安装，不得重复列项计算。定额未计价材料为莲蓬喷头或铜管成品淋浴器。

5. 大便器安装

定额分蹲式和坐式大便器安装，其中蹲式大便器安装分瓷高水箱大便器及不同冲洗方式大便器；坐式大便器分低水箱大便器、连体水箱大便器等共四种形式。

工程量计算：根据大便器形式、冲洗方式、接管种类不同，分别以"套"为单位计算。

① 蹲式普通冲洗阀大便器安装，如图 5-18 所示安装范围。给水以水平管与支管交接处，排水管以存水弯交接处为安装范围划分点。未计价材料只包括大便器 1 个。

② 手押阀冲洗和延时自闭式冲洗阀蹲式大便器安装，均以"套"计量。安装范围划分点同普通冲洗阀蹲式大便器。未计价材料包括：大便器 1 个、$DN25$ 手押阀 1 个或 $DN25$ 延时自闭式冲洗阀 1 个。

③ 高水箱蹲式大便器安装：以"套"计量，安装范围划分如图 5-19 所示。未计价材料：水箱及全部配件铜活 1 套，大便器 1 个。

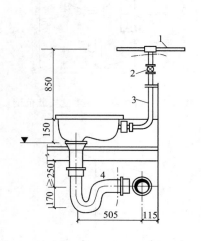

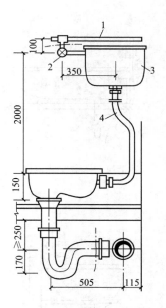

图 5-18　蹲式普通冲洗阀大便器安装范围
1—水平管；2—DN25 普通冲洗阀；
3—DN25 冲洗管；4—DN100 存水弯

图 5-19　高水箱蹲式大便器安装范围
1—水平管；2—DN15 进水阀；
3—水箱；4—DN25 冲洗管

④ 坐式低水箱大便器安装，以"套"计量，安装范围划分如图 5-20 所示。未计价材料包括：坐式便器及带盖、配件铜活 1 套；瓷质低水箱（或高水箱）带配件铜活 1 套。

6. 小便器安装

① 普通挂式小便器安装：以"套"计量。安装范围划分点：水平管与支管交接处，如图 5-21 所示。未计价材料：小便斗或铜活全套。

② 挂斗式自动冲洗水箱"两联"、"三联"小便器安装：以"套"计量。安装范围仍是水平管与支管交接处，如图 5-22 所示。未计价材料包括：小便斗 3 个；瓷质高水箱 1 套，或配件铜活全套。

③ 立式（落地式）及自动冲洗小便器安装：如图 5-23 所示，以"套"计量。未计价材料包括：小便器、瓷质高水箱、配件铜活全套。

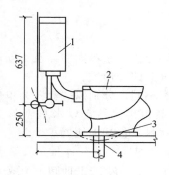

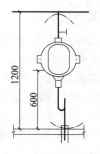

图 5-20　坐式低水箱大便器安装范围
1—水箱；2—坐式便器；3—油灰；
4—φ100 铸铁管

图 5-21　普通挂式小便器
安装范围

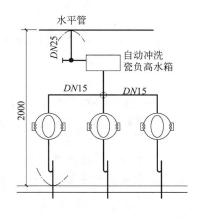

图 5-22　高水箱三联挂斗
式小便器安装

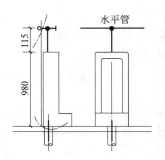

图 5-23　立式（落地式）及
自动冲洗小便器安装

小便器电感应自冲洗开关安装，以"套"计量，用第二册或第七册相关子目。

④ 小便槽冲洗管制作安装：分别计算工程量，如图5-24所示。多孔冲洗管按"m"计量，套用相应子目。控制阀门计算在管网阀门中，以"个"计量。地漏以"个"计量。

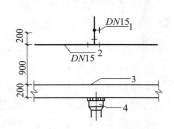

图 5-24　小便槽冲洗管制作安装
1—DN15 截止阀；2—DN15 多孔
冲洗管；3—小便槽踏步；4—地漏

7. 大便槽自动冲洗水箱安装及小便槽自动冲洗水箱安装

大便槽自动冲洗水箱及小便槽自动冲洗水箱安装定额按容量大小划分子目，定额基价中已包括便槽水箱托架、自动冲洗阀、冲洗管、进水嘴等，不应另行计算。如果水箱不是成品，应另行套用水箱制作定额。铁制水箱的制作可套用给排水部分第六章钢板水箱制作定额。

8. 水龙头安装

安装定额按不同公称直径划分子目。编制预算时水龙头按施工图说明的材质计算主材费。安装以"个"为单位计算，按不同直径套用定额。

9. 排水栓、地漏及地面扫除口安装

排水栓定额分带存水弯与不带存水弯两种形式，以"组"为单位计算。地漏及地面扫除口安装，均按公称直径划分子目，工程量按图示数量以"个"为单位计算。

主材排水栓（带链堵）、地漏、地面扫除口均为未计价材料，应按定额含量另行计算。

地漏材质和形式较多，有铸铁水封地漏、花板地漏（带存水弯）等，均套用同一种定额，但主材费应按设计型号分别计算。地漏安装定额子目中综合了每个地漏 0.1m 焊接管，定额已综合考虑，实际有出入也不得调整。

10. 开水炉、电热水器、电开水炉的安装

开水炉、电热水器、电开水炉区分不同的规格型号以"台"为单位计算，并套用定额。

开水炉安装定额内已按标准图计算了其中的附件，但不包括安全阀安装。开水炉本体保温、刷油和基础的砌筑，应另套用相应的定额项目。

电热水器、电开水炉安装定额考虑了本体的安装，定额内不包括其连接管、管件等安装，应另套相应的安装子目。

（五） 供暖器具安装

本部分定额是参照 1993 年《全国通用暖通空调标准图集》T19N112 "采暖系统及散热器安装"编制的。

1. 铸铁散热器组成安装

铸铁散热器有翼型、M132 型、柱型等几种型号。柱型散热器可以单片拆装。柱型散热器为挂装时，可套用 M132 型安装定额。柱型和 M132 型散热器安装需用拉条时，拉条另行计算。

翼型散热器分长翼型和圆翼型两种。长翼型和大部分 M132 型、柱型散热器都是用对丝组对起来的。圆翼型散热器是通过自身的法兰组对在一起的，它可以水平安装，也可以垂直安装，或将两根连接合成。

铸铁散热器项目里的栽钩子已包括打堵洞眼的工作内容。

2. 光排管散热器制作安装

光排管散热器是用普通钢管制作的，按结构连接和输送介质的不同，分为 A 型和 B 型。

光排管散热器制作安装，应区别不同的公称直径以 "m" 为单位计算并套用相应定额。定额单位每 10m 是指光排管的长度，联管作为材料已列入定额，不得重复计算。

3. 钢制闭式、板式、壁式、柱式散热器安装

钢制闭式散热器以 "片" 为单位计算工程量，并按不同型号套用相应定额。定额中散热器型号标注是高×长，对于宽度尺寸未做要求。

钢制壁、板式散热器以 "组" 为单位计算工程量并套用定额。

各类散热器安装定额中已计算了托钩本身的价格，如定额主材价格中不包括托钩者，托钩价格另计。

各种类型散热器不分明装或暗装，均按类型分别套用定额。

暖气片安装定额中没有包括其两端阀门，可以按其规格另套用阀门安装定额的相应项目。

钢制柱式散热器在出厂时是组装成组的合格产品，安装时不再考虑损耗。

4. 暖风机安装

暖风机根据重量的不同以 "台" 为单位计算工程量，套用相应的定额。其中，钢支架的制作安装以 "t" 为单位另套定额；与暖风机相连的钢管、阀门、疏水器应另列项计算。

（六） 小型容器制作安装

小型容器制作安装定额包括钢板水箱制作、钢板水箱安装两大类。

小型容器制作安装是参照 S151、S342《全国通用给水标准图集》及 T905、T906《全国通用采暖通风标准图集》编制的，适用于给排水、采暖系统中一般低压钢容器的制作安装。

① 钢板水箱制作，按施工图纸所示尺寸，不扣除接管口和人孔，包括接口短管和法兰的质量，以 "kg" 为计量单位。法兰和短管按成品价另计材料费。

② 各种水箱的安装以 "个" 为计量单位，按水箱容量 "m³" 套用相应子目。

③ 各种水箱连接管，均未包括在定额基价内，应按室内管道安装的相应项目执行。

④ 各类水箱均未包括支架制作安装。支架如为型钢，则按给排水部分 "一般管道支架"项目执行；若为混凝土或砖支架，则按土建相应项目执行。

⑤ 水位计、内外人梯均未包括在定额内，发生时，可另行计算。

⑥ 水箱制作不包括除锈与涂料，必须另列项计算。水箱内刷樟丹漆两遍，外部刷樟丹

漆一遍、调和漆两遍，按定额第十一册执行。

（七）民用燃气管道附件、器具安装

1. 适用范围

根据定额总说明规定：本部分定额适用于民用生活燃气管道，不适用于工业（生产）燃气管道。工业燃气管道应执行第六册《工业管道工程》定额，城市内配气管路执行市政工程定额。定额包括低压镀锌钢管、铸铁管、管道附件、器具安装。

2. 室内外管道的分界

① 地下引入室内的管道以室内第一个阀门为界。

② 地上引入室内的管道以墙外三通为界。

3. 工程量计算

（1）燃气管道安装　按管材、直径和连接方式的不同，均按图示长度不扣除管件和阀门所占长度，以"10m"为单位计算。计算工程量时应注意以下问题。

① 定额中管道安装包括了气压试验，不得另计。

② 室内燃气管道安装定额中已包括钢管卡，不得另计。

③ 燃气管道用阀门抹密封油、研磨，已包括在管道安装定额中，不得另计。

④ 燃气用具安装已考虑了与用具前阀门连接的短管，不得重复计算。

⑤ 室内外燃气管道安装定额已包括管件安装与管件本身价值，不得另行计算。

⑥ 承插铸铁管安装的接头零件本身价值，应按设计用量另行计算。

⑦ 燃气钢管焊接定额，适用焊接钢管和无缝钢管。

⑧ 室外管道所有带气碰头，定额内不包括，应另行计算。

⑨ 各种管道安装定额包括下列工作内容：场内搬运，检查清扫，分段试压；管件制作（包括机械煨弯、三通）；室内托钩角钢卡制作与安装。

（2）各种附件安装　按公称直径不同，分别以"个"为单位计算。

（3）燃气表、燃气加热设备、灶具等安装　以"台"计算。燃气表安装，不包括表托、支架、表底基础。燃气加热器具只包括器具与燃气管终端阀门连接，其他执行相应定额。

（4）煤气工程中的土方工程、井池砌筑等项目　另行计算，执行地方建筑工程定额。

4. 有关说明

（1）民用燃气安装工程预算的编制方法、步骤、取费规定　与给排水工程相同。

（2）额外收费　由于燃气工程属城市基础设施重要内容之一，受气源、市政规划、供气管理等限制，目前各地都有一些额外收费规定，而且对安装管材提出条件。因此，编制燃气工程概、预算时，应以正式文件和协议为依据，补充这些费用。

（3）另行计算的项目　编制预算时，下列项目应另行计算。

① 阀门安装，按本部分定额相应项目另行计算。法兰安装，按本部分定额相应项目另行计算（调长器安装、调长器与阀门联装、燃气计量表安装除外）。

② 穿墙套管：铁皮管按本部分定额相应项目计算；内墙用钢套管按本部分室外钢管焊接定额相应项目计算；外墙钢套管按第六册《工业管道工程》定额相应项目计算。

③ 埋地管道的土方工程及排水工程，执行本地区相应预算定额。

④ 非同步施工的室内管道安装的打、堵洞眼，执行相应定额。

⑤ 室外管道所有带气碰头。

⑥ 承插煤气铸铁管以 N1 和 X 型接口形式编制的，如果采用 N 型和 SMJ 型接口时，其人工乘系数 1.05，当安装 X 型、$\phi 400$ 铸铁管接口时，每个口增加螺栓 2.06 套，人工乘系数 1.08。燃气输送压力大于 0.2MPa 时，承插煤气铸铁管安装定额中人工乘以系数 1.3。

燃气输送压力（表压）分级见表 5-4。

表 5-4　燃气输送压力（表压）分级

名　　称	低压燃气管道	中压燃气管道		高压燃气管道	
		B	A	B	A
压力/MPa	$p \leqslant 0.005$	$0.005 < p \leqslant 0.2$	$0.2 < p \leqslant 0.4$	$0.4 < p \leqslant 0.8$	$0.8 < p \leqslant 1.6$

二、使用定额应注意的问题

（一）子目系数

① 设置于管道间、管廊内的管道、阀门、法兰、支架安装，人工乘以系数 1.3。

② 主体结构为现场浇注采用钢模施工的工程，内外浇注的人工乘以系数 1.05，内浇外砌的人工乘以系数 1.03。

（二）主要材料损耗率（见表 5-5）

表 5-5　主要材料损耗率

序号	名　　称	损耗率/%	序号	名　　称	损耗率/%
1	室外钢管（丝接、焊接）	1.5	20	脸盆架	1.0
2	室内钢管（丝接）	2.0	21	浴盆排水配件	1.0
3	室内钢管（焊接）	2.0	22	浴盆水嘴	1.0
4	室内煤气用钢管（丝接）	2.0	23	普通水嘴	1.0
5	室外排水铸铁管	3.0	24	丝扣阀门	1.0
6	室内排水铸铁管	7.0	25	化验盆	1.0
7	室内塑料管	2.0	26	大便器	1.0
8	铸铁散热器	1.0	27	瓷高低水箱	1.0
9	光排管散热器制作用钢管	3.0	28	存水弯	0.5
10	散热器对丝及托钩	5.0	29	小便器	1.0
11	散热器补芯	4.0	30	小便槽冲洗管	2.0
12	散热器丝堵	4.0	31	喷水鸭嘴	1.0
13	散热器胶垫	10.0	32	立式小便器配件	1.0
14	净身盆	1.0	33	水箱进水嘴	1.0
15	洗脸盆	1.0	34	高低水箱配件	1.0
16	洗手盆	1.0	35	冲洗管配件	1.0
17	洗涤盆	1.0	36	钢管接头零件	1.0
18	立式洗脸盆铜活	1.0	37	型钢	5.0
19	理发用洗脸盆铜活	1.0	38	单管卡子	5.0

第三节　工程量清单编制与计价

一、管道安装

（一）清单项目设置

管道及其管道支架工程量清单项目设置分别见表 5-6、表 5-7。

表 5-6　管道安装工程量清单项目设置

项目编码	项目名称	项目特征	计量单位	工程量计算规则	工作内容
031001001	镀锌钢管	1. 安装部位； 2. 介质； 3. 规格、压力等级； 4. 连接形式； 5. 压力试验及吹、洗设计要求； 6. 警示带形式			1. 管道安装； 2. 管件制作安装； 3. 压力试验； 4. 吹扫、冲洗； 5. 警示带铺设
031001002	钢管				
031001003	不锈钢管				
031001004	铜管				
031001005	铸铁管	1. 安装部位； 2. 介质； 3. 材质、规格； 4. 连接形式； 5. 接口材料； 6. 压力试验及吹、洗设计要求； 7. 警示带形式			1. 管道安装； 2. 管件安装； 3. 压力试验； 4. 吹扫、冲洗； 5. 警示带铺设
031001006	塑料管	1. 安装部位； 2. 介质； 3. 材质、规格； 4. 连接形式； 5. 阻火圈设计要求； 6. 压力试验及吹、洗设计要求； 7. 警示带形式	m	按设计图示管道中心线以长度计算	1. 管道安装； 2. 管件安装； 3. 塑料卡固定； 4. 阻火圈安装； 5. 压力试验； 6. 吹扫、冲洗； 7. 警示带铺设
031001007	复合管	1. 安装部位； 2. 介质； 3. 材质、规格； 4. 连接形式； 5. 压力试验及吹、洗设计要求； 6. 警示带形式			1. 管道安装； 2. 管件安装； 3. 塑料卡固定； 4. 压力试验； 5. 吹扫、冲洗； 6. 警示带铺设
031001008	直埋式预制保温管	1. 埋设深度； 2. 介质； 3. 管道材质、规格； 4. 连接形式； 5. 接口保温材料； 6. 压力试验及吹、洗设计要求； 7. 警示带形式			1. 管道安装； 2. 管件安装； 3. 接口保温； 4. 压力试验； 5. 吹扫、冲洗； 6. 警示带铺设
031001009	承插陶瓷缸瓦管	1. 埋设深度； 2. 规格； 3. 接口方式及材料； 4. 压力试验及吹、洗设计要求； 5. 警示带形式	m	按设计图示管道中心线以长度计算	1. 管道安装； 2. 管件安装； 3. 压力试验； 4. 吹扫、冲洗； 5. 警示带铺设
031001010	承插水泥管				
031001011	室外管道碰头	1. 介质； 2. 碰头形式； 3. 材质、规格； 4. 连接形式； 5. 防腐、绝热设计要求	处	按设计图示以处计算	1. 挖填工作坑或暖气沟拆除及修复； 2. 碰头； 3. 接口处防腐； 4. 接口处绝热及保护层

（二）清单设置说明

（1）安装部位指管道是安装在室内还是室外。

（2）输送介质包括给水、排水、中水、雨水、热媒体、燃气、空调水等。

（3）方形补偿器制作安装应含在管道安装综合单价中，不另外列项计算。

（4）铸铁管安装适用于承插铸铁管、球墨铸铁管、柔性抗震铸铁管等。

（5）塑料管安装适用于 UPVC、PVC、PP-C、PR-R、PE、PB 管等塑料管材。

（6）复合管安装适用于钢塑复合管、铝塑复合管、钢骨架复合管等复合型管道安装。

（7）直埋保温管包括直埋保温管件安装及接口保温。

（8）排水管道安装包括立管检查口、透气帽。

（9）室外管道碰头：①适用于新建或扩建工程热源、水源、气源管道与原（旧）有管道碰头；②室外管道碰头包括挖工作坑、土方回填或暖气沟局部拆除及修复；③带介质管道碰头包括开关闸、临时放水管线铺设等费用；④热源管道碰头每处包括供、回水两个接口；⑤碰头形式指带介质碰头、不带介质碰头。

（10）管道工程量计算不扣除阀门、管件（包括减压器、疏水器、水表、伸缩器等组成安装）及附属构筑物所占长度；方形补偿器以其所占长度列入管道安装工程量。

（11）压力试验按设计要求描述试验方法，如水压试验、气压试验、泄漏性试验、闭水试验、通球试验、真空试验等。

（12）吹、洗按设计要求描述吹扫、冲洗方法，如水冲洗、消毒冲洗、空气吹扫等。

（13）室外给排水管沟土石方清单工程量执行《房屋建筑与装饰工程工程量清单计算规范》。

二、管道及设备支架

（一）清单项目设置

管道及设备支架工程量清单项目设置见表 5-7。

表 5-7　管道及设备支架工程量清单项目设置

项目编码	项目名称	项目特征	计量单位	工程量计算规则	工作内容
031002001	管道支架	1. 材质； 2. 架形式	1. kg； 2. 套	1. 以千克计量,按设计图示质量计算； 2. 以套计量,按设计图示数量计算	1. 制作； 2. 安装
031002002	设备支架	1. 材质； 2. 形式			
031002003	套管	1. 名称、类型； 2. 材质； 3. 规格； 4. 填料材质	个	按设计图示数量计算	1. 制作； 2. 安装； 3. 刷油

（二）清单设置说明

（1）单件支架质量 100kg 以上的管道支吊架执行设备支吊架制作安装。

（2）成品支架安装执行相应管道支架或设备支架项目，不再计取制作费，支架本身价值含在综合单价中。

（3）套管制作安装适用于穿基础、墙、楼板等部位的防水套管、填料套管、无填料套管及防火套管等，应分别列项。

三、管道附件

（一）清单项目设置

表 5-8 所示为部分管道附件安装工程量清单项目设置。

表 5-8　管道附件安装工程量清单项目设置

项目编码	项目名称	项目特征	计量单位	工程量计算规则	工作内容
031003001	螺纹阀门	1. 类型； 2. 材质； 3. 规格、压力等级； 4. 连接形式； 5. 焊接方法	个	按设计图示数量计算	1. 安装； 2. 电气接线； 3. 调试
031003002	螺纹法兰阀门				
031003003	焊接法兰阀门				
031003004	带短管甲乙的法兰阀	1. 材质； 2. 规格、压力等级； 3. 连接形式； 4. 接口方式及形式			
031003005	塑料阀门	1. 规格； 2. 连接形式			1. 安装； 2. 调试
031003006	减压器	1. 材质； 2. 规格、压力等级； 3. 连接形式； 4. 附件配置	组		组装
031003007	疏水器				
031003008	除污器（过滤器）	1. 材质； 2. 规格、压力等级； 3. 连接形式			安装
031003009	补偿器	1. 类型； 2. 材质； 3. 规格、压力等级； 4. 连接形式	个		安装
031003010	软接头（软管）	1. 材质； 2. 规格； 3. 连接形式	个（组）		
031003011	法兰	1. 材质； 2. 规格、压力等级； 3. 连接形式	副（片）		安装
031003012	倒流防止器	1. 材质； 2. 型号、规格； 3. 连接形式	套		
030803013	水表	1. 安装部位（室内外）； 2. 型号、规格； 3. 连接形式； 4. 附件配置	组（个）		组装
031003014	热量表	1. 类型； 2. 型号、规格； 3. 连接形式	块		安装

（二）清单设置说明

（1）法兰阀门安装包括法兰连接，不得另计。阀门安装如仅为一侧法兰连接时，应在项目特征中描述。

（2）塑料阀门连接形式需注明热熔连接、粘接、热风焊接等方式。

（3）减压器规格按高压侧管道规格描述。

（4）减压器、疏水器、倒流防止器等项目包括组成与安装工作内容，项目特征应根据设计要求描述附件配置情况，或根据相关图集或施工图做法描述。

（5）阀门安装中的电气接线是指自动控制阀门的驱动装置的接线。

（6）补偿器按设计图示数量计算，但方形伸缩器的两臂按臂长的两倍合并在管道安装长度内计算。

四、卫生器具

（一）清单项目设置

卫生器具工程量清单项目设置见表 5-9。

表 5-9　部分卫生器具工程量清单项目设置

项目编码	项目名称	项目特征	计量单位	工程量计算规则	工作内容
031003001	浴盆	1. 材质； 2. 规格、类型； 3. 组装形式； 4. 附件名称、数量	组	按设计图示数量计算	1. 器具安装； 2. 附件安装
031003002	净身盆				
031003003	洗脸盆				
030804004	洗涤盆				
031003005	化验盆				
031003006	大便器				
031003007	小便器				
031003008	其他成品卫生器具				
031003009	烘手器	1. 材质； 2. 型号、规格	个		安装
031003010	沐浴器	1. 材质、规格； 2. 组装形式； 3. 附件名称、数量	套	按设计图示数量计算	1. 器具安装； 2. 附件安装
031003011	淋浴间				
031003012	桑拿浴房				
031003013	大小便自动冲洗水箱	1. 材质、类型； 2. 规格； 3. 水箱配件； 4. 支架形式及做法； 5. 器具及支架除锈、刷油设计要求	套		1. 制作； 2. 安装； 3. 支架制作、安装； 4. 除锈、刷油
031003014	给、排水附（配）件	1. 材质； 2. 型号、规格； 3. 安装方式	个（组）		安装
031003015	小便槽冲洗管	1. 材质； 2. 规格	m	按设计图示长度计算	安装

（二）清单设置说明

（1）成品卫生器具项目中的附件安装，主要指给水附件包括水嘴、阀门、喷头等，排水配件包括存水弯、排水栓、下水口等以及配备的连接管。以组（套）为计量单位的成品卫生器具，安装范围内的附件不再另行计价。

（2）浴缸支座和浴缸周边的砌砖、瓷砖粘贴，应按现行国家标准《房屋建筑与装饰工程工程量计算规范》GB50854 相关项自编码列项；功能性浴缸不含电机接线和调试，应按《通用安装工程工程量清单计算规范》中的电气设备安装工程相关项目编码列项。

（3）洗脸盆适用于洗脸盆、洗发盆、洗手盆安装。

（4）器具安装中若采用混凝土或砖基础，应按现行国家标准《房屋建筑与装饰工程工程量计算规范》GB50854 相关项目编码列项。

（5）给、排水附（配）件是指独立安装的水嘴、地漏、地面扫出口等。这点要与成套卫生器具的安装中的附件相区别。

（6）浴盆的材质指搪瓷、铸铁、玻璃钢、塑料，规格指1400、1650、1800，组装形式指冷水、冷热水、冷热水带喷头。

（7）洗脸盆的型号指立式、台式、普通式，组装形式指冷水、冷热水，开关种类指肘式、脚踏式。

（8）淋浴器的组装形式指钢管组成、铜管成品。

五、供暖器具安装及采暖、空调水系统调试

（一）清单项目设置

供暖器具安装工程量清单项目设置见表5-10。采暖、空调水系统调试工程量清单项目设置见表5-11。

表 5-10　供暖器具安装工程量清单项目设置

项目编码	项目名称	项目特征	计量单位	工程量计算规则	工作内容
031005001	铸铁散热器	1. 型号、规格； 2. 安装方式； 3. 托架形式； 4. 器具、托架除锈、刷油设计要求	片（组）	按设计图示数量计算	1. 组对、安装； 2. 水压试验； 3. 托架制作、安装； 4. 除锈、刷油
031005002	钢制散热器	1. 结构形式； 2. 型号、规格； 3. 安装方式； 4. 托架刷油设计要求	组（片）		1. 安装； 2. 托架安装； 3. 托架刷油
031005003	其他成品散热器	1. 材质、类型； 2. 型号、规格； 3. 托架刷油设计要求			
031005004	光排管散热器	1. 材质、类型； 2. 型号、规格； 3. 托架形式及做法； 4. 器具、托架除锈、刷油设计要求	m	按设计图示排管长度计算	1. 制作、安装； 2. 水压试验； 3. 除锈、刷油
031005005	暖风机	1. 质量； 2. 型号、规格； 3. 安装方式	台	按设计图示数量计算	安装
031005006	地板辐射采暖	1. 保温层材质、厚度； 2. 钢丝网设计要求； 3. 管道材质、规格； 4. 压力试验及吹扫设计要求	1. m²； 2. m	1. 以平方米计量，按设计图示采暖房间净面积计算； 2. 以米计量，按设计图示管道长度计算	1. 保温层及钢丝网铺设； 2. 管道排布、绑扎、固定； 3. 与分水器连接； 4. 水压试验、冲洗； 5. 配合地面浇注
031005007	热媒集配装置	1. 材质； 2. 规格； 3. 附件名称、规格、数量	台	按设计图示数量计算	1. 制作； 2. 安装； 3. 附件安装
031005008	集气罐	1. 材质； 2. 规格	个		1. 制作； 2. 安装

表 5-11　采暖、空调水系统调试工程量清单项目设置

项目编码	项目名称	项目特征	计量单位	工程量计算规则	工作内容
031009001	采暖工程系统调试	1. 系统形式； 2. 采暖（空调水）管道工程量	系统	按采暖工程系统计算	系统调试
031009002	空调水工程系统调试			按空调水工程系统计算	

（二）清单设置说明

（1）铸铁散热器包括拉条制作安装；

（2）钢制散热器结构形式包括钢制闭式、板式、壁板式、扁管式及柱式散热器等，应分别列项计算。

（3）光排管散热器包括联管制作安装。

（4）地板辐射采暖包括与分集水器连接和配合地面浇注施工。

（5）采暖工程系统由采暖管道、阀门及供暖器具组成的一个完整系统。

（6）空调水工程系统由空调水管道、阀门及冷水机组组成的一个完整系统。

（7）当采暖工程系统、空调水工程系统中管道工程量发生变化时，系统调试费用应作相应调整。

六、采暖、给水设备

（一）清单项目设置

采暖、给水设备工程量清单项目设置见表 5-12。

（二）清单设置说明

（1）变频给水设备、稳压给水设备、无负压给水设备安装说明：

① 压力容器包括气压罐、稳压罐、无负压罐；

② 水泵包括主泵及备用泵，应注明数量；

③ 附件包括给水装置中配备的阀门、仪表、软接头，应注明数量，含设备、附件之间管路连接；

④ 泵组底座安装，不包括基础砌（浇）筑，应按现行国家标准《房屋建筑与装饰工程工程量计算规范》（GB50854）相关项目编码列项；

⑤ 控制柜安装及电气接线、调试应按《通用安装工程工程量清单计算规范》附录 D "电气设备安装工程"相关项目编码列项。

（2）地源热泵机组，接管以及接管上的阀门、软接头、减震装置和基础另行计算，应按相关项目编码列项。

七、燃气器具及其他项目

（一）清单项目设置

燃气器具及其他项目工程量清单项目设置见表 5-13。

（二）清单设置说明

（1）沸水器、消毒器适用于容积式沸水器、自动沸水器、燃气消毒器等。

表 5-12　采暖、给水设备工程量清单项目设置

项目编码	项目名称	项目特征	计量单位	工程量计算规则	工作内容
031006001	变频给水设备	1. 设备名称； 2. 型号、规格； 3. 水泵主要技术参数； 4. 附件名称、规格、数量； 5. 减震装置形式	套	按设计图示数量计算	1. 设备安装； 2. 附件安装； 3. 调试； 4. 减震装置制作、安装
031006002	稳压给水设备				
031006003	无负压给水设备				
031006004	气压罐	1. 型号、规格； 2. 安装方式	台		1. 安装； 2. 调试
031006005	太阳能集热装置	1. 型号、规格； 2. 安装方式； 3. 附件名称、规格、数量	套		1. 安装； 2. 附件安装
031006006	地源（水源、气源）热泵机组	1. 型号、规格； 2. 安装方式； 3. 减震装置形式	组		1. 安装； 2. 减震装置制作、安装
031006007	除砂器	1. 型号、规格； 2. 安装方式	台		安装
031006008	水处理器	1. 类型； 2. 型号、规格			安装
031006009	超声波灭藻设备				
031006010	水质净化器				
031006011	紫外线杀菌设备	1. 名称； 2. 规格			
031006012	热水器、开水炉	1. 能源种类； 2. 型号、容积； 3. 安装方式			1. 安装； 2. 附件安装
031006013	消毒器、消毒锅	1. 类型； 2. 型号、规格			安装
031006014	直饮水设备	1. 名称； 2. 规格	套		安装
031006015	水箱	1. 材质、类型； 2. 型号、规格	台		1. 制作； 2. 安装

（2）燃气灶具适用于人工煤气灶具、液化石油气灶具、天然气燃气灶具等，用途应描述民用或公用，类型应描述所采用气源。

（3）调压箱、调压装置安装部位应区分室内、室外。

（4）引入口砌筑形式应注明地上、地下。

八、清单项目设置应注意的问题

（1）对于管沟土石方、垫层、基础、砌筑抹灰、地沟盖板、土石方回填、土石方运输等工程内容，按《房屋建筑与装饰工程工程量计算规范》相关项目编制工程量清单；路面开挖及修复、管道支墩、井砌筑等工程内容，应按《市政工程工程量计算规范》相关项目编制工程量清单。

（2）管道热处理、无损探伤，应按《通用安装工程工程量清单计算规范》附录 H "工业管道工程"相关项目编码列项。

（3）医疗气体管道及附件，应按《通用安装工程工程量清单计算规范》附录 H "工业管道工程"相关项目编码列项。

表 5-13　燃气器具及其他工程清单项目设置

项目编码	项目名称	项目特征	计量单位	工程量计算规则	工作内容
031007001	燃气开水炉	1. 型号、容量; 2. 安装方式; 3. 附件型号、规格	台		1. 安装; 2. 附件安装
031007002	燃气采暖炉				
031007003	燃气沸水炉、消毒器	1. 类型; 2. 型号、容量; 3. 安装方式; 4. 附件型号、规格			
031007004	燃气热水器				
031007005	燃气表	1. 类型; 2. 型号、规格; 3. 连接方式; 4. 托架设计要求	块(台)		1. 安装; 2. 托架制作、安装
031007006	燃气灶具	1. 用途; 2. 类型; 3. 型号、规格; 4. 安装方式; 5. 附件型号、规格	台	按设计图示 数量计算	1. 安装; 2. 附件安装
031007007	气嘴	1. 单嘴、双嘴; 2. 材质; 3. 型号、规格; 4. 连接形式	个		
031007008	调压器	1. 类型; 2. 型号、规格; 3. 安装方式	台		安装
031007009	燃气抽水缸	1. 材质; 2. 规格; 3. 连接形式	个		
031007010	燃气管道调长器	1. 规格; 2. 压力等级; 3. 连接形式			
031007011	调压箱、调压装置	1. 类型; 2. 型号、规格; 3. 安装部位	台		
031007012	引入口砌筑	1. 砌筑形式、材质; 2. 保温、保护材料设计要求	处		1. 保温(保护)台砌筑; 2. 填充保温(保护)材料

(4) 管道、设备及支架除锈、刷油、保温除注明者外,应按《通用安装工程工程量清单计算规范》附录 M"刷油、防腐蚀、绝热工程"相关项目编码列项。

(5) 凿槽(沟)、打洞项目,应按《通用安装工程工程量清单计算规范》附录 D"电气设备安装工程"相关项目编码列项。

(6) 给排水、采暖工程可能发生的措施项目有:临时设施、安全施工、文明施工、二次搬运、已完工程及设备保护费、脚手架搭拆费。措施项目清单应单独编制,投标人计价时根据实际情况列项计算。

第四节　室内给、排水安装工程造价计价实例

广州市某学校学生宿舍楼给、排水工程。

生活给水管采用钢塑复合给水管；公称直径≤DN100 时采用丝扣连接，公称直径＞DN100 时采用法兰连接。排水管管径≤DN150 时采用聚氯乙烯塑料管（UPVC），黏性连接；＞DN150 时采用混凝土管，承插接口。

给水管管道标高为中心线，排水管管道标高为管内底，立管检查口离地面 1.0m。

一、室内给、排水安装工程施工图

对于民用建筑室内给、排水安装工程来说，其施工图主要包括图纸目录、设计说明、图例、设备材料表、给水系统图、排水系统图及各层给排水平面图等，对于管路较复杂的卫生间还应有局部放大图。

由于建筑给、排水安装工程施工图一般不包括剖面图，因此，在给、排水系统图上必须注明标高，工程量计算时可以利用这些标高信息进行垂直管段长度的计算。应说明的是系统图上的水平管段尺寸不能作为工程量计算依据，要计算水平管段长度必须在相关平面图上获取信息。

本例所使用的施工图纸见图 5-25～图 5-30。

名　称	图　例	名　称	图　例
给水管		淋浴器	
排水管		洗脸盆	
雨水排水管	YL-1	水龙头	
粪便污水排水管	FL-1	地漏	
废水排水管	WL-1	雨水口	
通气管	TL-1	S形存水弯	
闸阀		通风帽	
球阀		检查口	
水表		清扫口	
水表井		P形存水弯	
小便器		化粪池	N号
蹲便器			

图 5-25　图例

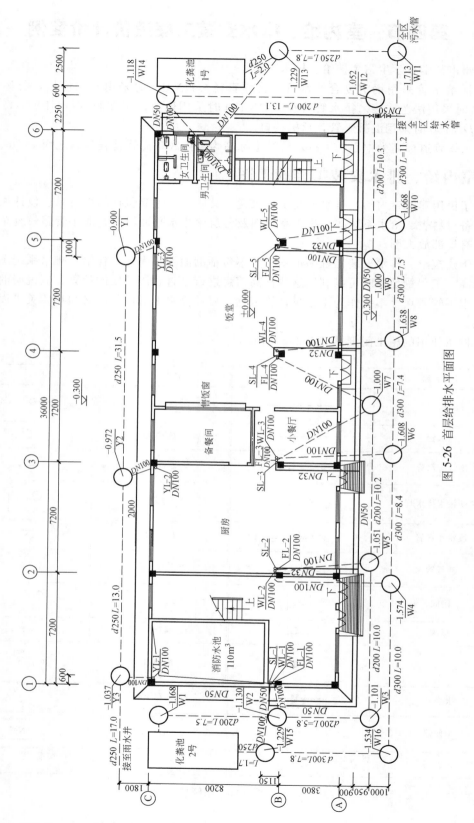

图 5-26 首层给排水平面图

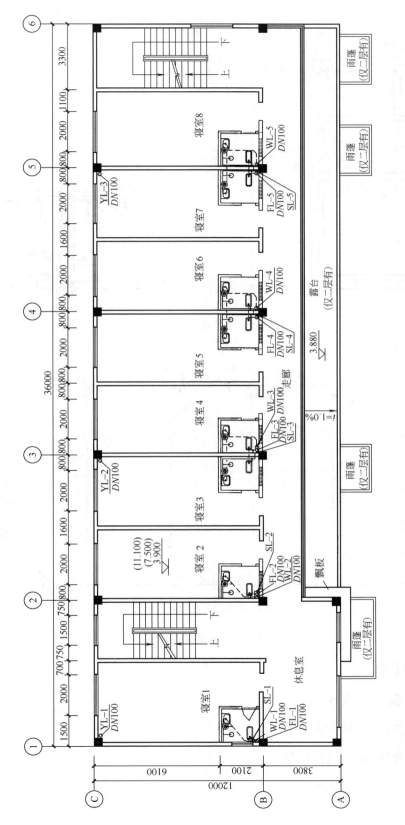

图 5-27 二~四层给排水平面图

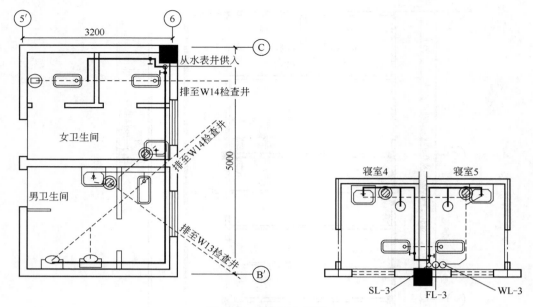

图 5-28　卫生间大样图

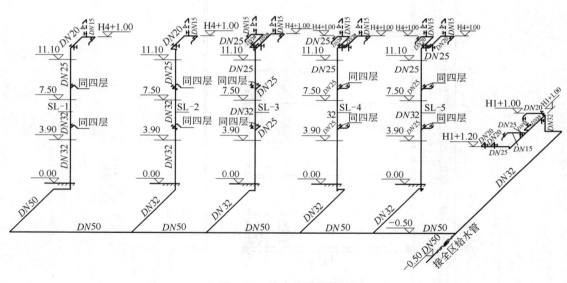

图 5-29　给水管道系统图

二、工程量计算

1. 工程量计算表（见表 5-14）

2. 工程量汇总表（见表 5-15）

三、工程造价定额计算方法

　　表 5-16～表 5-25 是工程预算书的格式。

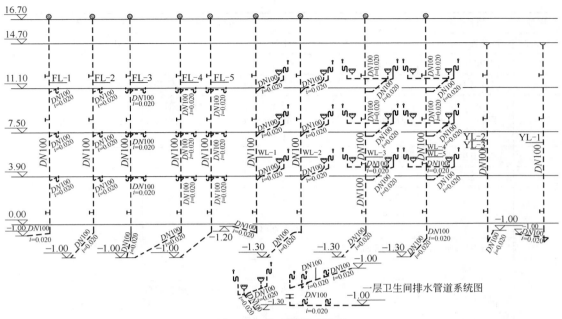

一层卫生间排水管道系统图

图 5-30　排水管道系统图

表 5-14　工程量计算表

序号	项目名称	规格型号	计算方法及说明	单位	数量	备注
			给水系统			
一	进户管部分					
(一)	水表组			组	1	
(二)	管道	$DN50$		m	0.5	
二	至寝室给水系统					
(一)	给水主干管	$DN50$		m	38.3	
(二)	SL-1 系统					
1	干管	$DN32$	水平(5.5+1.4)m+立管[顶标高(11.1+1)m－底标高(−0.5)m]+入户阀前水平管 0.15m	m	19.65	
2	室内卫生间部分(每一层)					
2.1	管道					
2.1.1	入户阀至大便器水平管	$DN25$	0.15m	m	0.15	
2.1.2	大便器至淋浴器水平管	$DN20$	(1.3+0.3)m	m	1.6	
2.1.3	淋浴器至洗脸盆水平管	$DN15$	0.8m	m	0.8	
2.2	卫生器具					
2.2.1	大便器	手押延时阀蹲式大便器	1个	个	1	
2.2.2	淋浴器	钢管冷水淋浴器	1套	套	1	

序号	项目名称	规格型号	计算方法及说明	单位	数量	备注
2.2.3	洗脸盆	不锈钢水龙头	1只	只	1	
2.3	阀门	进户阀 DN25		个	1	
（三）	SL-2 系统					
1	干管	DN32	水平 5.2m＋立管[顶标高(11.1＋1)m－底标高(－0.5)m]＋入户阀前水平管 0.15m	m	17.95	
2	室内卫生间部分(每一层)同 SL-1 系统					
（四）	SL-3 系统					
1	干管	DN32	水平(5.2＋0.5)m＋立管[顶标高(11.1＋1)m－底标高(－0.5)m]＋入户阀前水平管 0.15m	m	18.45	
2	室内卫生间部分(每一层)同 SL-1 系统					
（五）	SL-4 系统					
1	干管	DN32	水平(5.2＋0.53)m＋立管[顶标高(11.1＋1)m－底标高(－0.5)m]＋入户阀前水平管 0.15m	m	18.48	
2	室内卫生间部分(每一层)同 SL-1 系统					
（六）	SL-5 系统					
1	干管	DN32	水平管(5.2＋0.34)m＋立管[顶标高(11.1＋1)m－底标高(－0.5)m]＋入户阀前水平管 0.15m	m	18.29	
2	室内卫生间部分(每一层)同 SL-1 系统					
三	至一层卫生间给水系统					
（一）	干管	DN32	水平管（12.7＋1.4）m＋立管[顶标高 1m－底标高(－0.5)m]	m	15.6	
（二）	男卫生间					
1	接左侧大便器管	DN20	(0.2＋0.2＋1.4＋0.5)m	m	2.3	
2	接洗脸盆管	DN25	2m	m	2	
		DN15	0.2m	m	0.2	
（三）	女卫生间					
1	接洗脸盆管	DN25	0.44m	m	0.44	
		DN15	1.1m	m	1.1	
2	接小便斗管	DN20	(2＋1.6)m	m	3.6	
		DN15	0.8m	m	0.8	
（四）	大便器	手押延时阀蹲式大便器	男卫 1个＋女卫 2个	个	3	
（五）	小便斗		男卫 2个	个	2	
（六）	洗脸盆	不锈钢水龙头	男卫 1只＋女卫 1只	只	2	
（七）	阀门	DN20	女卫 1个	个	1	
		DN32	男卫 1个	个	1	

序号	项目名称	规格型号	计算方法及说明	单位	数量	备注
			排水系统			
一	FL-1 系统					
	管道	DN100	检查井至立管 1.6m＋立管[管顶标高 16.7m－管底标高（－1）m]＋支管 0.4m×3 层	m	20.5	
二	FL-2 系统					
	管道	DN100	检查井至立管 5.4m＋立管[管顶标高 16.7m－管底标高（－1）m]＋支管 0.4m×3 层	m	24.3	
三	FL-3 系统					
	管道	DN100	检查井至立管 6.4m＋立管[管顶标高 16.7m－管底标高（－1）m]＋支管(0.76＋0.38)m×3 层	m	27.52	
四	FL-4 系统					
	管道	DN100	检查井至立管 6.1m＋立管[管顶标高 16.7m－管底标高（－1）m]＋支管(0.76＋0.38)m×3 层	m	27.22	
五	FL-5 系统					
	管道	DN100	检查井至立管 5.4m＋立管[管顶标高 16.7m－管底标高（－1）m]＋支管(0.76＋0.38)m×3 层	m	26.52	
六	WL-1 系统					
1	管道	DN100	检查井至立管 3.8m＋立管[管顶标高 16.7m－管底标高（－1.2）m]＋支管 2.2m×3 层	m	28.3	
2	地漏	DN100		个	1	
七	WL-2 系统					
1	管道	DN100	检查井至立管(6.7＋0.63)m＋立管[管顶标高 16.7m－管底标高（－1.3）m]＋支管 2.41m×3 层	m	32.56	
2	地漏	DN100	1个	个	1	
八	WL-3 系统					
1	管道	DN100	检查井至立管 6.8m＋立管[管顶标高 16.7m－管底标高（－1.3）m]＋支管 4.9m×3 层	m	39.5	
2	地漏	DN100	1个	个	1	
九	WL-4 系统	同 WL-3				
十	WL-5 系统	同 WL-3				
十一	YL-1 系统					
1	管道	DN100	检查井至立管 1.45m＋立管[管顶标高 14.7m－管底标高（－1）m]	m	17.15	
2	雨水漏斗	DN100	楼面 1个	个	1	

序号	项目名称	规格型号	计算方法及说明	单位	数量	备注
十二	YL-2 系统					
1	管道	DN100	检查井至立管 1.5m＋立管［管顶标高 14.7m—管底标高（－1)m]	m	17.2	
2	雨水漏斗	DN100	楼面 1 个	个	1	
十三	YL-3 系统	同 YL-2 系统				
十四	一层卫生间排水系统					
(一)	粪便污水管	DN100	女卫 4.72m＋男卫 6.46m	m	11.18	
(二)	洗涤污水管	DN100	9.57m	m	9.57	
(三)	地面扫除口		1 个	个	1	
(四)	地漏		2 个	个	2	

表 5-15　工程量汇总表

序号	项 目 名 称	单位	数量	序号	项 目 名 称	单位	数量
1	法兰水表组	组	1	10	截止阀 DN20	个	1
2	钢塑给水管 DN50	m	38.8	11	手押延时阀蹲式大便器	只	18
3	钢塑给水管 DN32	m	108.42	12	小便斗	只	2
4	钢塑给水管 DN25	m	4.69	13	淋浴器	只	15
5	钢塑给水管 DN20	m	29.9	14	洗脸盆	个	17
6	钢塑给水管 DN15	m	14.1	15	地漏 DN100	个	7
7	钢塑排水管 DN100	m	377.72	16	地面扫除口 DN100	个	1
8	截止阀 DN32	个	1	17	雨水漏斗 DN100	个	3
9	截止阀 DN25	个	15				

表 5-16　工程预算书封面

广州市某建筑工程学校宿舍楼给排水工程

施工图（预）结算

编号：AL-GPS-001

建设单位（发包人）：＿＿＿＿＿＿＿＿＿＿＿＿＿＿＿＿＿＿

施工单位（承包人）：＿＿＿＿＿＿＿＿＿＿＿＿＿＿＿＿＿＿

编制（审核）工程造价：30496.27 元＿＿＿＿＿＿＿＿＿＿

编制（审核）造价指标：＿＿＿＿＿＿＿＿＿＿＿＿＿＿＿＿

编制（审核）单位：＿＿＿＿＿＿＿＿＿＿＿＿＿（单位盖章）

造价工程师及证号：＿＿＿＿＿＿＿＿＿＿（签字盖执业专用章）

负　责　人：＿＿＿＿＿＿＿＿＿＿＿＿＿＿（签字）

编　制　时　间：＿＿＿＿＿＿＿＿＿＿＿＿＿＿

表 5-17　工程预算书总说明

（一）工程概况：本工程是某学校学生宿舍楼给排水安装工程，建筑面积 1750m²，共四层。

（二）主要编制依据：

1. 某学校学生宿舍楼给排水工程设计/施工图纸；

2. 2010 年广东省安装工程计价办法；

3. 2010 年广东省安装工程量清单项目设置规则；

4. 2010 年广东省安装工程综合定额；

5. 现行工程施工技术规范及工程施工验收规范；

6. 主材价格参照《广州地区建设工程材料指导价格》季度指导价格、市场价格以及设备/材料厂家优惠报价。

（三）本预算项目，按一类地区计算管理费，三类安装工程计算利润，预算包干费按 1.3% 计取。

表 5-18　单位工程总价表

工程名称：　广州市某建筑工程学校宿舍楼给排水工程　　　　　　　　　　　　　第　页，共　页

序号	项目名称	计算办法	金额/元
1	分部分项工程费		21875.07
1.1	定额分部分项工程费		21369.51
1.1.1	人工费	DRGF	2808.67
1.1.2	材设费	QZC	14017.17
1.1.3	辅材费	DCLF	3765.09
1.1.4	机械费	DJXF	
1.1.5	管理费	QGL	778.58
1.2	价差		
1.2.1	人工价差	QRGJC	
1.2.2	材料价差	QCLJC	
1.2.3	机械价差	QJXJC	
1.3	利润	QRG	505.56
2	措施项目费		983.25
2.1	安全文明施工费	AQFHWMSG	746.26
2.2	其他措施项目费	QTCSF	236.99
3	其他项目费		6613.22
3.1	暂列金额	ZLF	3281.26
3.2	暂估价	ZGGC	
3.3	计日工	LXF	2522.58
3.4	总承包服务费	ZBF	
3.5	材料检验试验费	CLJYSYF	43.75
3.6	预算包干费	YSBGF	437.50
3.7	工程优质费	GCYZF	328.13
3.8	索赔费用	SPFY	
3.9	现场签证费用	XCQZFY	
3.10	独立费	DLF	
3.11	其他费用	QTFY	
4	规费		
4.1	工程排污费	QDF+QSF+QTF	
4.2	施工噪声排污费	QDF+QSF+QTF	
4.3	防洪工程维护费	QDF+QSF+QTF	
4.4	危险作业意外伤害保险费	QDF+QSF+QTF	
5	税金	1.4	1024.73
	合计（大写）：叁万零肆佰玖拾陆元贰角柒分		￥30496.27

编制人：　　　　　　　　　　　　　证号：　　　　　　　　　　　　　编制日期：

工程名称：广州市某建筑工程学校宿舍楼给排水工程

表5-19　定额分部分项工程费汇总表

序号	定额编号	工程名称型号规格	单位	数量	损耗率	单位价值/元					总价值/元					
						人工费	材料费	机械费	材设费	管理费	人工费	材料费	机械费	材设费	管理费	合计
1	C8-3-37	螺纹水表 公称直径50mm以内	组	1.000		17.75	1.61		461.10	4.92	17.75	1.61		461.10	4.92	488.58
	1603171-0001	螺纹闸阀｜DN50	个	1.010	1.01				110.00					111.10		
	2101011-0001	螺纹水表｜DN50	个	1.000	1.00				350.00					350.00		
2	C8-1-199	管道安装 室内管道钢塑给水管 公称直径50mm以内	10m	3.880		94.91	153.59		372.61	26.31	368.25	595.93		1445.73	102.08	2578.26
	1455021-0001	钢塑复合管｜DN50	m	39.576	10.20				36.53					1445.71		
3	C8-1-411	管道消毒、冲洗 公称直径50mm以内	100m	0.388		20.60	14.14			5.71	7.99	5.49			2.22	17.13
4	C8-1-197	管道安装 室内管道钢塑给水管 公称直径32mm以内	10m	10.842		79.76	107.52		298.66	22.11	864.76	1165.73		3238.07	239.72	5663.97
	1455021-0002	钢塑复合管｜DN32	m	110.588	10.20				29.28					3238.03		
5	C8-1-411	管道消毒、冲洗 公称直径50mm以内	100m	1.084		20.60	14.14			5.71	22.33	15.33			6.19	47.88
6	C8-1-196	管道安装 室内管道钢塑给水管 公称直径25mm以内	10m	0.469		79.76	53.77		204.00	22.11	37.41	25.22		95.68	10.37	175.41
	1455021-0005	钢塑复合管｜DN25	m	4.784	10.20				20.00					95.68		
7	C8-1-195	管道安装 室内管道钢塑给水管 公称直径20mm以内	10m	2.990		70.69	65.29		139.74	19.60	211.36	195.22		417.82	58.60	921.04
	1455021-0003	钢塑复合管｜DN20	m	30.498	10.20				13.70					417.82		
8	C8-1-411	管道消毒、冲洗 公称直径50mm以内	100m	0.299		20.60	14.14			5.71	6.16	4.23			1.71	13.20
9	C8-1-194	管道安装 室内管道钢塑给水管 公称直径15mm以内	10m	1.410		70.69	59.87		107.30	19.60	99.67	84.42		151.29	27.64	380.95

序号	定额编号	工程名称型号规格	单位	数量	损耗率	单位价值/元					总价值/元					
						人工费	材料费	材设费	机械费	管理费	人工费	材料费	材设费	机械费	管理费	合计
10	1455021-0004	钢塑复合管 DN15	m	14.382	10.20			10.52					151.30			
	C8-1-411	管道消毒 冲洗 公称直径50mm以内	100m	0.141		20.60	14.14			5.71	2.90	1.99			0.81	6.23
11	C8-1-175	管道安装 室内管道塑料排水管(粘接)公称直径100mm以内	10m	0.100		74.72	224.93	153.36		20.71	7.47	22.49	15.34		2.07	48.72
	1431331-0001	塑料排水管 DN100	m	0.852	8.52			18.00					15.34			
12	C8-2-2	螺纹阀门安装 公称直径20mm以内	个	1.000		3.62	7.13	19.08		1.00	3.62	7.13	19.08		1.00	31.48
	1600001-0001	螺纹阀门 DN20	个	1.010	1.01			18.89					19.08			
13	C8-2-3	螺纹阀门安装 公称直径25mm以内	个	15.000		4.44	10.87	36.36		1.23	66.60	163.05	545.40		18.45	805.50
	1600001-0002	螺纹阀门 DN25	个	15.150	1.01			36.00					545.40			
14	C8-2-4	螺纹阀门安装 公称直径32mm以内	个	1.000		5.25	13.95	50.50		1.46	5.25	13.95	50.50		1.46	72.11
	1600001-0003	螺纹阀门 DN32	个	1.010	1.01			50.00					50.50			
15	C8-4-39	蹲式大便器安装 手押阀冲洗	10组	1.800	10.05	245.92	505.77	2387.73		68.17	442.66	910.39	4297.91		122.71	5853.35
	1845011	大便器存水弯 100瓷	个	18.090	10.05			12.40					224.32			
	1849011	大便器手压阀 DN25	个	18.180	10.10			102.57					1864.72			
	1815001-0001	瓷蹲式大便器 手押阀冲洗	个	18.180	10.10			121.50					2208.87			
16	C8-4-53	立式小便器安装 立通式 普通式	10组	0.200		168.76	93.48	2070.10		46.78	33.75	18.70	414.02		9.36	481.90
	1817011	立式小便器 普通式	个	2.020	10.10			150.00					303.00			
	1843011	排水栓 DN50	套	2.020	10.10			12.00					24.24			
	1845031	小便器存水弯 DN50铜	个	2.010	10.05			8.00					16.08			

续表

序号	定额编号	工程名称型号规格	单位	数量	损耗率	单价值/元					总价值/元					
						人工费	材料费	材设费	机械费	管理费	人工费	材料费	材设费	机械费	管理费	合计
	1601271	角式长柄截止阀｜DN15	个	2.020	10.10			20.00					40.40			
	1841031	喷水鸭嘴DN15	个	2.020	10.10			15.00					30.30			
17	C8-4-30	淋浴器组成、安装 钢管组成冷水	10组	1.500		94.71	258.16	505.54		26.25	142.07	387.24	758.31		39.38	1352.57
	2931001	莲蓬喷头	个	15.000	10.00			35.00					525.00			
	1601161-0001	螺纹藏止阀｜DN15	个	15.150	10.10			15.40					233.31			
18	C8-4-9	洗脸盆安装 钢管组成 普通冷水嘴	10组	1.700		197.93	67.92	1024.19		54.87	336.48	115.46	1741.12		93.28	2346.92
	1809001	洗脸盆	套	17.170	10.10			46.00					789.82			
	1831101	洗脸盆托架	副	17.170	10.10			15.20					260.98			
	1841011	水龙头｜DN15	个	17.170	10.10			34.59					593.91			
	1845001	存水弯	个	17.085	10.05			3.13					53.48			
	1847011	洗脸盆下水口｜DN32	个	17.170	10.10			2.50					42.92			
19	C8-4-82	塑料地漏安装 公称直径100mm以内	10个	0.700		90.88	25.18	124.00		25.19	63.62	17.63	86.80		17.63	197.13
	1843001-0001	地漏｜DN100	个	7.000	10.00			12.40					86.80			
20	C8-4-87	地面扫除口安装 公称直径100mm以内	10个	0.700		37.18	1.60	150.00		10.31	26.03	1.12	105.00		7.22	144.05
	1847001-0001	地面扫除口｜DN100	个	7.000	10.00			15.00					105.00			
21	C8-4-78	金属地漏安装 公称直径100mm以内	10个	0.300		141.78	42.58	580.00		39.30	42.53	12.77	174.00		11.79	248.75
	1843001-0002	地漏｜雨水漏斗，DN100	个	3.000	10.00			58.00					174.00			
		合计									2808.66	3765.10	14017.17		778.61	21875.12

编制人： 证号： 编制日期：

表 5-20　措施项目费汇总表

工程名称：广州市某建筑工程学校宿舍楼给排水工程

序号	名称及说明	单位	数量	单价/元	合价/元
1	安全文明施工措施费部分				
1.1	安全文明施工	项	2808.670	0.27	746.26
	小计	元			746.26
2	其他措施费部分				
2.1	垂直运输				
2.2	脚手架搭拆	项	1.000		
2.3	吊装加固	项	1.000		
2.4	金属抱杆安装、拆除、移位	项	1.000		
2.5	平台铺设、拆除	项	1.000		
2.6	顶升、提升装置	项	1.000		
2.7	大型设备专用机具	项	1.000		
2.8	焊接工艺评定	项	1.000		
2.9	胎(模)具制作、安装、拆除	项	1.000		
2.10	防护棚制作安装拆除	项	1.000		
2.11	特殊地区施工增加	项	1.000		
2.12	安装与生产同时进行施工增加	项	1.000		
2.13	在有害身体健康环境中施工增加	项	1.000		
2.14	工程系统检测、检验	项	1.000		
2.15	设备、管道施工的安全、防冻和焊接保护	项	1.000		
2.16	焦炉烘炉、热态工程	项	1.000		
2.17	管道安拆后的充气保护	项	1.000		
2.18	隧道内施工的通风、供水、供气、供电、照明及通讯设施	项	1.000		
2.19	夜间施工增加	项	1.000		
2.20	非夜间施工增加	项	1.000		
2.21	二次搬运	项	1.000		
2.22	冬雨季施工增加	项	1.000		
2.23	已完工程及设备保护	项	1.000		
2.24	高层施工增加	项	1.000		
2.25	赶工措施	项	2808.670	0.07	193.24
2.26	文明工地增加费	项	21875.070	0.00	43.75
2.27	其他措施	项	1.000		
	小计	元			236.99
	合计				983.25

编制人：　　　　　　　　　　　　证号：　　　　　　　　　　　　　　编制日期：

表 5-21 措施项目费合价分析表

工程名称：广州市某建筑工程学校宿舍楼给排水工程　　　　　　　　　　　　　　　　第　页，共　页

序号	项目编码	名称及说明	单位	数量	金额/元					
					人工费	材料费	机械费	管理费	利润	小计
1	AQFHWMSG	安全文明施工措施费部分								
1.1	031302001001	安全文明施工	项	2808.670						746.26
		小计								746.26
2	QTCSF	其他措施费部分								
2.1	CZYS	垂直运输								
2.2	031301017001	脚手架搭拆	项	1.000						
2.3	031301001001	吊装加固	项	1.000						
2.4	031301002001	金属抱杆安装、拆除、移位	项	1.000						
2.5	031301003001	平台铺设、拆除	项	1.000						
2.6	031301004001	顶升、提升装置	项	1.000						
2.7	031301005001	大型设备专用机具	项	1.000						
2.8	031301006001	焊接工艺评定	项	1.000						
2.9	031301007001	胎（模）具制作、安装、拆除	项	1.000						
2.10	031301008001	防护棚制作安装拆除	项	1.000						
2.11	031301009001	特殊地区施工增加	项	1.000						
2.12	031301010001	安装与生产同时进行施工增加	项	1.000						
2.13	031301011001	在有害身体健康环境中施工增加	项	1.000						
2.14	031301012001	工程系统检测、检验	项	1.000						
2.15	031301013001	设备、管道施工的安全、防冻和焊接保护	项	1.000						
2.16	031301014001	焦炉烘炉、热态工程	项	1.000						
2.17	031301015001	管道安拆后的充气保护	项	1.000						
2.18	031301016001	隧道内施工的通风、供水、供气、供电、照明及通讯设施	项	1.000						
2.19	031302002001	夜间施工增加	项	1.000						
2.20	031302003001	非夜间施工增加	项	1.000						
2.21	031302004001	二次搬运	项	1.000						
2.22	031302005001	冬雨季施工增加	项	1.000						
2.23	031302006001	已完工程及设备保护	项	1.000						
2.24	031302007001	高层施工增加	项	1.000						
2.25	GGCS001	赶工措施	项	2808.670						193.24
2.26	WMGDZJF001	文明工地增加费	项	21875.070						43.75
2.27	031301018001	其他措施	项	1.000						
		小计								236.99
		合计								983.25

编制人：　　　　　　　　　　　　　　　　证号：　　　　　　　　　　　　　　　　编制日期：

表 5-22 其他项目费汇总表

工程名称：广州市某建筑工程学校宿舍楼给排水工程　　　　　　　　　　第　页，共　页

序号	项目名称	单位	金额/元	备注
1	暂列金额	元	3281.26	
2	暂估价			
2.1	材料暂估价	元		
2.2	专业工程暂估价	元		
3	计日工	元	2522.58	
4	总承包服务费	元		
5	索赔费用	元		
6	现场签证费用	元		
7	材料检验试验费	元	43.75	以分部分项项目费的 0.2% 计算（单独承包土石方工程除外）
8	预算包干费	元	437.50	按分部分项项目费的 0～2% 计算
9	工程优质费	元	328.13	市级质量奖 1.5%；省级质量奖 2.5%；国家级质量奖 4%
10	其他费用	元		
	合计		6613.22	

编制人：　　　　　　　　　　证号：　　　　　　　　　　编制日期：

表 5-23 零星工作项目计价表

工程名称：广州市某建筑工程学校宿舍楼给排水工程　　　　　　　　　　第　页，共　页

序号	名称	单位	数量	金额/元	
				综合单价	合价
1	人工				
1.1	土石方工	工日	8.000	51.00	408.00
1.2	电工	工日	5.000	51.00	255.00
1.3	焊工	工日	4.000	51.00	204.00
	小计	元			867.00
2	材料				
2.1	橡胶定型条	kg	15.000	5.39	80.85
2.2	玻璃钢	m²	3.000	54.76	164.28
2.3	黏土陶粒	m³	0.400	261.00	104.40
	小计	元			349.53
3	施工机械				
3.1	堵管机	台班	3.000	347.59	1042.77
3.2	交流电焊机	台班	3.000	63.12	189.36
3.3	砂浆制作 现场搅拌抹灰砂浆 石灰砂浆 1：2	m³	0.500	147.83	73.92
	小计	元			1306.05
	合计				

编制人：　　　　　　　　　　证号：　　　　　　　　　　编制日期：

表 5-24 规费计算表

工程名称：广州市某建筑工程学校宿舍楼给排水工程　　　　　　　　　　第　页，共　页

序号	项目名称	计算基础	费率/%	金额/元
1	工程排污费	分部分项工程费＋措施项目费＋其他项目费		
2	施工噪声排污费	分部分项工程费＋措施项目费＋其他项目费		
3	防洪工程维护费	分部分项工程费＋措施项目费＋其他项目费		
4	危险作业意外伤害保险费	分部分项工程费＋措施项目费＋其他项目费		
	合计（大写）：			

表 5-25 工料机汇总表

工程名称：广州市某建筑工程学校宿舍楼给排水工程

序号	材料编码	材料名称及规格	厂址、厂家	单位	数量	定额价/元	编制价/元	价差/元	合价/元	备注
1	0001001	[人工费] 综合工日		工日	55.072	51.00	51.00		2808.66	
		[材料费]							2808.66	
									17782.26	
2	0201021	橡胶板 1~15		kg	0.904	4.31	4.31		3.90	
3	0219231	聚四氟乙烯生料带 26mm×20m ×0.1mm		m	89.840	0.08	0.08		7.19	
4	0365271	钢锯条		条	11.000	0.56	0.56		6.16	
5	1205001	机油(综合)		kg	1.056	3.37	3.37		3.56	
6	1603171-0001	螺纹闸阀 DN50		个	1.010	110.00	110.00		111.10	
7	2101011-0001	螺纹水表 DN50		个	1.000	350.00	350.00		350.00	
8	1516361	室内钢塑给水管接头零件 DN50		个	25.259	22.34	22.34		564.28	
9	3115001	水		m³	11.561	2.80	2.80		32.37	
10	9946131	其他材料费		元	170.358	1.00	1.00		170.36	
11	1455021-0001	钢塑复合管 DN50		m	39.576	36.53	36.53		1445.71	
12	1231211	漂白粉(综合)		kg	0.172	1.56	1.56		0.27	
13	1516341	室内钢塑给水管接头零件 DN32		个	87.061	12.18	12.18		1060.41	
14	1455021-0002	钢塑复合管 DN32		m	110.588	29.28	29.28		3238.03	
15	1516321	室内钢塑给水管接头零件 DN20		个	34.445	4.97	4.97		171.19	
16	1455021-0003	钢塑复合管 DN20		m	30.498	13.70	13.70		417.82	
17	1516311	室内钢塑给水管接头零件 DN15		个	23.082	3.25	3.25		75.02	
18	1455021-0004	钢塑复合管 DN15		m	14.382	10.52	10.52		151.30	
19	0227001	棉纱		kg	0.256	11.02	11.02		2.82	
20	0327021	铁砂布 0~2#		张	2.560	1.03	1.03		2.64	
21	1501681	黑玛钢活接头 DN20		个	1.010	6.60	6.60		6.67	
22	1600001-0001	螺纹阀门 DN20		个	1.010	18.89	18.89		19.08	
23	1845011	大便器存水弯 DN100 瓷		个	18.090	12.40	12.40		224.32	

序号	材料编码	材料名称及规格	厂址、厂家	单位	数量	定额价/元	编制价/元	价差/元	合价/元	备注
24	1849011	大便器手压阀 DN25		个	18.180	102.57	102.57		1864.72	
25	0143021	紫铜丝 φ1.6		kg	1.440	45.14	45.14		65.00	
26	1115914I	油灰		kg	10.900	4.50	4.50		49.05	
27	1403031	镀锌钢管 DN25		m	27.000	19.40	19.40		523.80	
28	1502371	镀锌弯头 DN25		个	18.180	4.91	4.91		89.26	
29	1502721	镀锌钢管活接头 DN25		个	18.180	9.50	9.50		172.71	
30	1855051	大便器胶皮碗		个	19.800	0.73	0.73		14.45	
31	1815001-0001	瓷蹲式大便器 手押阀冲洗		个	18.180	121.50	121.50		2208.87	
32	2931001	莲蓬喷头		个	15.000	35.00	35.00		525.00	
33	1403011	镀锌钢管 DN15		m	29.000	10.01	10.01		290.29	
34	1502351	镀锌弯头 DN15		个	15.150	2.05	2.05		31.06	
35	1502701	镀锌钢管活接头 DN15		个	15.150	4.86	4.86		73.63	
36	1537011	镀锌钢管卡子 DN25		个	15.750	0.53	0.53		8.35	
37	1601161-0001	螺纹截止阀 DN15		个	15.150	15.40	15.40		233.31	
38	1809001	洗脸盆		套	17.170	46.00	46.00		789.82	
39	1831101	洗脸盆托架		副	17.170	15.20	15.20		260.98	
40	1841011	水龙头 DN15		个	17.170	34.59	34.59		593.91	
41	1845001	存水弯		个	17.085	3.13	3.13		53.48	
42	1847011	洗脸盆下水口 DN32		个	17.170	2.50	2.50		42.93	
43	0303311	木螺钉 M6×50		10个	10.608	0.63	0.63		6.68	
44	0401014	复合普通硅酸盐水泥 P.C 32.5		kg	16.200	0.32	0.32		5.18	
45	0403021	中砂		m³	0.036	49.98	49.98		1.80	
46	0503331	木材 一级红白松		m³	0.017	1392.30	1392.30		23.67	
47	1141211	防腐油		kg	0.850	35.00	35.00		29.75	
		……								
		合计							20590.92	

编制人：　　　　　　　　　　　　证号：　　　　　　　　　　　　编制日期：

四、工程造价工程量清单计价方法

（一）工程量清单

表 5-26～表 5-36 是工程量清单格式。

表 5-26 封面

广州市某学校学生宿舍楼给排水工程
招标工程量清单

招 标 人：＿＿＿＿＿＿＿＿＿＿＿＿＿
（单位盖章）

造价咨询人：＿＿＿＿＿＿＿＿＿＿＿＿
（单位盖章）
年 月 日

表 5-27 扉页

广州市某学校学生宿舍楼给排水工程

招 标 工 程 量 清 单

招 标 人：＿＿＿＿＿＿＿＿＿＿　　造价咨询人：＿＿＿＿＿＿＿＿＿＿
　　　　　　（单位盖章）　　　　　　　　　　　　　（单位资质专用章）
法定代表人　　　　　　　　　　　　　法定代表人
或其授权人：＿＿＿＿＿＿＿＿＿＿　　或其授权人：＿＿＿＿＿＿＿＿＿＿
　　　　　　（签字或盖章）　　　　　　　　　　　（签字或盖章）
编 制 人：＿＿＿＿＿＿＿＿＿＿　　复 核 人：＿＿＿＿＿＿＿＿＿＿
　　　　（造价人员签字盖专用章）　　　　　　　（造价工程师签字盖专用章）

编制时间： 年 月 日　　复核时间： 年 月 日

表 5-28 总说明

工程名称：广州市某学校学生宿舍楼给排水工程

　　1. 工程概况：由广州市某学校投资兴建的某学生宿舍楼给排水安装工程；坐落于广州市白云区，建筑面积 1750m²，地下室建筑面积 0m²，占地面积 1000m²，建筑总高度 14.7m，首层层高 3.9m，标准层高 3.6m，层数 4 层，其中主体高度 14.7m，地下室总高度 0m；结构形式为框架结构；基础类型为管桩。本期工程范围包括：室内给排水安装工程。

　　2. 工程招标范围：本次招标范围为施工图范围内的给排水系统安装工程。

　　3. 工程量清单编制依据：

　　(1)广州市某学校学生宿舍楼给排水工程施工图。

　　(2)《建设工程工程量清单计价规范》(GB 50500—2013)、《通用安装工程工程量计算规范》(GB 50856—2013)。

　　4. 其他需要说明的问题：无。

表 5-29　分部分项工程和单价措施项目清单与计价表

工程名称：广州市某学校学生宿舍楼给排水工程　　　　　标段：　　　　　　　　第　页，共　页

序号	项目编号	项目名称	项目特征描述	计量单位	工程量	金额/元		
						综合单价	合价	其中：暂估价
1	031003013001	水表	螺纹水表组，公称直径 DN50	组/个	1.000			
2	031001007001	复合管	室内管道，钢塑给水管，DN50	m	38.800			
3	031001007002	复合管	室内管道，钢塑给水管，DN32	m	108.420			
4	031001007005	复合管	管内管道，钢塑给水管，DN25	m	4.690			
5	031001007003	复合管	管内管道，钢塑给水管，DN20	m	29.900			
6	031001007004	复合管	管内管道，钢塑给水管，DN15	m	14.100			
7	031001006001	塑料管	管道安装 室内管道 塑料排水管（粘接）公称直径 DN100	m	1.000			
8	031003001001	螺纹阀门	螺纹阀门，截止阀，DN20	个	1.000			
9	031003001002	螺纹阀门	螺纹阀门，截止阀，DN25	个	15.000			
10	031003001003	螺纹阀门	螺纹阀门，截止阀，DN32	个	1.000			
11	031004006001	大便器	蹲式大便器，手押阀	组	18.000			
12	031004007001	小便器	立式小便器安装，普通式小便器	组	2.000			
13	031004010001	淋浴器	钢管组成，冷水	套	15.000			
14	031004003001	洗脸盆	钢管组成，普通冷水嘴	组	17.000			
15	031004014002	给、排水附（配）件	塑料地漏安装，DN100	个	7.000			
16	031004014003	给、排水附（配）件	地面扫除口安装，DN100	个/组	1.000			
17	031004014004	给、排水附（配）件	雨水漏斗安装，DN100	个/组	3.000			
		措施项目						
	QTCSF	其他措施费部分						
18	031301017001	脚手架搭拆		项	1.000			
19	031301001001	吊装加固		项	1.000			
20	031301002001	金属抱杆安装、拆除、移位		项	1.000			
21	031301003001	平台铺设、拆除		项	1.000			
22	031301004001	顶升、提升装置		项	1.000			
23	031301005001	大型设备专用机具		项	1.000			
24	031301006001	焊接工艺评定		项	1.000			
25	031301007001	胎（模）具制作、安装、拆除		项	1.000			
26	031301008001	防护棚制作安装拆除		项	1.000			
27	031301009001	特殊地区施工增加		项	1.000			
28	031301010001	安装与生产同时进行施工增加		项	1.000			

序号	项目编号	项目名称	项目特征描述	计量单位	工程量	金额/元		
						综合单价	合价	其中：暂估价
29	031301011001	在有害身体健康环境中施工增加		项	1.000			
30	031301012001	工程系统检测、检验		项	1.000			
31	031301013001	设备、管道施工的安全、防冻和焊接保护		项	1.000			
32	031301014001	焦炉烘炉、热态工程		项	1.000			
33	031301015001	管道安拆后的充气保护		项	1.000			
34	031301016001	隧道内施工的通风、供水、供气、供电、照明及通讯设施		项	1.000			
35	031302007001	高层施工增加		项	1.000			
36	031301018001	其他措施		项	1.000			
		本页小计						
		合计						

表 5-30　总价措施项目清单与计价表

工程名称：广州市某学校学生宿舍楼给排水工程　　　　标段：　　　　　　　第　页，共　页

序号	项目编码	项目名称	计算基础	费率/%	金额/元	调整费率/%	调整后金额/元	备注
1		安全文明施工措施费部分						
1.1	031302001001	安全文明施工	分部分项人工费	26.57				按 26.57%计算
		小计						
2		其他措施费部分						
2.1	031302002001	夜间施工增加						按夜间施工项目人工的20%计算
2.2	031302003001	非夜间施工增加						
2.3	031302004001	二次搬运						
2.4	031302005001	冬雨季施工增加						
2.5	031302006001	已完工程及设备保护						
2.6	GGCS001	赶工措施	分部分项人工费	6.88				费用标准为0～6.88%
2.7	WMGDZJF001	文明工地增加费	分部分项工程费	0.20				市级文明工地为0.2%，省级文明工地为0.4%
		小计						
		合计						

编制人（造价人员）：　　　　　　　　　　　　　　　　复核人（造价工程师）：

表 5-31 其他项目清单与计价汇总表

工程名称：广州市某学校学生宿舍楼给排水工程　　　　　　标段：　　　　　　　　第　页，共　页

序号	项目名称	金额/元	结算金额/元	备注
1	暂列金额			
2	暂估价			
2.1	材料暂估价			
2.2	专业工程暂估价			
3	计日工			
4	总承包服务费			
5	索赔费用			
6	现场签证费用			
7	材料检验试验费			以分部分项项目费的 0.2％计算（单独承包土石方工程除外）
8	预算包干费			按分部分项项目费的 0～2％计算
9	工程优质费			市级质量奖 1.5％；省级质量奖 2.5％；国家级质量奖 4％
10	其他费用			
	总计			

表 5-32 暂列金额明细表

工程名称：广州市某学校学生宿舍楼给排水工程　　　　　　标段：　　　　　　　　第　页，共　页

序号	项目名称	计量单位	暂列金额/元	备注
1	暂列金额			以分部分项工程费为计算基础×15％
	合计			

表 5-33 计日工表

工程名称：广州市某学校学生宿舍楼给排水工程　　　　　　标段：　　　　　　　　第　页，共　页

序号	项目名称	单位	暂定数量	实际数量	综合单价/元	合价/元 暂定	合价/元 实际
一	人工						
1	土石方工	工日	8.000				
2	电工	工日	5.000				
3	焊工	工日	4.000				
	人工小计						
二	材料						
1	橡胶定型条	kg	15.000				
2	玻璃钢	m²	3.000				
3	黏土陶粒	m³	0.400				
	材料小计						
三	施工机械						
1	堵管机	台班	3.000				
2	交流电焊机	台班	3.000				
3	砂浆制作 现场搅拌抹灰砂浆石灰砂浆 1:2	m³	0.500				
	施工机械小计						
	总计						

表 5-34 总承包服务费计价表

工程名称：广州市某学校学生宿舍楼给排水工程　　　　　　　　标段：　　　　　　　　第　页，共　页

序号	项目名称	项目价值/元	服务内容	计算基础	费率/%	金额/元
1	发包人发包专业工程				100.00	
2	发包人供应材料				100.00	
	合　计			-		-

表 5-35 规费、税金项目计价表

工程名称：广州市某学校学生宿舍楼给排水工程　　　　　　　　标段：　　　　　　　　第　页，共　页

序号	项目名称	计算基础	计算基数	计算费率/%	金额/元
1	规费				32.92
1.1	工程排污费				
1.2	施工噪声排污费				
1.3	防洪工程维护费				
1.4	危险作业意外伤害保险费	分部分项工程费＋措施项目费＋其他项目费		0.10	
2	税金	分部分项工程费＋措施项目费＋其他项目费＋规费		3.477	
	合　计				

编制人（造价人员）：　　　　　　　　　　　　　　　　　　　复核人（造价工程师）：

表 5-36 承包人提供的材料和工程设备一览表

（适用于造价信息差额调整法）

工程名称：　　　　　　　　　标段：　　　　　　　　第　页，共　页

序号	名称、规格、型号	单位	数量	风险系数/%	基准单价/元	投标单价/元	发承包人确认单价/元	备注
1	螺纹水表组，公称直径 DN50	组/个	1.000					
2	室内管道，钢塑给水管，DN50	m	38.800					
3	室内管道，钢塑给水管，DN32	m	108.420					
4	管内管道，钢塑给水管，DN25	m	4.690					
5	管内管道，钢塑给水管，DN20	m	29.900					
6	管内管道，钢塑给水管，DN15	m	14.100					
7	管道安装 室内管道 塑料排水管（粘接）公称直径 DN100	m	1.000					
8	螺纹阀门，截止阀，DN20	个	1.000					
9	螺纹阀门，截止阀，DN25	个	15.000					
10	螺纹阀门，截止阀，DN32	个	1.000					
11	蹲式大便器，手押阀	组	18.000					
12	立式小便器安装，普通式小便器	组	2.000					
13	钢管组成，冷水	套	15.000					
14	钢管组成，普通冷水嘴	组	17.000					

序号	名称、规格、型号	单位	数量	风险系数/%	基准单价/元	投标单价/元	发承包人确认单价/元	备注
15	塑料地漏安装，$DN100$	个	7.000					
16	地面扫除口安装，$DN100$	个/组	1.000					
17	雨水漏斗安装，$DN100$	个/组	3.000					

注：1. 此表由招标人填写除"投标单价"栏的内容，投标人在投标时自主确定投标单价；

2. 招标人应优先采用工程造价管理机构发布的单价作为基准单价，未发布的，通过市场调查确定其基准单价。

（二）工程量清单计价格式

表 5-37～表 5-49 是工程量清单计价文件格式。

表 5-37　封面

广州市某学校学生宿舍楼给排水工程

招标控制价

招　标　人：_____
（单位盖章）

造价咨询人：_____
（单位盖章）

表 5-38　扉页

广州市某学校学生宿舍楼给排水工程

招标控制价

招标控制价(小写)：30526.57_____

（大写）：叁万零伍佰贰拾陆元伍角柒分_____

招　标　人：_____　　造价咨询人：_____
　　　　　　（单位盖章）　　　　　　　　　　　　（单位资质专用章）

法定代表人或　　　　　　　　　　法定代表人或

其授权人：_____　　　其授权人：_____
　　　　　（签字或盖章）　　　　　　　　　　　（签字或盖章）

编　制　人：_____　　复　核　人：_____
　　　（造价人员签字盖专用章）　　　　　（造价工程师签字盖章专用章）

编制时间：　　　　　　　　　　　　复核时间：

表 5-39　总说明

工程名称：广州市某学校学生宿舍楼给排水

　　1. 工程概况:由广州市某学校投资兴建的某学生宿舍楼给排水安装工程;坐落于广州市白云区,建筑面积1750m²,地下室建筑面积0m²,占地面积1000m²,建筑总高度14.7m,首层层高3.9m,标准层高3.6m,层数4层,其中主体高度14.7m,地下室总高度0m;结构形式为框架结构;基础类型为管桩等。本期工程范围包括室内给排水安装工程。

　　2. 投标报价包括范围:本次招标的施工图范围内的给排水系统安装工程。

　　3. 投标报价编制依据:

　　(1)招标文件及其所提供的工程量清单和有关报价的要求,招标文件的补充通知和答疑纪要。

　　(2)学校学生宿舍给排水工程施工图及投标施工组织设计。

　　(3)有关技术标准、规范和安全管理规定。

　　(4)省建设主管部门颁发的计价定额和计价管理办法及相关计价文件。

　　(5)《建设工程工程量清单计价规范》(GB 50500—2013),《通用安装工程工程量计算规范》(GB 50856—2013)。

　　(6)材料价格根据本公司掌握的价格情况并参照工程所在地工程造价管理机构2015年×月工程造价信息发布的价格。

表 5-40　单位工程招标控制价汇总表

工程名称：广州市某学校学生宿舍楼给排水工程　　　　　标段：

序号	汇总内容	金额/元	其中:暂估价/元
1	分部分项工程费	21874.92	
2	措施项目费	983.25	
2.1	安全文明施工费	746.26	
2.2	其他措施项目费	236.99	
3	其他项目费	6613.19	
3.1	暂列金额	3281.24	
3.2	暂估价		
3.3	计日工	2522.58	
3.4	总承包服务费		
3.5	索赔费用		
3.6	现场签证费用		
3.7	材料检验试验费	43.75	
3.8	预算包干费	437.50	
3.9	工程优质费	328.12	
3.10	其他费用		
4	规费	29.47	
4.1	工程排污费		
4.2	施工噪声排污费		
4.3	防洪工程维护费		
4.4	危险作业意外伤害保险费	29.47	
5	税金	1025.74	
6	含税工程总造价	30526.57	
	招标控制价合计＝1＋2＋3＋4＋5	30526.57	

表 5-41　分部分项工程和单价措施项目清单与计价表

工程名称：广州市某学校学生宿舍楼给排水工程　　　　　　　　标段：　　　　　　　　　第　页，共　页

序号	项目编号	项目名称	项目特征描述	计量单位	工程量	金额/元		
						综合单价	合价	其中：暂估价
1	031003013001	水表	螺纹水表组,公称直径 DN50	组/个	1.000	488.58	488.58	
2	031001007001	复合管	室内管道,钢塑给水管,DN50	m	38.800	66.89	2595.33	
3	031001007002	复合管	室内管道,钢塑给水管,DN32	m	108.420	52.68	5711.57	
4	031001007005	复合管	管内管道,钢塑给水管,DN25	m	4.690	37.40	175.41	
5	031001007003	复合管	管内管道,钢塑给水管,DN20	m	29.900	31.25	934.38	
6	031001007004	复合管	管内管道,钢塑给水管,DN15	m	14.100	27.46	387.19	
7	031001006001	塑料管	管道安装 室内管道 塑料排水管(粘接)公称直径 DN100	m	1.000	48.72	48.72	
8	031003001001	螺纹阀门	螺纹阀门,截止阀,DN20	个	1.000	31.48	31.48	
9	031003001002	螺纹阀门	螺纹阀门,截止阀,DN25	个	15.000	53.70	805.50	
10	031003001003	螺纹阀门	螺纹阀门,截止阀,DN32	个	1.000	72.11	72.11	
11	031004006001	大便器	蹲式大便器,手押阀	组	18.000	325.19	5853.42	
12	031004007001	小便器	立式小便器安装,普通式小便器	组	2.000	240.95	481.90	
13	031004010001	淋浴器	钢管组成,冷水	套	15.000	90.17	1352.55	
14	031004003001	洗脸盆	钢管组成,普通冷水嘴	组	17.000	138.05	2346.85	
15	031004014002	给、排水附(配)件	塑料地漏安装,DN100	个	7.000	28.16	197.12	
16	031004014003	给、排水附(配)件	地面扫除口安装,DN100	个/组	1.000	144.05	144.05	
17	031004014004	给、排水附(配)件	雨水漏斗安装,DN100	个/组	3.000	82.92	248.76	
		措施项目						

序号	项目编号	项目名称	项目特征描述	计量单位	工程量	综合单价	合价	其中：暂估价
						金额/元		
	QTCSF	其他措施费部分						
18	031301017001	脚手架搭拆		项	1.000			
19	031301001001	吊装加固		项	1.000			
20	031301002001	金属抱杆安装、拆除、移位		项	1.000			
21	031301003001	平台铺设、拆除		项	1.000			
22	031301004001	顶升、提升装置		项	1.000			
23	031301005001	大型设备专用机具		项	1.000			
24	031301006001	焊接工艺评定		项	1.000			
25	031301007001	胎（模）具制作、安装、拆除		项	1.000			
26	031301008001	防护棚制作安装拆除		项	1.000			
27	031301009001	特殊地区施工增加		项	1.000			
28	031301010001	安装与生产同时进行施工增加		项	1.000			
29	031301011001	在有害身体健康环境中施工增加		项	1.000			
30	031301012001	工程系统检测、检验		项	1.000			
31	031301013001	设备、管道施工的安全、防冻和焊接保护		项	1.000			
32	031301014001	焦炉烘炉、热态工程		项	1.000			
33	031301015001	管道安拆后的充气保护		项	1.000			
34	031301016001	隧道内施工的通风、供水、供气、供电、照明及通讯设施		项	1.000			
35	031302007001	高层施工增加		项	1.000			
36	031301018001	其他措施		项	1.000			
			本页小计					
			合计				21874.92	

表 5-42　综合单价分析表

工程名称：广州市某学校学生宿舍学生宿舍楼给排水工程　　　　标段：

项目编码	031003013001	项目名称	水表			计量单位	组/个

清单综合单价组成明细

定额编号	定额名称	定额单位	数量	单价/元 人工费	材料费	机械费	管理费和利润	合价/元 人工费	材料费	机械费	管理费和利润
C8-3-37	螺纹水表 公称直径50mm以内	组	1.000	17.75	1.61		8.12	17.75	1.61		8.12
人工单价	小计							17.75	1.61		8.12
51.00元/工日	未计价材料费									461.10	
	清单项目综合单价										488.58

材料费明细	主要材料名称、规格、型号	单位	数量	单价/元	合价/元	暂估单价/元	暂估合价/元
	螺纹闸阀 DN50	个	1.010	110.00	111.10		
	螺纹水表 DN50	个	1.000	350.00	350.00		
	其他材料费				—		—
	材料费小计				461.10		—

项目编码	031001007001	项目名称	复合管			计量单位	m

清单综合单价组成明细

定额编号	定额名称	定额单位	数量	单价/元 人工费	材料费	机械费	管理费和利润	合价/元 人工费	材料费	机械费	管理费和利润
C8-1-199	管道安装 室内管道 钢塑给水管 公称直径 50mm以内	10m	0.100	94.91	153.59		43.39	9.49	15.36		4.34
C8-1-411	管道消毒、冲洗 公称直径50mm以内	100m	0.010	20.60	14.14		9.42	0.21	0.14		0.09
人工单价	小计							9.70	15.50	37.26	4.43
51.00元/工日	未计价材料费										
	清单项目综合单价										66.89

材料费明细	主要材料名称、规格、型号	单位	数量	单价/元	合价/元	暂估单价/元	暂估合价/元
	钢塑复合管 DN50	m	1.020	36.53	37.26		
	其他材料费				—		—
	材料费小计				37.26		—

项目编码	031003001001		项目名称	螺纹阀门			计量单位	个		
清单综合单价组成明细										
定额编号	定额名称	定额单位	数量	单价/元				合价/元		
				人工费	材料费	机械费	管理费和利润	人工费	材料费	机械费	管理费和利润
C8-2-2	螺纹阀安装 公称直径20mm以内	个	1.000	3.62	7.13		1.65	3.62	7.13		1.65
人工单价	小计							3.62	7.13		1.65
51.00元/工日	未计价材料费								19.08		
	清单项目综合单价									31.48	
材料费明细	主要材料名称、规格、型号			单位	数量	单价/元	合价/元	暂估单价/元	暂估合价/元		
	螺纹阀门DN20			个	1.010	18.89	19.08				
	其他材料费					—		—			
	材料费小计					—	19.08	—			

项目编码	031004006001		项目名称	大便器			计量单位	组		
清单综合单价组成明细										
定额编号	定额名称	定额单位	数量	单价/元				合价/元		
				人工费	材料费	机械费	管理费和利润	人工费	材料费	机械费	管理费和利润
C8-4-39	蹲式大便器安装 手押阀冲洗	10组	0.100	245.92	505.77		112.44	24.59	50.58	238.77	11.24
人工单价	小计							24.59	50.58	238.77	11.24
51.00元/工日	未计价材料费								238.77		
	清单项目综合单价									325.19	
材料费明细	主要材料名称、规格、型号			单位	数量	单价/元	合价/元	暂估单价/元	暂估合价/元		
	瓷蹲式大便器手押阀冲洗			个	1.010	121.50	122.72				
	大便器存水弯DN100 瓷			个	1.005	12.40	12.46				
	大便器手压阀DN25			个	1.010	102.57	103.60				
	其他材料费					—		—			
	材料费小计					—	238.77	—			

表 5-43　总价措施项目清单与计价表

工程名称：广州市某学校学生宿舍楼给排水工程　　　　　标段：　　　　　　　第　页，共　页

序号	项目编码	项目名称	计算基础	费率/%	金额/元	调整费率/%	调整后金额/元	备注
1	AQFHWMSG	安全文明施工措施费部分						
1.1	031302001001	安全文明施工	分部分项人工费	26.57	746.26			按 26.57%计算
		小计			746.26			
2	QTCSF	其他措施费部分						
2.1	031302002001	夜间施工增加						按夜间施工项目人工的 20%计算
2.2	031302003001	非夜间施工增加						
2.3	031302004001	二次搬运						
2.4	031302005001	冬雨季施工增加						
2.5	031302006001	已完工程及设备保护						
2.6	GGCS001	赶工措施	分部分项人工费	6.88	193.24			费用标准为 0～6.88%
2.7	WMGDZJF001	文明工地增加费	分部分项工程费	0.20	43.75			市级文明工地为 0.2%,省级文明工地为 0.4%
		小计			236.99			
		合计			983.25			

编制人(造价人员)：　　　　　　　　　　　　　　　复核人(造价工程师)：

表 5-44　其他项目清单与计价汇总表

工程名称：广州市某学校学生宿舍楼给排水工程　　　　　标段：　　　　　　　第　页，共　页

序号	项目名称	金额/元	结算金额/元	备注
1	暂列金额	3281.24		
2	暂估价			
2.1	材料暂估价			
2.2	专业工程暂估价			
3	计日工	2522.58		
4	总承包服务费			
5	索赔费用			
6	现场签证费用			
7	材料检验试验费	43.75		以分部分项项目费的 0.2%计算(单独承包土石方工程除外)
8	预算包干费	437.50		按分部分项项目费的 0～2%计算
9	工程优质费	328.12		市级质量奖 1.5%;省级质量奖 2.5%;国家级质量奖 4%
10	其他费用			
	总计	6613.19		

表 5-45 暂列金额明细表

工程名称：广州市某学校学生宿舍楼给排水工程　　　　　标段：　　　　　第　页，共　页

序号	项目名称	计量单位	暂列金额/元	备注
1	暂列金额		3281.24	以分部分项工程费为计算基础×15%
	合计		3281.24	

表 5-46 计日工表

工程名称：广州市某学校学生宿舍楼给排水工程　　　　　标段：　　　　　第　页，共　页

序号	项目名称	单位	暂定数量	实际数量	综合单价/元	合价/元	
						暂定	实际
一	人工					867.00	
1	土石方工	工日	8.000		51.00	408.00	
2	电工	工日	5.000		51.00	255.00	
3	焊工	工日	4.000		51.00	204.00	
人工小计						867.00	
二	材料					349.53	
1	橡胶定型条	kg	15.000		5.39	80.85	
2	玻璃钢	m²	3.000		54.76	164.28	
3	黏土陶粒	m³	0.400		261.00	104.40	
材料小计						349.53	
三	施工机械					1306.05	
1	堵管机	台班	3.000		347.59	1042.77	
2	交流电焊机	台班	3.000		63.12	189.36	
3	砂浆制作 现场搅拌抹灰砂浆 石灰砂浆 1∶2	m³	0.500		147.83	73.92	
施工机械小计						1306.05	
总计						2522.58	

表 5-47 总承包服务费计价表

工程名称：广州市某学校学生宿舍楼给排水工程　　　　　标段：　　　　　第　页，共　页

序号	项目名称	项目价值/元	服务内容	计算基础	费率/%	金额/元
1	发包人发包专业工程				100.00	
2	发包人供应材料				100.00	
	合计					

表 5-48 规费、税金项目计价表

工程名称：广州市某学校学生宿舍楼给排水工程　　　　　标段：　　　　　第　页，共　页

序号	项目名称	计算基础	计算基数	计算费率/%	金额/元
1	规费				29.47
1.1	工程排污费				
1.2	施工噪声排污费				

序号	项目名称	计算基础	计算基数	计算费率/%	金额/元
1.3	防洪工程维护费				
1.4	危险作业意外伤害保险费	分部分项工程费＋措施项目费＋其他项目费	29471.360	0.10	29.47
2	税金	分部分项工程费＋措施项目费＋其他项目费＋规费	29500.830	3.477	1025.74
合计					1055.21

编制人(造价人员):　　　　　　　　　　　　　　　　　复核人(造价工程师):

表 5-49　承包人提供主要材料和工程设备一览表

(适用于造价信息差额调整法)

工程名称:广州市某学校学生宿舍楼给排水工程　　　　　标段:　　　　　　　第　页,共　页

序号	名称、规格、型号	单位	数量	风险系数/%	基准单价/元	投标单价/元	发承包人确认单价/元	备注
1	综合工日	工日	55.072			51.00		
2	紫铜丝 $\phi1.6$	kg	1.440			45.14		
3	橡胶板 1～15	kg	0.904			4.31		
4	聚四氟乙烯生料带 26mm×20m×0.1mm	m	89.840			0.08		
5	棉纱	kg	0.256			11.02		
6	木螺钉 M6×50	10 个	10.608			0.63		
7	六角螺栓(综合)	10 套	0.043			8.95		
8	六角螺栓带螺帽 M6～12×12～50	10 套	0.070			1.34		
9	膨胀螺栓(综合)	10 个	0.043			3.60		
10	铁砂布 0～2$^{\#}$	张	2.560			1.03		
11	钢锯条	条	11.000			0.56		
12	复合普通硅酸盐水泥 P.C 32.5	kg	16.200			0.32		
13	中砂	m³	0.036			49.98		
14	木材 一级红白松	m³	0.017			1392.30		
15	铅油	kg	0.060			6.50		
16	防腐油	kg	0.850			35.00		
17	油灰	kg	10.900			4.50		
18	机油(综合)	kg	1.056			3.37		
19	漂白粉(综合)	kg	0.172			1.56		
20	黏合剂	kg	0.124			22.77		
21	焊接钢管 $DN100$	m	0.300			39.04		
22	镀锌钢管 $DN15$	m	29.000			10.01		
23	镀锌钢管 $DN25$	m	27.000			19.40		
24	承插铸铁排水管 $DN50$	m	0.600			18.70		
25	塑料排水管 $DN100$	m	0.700			22.34		

序号	名称、规格、型号	单位	数量	风险系数/%	基准单价/元	投标单价/元	发承包人确认单价/元	备注
26	塑料排水管 DN100	m	0.852			18.00		
27	钢塑复合管 DN50	m	39.576			36.53		
28	钢塑复合管 DN32	m	110.588			29.28		
29	钢塑复合管 DN20	m	30.498			13.70		
30	钢塑复合管 DN15	m	14.382			10.52		
31	钢塑复合管 DN25	m	4.784			20.00		
32	黑玛钢活接头 DN20	个	1.010			6.60		
33	黑玛钢活接头 DN25	个	15.150			10.20		
34	黑玛钢活接头 DN32	个	1.010			13.10		
35	镀锌弯头 DN15	个	15.150			2.05		
36	镀锌弯头 DN25	个	18.180			4.91		
37	镀锌钢管活接头 DN15	个	15.150			4.86		
38	镀锌钢管活接头 DN25	个	18.180			9.50		
39	包胶铁管夹 DN100	个	0.320			3.85		
40	室内钢塑给水管接头零件 DN15	个	23.082			3.25		
41	室内钢塑给水管接头零件 DN20	个	34.445			4.97		
42	室内钢塑给水管接头零件 DN25	个	4.587			4.54		
43	室内钢塑给水管接头零件 DN32	个	87.061			12.18		
44	室内钢塑给水管接头零件 DN50	个	25.259			22.34		
45	室内塑料排水管件 DN100	个	1.138			14.96		
46	镀锌钢管卡子 DN25	个	15.750			0.53		
47	镀锌外接头 DN15	个	19.190			1.27		
48	螺纹阀门 DN20	个	1.010			18.89		
49	螺纹阀门 DN25	个	15.150			36.00		
50	螺纹阀门 DN32	个	1.010			50.00		
51	螺纹截止阀 DN15	个	15.150			15.40		
52	角式长柄截止阀 DN15	个	2.020			20.00		
53	螺纹闸阀 DN50	个	1.010			110.00		
54	洗脸盆	套	17.170			46.00		
55	瓷蹲式大便器 手押阀冲洗	个	18.180			121.50		
	……							

第六章 通风空调安装工程

第一节 通风空调安装工程的基础知识

一、空气调节系统

根据空气处理设备的布置情况来分，空调系统一般可分为三种形式。

1. 集中式空调系统

集中式空调系统的特点是所有的空气处理设备，包括风机、冷却器、加湿器、过滤器等都设置在一个集中的空调机房。空气处理所需要的冷热媒是由集中设置的冷冻站、锅炉房或热交换站集中供给，系统集中运行调节和管理。图 6-1 所示为集中式空调系统示意图。

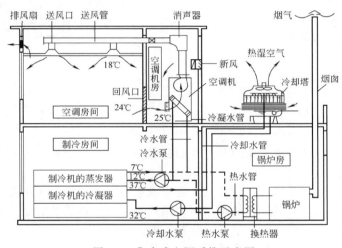

图 6-1 集中式空调系统示意图

2. 半集中式空调系统

半集中式空调系统的特点是除了设有集中处理新风的空调机房和集中冷热源外，还设有分散在各个空调房间里的二次设备（末端装置）来承担一定的空调负荷，对送入空调房间的空气作进一步的补充处理。如在一些办公楼、旅馆饭店中所采用的新风在空调机房集中处理，然后与由风机盘管等末端装置处理的室内循环空气一起送入空调房间的系统就属于半集中式空调系统。

3. 局部空调系统

局部空调系统是把空气处理所需要的冷、热源、空气处理和输送设备集中设置在一个箱体内，组成一个结构紧凑、可单独使用的空调系统。空调房间所使用的窗式、分体式和柜式空调器即属于这种系统。

二、空气处理设备

为了满足空调房间的温湿度要求，对送入空调房间的空气必须进行处理，达到设计要求后才能送入空调房间。空气处理过程包括加热、冷却、加湿、去湿、净化、消声等，这些处理过程都在相应的空调设备中完成。

1. 电加热器

在空调系统中，电加热器主要用于空调系统送风支管上作为精调节设备，在恒温恒湿空调机组中也用电加热器进行加热。

电加热器有裸线式和管式两种结构。裸线式电加热器的构造如图 6-2 所示，它具有结构简单、热惯性小、加热迅速等优点。管式加热器的构造如图 6-3 所示，它是把电热丝装在特制的金属套管内，并在空隙部分用导热但不导电的结晶氧化镁绝缘。与裸线式相比，管式电加热器较安全，但它的热惯性较大。在实际工程中管式电加热器应用较多。

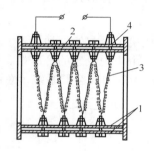

图 6-2　裸线式电加热器

1—钢板；2—隔热层；3—电阻丝；4—瓷绝缘子

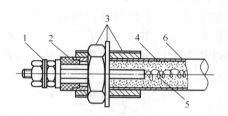

图 6-3　管式电加热器

1—接线端子；2—瓷绝缘子；3—紧固装置；
4—绝缘材料；5—电阻丝；6—金属套管

2. 表面式换热器

表面式换热器是空调系统常用的空气热湿处理设备。根据工作性质不同分为表面式加热器和表面式冷却器。

表面式加热器的热媒是热水或水蒸气，热水或水蒸气在加热器换热管内流动，被加热处理的空气在换热管外流动，空气和热媒之间的换热是通过换热器外表面进行的。图 6-4 所示为用于集中加热空气的一种表面式空气加热器外形图。

表面式冷却器与表面式加热器原理相同，只是换热器的换热管中通过的是冷水。表面式冷却器能对空气进行等湿冷却（干工况）和减湿冷却（空气的温度和湿含量同时降低）两种处理过程。对于减湿冷却过程，需在表冷器下部设集水盘，以接收和排除凝结水，集水盘的安装如图 6-5 所示。

3. 喷水室

在喷水室中通过喷嘴直接向空气中喷淋大量的雾状水滴，当被处理的空气与雾状水滴接触时，两者产生热、湿交换，使被处理的空气达到所要求的温、湿度。喷水室是由喷嘴、喷水管路、挡水板、集水池和外壳等组成的，如图 6-6 所示。集水池设有回水、溢水、补水和泄水等四种管路和附件。

4. 空气过滤器

用来对空气进行过滤的设备称为"空气过滤器"。根据过滤效

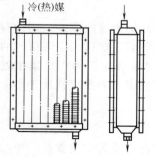

图 6-4　表面式空气
加热器外形图

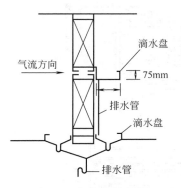

图 6-5　集水盘的安装

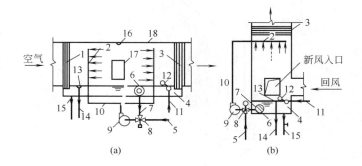

图 6-6　喷水室的构造

1—前挡水板；2—喷嘴与排管；3—后挡水板；4—底池；
5—冷水管；6—滤水器；7—循环水管；8—三通混合阀；
9—水泵；10—供水管；11—补水管；12—浮球阀；
13—溢水器；14—溢水管；15—泄水管；16—防水灯；
17—检查门；18—外壳

率来分，空气过滤器分为粗效、中效、亚高效和高效过滤器等四种。

初效过滤器主要用于对空气的初级过滤，过滤粒径在 $10 \sim 100 \mu m$ 范围的大颗粒灰尘。通常采用金属网格、聚氨酯泡沫塑料以及各种人造纤维滤料制作。图 6-7 所示为块状初效过滤器结构图。

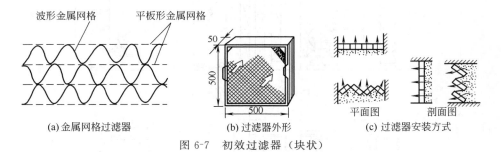

(a)金属网格过滤器　　　　(b)过滤器外形　　　　(c)过滤器安装方式

图 6-7　初效过滤器（块状）

中效过滤器主要用于过滤粒径在 $1 \sim 10 \mu m$ 范围的大颗粒灰尘。通常采用玻璃纤维、无纺布等滤料制作。为了提高过滤效率和处理较大风量，常做成抽屉式（图 6-8）或布袋式（图 6-9）。

高效过滤器主要用于对空气洁净度要求较高的净化空调系统。通常采用超细玻璃纤维、超细石棉纤维等滤料制作。

5. 组合式空调器

工程上常把各种空气处理设备、风机、消声装置、能量回收装置等分别做成箱式的单元，按空气处理过程的需要进行选择和组合。根据要求把各段组合在一起，称为组合式空调器，如图 6-10 所示。

6. 风机盘管

风机盘管属于空调系统的末端装置，它采用水作输送冷（热）量的介质，具有占用建筑空间少，运行调节方便等优点，同时，新风可单独处理和供给，使空调室内的空气质量也得到了保证，因此近年来得到了广泛的应用。

风机盘管是由风机和表面式换热器（盘管）组成，其构造如图 6-11 所示。

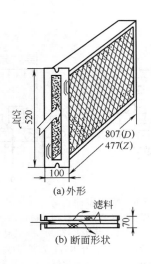

图 6-8 抽屉式过滤器

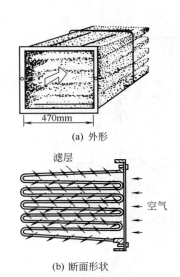

图 6-9 布袋式过滤器

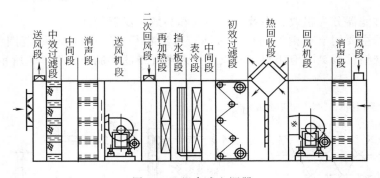

图 6-10 组合式空调器

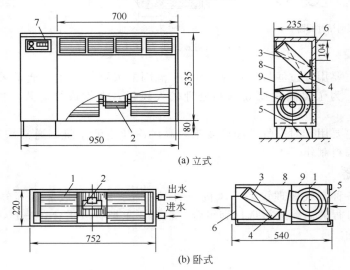

(a) 立式

(b) 卧式

图 6-11 风机盘管构造示意图（单位：mm）

1—风机；2—电机；3—盘管；4—凝结水盘；5—循环风进口及过滤器；
6—出风格栅；7—控制器；8—吸声材料；9—箱体

安装工程预算与工程量清单计价

风机盘管的冷量可以采用改变风量控制和改变水量控制。通过改变风机转速，使之能变成高、中、低三挡风量，同时也能依靠安装在盘管回水管上的电动二通（或三通）阀，通过室温控制器控制阀门的开启，从而调节风机盘管的供冷（热）量。

盘管一般采用铜管串铝散热片，由于机组要负担空调室内负荷，盘管的容量较大（一般3～4排），通常是采用湿工况运行，所以必须敷设排凝结水的管路。

7. 局部空调机组

局部空调机组实际上是一个小型的空调系统。它体积小，结构紧凑，安装方便，使用灵活，在空调工程中是必不可少的设备，得到了广泛的应用。

局部空调系统种类很多，大致可按以下原则分类。

（1）按容量大小划分　有窗式空调器、分体式空调器和立柜式空调器。

（2）按冷凝器的冷却方式划分　有水冷式空调器和风冷式空调器。

（3）按供热方式划分　有普通单冷式空调器和热泵式空调器。

三、空气输送系统与管材

（一）风管及管材

在通风空调系统中，风管用来输送空气。风管的断面形状有圆形和矩形两种。两者相比，在相同断面积时，圆形风管的阻力小、材料省、强度大；圆形风管直径较小时比较容易制造，保温也方便。但圆形风管管件的放样、制作较矩形风管困难，布置时不易与建筑、结构配合。因此在通风除尘工程中常采用圆形风管，在民用建筑空调工程中常采用矩形风管。

矩形风管的宽高比最高可达8:1，但自1:1～8:1表面积要增加60%。因此，设计风管时，除特殊情况外，宽高比应尽可能接近1:1，这样可以节省运行能耗和制作安装费用。在工程应用上一般宽高比应尽可能控制在4:1以下。

用作风管的材料有金属材料和非金属材料两大类。金属材料有薄钢板、不锈钢板（防腐）、铝板（防爆）等；非金属材料有玻璃钢板、硬聚氯乙烯塑料板、混凝土风道等。需要经常移动的风管，则大多用柔性材料制成各种软管，如塑料软管、橡胶软管以及金属软管等。

1. 酸洗薄钢板、镀锌薄钢板

薄钢板用于制作风管及部、配件，对酸洗薄钢板应做防锈处理，镀锌薄钢板表面的锌层有防锈性能，使用时应注意保护镀锌层。通风工程所用的薄钢板要求表面光滑平整、厚薄均匀，允许有紧密的氧化铁薄膜，但不得有裂纹、结疤等缺陷。薄钢板可采用咬口连接、铆钉连接。咬口采用各种不同的咬口机完成，适合于厚度1.2mm以内的钢板。图6-12所示为各种咬口形式。

铆钉连接。将要连接的板材板边搭接，用铆钉穿边铆在一起。在风管的连接上较少用，但其广泛应用于风管与角钢法兰之间的固定连接。常用的设备有手提式电动液压铆钳。

焊接。一般有电焊、气焊、锡焊、氩弧焊。电焊适用于 $\delta>1.2$mm 的板材连接和风管与法兰之间的连接。气焊适用于 $\delta=0.8～3$mm 的薄钢板板间连接。$\delta<0.8$mm 的钢板用气焊易变形。锡焊仅用于 $\delta<1.2$mm 的薄钢板连接，焊连接强度低，耐温低。一般在用镀锌钢板制作风管时，把锡焊作为咬口连接的密封用。

2. 垫料

当风管采用法兰连接时两法兰片之间应加衬垫。垫料应具有不吸水、不透气和良好的弹性，以保持接口处的严密性。衬垫的厚度为3～5mm，衬垫材质应根据所输送气体的性质来定。输送空气温度低于70℃，即一般通风空调系统，用橡胶板，闭孔海绵橡胶板等；输送

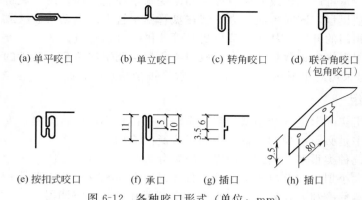

(a) 单平咬口　　　(b) 单立咬口　　　(c) 转角咬口　　　(d) 联合角咬口
（包角咬口）

(e) 按扣式咬口　　　(f) 承口　　　(g) 插口　　　(h) 插口

图 6-12　各种咬口形式（单位：mm）

空气或烟气温度高于 70℃ 的风管，用石棉绳或石棉橡胶板。除尘系统的风管用橡胶板；洁净系统的风管，用软质橡胶板或闭孔海绵橡胶板，高效过滤器垫料厚度为 6～8mm，禁用厚纸板、石棉绳等易产生尘埃颗粒的材料。

目前国内广泛推广应用的法兰垫料为泡沫氯丁橡胶垫，这种橡胶可以加工成扁条状，宽度为 20～30mm，厚 3～5mm，其一面带胶，用时扯去胶面上的纸条，将其粘紧在法兰上，使用这种垫料操作方便，密封效果较好。

（二）风机

风机是通风系统中为空气的流动提供动力以克服输送过程中的阻力损失的机械设备。在通风工程中应用最广泛的是离心风机和轴流风机。

离心风机主要由叶轮、机壳、机轴、吸气口、排气口等部件组成，如图 6-13 所示。

轴流风机的叶轮安装在圆筒形的外壳内，当叶轮在电动机的带动下作旋转运动时，空气从吸风口进入，轴向流过叶轮和扩压器，静压升高后从排气口流出。图 6-14 所示为轴流风机示意图。

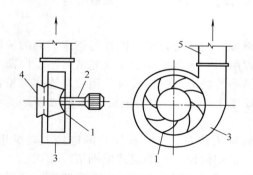

图 6-13　离心风机示意图
1—叶轮；2—机轴；3—机壳；4—吸气口；5—排气口

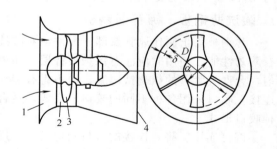

图 6-14　轴流风机示意图
1—吸风口；2—机壳；3—叶轮；4—扩压器

（三）风口和风阀

通风系统的末端装置为送、回风口。送、回风口可用铝合金、镀锌钢板、喷漆钢板、塑料等材料制成。

通风系统中的风阀可分为一次调节阀、开关阀、自动调节阀和防火阀等。其中，一次调节阀主要用于系统调试，调好阀门位置就保持不变，如三通阀、蝶阀、对开多叶阀、插板阀等。开关阀主要用于系统的启闭，如风机启动阀、转换阀等。自动调节阀是系统运行中需经常调节的阀门，它要求执行机构的行程与风量成正比或接近成正比，多采用顺开式多叶调节阀和密闭对开多叶调节阀；新风调节阀、加热器混合调节阀，常采用顺开式多叶调节阀；系统风量调节阀一般采用密闭对开多叶调节阀。

通风系统风道上还要有防火排烟阀门。防火阀应用于有防火要求的通风管道上，发生火灾时，温度熔断器动作，阀门关闭，切断火势和烟气沿风管蔓延的通路，其动作温度为70℃。排烟阀应用于排烟系统的风管上，火灾发生时，烟感探头发出火灾信号，控制中心接通排烟阀上的直流24V电源，将阀门迅速打开进行排烟。当排烟温度达到280℃时排烟阀自动关闭，排烟系统停止运行。

四、空调水系统

空调水系统由冷水机组、冷冻水系统、冷却水系统组成。

（一）冷水机组

目前有两种类型的冷水机组：蒸气压缩式冷水机组和吸收式冷水机组。

1. 蒸气压缩式冷水机组

压缩式制冷的工作原理是利用"液体汽化要吸收热量"这一物理特性，通过制冷剂工质的一系列热力循环，以消耗一定量的机械能作为补偿条件来达到制冷的目的的。蒸气压缩式制冷由压缩机、冷凝器、膨胀阀和蒸发器等四个主要部件所组成，将这四个部件及其相关附件、控制系统共同安装在一个共同的底座上所组成的用来制取空调冷冻水的设备称为蒸气压缩式冷水机组。

根据压缩机的种类不同，蒸气压缩式冷水机组可分为离心式冷水机组、螺杆式冷水机组和活塞式冷水机组。

2. 吸收式冷水机组

吸收式制冷和压缩式制冷一样，也是利用液体汽化时吸收热量的物理特性进行制冷。不同的是，蒸气压缩式制冷机使用电能制冷，而吸收式制冷机是使用热能制冷。

吸收式冷水机组主要由冷凝器、蒸发器、节流阀、发生器、吸收器等设备组成。

（二）冷冻水系统

现代中央空调系统大都采用空气-水系统形式，即风机盘管加新风的空调方式。房间的冷负荷主要由冷冻水承担，这种系统既保证了房间的空调要求，又使得送风管路的尺寸不会过于庞大。冷冻水系统有多种分类方法，如同程和异程系统；单级循环泵和双级循环泵系统。

1. 同程和异程系统

当冷冻水流过每个空调设备环路的管道长度相同时，称为同程式系统。同程式系统水量分配和调节方便，管路的阻力易平衡。但同程式系统需设置同程管，管材耗用较多，系统的初投资较大。当冷冻水流过每个空调设备环路的管道长度都不相同时，称为异程式系统。异程式系统水量分配调节较困难，管路的阻力平衡较麻烦，但其系统简单，初投资较低，因此广泛应用于中小型空调系统中。同程和异程系统如图6-15所示。

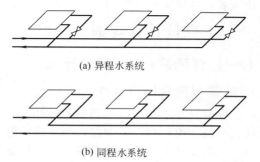

(a) 异程水系统

(b) 同程水系统

图6-15 同程和异程系统

2. 单级循环泵和双级循环泵系统

在冷水机组与换热盘管之间只有一级冷冻水泵的系统称为单级泵循环系统。单级泵循环系统连接简单，初投资省。但冷水机组的供水量与换热器的需水量不匹配，造成冷冻水输送能耗的浪费。

在冷水机组与换热盘管之间有二级冷冻水泵的系统称为双级循环泵系统。在双级循环泵系统中，一次泵（机组侧）的流量是恒定的，二次泵（负荷侧）的流量可以十分方便地随负荷的改变而改变，从而节约冷冻水的输送能耗。

单级循环泵和双级循环泵系统如图 6-16 所示。

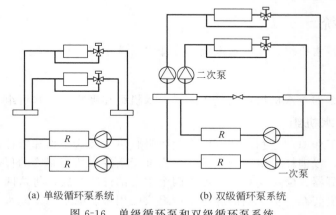

(a) 单级循环泵系统　　　　　(b) 双级循环泵系统

图 6-16　单级循环泵和双级循环泵系统

（三）　冷却水系统

在水冷式冷水机组中，为了使冷却冷凝器的冷却水能循环利用，必须设置冷却水系统。冷却水系统包括冷却水管道系统、冷却塔和冷却水泵。

第二节　预算定额及施工图预算编制

《全国统一安装工程预算定额》第九册《通风空调工程》适用于工业与民用建筑的新建、扩建项目中的通风、空调工程。定额共分十四章，主要包括：薄钢板通风管道制作安装、通风系统部件的制作与安装（调节阀制作安装、风口的制作安装、风帽制作安装、罩类制作安装）、空调部件及设备支架制作安装、通风空调设备的安装、净化通风管道及部件制作安装、不锈钢板通风管道及部件制作安装、铝板通风管道及部件制作安装、塑料通风管道及部件制作安装、玻璃钢通风管道及部件制作安装、复合型风管制作安装等。

一、工程量计算规则

（一）　通风管道工程量的计算

1. 薄钢板通风管道制作安装

风管制作工作内容包括放样、下料、卷圆、折方、轧口、咬口，制作直管、管件、法兰、吊托支架，钻孔、铆焊、上法兰、组对。

风管安装工作内容包括找标高、打支架墙洞、配合预留孔洞、埋设吊托支架，组装、风管就位、找平、找正、制垫、垫垫、上螺栓、紧固。

① 薄钢板通风管道制作安装以施工图示风管中心线长度为准，按不同规格以展开面积

按"10m²"计算。上述工程量计算中检查孔、测定孔、送风口、吸风口等所占的面积均不扣除。但咬口重叠部分不增加。

② 支管长度以支管中心线与主管中心线交点为分界点。如图 6-17 所示。

③ 计算风管长度时，包括弯头、三通、变径管、天圆地方（方圆变径管）等管件的长度，但不得包括部件所在位置的长度。风管部件长度值按表 6-1 取值。

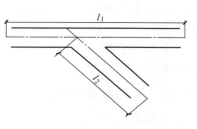

图 6-17　支管长度计算

表 6-1　风管部件长度

序号	部件名称	部件长度/mm	序号	部件名称	部件长度/mm
1	蝶阀	150	4	圆形风管防火阀	D+240
2	止回阀	300	5	矩形风管防火阀	B+240
3	密闭式对开多叶调节阀	210			

④ 风管制作安装定额包括弯头、三通、天圆地方等管件及法兰、加固框和吊托架的制作和安装。但不包括过跨风管的落地支架制作安装，应另列项计算。

⑤ 整个通风系统设计采用渐缩管均匀送风者，圆形风管按平均直径，矩形风管按平均周长执行相应规格项目，套定额时其人工乘以系数 2.5。

⑥ 镀锌薄钢板风管项目中的板材是按镀锌薄钢板编制的，如设计要求不用镀锌薄钢板者，板材可以换算，其他不变。

⑦ 薄钢板风管项目中的板材，如设计要求厚度不同者可以换算，但人工、机械不变。

⑧ 如制作空气幕送风管时，按矩形风管平均周长执行相应风管规格项目，其人工乘以系数 3，其余不变。

⑨ 项目中的法兰垫料如设计要求使用材料品种不同者可以换算，但人工不变。使用泡沫塑料者每千克橡胶板换算为泡沫塑料 0.125kg；使用闭孔乳胶海绵者每千克橡胶板换算为闭孔乳胶海绵 0.5kg。

2. 柔性软风管安装

柔性软风管适用于由金属、涂塑化纤织物、聚酯、聚乙烯、聚氯乙烯薄膜、铝箔等材料制成的软风管。柔性软风管安装工程量计算区分有、无保温套管，按不同直径（150mm、250mm、500mm、710mm、910mm）以"m"计。

柔性软风管阀门安装工程量计算按不同直径（150mm、250mm、500mm、710mm、910mm）以"个"计。

3. 风管附件

① 弯头导流叶片安装工程量按叶片的面积以"m²"为单位计算。风管导流叶片不分单叶片和香蕉形双叶片均执行同一项目。

② 软管接口（即帆布接口）安装工程量按图注尺寸以"m²"为单位计算。软管接头使用人造革而不使用帆布者可以换算。

③ 风管检查孔，按设计选型（T614）以"100kg"为单位计算。

④ 温度、风量测定孔，按设计选型（T615）以"个"为单位计算。

（二）调节阀制作安装

调节阀制作工作内容包括放样、下料，制作短管、阀板、法兰、零件，钻孔、铆焊、组合成型。调节阀安装工作内容包括号孔、钻孔、对口、校正，制垫、垫垫、上螺栓、紧固、试动。

调节阀制作工程量计算分不同的型号以"100kg"为单位计算；调节阀安装工程量计算分不同的型号以"个"为单位计算。

（三）风口制作安装

风口制作工作内容包括放样、下料、开孔，制作零件、外框、叶片、网框、调节板、拉杆、导风板、弯管、天圆地方、扩散管、法兰，钻孔、铆焊、组合成型。风口安装工作内容包括对口、上螺栓、制垫、垫垫、找正、找平，固定、试动、调整。

（1）风口制作　风口制作工程量根据不同型号按"100kg"计算。钢百叶窗、活动金属百叶风口按"m²"计。

（2）风口安装　风口安装分百叶风口、矩形送风口、矩形空气分布器、旋转吹风口、方形散流器，圆形、流线形散流器，送吸风口、活动算式风口、网式风口、钢百叶窗以"个"计算。

（四）风帽制作安装

风帽制作工作内容包括放样、下料、咬口，制作法兰、零件，钻孔、铆焊、组装。风帽安装工作内容包括安装、找正、找平，制垫、垫垫、上螺栓、固定。

风帽制作安装分圆伞形风帽、锥形风帽、筒形风帽、筒形风帽滴水盘、风帽筝绳等以"100kg"计。风帽泛水以"m²"计。

（五）罩类制作安装

罩类制作工作内容包括放样、下料、卷圆，制作罩体、来回弯、零件、法兰，钻孔、铆焊、组合成型。罩类安装工作内容包括埋设支架、吊装、对口、找正，制垫、垫垫、上螺栓，固定配重环及钢丝绳、试动调整。

罩类制作安装工程量区分不同型式均以"100kg"计。罩类制作安装以标准部件依设计型号规格查阅《采暖通风国家标准图集设计选用手册》中的标准部件重量表，按其重量计算。

（六）消声器制作安装

消声器制作工作内容包括放样、下料、钻孔，制作内外套管、木框架、法兰，铆焊、粘贴，填充消声材料，组合。消声器安装工作内容包括组对、安装、找正、找平，制垫、垫垫、上螺栓，固定。

消声器制作安装工程量区分不同型式以"100kg"计。

（七）空调部件及设备支架制作安装

① 金属空调器壳体、滤水器 T704-11、溢水盘 T704-11、电加热器外壳、设备支架 CG327（区分 50kg 以下、50kg 以上）依设计型号规格查阅《采暖通风国家标准图集设计选用手册》中的标准部件质量表，按其质量以"100kg"为单位计算。非标准部件按成品重量计算。

② 清洗槽、浸油槽、晾干架、LVWP 滤尘器支架制作安装执行设备支架项目。

③ 风机减振台座执行设备支架项目，定额中不包括减振器用量，应依设计图纸按实计算。

④ 玻璃挡水板执行钢板挡水板相应项目，其材料、机械均乘以系数 0.45，人工不变。

⑤ 保温钢板密闭门执行钢板密闭门项目，其材料乘以系数 0.5，机械乘以系数 0.45，人工不变。

钢板密闭门分带视孔和不带视孔以"个"计。

钢板挡水板分三折曲板、六折曲板以空调器断面面积计算，并以"m²"为计量单位。

（八）通风空调设备安装

设备安装项目的基价中不包括设备费和应配备的地脚螺栓价值。

1. 通风机安装

离心式或轴流式通风机安装不论风机是钢质、不锈钢质或塑料质，均按不同的安装方式和风机号以"台"计。

通风机和电机直联的安装内容包括电机本体的安装，但不包括电机检查接线安装工程量。风机的安装方式如图 6-18 所示。

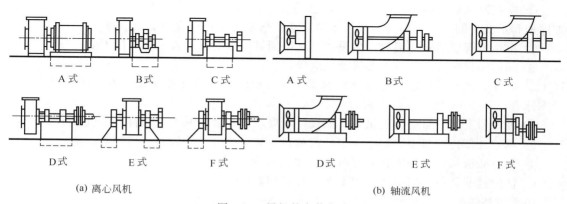

(a) 离心风机　　　　　　　　　　　　　(b) 轴流风机

图 6-18　风机的安装方式

2. 空气处理设备安装

（1）风机盘管安装　工程量分吊顶式、落地式以"台"计。风机盘管的配管执行第八册《给排水、采暖、燃气工程》相应项目。

（2）空调器安装　工程量分吊顶式（0.15t 以内、0.2t 以内、0.4t 以内）、落地式（1.0t 以内、1.5t 以内、2.0t 以内）、墙上式（0.1t 以内、0.15t 以内、0.2t 以内）、窗式以"台"计。

（3）诱导器安装　执行风机盘管安装项目。

（4）空气加热器（冷却器）安装　工程量分不同质量（100kg 以下、200kg 以下、400kg 以下）以"台"计。

（5）分段组装式空调器安装　工程量以"100kg"计。

3. 除尘设备安装

工程量分质量（100kg 以下、500kg 以下、1000kg 以下、300kg 以下）以"台"计。

（九）净化通风管道及部件制作安装

镀锌薄钢板矩形净化风管（咬口）制作安装分不同周长（800mm 以下、2000mm 以下、4000mm 以下、4000mm 以下）以"10m²"计。

静压箱制作安装以"10m²"计。

铝制孔板风口、过滤器框架制作安装以"100kg"计。

高效过滤器、中低效过滤器、净化工作台、风淋室（分0.5t以内、1.0t以内、2.0t以内、3.0t以内）以"台"计。

① 工作内容。

a. 风管制作：放样、下料、折方、轧口、咬口，制作直管、管件、法兰、吊托支架，钻孔、铆焊、上法兰、组对、口缝外表面涂密封胶、风管内表面清洗、风管两端封口。

b. 风管安装：找标高、找平、找正、配合预留孔洞、打支架墙洞、埋设支吊架；风管就位、组装、制垫、垫垫、上螺栓、紧固，风管内表面清洗、管口封闭、法兰口涂密封胶。

c. 部件制作：放样、下料、零件、法兰、预留预埋，钻孔、铆焊、制作、组装、擦洗。

d. 部件安装：测位、找平、找正、制垫、垫垫、上螺栓、清洗。

e. 高、中、低效过滤器，净化工作台，风淋室安装：开箱、检查、配合钻孔、垫垫、口缝涂密封胶、试装、正式安装。

② 净化通风管道制作安装项目中包括弯头、三通、变径管、天圆地方等管件及法兰、加固框和吊托支架，不包括过跨风管落地支架。落地支架执行设备支架项目。

③ 净化风管项目中的板材，如设计厚度不同者可以换算，人工、机械不变。

④ 圆形风管执行本部分矩形风管相应项目。

⑤ 风管涂密封胶是按全部口缝外表面涂抹考虑的，如设计要求口缝不涂抹而只在法兰处涂抹者，每10m²风管应减去密封胶1.5kg和人工0.37工日。

⑥ 过滤器安装项目中包括试装，如设计不要求试装者，其人工、材料、机械不变。

⑦ 风管及部件项目中，型钢未包括镀锌费，如设计要求镀锌时，另加镀锌费。

⑧ 铝制孔板风口如需电化处理时，另加电化费。

⑨ 低效过滤器指：M-A型、WL型、LWP型等系列。

中效过滤器指：ZKL型、YB型、M型、ZX-1型等系列。

高效过滤器指：GB型、CS型、JX-20型等系列。

净化工作台指：XHK型、BZK型、SXP型、SZP型、SZX型、SW型、SZ型、SXZ型、TJ型、Q型等系列。

⑩ 洁净室安装以重量计算，执行第八章"分段组装式空调器安装"项目。

⑪ 定额按空气洁净度100000级编制。

（十）不锈钢板通风管道及部件制作安装

① 不锈钢板圆形风管（电焊）制作安装工程量分不同的直径×壁厚（mm）分别以"10m²"计算。

② 矩形风管执行圆形风管相应项目。

③ 不锈钢吊托支架执行相应项目。

④ 风管凡以电焊考虑的项目，如需使用手工氩弧焊者，其人工乘以系数1.238，材料乘以系数1.163，机械乘以系数1.673。

⑤ 风管制作安装项目中包括管件，但不包括法兰和吊托支架；法兰和吊托支架应单独列项计算执行相应项目。

⑥ 风管项目中的板材如设计要求厚度不同者可以换算，人工、机械不变。

⑦ 风口、采用手工氩弧焊或电焊的圆形法兰（5kg以下、5kg以上）、吊托支架制作安装工程量以"100kg"计。

（十一） 铝板通风管道及部件制作安装

① 铝板风管（气焊）制作安装工程量矩形分不同的周长×壁厚（mm），圆形分不同的直径×壁厚（mm）分别以"10m²"计算。

② 风管凡以电焊考虑的项目，如需使用手工氩弧焊者，其人工乘以系数1.154，材料乘以系数0.852，机械乘以系数9.242。

③ 风管制作安装项目中包括管件，但不包括法兰和吊托支架；法兰和吊托支架应单独列项计算执行相应项目。

④ 风管项目中的板材如设计要求厚度不同者可以换算，人工、机械不变。

⑤ 圆伞形风帽、采用手工氩弧焊或气焊的圆形法兰（3kg以下、3kg以上）、采用手工氩弧焊或气焊的矩形法兰（3kg以下、3kg以上）制作安装工程量以"100kg"计。

（十二） 塑料通风管道及部件制作安装

① 塑料风管制作安装工程量圆形分不同的直径×壁厚，矩形分不同的周长×壁厚分别以"10m²"计算。

楔形空气分布器、圆形空气分布器、矩形空气分布器、直片式散流器、插板式风口、蝶阀、插板阀、槽边侧吸罩、槽边排风罩、条缝槽边抽风罩、各型风罩调节阀、圆伞形风帽、锥形风帽、筒形风帽制作安装工程量以"100kg"计。

柔性接口及伸缩节（无法兰、有法兰）制作安装工程量以"m²"计算。

② 风管项目规格表示的直径为内径，周长为内周长。

③ 风管制作安装项目中包括管件、法兰、加固框，但不包括吊托支架，吊托支架执行相应项目。

④ 风管制作安装项目中的主体，板材（指每10m²定额用量为11.6m²者）如设计要求厚度不同者可以换算，人工、机械不变。

⑤ 项目中的法兰垫料如设计要求使用品种不同者可以换算，但人工不变。

⑥ 塑料通风管道胎具材料摊销费的计算方法　塑料风管管件制作的胎具摊销材料费，未包括在定额内，按以下规定另行计算：风管工程量在30m²以上的，每10m²风管的胎具摊销木材为0.06m³，按地区预算价格计算胎具材料摊销费。风管工程量在30m²以下的，每10m²风管的胎具摊销木材为0.09m³，按地区预算价格计算胎具材料摊销费。

（十三） 玻璃钢通风管道及部件安装

① 玻璃钢风管制作安装工程量计算矩形区分不同周长，圆形区分不同直径按风管的图注不同规格以展开面积计算，并以"10m²"为计算单位。

圆伞形风帽、锥形风帽、筒形风帽安装工程量以"100kg"计。

② 玻璃钢通风管道安装项目中，包括弯头、三通；变径管、天圆地方等管件的安装及法兰、加固框和吊托架的制作安装，不包括过跨风管落地支架。落地支架执行设备支架项目。

③ 定额玻璃钢风管及管件按计算工程量加损耗外加工定作，其价值按实际价格；风管修补应由加工单位负责，其费用按实际价格发生，计算在主材费内。

④ 定额内未考虑预留铁件的制作和埋设，如果设计要求用膨胀螺栓安装吊托支架者，膨胀螺栓可按实际调整，其余不变。

（十四） 复合型风管制作安装

① 复合型风管制作安装工程量计算矩形区分不同周长，圆形区分不同直径按风管的图注不同规格以展开面积计算，并以"10m²"为计算单位。

② 风管项目规格表示的直径为内径，周长为内周长。

③ 风管制作安装项目中包括管件、法兰、加固框、吊托支架。

二、使用定额应注意的其他问题

（一） 通风空调安装工程刷油、 绝热、 防腐蚀

通风空调安装工程刷油、绝热、防腐蚀，执行第十一册《刷油、防腐蚀、绝热工程》相应定额。

① 薄钢板风管刷油按其工程量执行相应项目，仅外（或内）面刷油者，定额乘以系数1.2，内外均刷油者，定额乘以系数1.1（其法兰加固框、吊托支架已包括在此系数内）。

② 薄钢板部件刷油按其工程量执行金属结构刷油项目，定额乘以系数1.15。

③ 不包括在风管工程量内而单独列项的各种支架（不锈钢吊托支架除外）按其工程量执行相应项目。

④ 薄钢板风管、部件以及单独列项的支架，其除锈不分锈蚀程度，一律按其第一遍刷油的工程量执行轻锈相应项目。

⑤ 绝热保温材料不需黏结者，执行相应项目时需减去其中的黏结材料，人工乘以系数0.5。

⑥ 风道及部件在加工厂预制的，其场外运费由各地自行制定。

（二） 制作费与安装费的比例

定额中人工、材料、机械凡未按制作和安装分别列出的，其制作费与安装费的比例见表6-2。

表 6-2　制作费与安装费的比例

章　号	项　　　目	制作占/%			安装占/%		
		人工	材料	机械	人工	材料	机械
第一章	薄钢板通风管道制作安装	60	95	95	40	5	5
第二章	调节阀制作安装	—	—	—	—	—	—
第三章	风口制作安装	—	—	—	—	—	—
第四章	风帽制作安装	75	80	99	25	20	1
第五章	罩类制作安装	78	98	95	22	2	5
第六章	消声器制作安装	91	98	99	9	2	1
第七章	空调部件及设备支架制作安装	86	98	95	14	2	5
第八章	通风空调设备安装	—	—	—	100	100	100
第九章	净化通风管道及部件制作安装	60	85	95	40	15	5
第十章	不锈钢板通风管道及部件制作安装	72	95	95	28	5	5
第十一章	铝板通风管道及部件制作安装	68	95	95	32	5	5
第十二章	塑料通风管道及部件制作安装	85	95	95	15	5	5
第十三章	玻璃钢通风管道及部件安装	—	—	—	100	100	100
第十四章	复合型风管制作安装	60	—	99	40	100	1

（三）风管、部件板材损耗率

风管、部件板材损耗率见表 6-3。

表 6-3　风管、部件板材损耗率（节录）

序号	项目	损耗率/%	备注	序号	项目	损耗率/%	备注
	钢板部分				塑料部分		
1	咬口通风管道	13.80	综合厚度	26	塑料圆形风管	16.00	综合厚度
2	焊接通风管道	8.00	综合厚度	27	塑料矩形风管	16.00	综合厚度
3	圆形阀门	14.00	综合厚度	28	圆形蝶阀(外框短管)	16.00	综合厚度
4	方、矩形阀门	8.00	综合厚度	29	圆形蝶阀(阀板)	31.00	综合厚度
5	风管插式风口	13.00	综合厚度	30	矩形蝶阀	16.00	综合厚度
6	网式风口	13.00	综合厚度	31	插板阀	16.00	综合厚度
7	单、双、三层百叶风口	13.00	综合厚度	32	槽边侧吸罩、风罩调节阀	22.00	综合厚度
8	联动百叶风口	13.00	综合厚度	33	整体槽边侧吸罩	22.00	综合厚度
9	钢百叶窗	13.00	综合厚度	34	条缝槽边抽风罩(各型)	22.00	综合厚度
10	活动算板式风口	13.00	综合厚度	35	塑料风帽(各型)	22.00	综合厚度
11	矩形风口	13.00	综合厚度	36	插板式侧面风口	16.00	综合厚度
12	单面送吸风口	20.00	$\delta=0.7\sim0.9$	37	空气分布器类	20.00	综合厚度
13	双面送吸风口	16.00	$\delta=0.7\sim0.9$	38	直片式散流器	22.00	综合厚度
14	单双面送吸风口	8.00	$\delta=1.0\sim1.5$	39	柔性接口及伸缩节	16.00	综合厚度
15	带调节板活动百叶送风口	13.00	综合厚度		净化部分		
16	矩形空气分布器	14.00	综合厚度	40	净化风管	14.90	综合厚度
17	旋转吹风口	12.00	综合厚度	41	净化铝板风口类	38.00	综合厚度
18	圆形、方形直片散流器	45.00	综合厚度		不锈钢部分		
19	流线形散流器	45.00	综合厚度	42	不锈钢板通风管道	8.00	
20	135 型单层、双层百叶风口	13.00	综合厚度	43	不锈钢板圆形法兰	150.00	$\delta=4\sim10$
21	135 型带导流片百叶风口	13.00	综合厚度	44	不锈钢板风口类	8.00	$\delta=1\sim3$
22	各式消声器	13.00	综合厚度		铝板部分		
23	空调设备	13.00		45	铝板通风管道	8.00	
24	空调设备	8.00		46	铝板圆形法兰	150.00	$\delta=4\sim12$
25	设备支架	4.00	综合厚度	47	铝板风帽	14.00	$\delta=3\sim6$

第三节　工程量清单编制与计价

一、设备安装及部件制作安装工程量清单编制与计价

（一）清单项目设置

工程量清单项目设置以通风及空调设备及部件安装为主项，按设备规格、型号、质量，支架材质、除锈及刷油设计要求和过滤功效设置清单项目。部分通风及空调设备安装工程量清单项目设置参见表 6-4。

表 6-4　通风及空调设备及部件制作安装工程量清单项目设置

项目编码	项目名称	项目特征	计量单位	工程量计算规则	工作内容
030701001	空气加热器（冷却器）	1. 名称； 2. 型号； 3. 规格； 4. 质量； 5. 安装形式； 6. 支架形式、材质	台	按设计图示数量计算	1. 本体安装、调试； 2. 设备支架制作； 3. 补刷（喷）涂料
030701002	除尘设备				
030701003	空调器	1. 名称； 2. 型号； 3. 规格； 4. 安装形式； 5. 质量； 6. 隔振垫（器）、支架形式、材质	台（组）		1. 本体安装或组装、调试； 2. 设备支架制作； 3. 补刷（喷）涂料
030701004	风机盘管	1. 名称； 2. 型号； 3. 规格； 4. 安装形式； 5. 减振器、支架形式、材质； 6. 试压要求	台		1. 本体安装、调试； 2. 支架制作、安装； 3. 试压； 4. 补刷（喷）涂料
030701005	表冷器	1. 名称； 2. 型号； 3. 规格			1. 本体安装； 2. 型钢制作、安装； 3. 过滤器安装； 4. 挡水板安装； 5. 调试及运转； 6. 补刷（喷）涂料
030701006	密封门	1. 名称； 2. 型号； 3. 规格； 4. 形式； 5. 支架形式、材质	个		1. 本体安装； 2. 本体制作； 3. 支架制作、安装
030701007	挡水板				
030701008	滤水器、溢水盘				
030701009	金属壳体				
030701010	过滤器	1. 名称； 2. 型号； 3. 规格； 4. 类型； 5. 框架形式、材质	1. 台； 2. m²	1. 以台计算，按设计图示数量计算； 2. 以面积计算，按设计图示尺寸以过滤面积计算	1. 本体安装； 2. 框架制作、安装； 3. 补刷（喷）涂料
030701011	净化工作台	1. 名称； 2. 型号； 3. 规格； 4. 类型	台	按设计图示数量计算	1. 本体安装； 2. 补刷（喷）涂料
030701012	风淋室	1. 名称； 2. 型号； 3. 规格； 4. 类型； 5. 质量			
030701013	洁净室				
030701014	除湿机	1. 名称； 2. 型号； 3. 规格； 4. 类型			本体安装
030701015	人防过滤吸收器	1. 名称； 2. 型号； 3. 形式； 4. 材质； 5. 支架形式、材质			1. 过滤吸收器安装； 2. 支架制作、安装

（二）清单设置说明

（1）通风空调设备安装工程量清单项目特征，风机的形式应描述离心式、轴流式、屋顶式、卫生间通风器等；空调器的安装位置应描述吊顶式、落地式、墙上式、窗式、分段组装式，标出单台设备质量；风机盘管的安装应描述安装位置等。

（2）通风空调设备部件制作安装工程量清单项目特征，挡水板的制作安装，其材质特征应描述材料种类及规格，钢材应描述热轧或冷轧等；过滤器安装应描述初效、中效、高效等，区分特征分别编制清单项目。

（3）通风空调设备安装的地脚螺栓按设备自带考虑。

（4）冷冻机组站内的设备按《通用安装工程工程量计算规范》附录 A.13（其他机械安装）设置工程量清单项目。

二、通风管道制作安装

（一）清单项目设置

通风管道制作安装工程量清单项目设置见表 6-5。

表 6-5　通风管道制作安装工程量清单项目设置

项目编码	项目名称	项目特征	计量单位	工程量计算规则	工作内容
030702001	碳钢通风管道	1. 名称； 2. 材质； 3. 形状； 4. 规格； 5. 板材厚度； 6. 管件、法兰等附件及支架设计要求； 7. 接口形式	m²	按设计图示内径尺寸以展开面积计算	1. 风管、管件、法兰、零件、支吊架制作、安装； 2. 过跨风管落地支架制作、安装
030702002	净化通风管道				
030702003	不锈钢板通风管道	1. 名称； 2. 形状； 3. 规格； 4. 板材厚度； 5. 管件、法兰等附件及支架设计要求； 6. 接口形式	m²	按设计图示内径尺寸以展开面积计算	1. 风管、管件、法兰、零件、支吊架制作、安装； 2. 过跨风管落地支架制作、安装
030702004	铝板通风管道				
030702005	塑料通风管道				
030702006	玻璃钢通风管道	1. 名称； 2. 形状； 3. 规格； 4. 板材厚度； 5. 支架形式、材质； 6. 接口形式		按设计图示外径尺寸以展开面积计算	1. 风管、管件安装； 2. 支吊架制作、安装； 3. 过跨风管落地支架制作、安装
030702007	复合型风管	1. 名称； 2. 材质； 3. 形状； 4. 规格； 5. 板材厚度； 6. 接口形式； 7. 支架形式、材质			

项目编码	项目名称	项目特征	计量单位	工程量计算规则	工作内容
030702008	柔软性风管	1. 名称； 2. 材质； 3. 规格； 4. 形式	1. m²； 2. 节	1. 以米计量，按设计图示中心线以长度计算； 2. 以节计量，按设计图示数量计算	1. 风管安装； 2. 风管接头安装； 3. 支吊架制作、安装
030702009	弯头导流叶片	1. 名称； 2. 材质； 3. 规格； 4. 形式	1. m²； 2. 组	1. 以面积计算，按设计图示以展开面积平方米计算； 2. 以组计算，按设计图示数量计算	1. 制作； 2. 组装；
030702010	风管检查孔	1. 名称； 2. 材质； 3. 规格	1. kg； 2. 个	1. 以千克计算，按风管检查孔质量计算； 2. 以个计算，按设计图示数量计算	1. 制作； 2. 组装
030702011	温度、风量测定孔	1. 名称； 2. 材质； 3. 规格； 4. 设计要求	个	按设计图示数量计算	1. 制作； 2. 组装

（二） 清单设置说明

（1）风管展开面积，不扣除检查孔、测定孔、送风口、吸风口等所占面积；风管长度一律以设计图示中心长度为准（主管与支管以其中心线交点划分），包括弯头、三通、变径管、天圆地方等管件的长度，但不包括部件所占的长度。风管展开面积不包括风管、咬口重叠部分面积。风管渐缩管：圆形风管按平均直径展开；矩形风管按平均周长展开。

（2）穿墙套管按展开面积计算，计入通风管道工程量中。

（3）通风管道的法兰垫料或封口材料，按图纸要求应在项目特征中描述。

（4）净化通风管的空气洁净度按 100000 级标准编制，净化通风管使用的型钢材料如要求镀锌时，工作内容应注明支架镀锌。

（5）弯头导流叶片数量，按设计图纸或规范要求计算。

（6）风管检查孔、温度测定孔、风量测定孔数量，按设计图纸或规范要求计算。

（7）清单项目特征描述：风管的形状应描述圆形、矩形、渐缩形等；风管的材质（包括板材、绝热层材料、保护层材料）应描述碳钢、塑料、不锈钢、复合材料、铝材等材料类型、材料的规格（如板厚）、碳钢材料应描述热轧或冷轧等；风管连接应描述咬口、铆接或焊接形式等。

三、通风管道部件制作安装

（一） 清单项目设置

通风管道部件制作安装工程量清单项目设置见表 6-6。

表 6-6　通风管道部件制作安装工程量清单项目设置

项目编码	项目名称	项目特征	计量单位	工程量计算规则	工作内容
030703001	碳钢阀门	1. 名称； 2. 型号； 3. 规格； 4. 质量； 5. 类型； 6. 支架形式、材质	个	按设计图示数量计算	1. 阀体制作； 2. 阀体安装； 3. 支架制作、安装
030703002	柔性软风管阀门	1. 名称； 2. 型号； 3. 材质； 4. 类型			阀体安装
030703003	铝蝶阀	1. 名称； 2. 型号； 3. 质量； 4. 类型			
030703004	不锈钢蝶阀				
030703005	塑料蝶阀	1. 名称； 2. 型号； 3. 规格； 4. 类型			
030703006	玻璃钢蝶阀				
030703007	碳钢风口散流器、百叶窗	1. 名称； 2. 型号； 3. 规格； 4. 质量； 5. 类型； 6. 形式	个	按设计图示数量计算	1. 风口制作、安装； 2. 散流器制作安装； 3. 百叶窗安装
030703008	不锈钢风口、散流器、百叶窗	1. 名称； 2. 型号； 3. 规格； 4. 质量； 5. 类型； 6. 形式			
030703009	塑料风口、散流器、百叶窗				
030703010	玻璃钢风口	1. 名称； 2. 型号； 3. 规格； 4. 类型； 5. 形式			风口安装
030703011	铝及铝合金风口、散流器				1. 风口制作、安装； 2. 散流器制作安装
030703012	碳钢风帽				1. 风帽制作、安装； 2. 筒形风帽滴水盘制作、安装； 3. 风帽筝绳制作、安装； 4. 风帽泛水制作、安装
030703013	不锈钢风帽				
030703014	塑料风帽	1. 名称； 2. 规格； 3. 质量； 4. 类型； 5. 形式； 6. 风帽筝绳、泛水设计要求			
030703015	铝板伞形风帽				1. 板伞形风帽制作、安装； 2. 风帽筝绳制作、安装； 3. 风帽泛水制作、安装
030703016	玻璃钢风帽				1. 玻璃钢风帽安装； 2. 筒形风帽滴水盘安装； 3. 风帽筝绳安装； 4. 风帽泛水安装

项目编码	项目名称	项目特征	计量单位	工程量计算规则	工作内容
030703017	碳钢罩类	1. 名称； 2. 型号； 3. 规格； 4. 质量； 5. 类型； 6. 形式	个	按设计图示数量计算	1. 罩类制作； 2. 罩类安装
030703018	塑料罩类				
030703019	柔性接口	1. 名称； 2. 规格； 3. 材质； 4. 类型； 5. 形式	m²	按设计图示尺寸以展开面积计算	1. 柔性接口制作； 2. 柔性接口安装
030703020	消声器	1. 名称； 2. 规格； 3. 材质； 4. 形式； 5. 质量； 6. 支架形式、材质	个	按设计图示数量计算	1. 消声器制作； 2. 消声器安装； 3. 支架制作安装
030703021	静压箱	1. 名称； 2. 规格； 3. 形式； 4. 材质； 5. 支架形式、材质	1. 个； 2. m²	1. 以个计算，按设计图示数量计算； 2. 以平方米计算，按设计图示尺寸以展开面积计算	1. 静压箱制作； 2. 静压箱安装； 3. 支架制作、安装

（二）清单设置说明

（1）碳钢阀门包括：空气加热器上通阀、空气加热器旁通阀、圆形瓣式启动阀、风管蝶阀、风管止回阀、密闭式斜插板阀、矩形风管三通调节阀、对开式多叶调节阀、风管防火阀、各型风罩调节阀等。

（2）塑料阀门包括：塑料蝶阀、塑料插板阀、各型风罩塑料调节阀。

（3）碳钢风口、散流器、百叶窗包括：百叶风口、矩形送风口、矩形空气分布器、风管插板分口、旋转吹风口、圆形散流器、方形散流器、流线型散流器、送吸风口、活动箅式风口、网式风口、钢百叶窗等。

（4）碳钢罩类包括：皮带防护罩、电动机防雨罩、侧吸罩、中小型零件焊接排气罩、整体分组式槽边侧吸罩、吹吸式槽边通风罩、条缝槽边抽风罩、泥心烘炉排气罩、升降式回转排气罩、上下吸式圆形回转罩、升降式排气罩、手锻炉排气罩。

（5）塑料罩类包括：塑料槽边侧吸罩、塑料槽边风罩、塑料条缝槽边抽风罩。

（6）柔性接口包括：金属、非金属软接口及伸缩节。

（7）消声器包括：片式消声器、矿棉管式消声器、聚酯泡沫式管式消声器、卡普隆纤维管式消声器、弧形声流式消声器、阻抗复合式消声器、微穿孔板消声器、消声弯头。

（8）通风部件如图纸要求制作安装或用成品部件只安装不制作，这类特征在项目特征中应明确描述，不能重复计算制作费用。

（9）静压箱的面积计算：按设计图示尺寸以展开面积计算，不扣除开口面积。

（10）碳钢调节阀制作工程量以质量计量，调节阀质量按设计图示规格型号，采用国标通用部件质量标准。

（11）其特征描述应注意以下几点。

① 调节阀的类型应描述三通调节阀（手柄式、拉杆式）、蝶阀（防爆、保温等）、防火阀（圆形、矩形）等；调节阀的周长，圆形管道指直径，矩形管道指边长。

② 风口类型应描述百叶风口、矩形风口、旋转吹风口、送吸风口、活动算式风口、网式风口、钢百叶窗等；散流器类型则描述矩形空气分布器、圆形散流器、方形散流器、流线型散流器；风口形状应描述方形或圆形等。

③ 风帽的形状应描述伞形、锥形、筒形等；风帽的材质应描述材料类别（碳钢、不锈钢、塑料、铝材等）材料成分等。

④ 罩类的类型应描述传动带防护罩、电动机防护罩、侧吸罩、焊接台排气罩、整体分组式槽边侧吸罩、吹吸式槽边通风罩、条缝槽边抽风罩、泥心烘炉排气罩、升降式回转排气罩、上下吸式圆形回转罩、升降式排气罩、手锻炉排气罩等。

⑤ 消声器的类型应描述片式、矿棉管式、聚酯泡沫管式、卡普隆纤维式、弧形声流式等；静压箱的材料应描述材料种类和板厚，规格应描述其（长×宽×高）尺寸等。

四、通风空调工程检测、调试

（一）通风管道漏风量检测

风管及管件安装结束后，在进行防腐和保温之前，应按照系统的压力等级进行严密性检验。低压风管系统的严密性检验，在加工工艺得到保证的前提下，一般以主干管为主采用漏光法检测；中压风管系统的严密性检验一般在漏光法检测的基础上做漏风量的抽检；高压风管则必须全数进行漏风量检测。

（1）风管严密性的漏光法检测 风管严密性的漏光法检测，是利用光线对小孔的强穿透力，对系统风管严密程度进行检测的方法。风管严密性的漏光法检测，是采用具有一定强度的安全光源，一般的手持移动光源可采用不低于100W带防护罩的低压照明灯，或其他的低压光源，如图 6-19 所示。

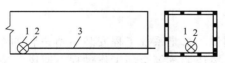

图 6-19　测光法试验检查系统
1—保护罩；2—灯泡；3—电线

（2）漏风量的测试 漏风量测试装置，一般分为风管式和风室式两种。在风管式漏风测试装置中，使用的计量元件为孔板；在风室式漏风测试装置中，使用的计量元件为喷嘴。图 6-20 及图 6-21 所示是风管式漏风量的测试装置。它是由离心式风机、连接风管、测压仪器、整流栅、节流器和标准孔板等组成。

在漏风量测试装置中，所使用风机的风压和风量应大于被测定系统或设备的规定试验压力及最大允许漏风量的 1.2 倍。

（二）清单项目设置

在定额计价模式中，通风空调工程系统调试是以综合系数的形式计取费用的。在清单计

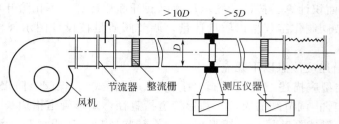

图 6-20 正压风管式漏风量测试装置

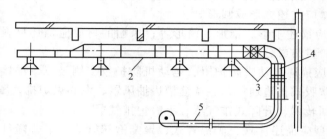

图 6-21 风管漏风试验系统连接示范

1—风口；2—被测风管；3—盲板；4—胶袋密封；5—试验装置

价模式中，通风空调工程检测、调试清单项目设置见表 6-7。

表 6-7 通风空调工程检测、调试清单项目

项目编码	项目名称	项目特征	计量单位	工程量计算规则	工作内容
030704001	通风工程检测、调试	风管工程量	系统	按通风系统计算	1. 通风管道风量测定； 2. 风压测定； 3. 温度测定； 4. 各系统风口、阀门调整
030704002	风管漏光试验、漏风试验	漏光试验、漏风试验、设计要求	m²	按设计图纸或规范要求以展开面积计算	通风管道漏光试验、漏风试验

（三）清单设置说明

通风空调工程检测、调试项目是系统工程安装后所进行的系统检测及对系统的各风口、调节阀、排气罩进行风量、风压调试等全部工作过程。通风空调工程系统检测、调试以"系统"为计量单位。

五、清单项目设置应注意的问题

（1）冷冻机组站内的设备安装、通风机安装及人防两用通风机的安装，应按《通用安装工程工程量计算规范》附录 A "机械设备安装工程"相关项目编码列项。

（2）冷冻机组站内的管道安装，应按《通用安装工程工程量计算规范》附录 H "工业管道工程"相关项目编码列项。

（3）冷冻站外墙皮以外通往通风空调设备的供热、供冷、供水等管道，应按《通用安装工程工程量计算规范》附录 K "给排水、采暖、燃气工程"相关项目编码列项。

（4）设备和支架的除锈、刷漆、保温及保护层安装，应按照《通用安装工程工程量计算规范》附录 M "刷油、防腐蚀、绝热工程"相关项目编码列项。

第四节　通风空调安装工程造价计价实例

广东省广州市某建筑工程学校办公楼空调工程，空调面积 3500m²，建筑共 7 层，首层 4m，2～7 层 3.4m。冷冻水由设置于相邻建筑的冷冻机房供应。

本工程中一层休息大厅和门厅设计为全空气低速空调系统，其柜式空调机组 K-1 设在一层空调机房，办公用房设计为风机盘管加新风系统，其新风机组 X-1 设在休息大厅。二层办公室、教室及会议室设计为风机盘管加新风系统，其新风机组 X-2～X-7 设在各层走道。

本工程的风机盘管加新风系统设计采用卧式暗装型风机盘管带回风箱，送风采用方形散流器（带人字闸）下送，回风采用门铰式回风口，回风口带过滤器，新风接于风机盘管的送风管。所有风机盘管均设三挡风速开关。

空调机回水支管上装上电动两通阀，由房间温度控制通过盘管的水量；新风机回水支管上装上电动两通阀，由送风温度控制通过盘管的水量。

本工程中空调冷冻水管采用镀锌钢管，凝结水管采用 PVC 管。

本工程风管采用铝箔玻璃棉毡保温，铝箔玻璃棉毡密度为 48kg/m³，保温层厚度 30mm。冷冻水保温材料选用福乐斯橡塑保温材料，不同管径的保温层厚度如表 6-8 所示。

表 6-8　不同管径的保温层厚度

管径	DN20～DN25	DN32～DN70	DN80～DN125	≥DN200
保温材料厚度	30mm	35mm	40mm	45mm

本工程所有空调机进、出水管上均装温度计和压力表。

本工程所有风机盘管安装高度均为机底距地 3300mm，风机盘管送风口为散流器下送，送风管安装高度为接管高度，回风口均为门铰式回风百叶。其具体安装尺寸见表 6-9。

表 6-9　风机盘管回风口及送风管接管尺寸　　　　　　　　　　单位：mm

风机盘管型号	回风口	送风口（下送）数量			送风管
		1	2	3	
YFCU300HSCC	600×300	225×225			700×120
YFCU400HSCC	700×300	300×300	225×225		700×120
YFCU600HSCC	900×300	300×300	300×300		900×120
YFCU800HSCC	1200×300	375×375	300×300		1200×120
YFCU1000HSCC	1200×300	375×375	300×300		1200×120
YFCU1200HSCC	1700×300	400×400	300×300	300×300	1700×120

走道内新风主管管底距地 3100mm，从新风主管接出的新风支管均设风量调节阀。走道风机盘管供回水干管底距地 3100mm，冷凝水干管起始点管底距地 3250mm，以 0.01 坡度坡向泄水点。所有风机盘管的水管支管均为 DN20，安装高度为风机盘管接管高度，管底距地 3300mm。

冷凝水管凡图中未标管径者支管均为 DN32，干管为 DN40。

一、通风空调安装工程施工图

对于民用建筑通风空调安装工程来说，其施工图主要包括图纸目录、设计说明、图例、设备材料表、水系统图（包括冷却水系统和冷冻水系统）、各层平面图（风管平面布置图、水管平面布置图，有时系统较简单时可将两者布置在一张图上）、剖面图（视具体情况决定在何处剖）、冷源机房平剖面图、设备安装大样图等。

通风空调安装工程造价计价实例所使用的施工图如图 6-22～图 6-26 所示。

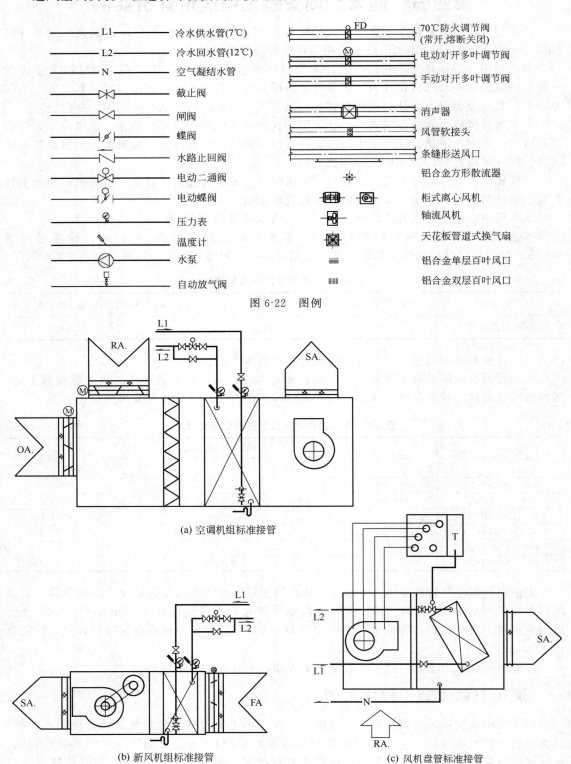

————L1————	冷水供水管(7℃)	
————L2————	冷水回水管(12℃)	
————N————	空气凝结水管	
截止阀		
闸阀		
蝶阀		
水路止回阀		
电动二通阀		
电动蝶阀		
压力表		
温度计		
水泵		
自动放气阀		

FD — 70℃防火调节阀(常开,熔断关闭)
电动对开多叶调节阀
手动对开多叶调节阀
消声器
风管软接头
条缝形送风口
铝合金方形散流器
柜式离心风机
轴流风机
天花板管道式换气扇
铝合金单层百叶风口
铝合金双层百叶风口

图 6-22　图例

(a) 空调机组标准接管

(b) 新风机组标准接管

(c) 风机盘管标准接管

图 6-23　设备接管图

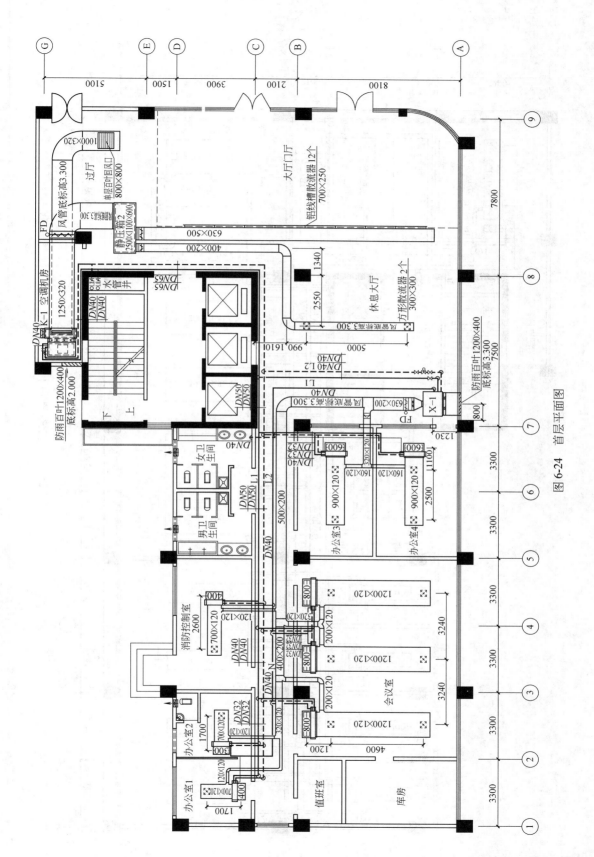

图 6-24 首层平面图

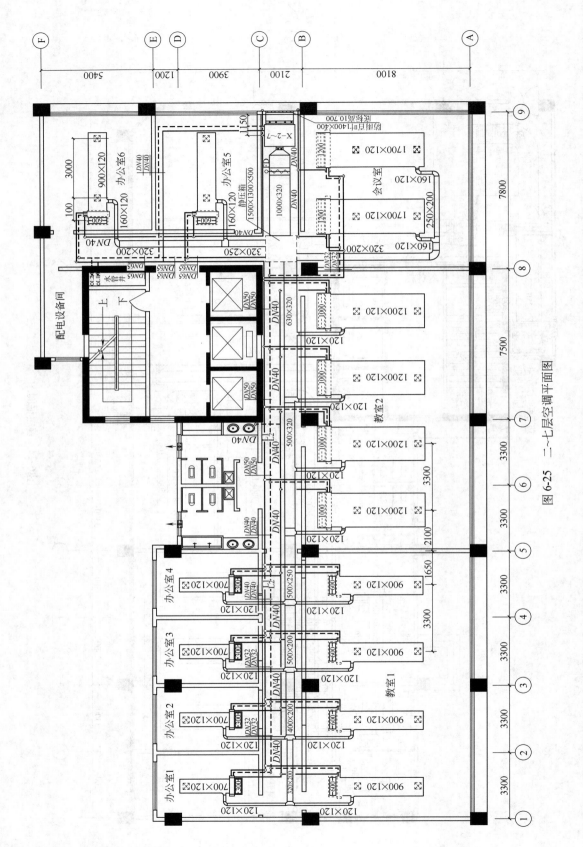

图 6-25 二~七层空调平面图

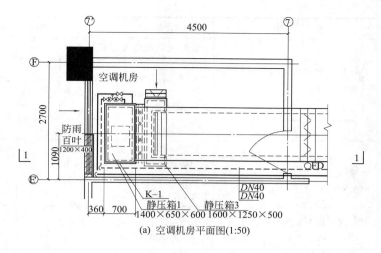

(a) 空调机房平面图(1:50)

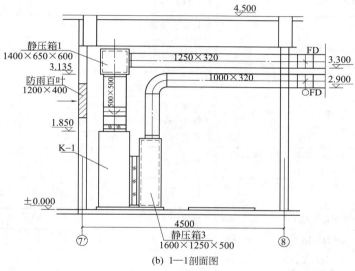

(b) 1—1剖面图

图 6-26　空调机房平剖面图

二、工程量计算

1. 工程量计算书（见表 6-10）

表 6-10　工程量计算书

序号	项目名称	规　格　型　号	计算方法及说明	单位	数量	备注
一层						
一	一层空气系统					
(一)	休息大厅及门厅全空气系统					
1	设备	立式空调风柜 K-1，$L=8500\text{m}^3/\text{h}$，$Q=69.2\text{kW}$，$N=2.2\text{kW}$	空调机房	台	1	平面图
2	风管					

序号	项目名称	规　格　型　号	计算方法及说明	单位	数量	备注
2.1	回风管	1000×320, $\delta = 1.0$mm, 周长 $= 2.64$m	长度＝回风管末端至弯头水平管 2.8m＋弯头至空调风柜水平管 6.5m＋空调风柜垂直管 1.4m－防火调节阀长（0.32＋0.24）m＝10.14m	m²	26.77	平面图、空调机房平/剖面图
2.2	送风管					
2.2.1	干管	空调风柜出口至静压箱 1 间垂直管，500×500，$\delta = 0.75$mm，周长 $= 2$m	长度＝静压箱 1 底与空调风柜出口标高差（3.135－1.85）m－出口风管软接长度 0.3m－出口风阀长度 0.21m＝0.775m	m²	1.55	机房剖面图
		静压箱 1 至静压箱 2 之间水平管，1250×320，$\delta = 1.2$mm，周长 $= 3.14$m	长度＝静压箱 1 至弯头 6.5m＋弯头至静压箱 2 距离 2.7m－防火调节阀长（0.32＋0.24）m＝8.64m	m²	27.13	平面图
2.2.2	支管	左侧支管，400×200，$\delta = 0.75$mm，周长 $= 1.2$m	长度＝静压箱 2 至弯头间水平管 7.5m＋弯头至弯头间水平管 4m＋弯头至管终端水平管 6.3m－静压箱 2 出口风阀长度 0.21m＝17.59m	m²	21.11	平面图
		右侧支管，630×500，$\delta = 1.0$mm，周长 $= 2.26$m	长度＝静压箱 2 至管终端水平管 14.8m－静压箱 2 出口风阀长度 0.21m＝14.59m	m²	32.97	
2.3	风管软接	回风软接，1250×1250，周长 $= 5$m	长度＝0.3m	m²	1.5	空调机房剖面图
		送风软接，500×500，周长 $= 2$m	长度＝0.3m	m²	0.6	
3	静压箱	送风静压箱 1，$1400 \times 650 \times 600$	机房	个	1	
		送风静压箱 2，$2500 \times 1100 \times 600$	大厅	个	1	平面图
		回风静压箱，$1600 \times 1250 \times 500$	机房	个	1	平面图
4	风阀	防火调节阀（70℃），100×320	回风管穿越机房处	个	1	平面图
		防火调节阀（70℃），1250×320	送风管穿越机房处	个	1	平面图
		手动对开多叶调节阀，500×500	空调风柜送风管出口处	个	1	机房剖面图
		手动对开多叶调节阀，600×450	空调风柜回风静压箱新风入口风阀	个	1	平面图
		手动对开多叶调节阀，600×450	静压箱 2 右侧出口接管处	个	1	平面图
		手动对开多叶调节阀，400×200	静压箱 2 左侧出口接管处	个	1	平面图
5	风口	新风百叶，1200×400	空调机房	个	1	机房平面图
		单层百叶回风口，800×800	回风管上	个	1	平面图
		方形散流器 300×300	静压箱 2 左侧送风支管	个	2	平面图
		铝线槽散流器风口，700×250	静压箱 2 右侧送风支管	个	12	平面图

序号	项目名称	规 格 型 号	计算方法及说明	单位	数量	备注
（二）	新风系统					
1	设备	吊顶式空调风柜 X-1，2700m³/h，$Q=37.3kW$，$N=0.75kW$	休息大厅左下侧	台	1	平面图
2	风管					
2.1	干管	新风机入口管，1200×400，$\delta=1.2mm$，周长=3.2m	长度=0.7m	m²	2.24	平面图
		新风机出口渐扩管，260×260渐扩至630×200，长度$H=400mm$，$\delta=1.0mm$	面积=$(A+B+a+B)H$	m²	0.54	平面图
		干管，630×200，$\delta=1.0mm$，周长=1.66m	长度=1.5m－风阀长度0.21m=1.29m	m²	2.14	平面图
		干管，500×200，$\delta=0.75mm$，周长=1.4m	休息大厅水平段4.1m＋走廊水平段11.2m=15.3m	m²	21.42	平面图
		干管，400×200，$\delta=0.75mm$，周长=1.2m	长度=2.7m	m²	3.24	平面图
		干管，320×120，$\delta=0.75mm$，周长=0.88m	长度=2.8m	m²	2.46	平面图
2.2	支管					
	办公室1、2	120×120，$\delta=0.5mm$，周长=0.48m	接办公室1风机盘管(1.4+2.7+0.8)m＋接办公室2风机盘管2.3m－蝶阀0.15m×2=6.9m	m²	3.31	平面图
	办公室3、4	320×120，$\delta=0.75mm$，周长=0.88m	长度=2.7m－蝶阀0.15m=2.55m	m²	2.24	平面图
		160×120，$\delta=0.5mm$，周长=0.56m	长度=2.9m	m²	1.62	平面图
	会议室	320×120，$\delta=0.75mm$，周长=0.88m	长度=1.8m－蝶阀0.15m=1.65m	m²	1.45	平面图
		200×120，$\delta=0.5mm$，周长=0.64m	长度=接右侧风机盘管2m－蝶阀0.15m＋接左侧风机盘管(2+1.6)m=5.45m	m²	3.49	平面图
	消防控制室	120×120，$\delta=0.5mm$，周长=0.48m	长度=2.7m－蝶阀0.15m=2.55m	m²	1.27	平面图
2.3	风管软接	进风软接，1200×400，周长=3.2m	长度=0.3m	m²	0.96	平面图
		送风软接，630×200，周长=1.66m	长度=0.3m	m²	0.5	平面图
3	风阀	防火调节阀（70℃），630×200	新风机出口处	个	1	平面图
		新风支管调节阀，320×120	接办公室3、4干管1个＋会议室右侧风机盘管1个	个	2	平面图
		新风支管调节阀，200×120	会议室左侧风机盘管1个	个	1	平面图
		新风支管调节阀，120×120	办公室2、消防控制室各1	个	1	平面图
4	新风百叶	新风百叶，1200×400	新风进口	个	1	平面图

序号	项目名称	规 格 型 号	计算方法及说明	单位	数量	备注
（三）	风机盘管系统					
1	办公室1、2,消防控制室	风机盘管（带回风箱）FP400	办公室1、办公室2、消防控制室各1	台	3	平面图
		送风管,700×120,$\delta=0.75$mm,周长=1.64m	长度=办公室1长度1.6m+办公室2长度1.6m+消防控制室2.5m=5.7m	m²	9.35	平面图
		方形散流器（带人字闸）300×300	办公室1、办公室2、消防控制室各1	个	3	平面图
		铝铰式滤网回风口700×300	办公室1、办公室2、消防控制室各1	个	3	平面图
2	办公室3、4	风机盘管（带回风箱）FP600	办公室3、办公室4各1	台	2	平面图
		送风管,900×120,$\delta=1.00$mm,周长=2.04m	长度=办公室3长度3.4m+办公室4长度3.4m=6.8m	m²	13.87	平面图
		方形散流器（带人字闸）300×300	办公室3、办公室4各2	个	4	平面图
		铝铰式滤网回风口900×300	办公室3、办公室4各1	个	2	平面图
3	会议室	风机盘管（带回风箱）FP800		台	3	平面图
		送风管,1200×120,$\delta=1.2$mm,周长=2.64m	长度=5.7m×3=17.1m	m²	45.14	平面图
		方形散流器（带人字闸）300×300		个	6	平面图
		铝铰式滤网回风口1200×300		个	3	平面图
（四）	风管保温	风管铝箔玻璃棉毡（厚度30cm）	按公式 $V_{风管}=2\delta l(A+B+2\delta)$ 计算	m³	6.29	
（五）	厕所排气扇	$L=6.5$m³/min		台	3	平面图
二	一层水系统					
（一）	冷冻水系统					
1	干管部分					
1.1	管道	$DN65$（供回水）	（立管至三通处1.1m+大厅段13.6m）×2=29.4m	m	29.4	平面图
		$DN50$（供回水）	12.5m×2=25m	m	25	平面图
		$DN40$（供回水）	3.5×2=7m	m	7	平面图
		$DN32$（供回水）	2.3×2=4.6m	m	4.6	平面图
1.2	阀门	蝶阀$DN65$	供回水立管出口处各1	个	2	平面图
		自动放气阀$DN25$	供水干管末端	个	1	
2	支管部分					
2.1	办公室1、2,消防控制室					

序号	项目名称	规 格 型 号	计算方法及说明	单位	数量	备注
	管道	镀锌钢管 $DN20$（供回水）	长度＝办公室 1 供回水管 1.3m×2＋办公室 2 供回水管 1.45m×2＋消防控制室供回水管 1.45m×2=8.4m	m	8.4	平面图
	阀门	铜闸阀 $DN20$	风机盘管供回水管各 1	个	6	接管图
		电动二通阀 $DN20$（带温控器）	风机盘管回水管 1	个	3	接管图
2.2	办公室 3、4					
	管道	镀锌钢管 $DN32$（供回水）	长度=2.25m×2=4.5m	m	4.5	平面图
	阀门	镀锌钢管 $DN20$（供回水）	长度＝办公室 3 供回水管 1m×2＋办公室 4 供回水管 5.12m×2=12.24m	m	12.24	平面图
		铜闸阀 $DN20$	风机盘管供回水管各 1	个	4	接管图
		电动二通阀 $DN20$（带温控器）	风机盘管回水管 1	个	2	接管图
2.3	会议室					
	管道	镀锌钢管 $DN32$（供回水）	长度＝（会议室右侧盘管干管 2.6m）×2=5.2m	m	5.2	平面图
		镀锌钢管 $DN20$（供回水）	长度＝（会议室左侧盘管 2.6m＋会议室右侧盘管支管 1.5m）×2=8.2m	m	8.2	平面图
	阀门	铜闸阀 $DN20$	风机盘管供回水管各 1	个	6	接管图
		电动二通阀 $DN20$（带温控器）	风机盘管回水管 1	个	3	接管图
2.4	紫铜管	紫铜管 $DN20$（接风机盘管）	风机盘管进出水各 0.5m，共 8 台，长度=0.5m×2×8=8m	m	8	平面图
2.5	接新风机					
	管道	镀锌钢管 $DN40$（供回水）	长度=8.8m×2=17.6m	m	17.2	平面图
	阀门	铜闸阀 $DN40$	新风机供水管 1＋回水管 3	个	4	接管图
		比例积分电动二通阀 $DN40$	新风机回水管 1	个	1	接管图
	橡胶软接头	$DN40$	新风机供水管各 1	个	2	接管图
	金属套管温度计		新风机供回水管各 1	支	2	接管图
	金属压力表（根部配闸阀 $DN15$ 及缓冲管）0～2.0MPa		新风机供回水管各 1	块	2	接管图
2.6	接空调机房					
	管道	镀锌钢管 $DN40$（供回水）	长度=11.1m×2=22.2m	m	22.2	平面图
	阀门	铜闸阀 $DN40$	空调风柜供水管 1＋回水管 3	个	4	接管图
		比例积分电动二通阀 $DN40$	空调风柜回水管 1	个	1	接管图
	橡胶软接头	$DN40$	空调风柜供水管各 1	个	2	接管图
	金属套管温度计		空调风柜供回水管各 1	支	2	接管图
	金属压力表（根部配闸阀 $DN15$ 及缓冲管）0～2.0MPa		空调风柜供回水管各 1	块	2	接管图

序号	项目名称	规 格 型 号	计算方法及说明	单位	数量	备注
(二)	凝结水管(PVC)					
	干管	走廊至卫生间凝结水管 DN40	长度＝走廊直管 16.8m＋去办公室 1、2 直管 1.6m＋去办公室 3、4 直管 2.5m＋去卫生间直管 1.2m＋卫生间垂直管 3.3m＝25.4m	m	25.4	平面图
	支管	办公室 1、2 凝结水管 DN32	长度＝办公室 1 管长 1.4m＋办公室 2 管长 0.92m＝2.32m	m	2.32	平面图
		办公室 3、4 凝结水管 DN32	长度＝办公室 3 管长 0.67m＋办公室 4 管长 4.57m＝5.24m	m	5.24	平面图
		新风机凝结水管 DN40	长度＝10.4m	m	10.4	平面图
		空调风柜凝结水管 DN40	长度＝0.7m	m	0.7	平面图
(三)	水管及阀门保温	冷冻水管、凝结水管保温(保温层厚度根据管径大小确定,见表 6-8)	按公式计算 $V_{管} = L\pi(D + 1.033\delta) \times 1.033\delta$	m³	1.66	
(四)	管道支架	制作安装	估算 105kg	kg	105	
	设备支架	制作安装	估算 110kg	kg	110	
(五)	支架除锈			kg	215	
(六)	支架刷油			kg	215	
			二层			
一	空气系统					
(一)	新风系统					
1	设备	吊顶式新风机 X-2,6800m³/h, $Q=93.8kW,N=1.5kW$		台	1	平面图
2	风管					
2.1	干管	新风机入口管,1400×400, $\delta=1.2mm$,周长＝3.6m	长度＝0.5m	m²	1.8	平面图
		新风机出口渐扩管,350×320 渐扩至 1000×320,长度 $H=400mm,\delta=1.2mm$	面积＝$(A+B+a+B)H$	m²	0.8	平面图
		干管,1000×320,$\delta=1.0mm$,周长＝2.64m	长度＝4m－防火调节阀长度 (0.32＋0.24)m＝3.44m	m²	9.08	平面图
2.2	静压箱至办公室 1~4 部分	干管,630×320,$\delta=1.0mm$, 周长＝1.9m	长度＝6.9m	m²	13.11	平面图
		干管,500×320,$\delta=0.75mm$, 周长＝1.64m	长度＝6.6m	m²	10.82	平面图
		干管,500×250,$\delta=0.75mm$, 周长＝1.5m	长度＝3.5m	m²	5.25	平面图
		干管,500×200,$\delta=0.75mm$, 周长＝1.4m	长度＝3.3m	m²	4.62	平面图
		干管,400×200,$\delta=0.75mm$, 周长＝1.2m	长度＝3.3m	m²	3.96	平面图
		干管,320×200,$\delta=0.75mm$, 周长＝1.04m	长度＝3.3m	m²	3.43	平面图
		办公室 1~4 支管,120×120,$\delta=0.5mm$,周长＝0.48m	长度＝(3.8m－蝶阀 0.15m)×4＝14.6m	m²	7.01	平面图
		教室 1、2 支管,120×120,$\delta=0.5mm$,周长＝0.48m	长度＝教室 1 长度(3.5m－蝶阀 0.15m)×4＋教室 2 长度(3m－蝶阀 0.15m)×4＝24.8m	m²	11.92	平面图

序号	项目名称	规 格 型 号	计算方法及说明	单位	数量	备注
2.3	静压箱至办公室5、6部分	干管,320×250,δ=0.75mm,周长=1.14m	长度=2m	m²	2.28	平面图
		干管,320×200,δ=0.75mm,周长=1.04m	长度=5.3m	m²	5.51	平面图
		支管,160×120,δ=0.5mm,周长=0.56m	长度=(2.5m−蝶阀0.15m)×2=4.7m	m²	2.63	平面图
2.4	会议室	干管,320×200,δ=0.75mm,周长=1.04m	长度=7.6m	m²	7.9	平面图
		干管,250×200,δ=0.75mm,周长=0.9m	长度=3.3m	m²	2.97	平面图
		支管,160×120,δ=0.5mm,周长=0.56m	长度=(1.2m−蝶阀0.15m)×2=2.1m	m²	1.18	平面图
2.5	风管软接	进风软接,1400×400,周长=3.6m	长度=0.3m	m²	1.08	平面图
		送风软接,350×320,周长=1.34m	长度=0.3m	m²	0.4	平面图
3	风阀	防火调节阀(70℃),1000×320	新风机出口处	个	1	平面图
		新风支管调节阀,120×120	办公室1~4各1,教室1共4,教室2共4	个	12	平面图
		新风支管调节阀,160×120	会议室2+办公室5、6各1	个	4	平面图
4	新风百叶	新风百叶,1400×400	新风进口	个	1	平面图
5	静压箱	1500×1300×500		个	1	平面图

（二）风机盘管系统

序号	项目名称	规 格 型 号	计算方法及说明	单位	数量	备注
1	办公室1~4	风机盘管(带回风箱)FP300	办公室1~4各1	台	4	平面图
		送风管,700×120,δ=0.75mm,周长=1.64m	长度=2.4m×4=9.6m	m²	15.74	平面图
		方形散流器(带人字闸)225×225	办公室1~4各1	个	4	平面图
		铝铰式滤网回风口600×300	办公室1~4各1	个	4	平面图
2	办公室5、6	风机盘管(带回风箱)FP600	办公室5、办公室6各1	台	2	平面图
		送风管,900×120,δ=1.00mm,周长=2.04m	长度=办公室5、办公室6长度3.9m×2=7.8m	m²	15.91	平面图
		方形散流器(带人字闸)300×300	办公室5、办公室6各2	个	4	平面图
		铝铰式滤网回风口900×300	办公室5、办公室6各1	个	2	平面图
3	教室1	风机盘管(带回风箱)FP600	办公室1共4	台	4	平面图
		送风管,900×120,δ=1.00mm,周长=2.04m	长度=3.9m×4=15.6m	m²	31.82	平面图
		方形散流器(带人字闸)300×300	教室1共8	个	8	平面图
		铝铰式滤网回风口900×300	教室1共4	个	4	平面图

序号	项目名称	规格型号	计算方法及说明	单位	数量	备注
4	教室2	风机盘管(带回风箱)FP1000	办公室1共4	台	4	平面图
		送风管,1200×120,$\delta=1.2$mm,周长=2.64m	长度=4.5m×4=18m	m²	47.52	平面图
		方形散流器(带人字闸)300×300	教室2共8	个	8	平面图
		铝铰式滤网回风口 1200×300	教室2共4	个	4	平面图
5	会议室	风机盘管(带回风箱)FP1200	共2	台	2	平面图
		送风管,1700×120,$\delta=1.2$mm,周长=3.64m	长度=4.5m×2=9m	m²	32.76	平面图
		方形散流器(带人字闸)300×300	共4	个	4	平面图
		铝铰式滤网回风口 1700×300	共2	个	2	平面图
(三)	风管保温	风管铝箔玻璃棉毡(厚度30cm)	按公式 $V_{风管}=2\delta l(A+B+2\delta)$ 计算	m³	7.70	
(四)	厕所排气扇	$L=6.5$m³/min		台	2	平面图
二	水系统					
(一)	冷冻水系统					
	干管部分					
1	管道(供回水)	管道 $DN65$	长度=10.42m×2=20.84m	m	20.84	平面图
		管道 $DN50$	长度=10m×2=20m	m	20	平面图
		管道 $DN40$	长度=7.6m×2=15.2m	m	15.2	平面图
		管道 $DN32$	长度=6.7m×2=13.4m	m	13.4	平面图
	阀门	蝶阀 $DN65$	干管供回水管各1	个	2	平面图
		自动放气阀 $DN25$	供水干管末端	个	1	平面图
2	支管部分					
2.1	办公室1~4					
	管道(供回水)	$DN20$	长度=(每室长度1.75m×2)×4	m	14	平面图
	阀门	铜闸阀 $DN20$	风机盘管供回水管各1	个	8	接管图
		电动二通阀 $DN20$(带温控器)	风机盘管回水管1	个	4	接管图
2.2	办公室5、6					
	管道(供回水)	$DN20$	长度=(每室长度2.25m×2)×2	m	9	平面图
	阀门	铜闸阀 $DN20$	风机盘管供回水管各1	个	4	接管图
		电动二通阀 $DN20$(带温控器)	风机盘管回水管1	个	2	接管图
2.3	教室1					
	管道(供回水)	$DN20$	长度=(每室长度3.5m×2)×4	m	28	平面图
	阀门	铜闸阀 $DN20$	风机盘管供回水管各1	个	8	接管图
		电动二通阀 $DN20$(带温控器)	风机盘管回水管1	个	4	接管图

序号	项目名称	规 格 型 号	计算方法及说明	单位	数量	备注
2.4	教室2					
	管道（供回水）	$DN20$	长度＝（每室长度3m×2）×4	m	24	平面图
	阀门	铜闸阀$DN20$	风机盘管供回水管各1	个	8	接管图
		电动二通阀$DN20$（带温控器）	风机盘管回水管1	个	4	接管图
2.5	会议室					
	管道（供回水）	$DN32$	长度＝（每室长度5m×2）×2	m	20	平面图
		$DN20$	长度＝左侧风机盘管1.3m×2＋右侧盘管3.5m×2＝9.6m	m	9.6	平面图
	阀门	铜闸阀$DN20$	风机盘管供回水管各1	个	4	接管图
		电动二通阀$DN20$（带温控器）	风机盘管回水管1	个	2	接管图
2.6	紫铜管	紫铜管$DN20$（接风机盘管）	风机盘管进出水各0.5m,共16台,长度＝0.5m×2×16＝16m	m	16	平面图
2.7	新风机组					
	管道（供回水）	$DN40$	长度＝11m	m	11	平面图
	阀门	铜闸阀$DN40$	新风机供水管1＋回水管3	个	4	接管图
		比例积分电动二通阀$DN40$	新风机回水管1	个	1	接管图
	橡胶软接头	$DN40$	新风机供水管各1	个	2	接管图
	金属套管温度计		新风机供回水管各1	支	2	接管图
	金属压力表（根部配闸阀$DN15$及缓冲管）0～2.0MPa		新风机供回水管各1	块	2	接管图
（二）	凝结水部分					
1	办公室1～4,教室1、2部分					
1.1	干管	$DN40$	长度＝走廊24m＋卫生间1.2m＋卫生间垂直管3.3m＝28.5m	m	28.5	平面图
1.2	支管	$DN32$	办公室1～4共2.3m×4＋教室1共2.7m×4＋教室2共（2.1m×4＋2.5m）＝30.9m	m	30.9	平面图
2	会议室					
2.1	干管	$DN40$	长度＝6.4m	m	6.4	平面图
2.2	支管	$DN32$	长度＝1.3m×2＝2.6m	m	2.6	平面图
3	办公室5、6,新风机部分					
3.1	干管	$DN40$	长度＝14.9m	m	14.9	平面图
3.2	支管	$DN32$	长度＝办公室5共1m＋办公室共1m＋新风机0.3m＝2.3m	m	2.3	平面图
（三）	水管及阀门保温	冷冻水管、凝结水管保温（保温层厚度根据管径大小确定,见表6-8）	按公式计算 $V_{管}=L\pi(D+1.033\delta)\times1.033\delta$	m³	1.98	
（四）	管道支架	制作安装	估算235kg	kg	235	

序号	项目名称	规 格 型 号	计算方法及说明	单位	数量	备注
	设备支架	制作安装	估算 210kg	kg	210	
(五)	支架除锈			kg	445	
(六)	支架刷油			kg	445	
	三～七层(计算方法同二层)						
	管道消毒、冲洗,DN100 以内		根据上述计算汇总	m	154.4	
	管道消毒、冲洗,DN50 以内		根据上述计算汇总	m	1766.4	

2. 工程量汇总表（见表 6-11）

表 6-11　工程量汇总表

序号	项 目 名 称	单位	数量
1	立式空调风柜 K-1-1　8500m³/h,$Q=69.2$kW,$N=2.2$kW	台	1
2	吊顶式空调风柜 X-1　2700m³/h,$Q=37.3$kW,$N=0.75$kW	台	1
3	吊顶式空调风柜 X-2　6800m³/h,$Q=93.8$kW,$N=1.5$kW	台	6
4	隔墙式排气扇　$L=6.5$m³/min	台	15
5	卧式风机盘管 FP1200	台	12
6	卧式风机盘管 FP1000	台	24
7	卧式风机盘管 FP800	台	3
8	卧式风机盘管 FP600	台	38
9	卧式风机盘管 FP400	台	2
10	卧式风机盘管 FP300	台	27
11	风管保温玻璃棉毡(厚度 30mm)	m³	52.49
12	矩形风管　$\delta=1.2$mm	m²	571.79
13	矩形风管　$\delta=1.0$mm	m²	495.81
14	矩形风管　$\delta=0.75$mm	m²	438.3
15	矩形风管　$\delta=0.5$mm	m²	146.13
16	风管帆布软接	m²	10.34
17	静压箱　2500mm×1100mm×600mm	个	1
18	静压箱　1400mm×650mm×600mm	个	1
19	静压箱　1600mm×1250mm×500mm	个	1
20	静压箱　900mm×900mm×650mm	个	1
21	静压箱　1100mm×900mm×500mm	个	6
22	蝶阀 DN65	个	16
23	蝶阀 DN40	个	12
24	橡胶软接头 DN40	个	12
25	比例积分电动二通阀 DN40	个	8

序号	项 目 名 称	单位	数量
26	电动二通阀 DN20(带温控器)	个	104
27	自动放气阀 DN25	个	7
28	闸阀 DN40	个	32
29	铜闸阀 DN20	个	208
30	压力表(根部配闸阀 DN15 及缓冲管)0～2.0MPa	个	16
31	双金属温度计	个	16
32	冷冻水镀锌钢管(保温)DN65	m	154.4
33	冷冻水镀锌钢管(保温)DN50	m	145
34	冷冻水镀锌钢管(保温)DN40	m	203.6
35	冷冻水镀锌钢管(保温)DN32	m	214.7
36	冷冻水镀锌钢管(保温)DN20	m	536.4
37	紫铜管（保温）DN20	m	104
38	冷凝水 PCV 管 DN40	m	340.3
39	冷凝水 PCV 管 DN32	m	222.4
40	水管橡塑保温体积	m³	13.54
41	防火调节阀(70℃) 1250mm×320mm	个	1
42	防火调节阀(70℃) 1000mm×320mm	个	7
43	防火调节阀(70℃) 630mm×200mm	个	1
44	手动对开多叶调节阀 500mm×500mm	个	1
45	手动对开多叶调节阀 600mm×450mm	个	2
46	手动对开多叶调节阀 400mm×200mm	个	1
47	手动对开多叶调节阀 320mm×120mm	个	2
48	手动对开多叶调节阀 200mm×120mm	个	1
49	手动对开多叶调节阀 120mm×120mm	个	1
50	单层百叶回风口 800mm×800mm	个	1
51	单层百叶排风口 300mm×200mm	个	6
52	单层百叶排风口 400mm×400mm	个	12
53	铝线槽散流器风口 700mm×250mm	个	12
54	方形散流器(带人字闸) 300mm×300mm	个	183
55	防雨百叶风口 1000mm×800mm	个	1
56	防雨百叶风口 1200mm×400mm	个	1
57	防雨百叶风口 1600mm×400mm	个	6
58	防雨百叶风口 1000mm×300mm	个	6
59	温度、风量测定孔 T615	kg	39.6
60	温度、风量测定孔 T615	个	8
61	设备支架(型材)	kg	1370

序号	项 目 名 称	单位	数量
62	管道支架	kg	1515
63	除锈	kg	2885
64	刷油	kg	2885
65	管道消毒、冲洗，DN100 以内	m	154.4
66	管道消毒、冲洗，DN50 以内	m	1766.4

三、工程造价定额计算方法

表 6-12～表 6-21 是工程预算书的格式。

表 6-12 工程预算书封面

广东省广州市某建筑工程学校办公楼空调工程

施工图（预）结算

编号：AL-KT-01

建设单位（发包人）：_____

施工单位（承包人）：_____

编制（审核）工程造价：1024298.95 元_____

编制（审核）造价指标：_____

编 制（审核）单 位：_____ （单位盖章）

造价工程师及证号：_____ （签字盖执业专用章）

负 责 人：_____ （签字）

编 制 时 间：_____

表 6-13 工程预算书总说明

（一）工程概况：

广东省广州市某建筑工程学校办公楼空调工程，空调面积 3500m²，建筑共 7 层，首层 4m，2～7 层 3.4m。冷冻水由设置于相邻建筑的冷冻机房供应。

（二）主要编制依据：

1. 某综合楼通风空调工程设计/施工图纸；

2. 2010 年广东省安装工程计价办法；

3. 2010 年广东省安装工程量清单项目设置规则；

4. 2010 年广东省安装工程综合定额；

5. 现行工程施工技术规范及工程施工验收规范；

6. 主材价格参照《广州地区建设工程材料指导价格》季度指导价格、市场价格以及设备\材料厂家优惠报价。

（三）本预算项目，按一类地区计算管理费，三类安装工程计算利润，预算包干费按 1.3％计取。

表 6-14　单位工程总价表

工程名称：广东省广州市某建筑工程学校办公楼空调工程　　　　　　　　　　第　页，共　页

序号	项目名称	计算办法	金额/元
1	分部分项工程费		838215.75
1.1	定额分部分项工程费		820310.84
1.1.1	人工费	DRGF	99471.74
1.1.2	材设费	QZC	627630.41
1.1.3	辅材费	DCLF	58011.17
1.1.4	机械费	DJXF	8989.40
1.1.5	管理费	QGL	26208.12
1.2	价差		
1.2.1	人工价差	QRGJC	
1.2.2	材料价差	QCLJC	
1.2.3	机械价差	QJXJC	
1.3	利润	QRG	17904.91
2	措施项目费		34949.73
2.1	安全文明施工费	AQFHWMSG	26429.64
2.2	其他措施项目费	QTCSF	8520.09
3	其他项目费		116715.31
3.1	暂列金额	ZLF	83821.58
3.2	暂估价	ZGGC	
3.3	计日工	LXF	1879.74
3.4	总承包服务费	ZBF	
3.5	材料检验试验费	CLJYSYF	1676.43
3.6	预算包干费	YSBGF	16764.32
3.7	工程优质费	GCYZF	12573.24
3.8	索赔费用	SPFY	
3.9	现场签证费用	XCQZFY	
3.10	独立费	DLF	
3.11	其他费用	QTFY	
4	规费		
4.1	工程排污费	QDF＋QSF＋QTF	
4.2	施工噪声排污费	QDF＋QSF＋QTF	
4.3	防洪工程维护费	QDF＋QSF＋QTF	
4.4	危险作业意外伤害保险费	QDF＋QSF＋QTF	
5	税金	1＋2＋3＋4	34418.16
	合 计(大写)：壹佰零贰万肆仟贰佰玖拾捌元玖角伍分		￥1024298.95

编制人：　　　　　　　　　　　证号：　　　　　　　　　　　编制日期：

表 6-15　定额分部分项工程费汇总表

工程名称：广东省广州市某建筑工程学校办公楼空调工程

序号	定额编号	工程名称型号规格	单位	数量	损耗率	单位价值/元 人工费	材料费	材设费	机械费	管理费	总价值/元 人工费	材料费	材设费	机械费	管理费	合计
		第七册　通风空调工程														
1	C9-8-30	空调器安装（落地式）设备重量（0.8t以内）	台	1.000		296.62	5.51	21000.00		82.22	296.62	5.51	21000.00		82.22	21437.74
	5003001-0001	空调器|K1	台	1.000	1.00			21000.00					21000.00			
2	C9-7-17	设备支架制作	100kg	0.500		199.92	97.27	312.00	132.63	55.42	99.96	48.64	156.00	66.32	27.71	416.62
	0100001-0001	型钢|槽钢	kg	52.000	104.00		35.35	3.00				17.68	156.00			
3	C9-7-18	设备支架安装	100kg	0.500		85.68	35.35	3.00	7.00	23.75	42.84	17.68		3.50	11.88	83.60
4	C9-8-25	空调器安装（吊顶式）设备重量（0.4t以内）	台	1.000		91.19	5.51	12000.00		25.28	91.19	5.51	12000.00		25.28	12138.39
	5003001-0002	空调器|新风机 X-1,风量 2700CHM	台	1.000	1.00			12000.00					12000.00			
5	C9-7-17	设备支架制作	100kg	0.400		199.92	97.27	312.00	132.63	55.42	79.97	38.91	124.80	53.05	22.17	333.29
	0100001-0002	型钢|型钢综合	kg	41.600	104.00		35.35	3.00				14.14	124.80			
6	C9-7-18	设备支架安装	100kg	0.400		85.68	35.35	3.00	7.00	23.75	34.27	14.14		2.80	9.50	66.88
7	C9-8-27	空调器安装（吊顶式）设备重量（0.8t以内）	台	6.000		119.49	5.51	18000.00	18.48	33.12	716.94	33.06	108000.00	110.88	198.72	109188.66
	5003001-0003	空调器|新风机 X-2,风量 6800CHM	台	6.000	1.00			18000.00					108000.00			
8	C9-7-17	设备支架制作	100kg	0.300		199.92	97.27	312.00	132.63	55.42	59.98	29.18	93.60	39.79	16.63	249.97
	0100001	型钢|型钢	kg	31.200	104.00		35.35	3.00				10.61	93.60			
9	C9-7-18	设备支架安装	100kg	0.300		85.68	35.35	3.00	7.00	23.75	25.70	10.61		2.10	7.13	50.16
10	C9-8-54	风机盘管安装	台	12.000		40.04	2.30	2100.00		11.10	480.48	27.60	25200.00	2.10	133.20	25927.80

安装工程预算与工程量清单计价

序号	定额编号	工程名称型号规格	单位	数量	损耗率	单位价值/元					总价值/元					
						人工费	材料费	材设费	机械费	管理费	人工费	材料费	材设费	机械费	管理费	合计
11	1940011-0003	风机盘管 FP-1200	台	12.000	1.00			2100.00					25200.00			
	C9-7-17	设备支架制作 型钢	100kg	1.200		199.92	97.27	312.00	132.63	55.42	239.90	116.72	374.40	159.16	66.50	999.88
	0100001	型钢	kg	124.800	104.00			3.00					374.40			
12	C9-7-18	设备支架安装	100kg	1.200		85.68	35.35		7.00	23.75	102.82	42.42		8.40	28.50	200.64
13	C9-8-54	风机盘管安装	台	24.000		40.04	2.30	1974.00		11.10	960.96	55.20	47376.00		266.40	48831.60
14	1940011-0004	风机盘管 FP-1000	台	24.000	1.00			1974.00					47376.00			
	C9-7-17	设备支架制作	100kg	2.400		199.92	97.27	312.00	132.63	55.42	479.81	233.45	748.80	318.31	133.01	1999.75
	0100001	型钢	kg	249.600	104.00			3.00					748.80			
15	C9-7-18	设备支架安装	100kg	2.400		85.68	35.35		7.00	23.75	205.63	84.84		16.80	57.00	401.28
16	C9-8-54	风机盘管安装	台	3.000		40.04	2.30	1740.00		11.10	120.12	6.90	5220.00		33.30	5401.95
17	1940011-0001	风机盘管 FP-800	台	3.000	1.00			1740.00					5220.00			
	C9-7-17	设备支架制作	100kg	0.300		199.92	97.27	312.00	132.63	55.42	59.98	29.18	93.60	39.79	16.63	249.97
	0100001-0002	型钢综合	kg	31.200	104.00			3.00					93.60			
18	C9-7-18	设备支架安装	100kg	0.300		85.68	35.35		7.00	23.75	25.70	10.61		2.10	7.13	50.16
19	C9-8-54	风机盘管安装	台	38.000		40.04	2.30	1151.00		11.10	1521.52	87.40	43738.00		421.80	46042.70
20	1940011-0002	风机盘管 FP-600	台	38.000	1.00			1151.00					43738.00			
	C9-7-17	设备支架制作	100kg	3.800		199.92	97.27	312.00	132.63	55.42	759.70	369.63	1185.60	503.99	210.60	3166.27
	0100001-0002	型钢综合	kg	395.200	104.00			3.00					1185.60			
21	C9-7-18	设备支架安装	100kg	3.800		85.68	35.35		7.00	23.75	325.58	134.33		26.60	90.25	635.36
22	C9-8-54	风机盘管安装	台	2.000		40.04	2.30	805.00		11.10	80.08	4.60	1610.00		22.20	1731.30
23	1940011	风机盘管	台	2.000	1.00			805.00					1610.00			
	C9-7-17	设备支架制作	100kg	0.200		199.92	97.27	312.00	132.63	55.42	39.98	19.45	62.40	26.53	11.08	166.65
	0100001	型钢	kg	20.800	104.00			3.00					62.40			

序号	定额编号	工程名称型号规格	单位	数量	损耗率	单位价值/元					总价值/元					
						人工费	材料费	材设费	机械费	管理费	人工费	材料费	材设费	机械费	管理费	合计
24	C9-7-18	设备支架安装	100kg	0.200		85.68	35.35		7.00	23.75	17.14	7.07		1.40	4.75	33.44
25	C9-8-54	风机盘管安装	台	27.000		40.04	2.30	805.00		11.10	1081.08	62.10	21735.00		299.70	23372.55
	1940011	风机盘管	台	27.000	1.00			805.00					21735.00			21735.00
26	C9-7-17	设备支架制作	100kg	2.700		199.92	97.27	312.00	132.63	55.42	539.78	262.63	842.40	358.10	149.63	2249.72
	0100001	型钢	kg	280.800	104.00		35.35	3.00				95.45	842.40			842.40
27	C9-7-18	设备支架安装	100kg	2.700		85.68	35.35		7.00	23.75	231.34	95.45		18.90	64.13	451.44
28	C9-1-16	镀锌薄钢板矩形风管(δ=1.2mm以内咬口)周长(4000mm以上)	10m²	57.179		240.31	215.20	477.96	9.20	66.61	13740.69	12304.92	27329.27	526.05	3808.69	60183.18
	0129441	镀锌薄钢板|1.2	m²	650.697	11.38			42.00					27329.27			
29	C9-1-15	镀锌薄钢板矩形风管(δ=1.2mm以内咬口)周长(4000mm以下)	10m²	49.581		197.88	174.25	398.30	12.71	54.85	9811.09	8639.49	19748.11	630.17	2719.52	43314.46
	0129431	镀锌薄钢板|1	m²	564.232	11.38			35.00					19748.11			
30	C9-1-14	镀锌薄钢板矩形风管(δ=1.2mm以内咬口)周长(2000mm以下)	10m²	43.830		263.31	191.79	301.57	23.24	72.99	11540.88	8406.16	13217.81	1018.61	3199.15	39460.15
	0129421	镀锌薄钢板|0.75	m²	498.785	11.38			26.50					13217.81			
31	C9-1-13	镀锌薄钢板矩形风管(δ=1.2mm以内咬口)周长(800mm以下)	10m²	14.613		361.69	225.70	227.60	43.80	100.26	5285.38	3298.15	3325.92	640.05	1465.10	14965.90
	0129411	镀锌薄钢板|0.5	m²	166.296	11.38			20.00					3325.92			
32	C9-1-46	软管接口制作安装	m²	10.340		81.70	150.18		2.45	22.65	844.78	1552.86		25.33	234.20	2809.27
33	C9-7-11	成品静压箱安装每个(1m³以内)	个	1.000		26.78	11.33	980.00		7.42	26.78	11.33	980.00		7.42	1030.35

续表

序号	定额编号	工程名称型号规格	单位	数量	损耗率	单位价值/元					总价值/元					
						人工费	材料费	材设费	机械费	管理费	人工费	材料费	材设费	机械费	管理费	合计
	1959001-0001	静压箱|1400mm×650mm×600mm	个	1.000	1.00			980.00					980.00			
34	C9-7-17	设备支架制作	100kg	0.400		199.92	97.27	312.00	132.63	55.42	79.97	38.91	124.80	53.05	22.17	333.29
	0100001-0002	型钢|型钢综合	kg	41.600	104.00			3.00					124.80			
35	C9-7-18	设备支架安装	100kg	0.400		85.68	35.35		7.00	23.75	34.27	14.14		2.80	9.50	66.88
36	C9-7-11	成品静压箱安装 每个（1m³以内）	个	1.000		26.78	11.33	1500.00		7.42	26.78	11.33	1500.00		7.42	1550.35
	1959001-0002	静压箱|1600mm×1250mm×500mm	个	1.000	1.00			1500.00					1500.00			
37	C9-7-17	设备支架制作	100kg	0.400		199.92	97.27	312.00	132.63	55.42	79.97	38.91	124.80	53.05	22.17	333.29
	0100001-0002	型钢|型钢综合	kg	41.600	104.00			3.00					124.80			
38	C9-7-18	设备支架安装	100kg	0.400		85.68	35.35		7.00	23.75	34.27	14.14		2.80	9.50	66.88
39	C9-7-12	成品静压箱安装 每个（2m³以内）	个	1.000		44.63	18.53	1320.00		12.37	44.63	18.53	1320.00		12.37	1403.56
	1959001-0003	静压箱|2500mm×1150mm×600mm	个	1.000	1.00			1320.00					1320.00			
40	C9-7-17	设备支架制作	100kg	0.400		199.92	97.27	312.00	132.63	55.42	79.97	38.91	124.80	53.05	22.17	333.29
	0100001	型钢	kg	41.600	104.00			3.00					124.80			
41	C9-7-18	设备支架安装	100kg	0.400		85.68	35.35		7.00	23.75	34.27	14.14		2.80	9.50	66.88
42	C9-7-11	成品静压箱安装 每个（1m³以内）	个	1.000		26.78	11.33	460.00		7.42	26.78	11.33	460.00		7.42	510.35
	1959001-0004	静压箱|900mm×900mm×650mm	个	1.000	1.00			460.00					460.00			
43	C9-7-17	设备支架制作	100kg	0.400		199.92	97.27	312.00	132.63	55.42	79.97	38.91	124.80	53.05	22.17	333.29
	0100001	型钢	kg	41.600	104.00			3.00					124.80			

序号	定额编号	工程名称型号规格	单位	数量	损耗率	单位值/元					总价值/元					
						人工费	材料费	材设费	机械费	管理费	人工费	材料费	材设费	机械费	管理费	合计
44	C9-7-18	设备支架安装	100kg	0.400		85.68	35.35		7.00	23.75	34.27	14.14		2.80	9.50	66.88
45	C9-7-11	成品静压箱安装 每个（1m³以内）	个	6.000		26.78	11.33	450.00		7.42	160.68	67.98	2700.00		44.52	3002.10
	1959001-0005	静压箱 Ⅰ 1100mm×900mm×500mm	个	6.000	1.00			450.00					2700.00			
46	C9-7-17	设备支架制作	100kg	2.400		199.92	97.27	312.00	132.63	55.42	479.81	233.45	748.80	318.31	133.01	1999.75
	0100001	型钢	kg	249.600	104.00			3.00					748.80			
47	C9-7-18	设备支架安装	100kg	2.400		85.68	35.35		7.00	23.75	205.63	84.84		16.80	57.00	401.28
48	C9-2-52	调节阀安装 风管防火阀周长（3600mm以内）	个	7.000		49.57	8.04	330.00	8.57	13.74	346.99	56.28	2310.00	59.99	96.18	2931.88
	ZC-0001	风管防火阀1000×320	个	7.000	1.00			330.00					2310.00			
49	C9-2-52	调节阀安装 风管防火阀周长（3600mm以内）	个	1.000		49.57	8.04	360.00	8.57	13.74	49.57	8.04	360.00	8.57	13.74	448.84
	ZC-0002	风管防火阀,1250×320	个	1.000	1.00			360.00					360.00			
50	C9-2-51	调节阀安装 风管防火阀周长（2200mm以内）	个	1.000		8.31	6.09	250.00	5.40	2.30	8.31	6.09	250.00	5.40	2.30	273.60
	ZC-0003	风管防火阀,630×200	个	1.000	1.00			250.00					250.00			
51	C9-2-44	调节阀安装 对开多叶调节阀周长（2800mm以内）	个	1.000		17.85	6.79	310.00	6.98	4.95	17.85	6.79	310.00	6.98	4.95	349.78
	ZC-0004	对开多叶调节阀,500mm×500mm	个	1.000	1.00			310.00					310.00			
52	C9-2-44	调节阀安装 对开多叶调节阀周长（2800mm以内）	个	2.000		17.85	6.79	326.00	6.98	4.95	35.70	13.58	652.00	13.96	9.90	731.56

序号	定额编号	工程名称型号规格	单位	数量	损耗率	单位价值/元					总价值/元					
						人工费	材料费	材设费	机械费	管理费	人工费	材料费	材设费	机械费	管理费	合计
53	ZC-0005	对开多叶调节阀,600×450	个	2.000	1.00			326.00					652.00			
	C9-2-44	调节阀安装 对开多叶调节阀周长(2800mm以内)	个	1.000		17.85	6.79	80.00	6.98	4.95	17.85	6.79	80.00	6.98	4.95	119.78
54	ZC-0006	对开多叶调节阀,200×120	个	1.000	1.00			80.00					80.00			
	C9-2-44	调节阀安装 对开多叶调节阀周长(2800mm以内)	个	2.000		17.85	6.79	60.00	6.98	4.95	35.70	13.58	120.00	13.96	9.90	199.56
55	ZC-0007	对开多叶调节阀,120×120	个	2.000	1.00			60.00					120.00			
	C9-2-44	调节阀安装 对开多叶调节阀周长(2800mm以内)	个	1.000		17.85	6.79	132.00	6.98	4.95	17.85	6.79	132.00	6.98	4.95	171.78
56	ZC-0014	对开多叶调节阀,400×200	个	1.000	1.00			132.00					132.00			
	C9-2-44	调节阀安装 对开多叶调节阀周长(2800mm以内)	个	1.000		17.85	6.79	96.00	6.98	4.95	17.85	6.79	96.00	6.98	4.95	135.78
57	ZC-0015	对开多叶调节阀,320×120	个	1.000	1.00			96.00					96.00			
	C9-3-46	风口安装 百叶风口周长(3300mm以内)	个	1.000		34.88	8.79	288.00	0.22	9.67	34.88	8.79	288.00	0.22	9.67	347.84
58	ZC-0008	单层百叶回风口,800×800	个	1.000	1.00			288.00					288.00			
	C9-3-43	风口安装 百叶风口周长(1280mm以内)	个	5.000		9.13	3.41	210.00	0.22	2.53	45.65	17.05	1050.00	1.10	12.65	1134.65

序号	定额编号	工程名称型号规格	单位	数量	损耗率	单位价值/元					总价值/元					
						人工费	材料费	材设费	机械费	管理费	人工费	材料费	材设费	机械费	管理费	合计
	ZC-0009	单层百叶回风口,800mm×300mm	个	5.000	1.00			210.00					1050.00			
59	C9-3-66	风口安装 方形散流器 周长(2000mm以内)	个	183.000		14.28	1.64	65.00		3.96	2613.24	300.12	11895.00		724.68	16003.35
60	ZC-0010	方形散流器,300×300	个	183.000	1.00			65.00					11895.00			
	C9-3-44	风口安装 百叶风口 周长(1800mm以内)	个	1.000		17.85	4.80	200.00	0.22	4.95	17.85	4.80	200.00	0.22	4.95	231.03
	ZC-0016	单层百叶风口,400×400	个	1.000	1.00			200.00					200.00			
61	C9-3-45	风口安装 百叶风口 周长(2500mm以内)	个	12.000		26.98	6.67	320.00	0.22	7.48	323.76	80.04	3840.00	2.64	89.76	4394.52
	ZC-0017	铝线槽散流器风口,700×250	个	12.000	1.00			320.00					3840.00			
62	C9-3-82	风口安装 钢百叶窗框 内面积(0.5m² 以内)	个	1.000		13.11	1.91	180.00		3.63	13.11	1.91	180.00		3.63	201.01
	ZC-0011	钢百叶窗,1200×400	个	1.000	1.00			180.00					180.00			
63	C9-3-83	风口安装 钢百叶窗框 内面积(1m² 以内)	个	1.000		19.43	2.44	350.00		5.39	19.43	2.44	350.00		5.39	380.76
	ZC-0018	防雨百叶风口,1000×800	个	1.000	1.00			350.00					350.00			
64	C9-3-83	风口安装 钢百叶窗框 内面积(1m² 以内)	个	6.000		19.43	2.44	320.00		5.39	116.58	14.64	1920.00		32.34	2104.56
	ZC-0019	防雨百叶风口,1600×400	个	6.000	1.00			320.00					1920.00			
65	C9-3-82	钢百叶窗安装,防雨百叶风口,1000mm×1000mm×300mm	个	6.000		13.11	1.91	230.00		3.63	78.66	11.46	1380.00		21.78	1506.06

序号	定额编号	工程名称型号规格	单位	数量	损耗率	单位价值/元					总价值/元					
						人工费	材料费	材设费	机械费	管理费	人工费	材料费	材设费	机械费	管理费	合计
	ZC-0020	防雨百叶风口,1000mm×300mm	个	6.000	1.00			230.00					1380.00			
66	C9-1-48	温度、风量测定孔(T615)制作安装	个	8.000		24.17	13.53		3.39	6.70	193.36	108.24		27.12	53.60	417.12
		小计	元								55374.12	37379.58	388802.72	5318.35	15349.79	510192.62
		第十册 给排水、采暖、燃气工程														
67	C8-2-7	螺纹阀安装 公称直径(65mm以内)	个	16.000		15.35	46.64	126.25		4.26	245.60	746.24	2020.00		68.16	3124.16
	1600001-0004	螺纹蝶阀丨DN65	个	16.160	1.01			125.00					2020.00			
68	C8-2-5	螺纹阀安装 公称直径(40mm以内)	个	12.000		9.69	18.79	116.15		2.69	116.28	225.48	1393.80	32.28		1788.72
	1600001-0005	螺纹蝶阀丨DN40	个	12.120	1.01			115.00					1393.80			
69	C8-2-5	螺纹阀安装 公称直径(40mm以内)	个	32.000		9.69	18.79	116.15		2.69	310.08	601.28	3716.80	86.08		4769.92
	1600001-0008	螺纹阀门丨闸阀,DN40	个	32.320	1.01			115.00					3716.80			
70	C8-2-2	螺纹阀安装 公称直径(20mm以内)	个	208.000		3.62	7.13	27.53		1.00	752.96	1483.04	5726.24		208.00	8305.44
	1600001-0006	螺纹铜阀阀丨DN20	个	210.080	1.01			27.26					5726.78			
71	C8-2-2	螺纹阀安装 公称直径(20mm以内)	个	104.000		3.62	7.13	55.55		1.00	376.48	741.52	5777.20		104.00	7066.80
	1600001-0003	螺纹阀门丨DN20	个	105.040	1.01			55.00					5777.20			
72	C8-2-5	螺纹阀安装 公称直径(40mm以内)	个	8.000		9.69	18.79	2484.60		2.69	77.52	150.32	19876.80	21.52		20140.08
	1600001-0002	比例积分电动二通阀丨DN40	个	8.080	1.01			2460.00					19876.80			

序号	定额编号	工程名称型号规格	单位	数量	损耗率	单位价值/元					总价值/元					
						人工费	材料费	材设费	机械费	管理费	人工费	材料费	材设费	机械费	管理费	合计
73	C8-2-2	螺纹阀安装 公称直径（20mm以内）	个	7.000		3.62	7.13	27.53		1.00	25.34	49.91	192.71		7.00	279.51
	1600001-0007	自动放气阀|DN20	个	7.070	1.01			27.26					192.73			
74	C8-2-76	可曲挠橡胶接头安装 公称直径（40mm以内）	个	12.000		15.61	11.21	134.00	10.73	4.33	187.32	134.52	1608.00	128.76	51.96	2144.28
	1701381	平焊法兰	片	24.000	2.00			33.00					792.00			
	1543551-0001	可曲挠橡胶接头|DN40	个	12.000	1.00			68.00					816.00			
75	C8-1-107	管道安装 室内管道 镀锌钢管（螺纹连接）公称直径（65mm以内）	10m	15.440	10.20	105.42	98.15	572.22	2.72	29.22	1627.68	1515.44	8835.08	42.00	451.16	12764.40
	1403001-0001	镀锌钢管|DN65	m	157.488				56.10					8835.08			
76	C8-1-412	管道消毒、冲洗 公称直径（100mm以内）	100m	1.544		25.40	22.62			7.04	39.22	34.93			10.87	92.07
77	C8-1-106	管道安装 室内管道 镀锌钢管（螺纹连接）公称直径（50mm以内）	10m	14.500		108.32	79.42	344.76	2.72	30.03	1570.64	1151.59	4999.02	39.44	435.44	8478.88
	1403001-0002	镀锌钢管|DN50	m	147.900	10.20			33.80					4999.02			
78	C8-1-411	管道消毒、冲洗 公称直径（50mm以内）	100m	1.450		20.60	14.14			5.71	29.87	20.50			8.28	64.03
79	C8-1-105	管道安装 室内管道 镀锌钢管（螺纹连接）公称直径（40mm以内）	10m	20.360		106.03	55.21	416.16	0.97	29.39	2158.77	1124.08	8473.02	19.75	598.38	12762.67
	1403001-0003	镀锌钢管|DN40	m	207.672	10.20			40.80					8473.02			
80	C8-1-411	管道消毒、冲洗 公称直径（50mm以内）	100m	2.036		20.60	14.14			5.71	41.94	28.79			11.63	89.91

续表

序号	定额编号	工程名称型号规格	单位	数量	单位价值/元						总价值/元					
					损耗率	人工费	材料费	材设费	机械费	管理费	人工费	材料费	材设费	机械费	管理费	合计
81	C8-1-104	管道安装 室内管道 镀锌钢管(螺纹连接)公称直径(32mm以内)	10m	21.470		88.84	56.28	227.46	0.97	24.63	1907.39	1208.33	4883.57	20.83	528.81	8892.23
	1403001-0004	镀锌钢管 DN32	m	218.994	10.20			22.30					4883.57			
82	C8-1-103	管道安装 室内管道 镀锌钢管(螺纹连接)公称直径(25mm以内)	10m	21.470		88.84	34.84	201.96	0.97	24.63	1907.39	748.01	4336.08	20.83	528.81	7884.43
	1403001-0005	镀锌钢管 DN25	m	218.994	10.20			19.80					4336.08			
83	C8-1-411	管道消毒、冲洗 公称直径(50mm以内)	100m	2.147		20.60	14.14			5.71	44.23	30.36			12.26	94.81
84	C8-1-102	管道安装 室内管道 镀锌钢管(螺纹连接)公称直径(20mm以内)	10m	53.640		73.90	38.05	114.24		20.49	3964.00	2041.00	6127.83		1099.08	13945.33
	1403001-0006	镀锌钢管 DN20	m	547.128	10.20			11.20					6127.83			
85	C8-1-411	管道消毒、冲洗 公称直径(50mm以内)	100m	5.364		20.60	14.14			5.71	110.50	75.85			30.63	236.87
86	C8-1-274	无缝黄铜、紫铜管型垫圈(抓揽)管道安装公称直径(20mm以内)	10m	10.400		79.71	1.87	188.60		22.10	828.98	19.45	1961.44		229.84	3188.95
	1413031-0001	无缝黄铜、紫铜管 紫铜管 DN20	m	106.600	10.25			18.40					1961.44			
87	C8-1-411	管道消毒、冲洗 公称直径(50mm以内)	100m	1.040		20.60	14.14			5.71	21.42	14.71			5.94	45.93
88	C8-1-152	管道安装 室内管道 塑料给水管(粘接)公称直径(32mm以内)	10m	22.240		62.63	38.56	98.00		17.36	1392.89	857.57	2179.52		386.09	5066.72
	ZC-0021	塑料排水管 DN32	m	222.400	10.00			9.80					2179.52			

序号	定额编号	工程名称型号规格	单位	数量	损耗率	单位价值/元					总价值/元					
						人工费	材料费	材设费	机械费	管理费	人工费	材料费	材设费	机械费	管理费	合计
89	C8-1-411	管道清毒、冲洗 公称直径(50mm以内)	100m	2.224		20.60	14.14			5.71	45.81	31.45			12.70	98.21
90	C8-1-172	管道安装 室内管道 塑料排水管(粘接)公称直径(40mm以内)	10m	34.030		40.39	45.89	120.88		11.20	1374.47	1561.64	4113.55		381.14	7678.19
	1431331-0001	塑料排水管ǀDN40	m	329.070	9.67			12.50					4113.38			
91	C8-1-353	管道支架制作(一般管架)	100kg	15.150		246.33	136.33	318.00	160.35	68.28	3731.90	2065.40	4817.70	2429.30	1034.44	14750.49
	0100001	型钢	kg	1605.900	106.00			3.00					4817.70			
92	C8-1-354	管道支架安装(一般管架)	100kg	15.150		105.57	51.28		8.49	29.26	1599.39	776.89		128.62	443.29	3236.04
		小计	元								24488.09	17438.29	91038.35	2829.52	6787.76	146989.07
		第五册 建筑智能化工程														
93	C10-1-1	膨胀式温度计 工业液体温度计	支	16.000		7.96	2.58	56.00		2.34	127.36	41.28	896.00		37.44	1124.96
	2341001	插座	个	16.000	1.00			28.00					448.00			
	ZC-0012	金属套管温度计	支	16.000	1.00			28.00					448.00			
94	C10-1-25	压力表、真空表就地安装	台(块)	16.000		19.69	2.54	68.00	0.67	5.79	315.04	40.64	1088.00	10.72	92.64	1603.68
	2165001	取源部件	套	16.000	1.00			18.00					288.00			
	2159001	仪表接头	套	16.000	1.00			12.00					192.00			
	ZC-0013	金属压力表	台(块)	16.000	1.00			38.00					608.00			
		小计	元								442.40	81.92	1984.00	10.72	130.08	2728.64
		第十二册 刷油、防腐蚀、绝热工程														

续表

序号	定额编号	工程名称型号规格	单位	数量	损耗率	单位价值/元 人工费	材料费	材设费	机械费	管理费	总价值/元 人工费	材料费	材设费	机械费	管理费	合计
95	C11-1-8	手工除锈 一般钢结构中锈	100kg	28.550		20.45	4.18		9.70	4.20	583.85	119.34		276.94	119.91	1205.10
96	C11-2-67	一般钢结构 红丹防锈漆 第一遍	100kg	28.550		8.72	1.89	12.53	9.70	1.79	248.96	53.96	357.73	276.94	51.10	1033.51
	1103221-0001	醇酸防锈漆 C53-1	kg	33.118	1.16			10.80					357.67			
97	C11-2-68	一般钢结构 红丹防锈漆 第二遍	100kg	28.550		8.31	1.64	10.26	9.70	1.71	237.25	46.82	292.92	276.94	48.82	945.58
	1103221-0001	醇酸防锈漆 C53-1	kg	27.123	0.95			10.80					292.92			
98	C11-9-616	铝箔玻璃棉筒(毡)安装 铝箔玻璃棉毡	m³	52.490		304.83		1906.42		62.67	16000.53		100067.99		3289.55	122238.19
	0351231	保温钉	10套	2519.520	48.00			9.60					24187.39			
	1241191	黏结剂	kg	524.900	10.00			12.41					6514.01			
	1243131	铝箔黏胶带 21/2×50m	卷	104.980	2.00			5.56					583.69			
	1307031-0001	玻璃棉毡 30	m³	54.590	1.04			1260.00					68782.90			
99	C11-9-672	发泡橡塑保温板(管)安装 管道φ57mm以下 厚度(40mm以内/层)	m³	10.540		170.65	223.08	3477.60		35.09	1798.65	2351.26	36653.90		369.85	41497.46
	1537441-0001	保温管 δ=35mm	m³	11.067	1.05			3312.00					36653.90			
100	C11-9-677	发泡橡塑保温板(管)安装 管道φ133mm以下厚度(40mm以内/层)	m³	3.000		99.30	180.00	3477.60		20.42	297.90	540.00	10432.80		61.26	11385.57
	1537441-0001	保温管 δ=35mm	m³	3.150	1.05			3312.00					10432.80			
		小计	元								19167.13	3111.38	147805.34	830.81	3940.49	178305.39
		合价									99471.74	58011.21	627630.42	8989.41	26208.18	838215.72

编制人：　　　　证号：　　　　编制日期：

表 6-16 措施项目费汇总表

工程名称：广东省广州市某建筑工程学校办公楼空调工程

序号	名称及说明	单位	数量	单价/元	合价/元
1	安全文明施工措施费部分				
1.1	安全文明施工	项	99471.740	0.27	26429.64
	小计	元			26429.64
2	其他措施费部分				
2.1	垂直运输				
	小计	元			
2.2	脚手架搭拆	项	1.000		
2.3	吊装加固	项	1.000		
2.4	金属抱杆安装、拆除、移位	项	1.000		
2.5	平台铺设、拆除	项	1.000		
2.6	顶升、提升装置	项	1.000		
2.7	大型设备专用机具	项	1.000		
2.8	焊接工艺评定	项	1.000		
2.9	胎(模)具制作、安装、拆除	项	1.000		
2.10	防护棚制作安装拆除	项	1.000		
2.11	特殊地区施工增加	项	1.000		
2.12	安装与生产同时进行施工增加	项	1.000		
2.13	在有害身体健康环境中施工增加	项	1.000		
2.14	工程系统检测、检验	项	1.000		
2.15	设备、管道施工的安全、防冻和焊接保护	项	1.000		
2.16	焦炉烘炉、热态工程	项	1.000		
2.17	管道安拆后的充气保护	项	1.000		
2.18	隧道内施工的通风、供水、供气、供电、照明及通讯设施	项	1.000		
2.19	夜间施工增加	项	1.000		
2.20	非夜间施工增加	项	1.000		
2.21	二次搬运	项	1.000		
2.22	冬雨季施工增加	项	1.000		
2.23	已完工程及设备保护	项	1.000		
2.24	高层施工增加	项	1.000		
2.25	赶工措施	项	99471.740	0.07	6843.66
2.26	文明工地增加费	项	838215.750	0.002	1676.43
2.27	其他措施	项	1.000		
	小计	元			8520.09
	合计				34949.73

编制人：　　　　　　　　　　证号：　　　　　　　　　　　编制日期：

表 6-17　措施项目费合价分析表

工程名称：广东省广州市某建筑工程学校办公楼空调工程　　　　　　　　　　　　　　　第　页，共　页

序号	项目编码	名称及说明	单位	数量	金额/元					
					人工费	材料费	机械费	管理费	利润	小计
1	AQFHWMSG	安全文明施工措施费部分								
1.1	031302001001	安全文明施工	项	99471.740						26429.64
		小计								26429.64
2	QTCSF	其他措施费部分								
2.1	CZYS	垂直运输								
		小计								
2.2	031301017001	脚手架搭拆	项	1.000						
2.3	031301001001	吊装加固	项	1.000						
2.4	031301002001	金属抱杆安装、拆除、移位	项	1.000						
2.5	031301003001	平台铺设、拆除	项	1.000						
2.6	031301004001	顶升、提升装置	项	1.000						
2.7	031301005001	大型设备专用机具	项	1.000						
2.8	031301006001	焊接工艺评定	项	1.000						
2.9	031301007001	胎(模)具制作、安装、拆除	项	1.000						
2.10	031301008001	防护棚制作安装拆除	项	1.000						
2.11	031301009001	特殊地区施工增加	项	1.000						
2.12	031301010001	安装与生产同时进行施工增加	项	1.000						
2.13	031301011001	在有害身体健康环境中施工增加	项	1.000						
2.14	031301012001	工程系统检测、检验	项	1.000						
2.15	031301013001	设备、管道施工的安全、防冻和焊接保护	项	1.000						
2.16	031301014001	焦炉烘炉、热态工程	项	1.000						
2.17	031301015001	管道安拆后的充气保护	项	1.000						
2.18	031301016001	隧道内施工的通风、供水、供气、供电、照明及通信设施	项	1.000						
2.19	031302002001	夜间施工增加	项	1.000						
2.20	031302003001	非夜间施工增加	项	1.000						
2.21	031302004001	二次搬运	项	1.000						
2.22	031302005001	冬雨季施工增加	项	1.000						
2.23	031302006001	已完工程及设备保护	项	1.000						
2.24	031302007001	高层施工增加	项	1.000						
2.25	GGCS001	赶工措施	项	99471.740						6843.66
2.26	WMGDZJF001	文明工地增加费	项	838215.750						1676.43
2.27	031301018001	其他措施	项	1.000						
		小计								8520.09
		合计								34949.73

编制人：　　　　　　　　　　　　　证号：　　　　　　　　　　　　　　　　　编制日期：

表 6-18 其他项目费汇总表

工程名称：广东省广州市某建筑工程学校办公楼空调工程　　　　　　　　　　　　　　　　　第　页，共　页

序号	项目名称	单位	金额/元	备注
1	暂列金额	元	83821.58	
2	暂估价			
2.1	材料暂估价	元		
2.2	专业工程暂估价	元		
3	计日工	元	1879.74	
4	总承包服务费	元		
5	索赔费用	元		
6	现场签证费用	元		
7	材料检验试验费	元	1676.43	以分部分项项目费的0.2%计算（单独承包土石方工程除外）
8	预算包干费	元	16764.32	按分部分项项目费的0～2%计算
9	工程优质费	元	12573.24	市级质量奖1.5%；省级质量奖2.5%；国家级质量奖4%
10	其他费用	元		
	合计		116715.31	

编制人：　　　　　　　　　　　　　证号：　　　　　　　　　　　　　编制日期：

表 6-19 规费计算表

工程名称：广东省某市建筑工程学校学生宿舍楼空调工程

序号	项目名称	计算基础	费率/%	金额/元
1	工程排污费	分部分项工程费＋措施项目费＋其他项目费		
2	施工噪声排污费	分部分项工程费＋措施项目费＋其他项目费		
3	防洪工程维护费	分部分项工程费＋措施项目费＋其他项目费		
4	危险作业意外伤害保险费	分部分项工程费＋措施项目费＋其他项目费		
	合计（大写）：			

表 6-20 零星工作项目计价表

工程名称：广东省广州市某建筑工程学校办公楼空调工程　　　　　　　　　　　　　　　　　第　页，共　页

序号	名称	单位	数量	金额/元 综合单价	金额/元 合价
1	人工				
1.1	土石方工	工日	5.000	51.00	255.00
1.2	电工	工日	12.000	51.00	612.00
	小计	元			867.00
2	材料				
2.1	橡胶定型条	kg	12.000	5.39	64.68
2.2	齿轮油	kg	24.000	4.34	104.16
2.3	釉面砖	m²	25.000	21.44	536.00
	小计	元			704.84
3	施工机械				
3.1	螺栓套丝机	台班	2.000	27.71	55.42
3.2	交流电焊机	台班	4.000	63.12	252.48
	小计	元			307.90
	合计				

编制人：　　　　　　　　　　　　　证号：　　　　　　　　　　　　　编制日期：

工程名称：广东省广州市某建筑工程学校办公楼空调工程

表6-21　工料机汇总表

序号	材料编码	材料名称及规格	厂址,厂家	单位	数量	定额价/元	编制价/元	价差/元	合价/元	备注
		[人工费]							99471.71	
1	0001001	综合工日		工日	1950.426	51.00	51.00		99471.71	
		[材料费]							676311.51	
2	0227001	棉纱		kg	48.736	11.02	11.02		537.07	
3	5003001-0001	空调器 K1		台	1.000	21000.00	21000.00		21000.00	
4	0113041	扁钢（综合）		kg	319.274	4.02	4.02		1283.48	
5	0201011	橡胶板（综合）		kg	80.560	4.15	4.15		334.32	
6	0305137	六角螺栓带螺帽 M8×75mm		10套	860.393	1.98	1.98		1703.58	
7	0341001	低碳钢焊条（综合）		kg	293.012	4.90	4.90		1435.76	
8	5003001-0002	空调器 新风机 X-1,风量 2700CHM		台	1.000	12000.00	12000.00		12000.00	
9	0209031	聚氯乙烯薄膜		kg	1.060	9.79	9.79		10.38	
10	1312071	聚酯乙烯泡沫塑料		kg	10.600	22.00	22.00		233.20	
11	1940011-0001	风机盘管 FP-800		台	3.000	1740.00	1740.00		5220.00	
12	1940011-0002	风机盘管 FP-600		台	38.000	1151.00	1151.00		43738.00	
13	0305141	六角螺栓带螺帽 M8×75mm 以下		10套	38.400	1.36	1.36		52.22	
14	9946131	其他材料费		元	518.580	1.00	1.00		518.58	
15	1959001-0001	静压箱 1400mm×650mm×600mm		个	1.000	980.00	980.00		980.00	
16	1959001-0002	静压箱 1600mm×1250mm×500mm		个	1.000	1500.00	1500.00		1500.00	
17	0305105	六角螺栓带螺帽 M2～5×4～20		10套	48.518	0.32	0.32		15.53	
18	0305125	六角螺栓带螺帽 M6×75		10套	325.760	1.31	1.31		426.75	
19	0201021	橡胶板 1～15		kg	9.355	4.31	4.31		40.32	
20	0219231	聚四氟乙烯生料带 26mm×20m×0.1mm		m	3825.589	0.08	0.08		306.05	
21	0327021	铁砂布 0～2#		张	118.919	1.03	1.03		122.49	
22	0365271	钢锯条		条	413.630	0.56	0.56		231.63	

序号	材料编码	材料名称及规格	厂址、厂家	单位	数量	定额价/元	编制价/元	价差/元	合价/元	备注
23	1205001	机油（综合）		kg	43.480	3.37	3.37		146.53	
24	1501731	黑玛钢活接头 DN65		个	16.160	44.60	44.60		720.74	
25	1501711	黑玛钢活接头 DN40		个	52.520	17.70	17.70		929.60	
26	1600001-0002	比例积分电动二通阀 DN40		个	8.080	2460.00	2460.00		19876.80	
27	1501681	黑玛钢活接头 DN20		个	322.190	6.60	6.60		2126.45	
28	1600001-0003	螺纹阀门 DN20		个	105.040	55.00	55.00		5777.20	
29	0357031	镀锌低碳钢丝 φ2.5~4.0		kg	35.915	5.30	5.30		190.35	
30	1502061	镀锌钢管管件 室内 DN65		个	65.620	21.99	21.99		1442.98	
31	3113261	白布		kg	30.516	3.20	3.20		97.65	
32	3115001	水		m³	102.419	2.80	2.80		286.77	
33	1403001-0001	镀锌钢管 DN65		m	157.488	56.10	56.10		8835.08	
34	1502051	镀锌钢管管件 室内 DN50		个	94.395	11.33	11.33		1069.50	
35	1403001-0002	镀锌钢管 室内 DN50		m	147.900	33.80	33.80		4999.02	
36	1502041	镀锌钢管管件 室内 DN40		个	145.778	7.03	7.03		1024.82	
37	1403001-0003	镀锌钢管 室内 DN40		m	207.672	40.80	40.80		8473.02	
38	1502031	镀锌钢管管件 室内 DN32		个	172.404	5.81	5.81		1001.67	
39	1537026	镀锌钢管卡子 DN50		个	44.228	2.00	2.00		88.46	
40	1911041	管子托钩 DN25		个	49.810	0.61	0.61		30.38	
41	1403001-0004	镀锌钢管 DN32		m	218.994	22.30	22.30		4883.57	
42	1502021	镀锌钢管管件 室内 DN25		个	209.977	2.72	2.72		571.14	
43	1537011	镀锌钢管卡子 DN25		个	113.424	0.53	0.53		60.11	
44	1403001-0005	镀锌钢管 DN25		m	218.994	19.80	19.80		4336.08	
		……								
		合计							78471.75	

编制人：　　　　　　证号：　　　　　　编制日期：

四、工程造价工程量清单计价方法

1. 工程量清单

表 6-22~表 6-30 是工程量清单格式。

表 6-22　封面

广东省广州市某建筑工程学校办公楼空调工程

招标工程量清单

招　标　人：_____

（单位盖章）

造价咨询人：_____

（单位盖章）

年　月　日

表 6-23　总说明

工程名称：广东省广州市某建筑工程学校办公楼空调工程　　　　　　　　　　　　　　第　页，共　页

　　1. 工程概况：由广东省广州市某建筑工程学校投资兴建的学校办公楼，坐落于广州市白云区，建筑面积 3500m²，地下室建筑面积 0m²，占地面积 1000m²，建筑总高度 24.5m，首层层高 4m，标准层层高 3.4m，层数 7 层，其中主体高度 24.5m，地下室总高度 0m；结构形式为框架结构；基础类型为管桩。本期工程范围包括：建筑通风空调安装工程。

　　2. 工程招标范围：

本次招标范围为施工图范围内的通风空调安装工程。

　　3. 工程量清单编制依据：

（1）广东省广州市某建筑工程学校办公楼空调工程施工图。

（2）《建设工程工程量清单计价规范》（GB 50500—2013）及《通用安装工程工程量计算规范》（GB 50856—2013）。

　　4. 其他需要说明的问题：无。

表 6-24　分部分项工程和单价措施项目清单与计价表

工程名称：广东省广州市某建筑工程学校办公楼空调工程　　　　　　标段：　　　　　　第　页，共　页

序号	项目编号	项目名称	项目特征描述	计量单位	工程量	综合单价	合价	其中：暂估价
		第七册　通风空调工程						
1	030701003001	空调器	空调风柜 K-1-1，落地式安装，重量 0.75t	台（组）	1.000			
2	030701003002	空调器	空调风柜 X-1，吊顶式安装，重量 0.38t	台（组）	1.000			
3	030701003003	空调器	空调风柜 X-2，吊顶式安装，重量 0.65t	台（组）	6.000			
4	030701004003	风机盘管	FP-1200，吊顶式安装	台	12.000			

序号	项目编号	项目名称	项目特征描述	计量单位	工程量	金额/元		
						综合单价	合价	其中：暂估价
5	030701004004	风机盘管	FP-1000,吊顶式安装	台	24.000			
6	030701004001	风机盘管	FP-800,吊顶式安装	台	3.000			
7	030701004002	风机盘管	FP-600,吊顶式安装	台	38.000			
8	030701004005	风机盘管	FP-400,吊顶式安装	台	2.000			
9	030701004006	风机盘管	FP-300,吊顶式安装	台	27.000			
10	030702001004	碳钢通风管道	镀锌薄钢板,$\delta=1.2mm$,咬口连接	m²	571.790			
11	030702001001	碳钢通风管道	镀锌薄钢板,$\delta=1.0mm$,咬口连接	m²	495.810			
12	030702001002	碳钢通风管道	镀锌薄钢板,$\delta=0.75mm$,咬口连接	m²	438.300			
13	030702001003	碳钢通风管道	镀锌薄钢板,$\delta=0.5mm$,咬口连接	m²	146.130			
14	030702008001	柔性软风管	风管帆布软接头	m/节	1.000			
15	030703021001	静压箱	成品静压箱,1400mm×650mm×600mm	个	1.000			
16	030703021002	静压箱	成品静压箱,1600mm×1250mm×500mm	个/m²	1.000			
17	030703021003	静压箱	成品静压箱,2500mm×1150mm×600mm	个/m²	1.000			
18	030703021004	静压箱	成品静压箱,900mm×900mm×650mm	个/m²	1.000			
19	030703021005	静压箱	成品静压箱,1100mm×900mm×500mm	个/m²	6.000			
20	030703001001	碳钢阀门	风管防火阀（70℃）,1000mm×320mm	个	7.000			
21	030703001002	碳钢阀门	风管防火阀（70℃）,1250mm×320mm	个	1.000			
22	030703001003	碳钢阀门	风管防火阀(70℃),630mm×200mm	个	1.000			
23	030703001004	碳钢阀门	对开多叶调节阀,500mm×500mm	个	1.000			
24	030703001005	碳钢阀门	对开多叶调节阀,600mm×450mm	个	2.000			
25	030703001006	碳钢阀门	对开多叶调节阀,200mm×120mm	个	1.000			
26	030703001007	碳钢阀门	对开多叶调节阀,120mm×120mm	个	2.000			

序号	项目编号	项目名称	项目特征描述	计量单位	工程量	综合单价	合价	其中：暂估价
27	030703001008	碳钢阀门	对开多叶调节阀,400mm×200mm	个	1.000			
28	030703001009	碳钢阀门	对开多叶调节阀,320mm×120mm	个	1.000			
29	030703007001	碳钢风口、散流器、百叶窗	单层百叶回风口,800mm×800mm	个	1.000			
30	030703007002	碳钢风口、散流器、百叶窗	单层百叶风口安装,300mm×200mm	个	5.000			
31	030703007003	碳钢风口、散流器、百叶窗	方形散流器安装,300mm×300mm	个	183.000			
32	030703007005	碳钢风口、散流器、百叶窗	单层百叶风口安装,400mm×400mm	个	1.000			
33	030703007006	碳钢风口、散流器、百叶窗	铝线槽散流器风口,700mm×250mm	个	12.000			
34	030703007004	碳钢风口、散流器、百叶窗	钢百叶窗安装,防雨百叶风口,1200mm×400mm	个	1.000			
35	030703007007	碳钢风口、散流器、百叶窗	钢百叶窗安装,防雨百叶风口,1000mm×800mm	个	1.000			
36	030703007008	碳钢风口、散流器、百叶窗	钢百叶窗安装,防雨百叶风口,1600mm×400mm	个	6.000			
37	030703007009	碳钢风口、散流器、百叶窗	钢百叶窗安装,防雨百叶风口,1000mm×300mm	个	6.000			
38	030702011001	温度、风量测定孔		个	8.000			
		第十册 给排水、采暖、燃气工程						
39	031003001001	螺纹阀门	螺纹阀门,蝶阀,DN65	个	16.000			
40	031003001003	螺纹阀门	螺纹阀门,蝶阀,DN40	个	12.000			
41	031003001008	螺纹阀门	螺纹阀门,闸阀,DN40	个	32.000			
42	031003001004	螺纹阀门	螺纹阀门,闸阀,DN20	个	208.000			
43	031003001005	螺纹阀门	螺纹阀门,电动二通阀,DN20	个	104.000			
44	031003001006	螺纹阀门	螺纹阀门,比例积分电动二通阀,DN40	个	8.000			
45	031003001007	螺纹阀门	螺纹阀门,自动放气阀	个	7.000			
46	031003010001	软接头（软管）	可曲挠橡胶接头安装,DN40	个	12.000			
47	031001001001	镀锌钢管	室内管道,镀锌钢管,螺纹连接,DN65	m	154.400			
48	031001001002	镀锌钢管	室内管道,镀锌钢管,螺纹连接,DN50	m	145.000			

序号	项目编号	项目名称	项目特征描述	计量单位	工程量	金额/元		
						综合单价	合价	其中:暂估价
49	031001001003	镀锌钢管	室内管道,镀锌钢管,螺纹连接,DN40	m	203.600			
50	031001001004	镀锌钢管	室内管道,镀锌钢管,螺纹连接,DN32	m	214.700			
51	031001001006	镀锌钢管	室内管道,镀锌钢管,螺纹连接,DN20	m	536.400			
52	031001004001	铜管	室内管道,无缝黄铜管榄形垫圈(抓榄),DN20	m	104.000			
53	031001006001	塑料管	室内管道,冷凝水排水管,PVC-32	m	222.400			
54	031001006002	塑料管	室内管道,冷凝水排水管,PVC-40	m	340.300			
55	031002001001	管道支架	型钢支架综合	kg	1515.000			
		第五册 建筑智能化工程						
56	030601001001	温度仪表	金属套管温度计安装	支	16.000			
57	030601002001	压力仪表	压力表安装,就地安装	台	16.000			
		第十二册 刷油、防腐蚀、绝热工程						
58	031202003001	一般钢结构防腐蚀	红丹防锈漆第一遍	kg	2855.000			
59	031202003002	一般钢结构防腐蚀	红丹防锈漆第二遍	kg	2855.000			
60	031208003001	通风管道绝热	风管保温,铝箔玻璃棉,$\delta=30mm$	m³	52.490			
61	031208002001	管道绝热	水管保温,橡塑保温管$\phi57$,$\delta=35mm$	m³	10.540			
62	031208002002	管道绝热	水管保温,橡塑保温管$\phi133$,$\delta=35mm$	m³	3.000			
		措施项目						
	QTCSF	其他措施费部分						
63	031301017001	脚手架搭拆		项	1.000			
64	031301001001	吊装加固		项	1.000			
65	031301002001	金属抱杆安装、拆除、移位		项	1.000			
66	031301003001	平台铺设、拆除		项	1.000			
67	031301004001	顶升、提升装置		项	1.000			
68	031301005001	大型设备专用机具		项	1.000			
69	031301006001	焊接工艺评定		项	1.000			

序号	项目编号	项目名称	项目特征描述	计量单位	工程量	金额/元		
						综合单价	合价	其中：暂估价
70	031301007001	胎(模)具制作、安装、拆除		项	1.000			
71	031301008001	防护棚制作安装拆除		项	1.000			
72	031301009001	特殊地区施工增加		项	1.000			
73	031301010001	安装与生产同时进行施工增加		项	1.000			
74	031301011001	在有害身体健康环境中施工增加		项	1.000			
75	031301012001	工程系统检测、检验		项	1.000			
76	031301013001	设备、管道施工的安全、防冻和焊接保护		项	1.000			
77	031301014001	焦炉烘炉、热态工程		项	1.000			
78	031301015001	管道安拆后的充气保护		项	1.000			
79	031301016001	隧道内施工的通风、供水、供气、供电、照明及通信设施		项	1.000			
80	031302007001	高层施工增加		项	1.000			
81	031301018001	其他措施		项	1.000			
合计								

表 6-25　总价措施项目清单与计价表

工程名称：广东省广州市某建筑工程学校办公楼空调工程　　　　标段：　　　　　　第　页，共　页

序号	项目编码	项目名称	计算基础	费率/%	金额/元	调整费率/%	调整后金额/元	备注
1		安全文明施工措施费部分						
1.1	031302001001	安全文明施工	分部分项人工费	26.57				按 26.57% 计算
		小计						
2		其他措施费部分						
2.1	031302002001	夜间施工增加						按夜间施工项目人工的20%计算
2.2	031302003001	非夜间施工增加						

序号	项目编码	项目名称	计算基础	费率/%	金额/元	调整费率/%	调整后金额/元	备注
2.3	031302004001	二次搬运						
2.4	031302005001	冬雨季施工增加						
2.5	031302006001	已完工程及设备保护						
2.6	GGCS001	赶工措施	分部分项人工费	6.88				费用标准为0~6.88%
2.7	WMGDZJF001	文明工地增加费	分部分项工程费	0.20				市级文明工地为0.2%,省级文明工地为0.4%
		小计						
	合计							

编制人(造价人员): 复核人(造价工程师):

表 6-26 其他项目清单与计价汇总表

工程名称:广东省广州市某建筑工程学校办公楼空调工程　　　　　　　标段:　　　　　第　页,共　页

序号	项目名称	金额/元	结算金额/元	备注
1	暂列金额			
2	暂估价			
2.1	材料暂估价			
2.2	专业工程暂估价			
3	计日工			
4	总承包服务费			
5	索赔费用			
6	现场签证费用			
7	材料检验试验费			以分部分项项目费的0.2%计算(单独承包土石方工程除外)
8	预算包干费			按分部分项项目费的0~2%计算
9	工程优质费			市级质量奖1.5%;省级质量奖2.5%;国家级质量奖4%
10	其他费用			
	总计			

表 6-27 暂列金额明细表

工程名称:广东省广州市某建筑工程学校办公楼空调工程　　　　　　　标段:　　　　　第　页,共　页

序号	项目名称	计量单位	暂列金额/元	备注
1	暂列金额			以分部分项工程费为计算基础×10%
	总计			

表 6-28　计日工表

工程名称：广东省广州市某建筑工程学校办公楼空调工程　　　　　标段：　　　　第　页，共　页

序号	项目名称	单位	暂定数量	实际数量	综合单价/元	合价/元	
						暂定	实际
一	人工						
1	土石方工	工日	5.000				
2	电工	工日	12.000				
人工小计							
二	材料						
1	橡胶定型条	kg	12.000				
2	齿轮油	kg	24.000				
3	釉面砖	m²	25.000				
材料小计							
三	施工机械						
1	螺栓套丝机	台班	2.000				
2	交流电焊机	台班	4.000				
施工机械小计							
总计							

表 6-29　规费、税金项目计价表

工程名称：广东省广州市某建筑工程学校办公楼空调工程　　　　　标段：　　　　第　页，共　页

序号	项目名称	计算基础	计算基数	计算费率/%	金额/元
1	规费				
1.1	工程排污费				
1.2	施工噪声排污费				
1.3	防洪工程维护费				
1.4	危险作业意外伤害保险费	分部分项工程费＋措施项目费＋其他项目费		0.10	
2	税金	分部分项工程费＋措施项目费＋其他项目费＋规费		3.477	
合计					

编制人（造价人员）：　　　　　　　　　　　　　　　　　复核人（造价工程师）：

表 6-30　承包人提供主要材料和工程设备一览表
（适用于造价信息差额调整法）

工程名称：广东省广州市某建筑工程学校办公楼空调工程　　　　　标段：　　　　第　页，共　页

序号	名称、规格、型号	单位	数量	风险系数/%	基准单价/元	投标单价/元	发承包人确认单价/元	备注
1	综合工日	工日	1950.426					
2	综合工日（机械用）	工日	2.913					
3	型钢	kg	2645.900					

序号	名称、规格、型号	单位	数量	风险系数/%	基准单价/元	投标单价/元	发承包人确认单价/元	备注
4	型钢槽钢	kg	52.000					
5	型钢型钢综合	kg	551.200					
6	圆钢 ϕ10mm 以内	kg	288.551					
7	扁钢(综合)	kg	319.274					
8	角钢(综合)	kg	6684.345					
9	镀锌薄钢板 0.5	m²	166.296					
10	镀锌薄钢板 0.75	m²	498.785					
11	镀锌薄钢板 1	m²	564.232					
12	镀锌薄钢板 1.2	m²	650.697					
13	钢板(综合)	kg	1.440					
14	橡胶板(综合)	kg	80.560					
15	橡胶板 1~15mm	kg	9.355					
16	石棉橡胶板 0.8~6mm	kg	1.320					
17	聚氯乙烯薄膜	kg	1.060					
18	聚四氟乙烯生料带 26mm×20m×0.1mm	m	3825.589					
19	棉纱	kg	48.736					
20	铆钉(综合)	kg	41.014					
21	六角螺栓(综合)	kg	18.331					
22	六角螺栓(综合)	10 套	9.324					
23	六角螺栓带螺帽 M2~5×4~20	10 套	48.518					
	......							

2. 工程量清单计价

表 6-31～表 6-43 是工程量清单格式。

表 6-31　封面

广东省广州市某建筑工程学校办公楼空调工程

招标控制价

招　标　人：_____

(单位盖章)

造价咨询人：_____

(单位盖章)

安装工程预算与工程量清单计价

表 6-32　扉页

广东省广州市某建筑工程学校办公楼空调工程

招标控制价

招标控制价(小写):1025297.47 元

　　(大写):壹佰零贰万伍仟贰佰玖拾柒元肆角柒分

招　标　人:_____　　造价咨询人:_____

　　　　　　　(单位盖章)　　　　　　　　　　　　(单位资质专用章)

法定代表人或　　　　　　　　　　　法定代表人或

　其授权人:_____　　其授权人:_____

　　　　　　　(签字或盖章)　　　　　　　　　　　　(签字或盖章)

编　制　人:_____　　复　核　人:_____

　　　　　(造价人员签字盖专用章)　　　　　　(造价工程师签字盖章专用章)

编制时间:　　　　　　　　　　　　复核时间:

表 6-33　总说明

工程名称:广东省广州市某建筑工程学校办公楼空调工程　　　　　　　　第　页,共　页

　　1. 工程概况:广东省广州市某建筑工程学校办公楼空调工程,坐落于广州市白云区,建筑面积 4000m²,空调面积 3500m²,地下室建筑面积 0m²,占地面积 1000m²,建筑总高度 24.5m,首层层高 4m,标准层层高 3.4m,层数 7 层,其中主体高度 24.5m,地下室总高度 0m;结构形式为框架结构;基础类型为管桩。

　　2. 投标报价包括范围:本次招标的施工图范围内的通风空调安装工程。

　　3. 投标报价编制依据:

(1)招标文件及其所提供的工程量清单和有关报价的要求,招标文件的补充通知和答疑纪要。

(2)综合楼通风空调工程施工图及投标施工组织设计。

(3)有关的技术标准、规范和安全管理规定。

(4)省建设主管部门颁发的计价定额和计价管理办法及相关计价文件。

(5)《建设工程工程量清单计价规范》(GB 50500—2013)及《通用安装工程工程量计算规范》(GB 50856—2013)。

(6)材料价格根据本公司掌握的价格情况并参照工程所在地工程造价管理机构 2015 年×月工程造价信息发布的价格。

表 6-34　单位工程招标控制价汇总表

工程名称:广东省广州市某建筑工程学校办公楼空调工程　　　　　标段:　　　　　第　页,共　页

序号	汇总内容	金额/元	其中:暂估价/元
1	分部分项工程费	838193.90	
1.1	第七册　通风空调工程	510190.22	
1.2	第十册　给排水、采暖、燃气工程	146984.77	
1.3	第五册　建筑智能化工程	2728.64	
1.4	第十二册　刷油、防腐蚀、绝热工程	178290.27	
2	措施项目费	34949.69	
2.1	安全文明施工费	26429.64	

序号	汇总内容	金额/元	其中:暂估价/元
2.2	其他措施项目费	8520.05	
3	其他项目费	116712.31	
3.1	暂列金额	83819.39	
3.2	暂估价		
3.3	计日工	1879.74	
3.4	总承包服务费		
3.5	索赔费用		
3.6	现场签证费用		
3.7	材料检验试验费	1676.39	
3.8	预算包干费	16763.88	
3.9	工程优质费	12572.91	
3.10	其他费用		
4	规费	989.86	
4.1	工程排污费		
4.2	施工噪声排污费		
4.3	防洪工程维护费		
4.4	危险作业意外伤害保险费	989.86	
5	税金	34451.71	
6	含税工程总造价	1025297.47	
	招标控制价合计＝1＋2＋3＋4＋5	1025297.47	

表 6-35　分部分项工程和单价措施项目清单与计价表

工程名称：广东省广州市某建筑工程学校办公楼空调工程　　　　　　标段：　　　　　　第　页，共　页

序号	项目编号	项目名称	项目特征描述	计量单位	工程量	综合单价	合价	其中:暂估价
		第七册　通风空调工程					510190.22	
1	030701003001	空调器	空调风柜 K-1-1,落地式安装,重量 0.75t	台(组)	1.000	21937.96	21937.96	
2	030701003002	空调器	空调风柜 X-1,吊顶式安装,重量 0.38t	台(组)	1.000	12538.56	12538.56	
3	030701003003	空调器	空调风柜 X-2,吊顶式安装,重量 0.65t	台(组)	6.000	18248.13	109488.78	
4	030701004003	风机盘管	FP-1200,吊顶式安装	台	12.000	2260.69	27128.28	
5	030701004004	风机盘管	FP-1000,吊顶式安装	台	24.000	2134.69	51232.56	

序号	项目编号	项目名称	项目特征描述	计量单位	工程量	金额/元		
						综合单价	合价	其中：暂估价
6	030701004001	风机盘管	FP-800,吊顶式安装	台	3.000	1900.69	5702.07	
7	030701004002	风机盘管	FP-600,吊顶式安装	台	38.000	1311.69	49844.22	
8	030701004005	风机盘管	FP-400,吊顶式安装	台	2.000	965.69	1931.38	
9	030701004006	风机盘管	FP-300,吊顶式安装	台	27.000	965.69	26073.63	
10	030702001004	碳钢通风管道	镀锌薄钢板,$\delta=1.2$mm,咬口连接	m²	571.790	105.25	60180.90	
11	030702001001	碳钢通风管道	镀锌薄钢板,$\delta=1.0$mm,咬口连接	m²	495.810	87.36	43313.96	
12	030702001002	碳钢通风管道	镀锌薄钢板,$\delta=0.75$mm,咬口连接	m²	438.300	90.03	39460.15	
13	030702001003	碳钢通风管道	镀锌薄钢板,$\delta=0.5$mm,咬口连接	m²	146.130	102.42	14966.63	
14	030702008001	柔性软风管	风管帆布软接头	m/节	1.000	2809.27	2809.27	
15	030703021001	静压箱	成品静压箱,1400mm×650mm×600mm	个	1.000	1430.52	1430.52	
16	030703021002	静压箱	成品静压箱,1600mm×1250mm×500mm	个/m²	1.000	1950.52	1950.52	
17	030703021003	静压箱	成品静压箱,2500mm×1150mm×600mm	个/m²	1.000	1803.73	1803.73	
18	030703021004	静压箱	成品静压箱,900mm×900mm×650mm	个/m²	1.000	910.52	910.52	
19	030703021005	静压箱	成品静压箱,1100mm×900mm×500mm	个/m²	6.000	900.52	5403.12	
20	030703001001	碳钢阀门	风管防火阀（70℃）,1000mm×320mm	个	7.000	418.84	2931.88	
21	030703001002	碳钢阀门	风管防火阀（70℃）,1250mm×320mm	个	1.000	448.84	448.84	
22	030703001003	碳钢阀门	风管防火阀（70℃）,630mm×200mm	个	1.000	273.60	273.60	
23	030703001004	碳钢阀门	对开多叶调节阀,500mm×500mm	个	1.000	349.78	349.78	
24	030703001005	碳钢阀门	对开多叶调节阀,600mm×450mm	个	2.000	365.78	731.56	
25	030703001006	碳钢阀门	对开多叶调节阀,200mm×120mm	个	1.000	119.78	119.78	
26	030703001007	碳钢阀门	对开多叶调节阀,120mm×120mm	个	2.000	99.78	199.56	

序号	项目编号	项目名称	项目特征描述	计量单位	工程量	金额/元		
						综合单价	合价	其中：暂估价
27	030703001008	碳钢阀门	对开多叶调节阀，400mm×200mm	个	1.000	171.78	171.78	
28	030703001009	碳钢阀门	对开多叶调节阀，320mm×120mm	个	1.000	135.78	135.78	
29	030703007001	碳钢风口、散流器、百叶窗	单层百叶回风口，800mm×800mm	个	1.000	347.84	347.84	
30	030703007002	碳钢风口、散流器、百叶窗	单层百叶风口安装，300mm×200mm	个	5.000	226.93	1134.65	
31	030703007003	碳钢风口、散流器、百叶窗	方形散流器安装，300mm×300mm	个	183.000	87.45	16003.35	
32	030703007005	碳钢风口、散流器、百叶窗	单层百叶风口安装，400mm×400mm	个	1.000	231.03	231.03	
33	030703007006	碳钢风口、散流器、百叶窗	铝线槽散流器风口，700mm×250mm	个	12.000	366.21	4394.52	
34	030703007004	碳钢风口、散流器、百叶窗	钢百叶窗安装，防雨百叶风口，1200mm×400mm	个	1.000	201.01	201.01	
35	030703007007	碳钢风口、散流器、百叶窗	钢百叶窗安装，防雨百叶风口，1000mm×800mm	个	1.000	380.76	380.76	
36	030703007008	碳钢风口、散流器、百叶窗	钢百叶窗安装，防雨百叶风口，1600mm×400mm	个	6.000	350.76	2104.56	
37	030703007009	碳钢风口、散流器、百叶窗	钢百叶窗安装，防雨百叶风口，1000mm×300mm	个	6.000	251.01	1506.06	
38	030702011001	温度、风量测定孔		个	8.000	52.14	417.12	
		第十册 给排水、采暖、燃气工程					146984.77	
39	031003001001	螺纹阀门	螺纹阀门，蝶阀，DN65	个	16.000	195.26	3124.16	
40	031003001003	螺纹阀门	螺纹阀门，蝶阀，DN40	个	12.000	149.06	1788.72	
41	031003001008	螺纹阀门	螺纹阀门，闸阀，DN40	个	32.000	149.06	4769.92	
42	031003001004	螺纹阀门	螺纹阀门，闸阀，DN20	个	208.000	39.93	8305.44	
43	031003001005	螺纹阀门	螺纹阀门，电动二通阀，DN20	个	104.000	67.95	7066.80	
44	031003001006	螺纹阀门	螺纹阀门，比例积分电动二通阀，DN40	个	8.000	2517.51	20140.08	
45	031003001007	螺纹阀门	螺纹阀门，自动放气阀	个	7.000	39.93	279.51	
46	031003010001	软接头（软管）	可曲挠橡胶接头安装，DN40	个	12.000	178.69	2144.28	

序号	项目编号	项目名称	项目特征描述	计量单位	工程量	金额/元		
						综合单价	合价	其中：暂估价
47	031001001001	镀锌钢管	室内管道，镀锌钢管，螺纹连接，DN65	m	154.400	83.27	12856.89	
48	031001001002	镀锌钢管	室内管道，镀锌钢管，螺纹连接，DN50	m	145.000	58.92	8543.40	
49	031001001003	镀锌钢管	室内管道，镀锌钢管，螺纹连接，DN40	m	203.600	63.13	12853.27	
50	031001001004	镀锌钢管	室内管道，镀锌钢管，螺纹连接，DN32	m	214.700	78.58	16871.13	
51	031001001006	镀锌钢管	室内管道，镀锌钢管，螺纹连接，DN20	m	536.400	26.44	14182.42	
52	031001004001	铜管	室内管道，无缝黄铜管榄形垫圈(抓榄)，DN20	m	104.000	31.10	3234.40	
53	031001006001	塑料管	室内管道，冷凝水排水管，PVC-32	m	222.400	23.22	5164.13	
54	031001006002	塑料管	室内管道，冷凝水排水管，PVC-40	m	340.300	22.56	7677.17	
55	031002001001	管道支架	型钢支架综合	kg	1515.000	11.87	17983.05	
		第五册　建筑智能化工程					2728.64	
56	030601001001	温度仪表	金属套管温度计安装	支	16.000	70.31	1124.96	
57	030601002001	压力仪表	压力表安装，就地安装	台	16.000	100.23	1603.68	
	gzt	第十二册　刷油、防腐蚀、绝热工程					178290.27	
58	031202003001	一般钢结构防腐蚀	红丹防锈漆第一遍	kg	2855.000	0.78	2226.90	
59	031202003002	一般钢结构防腐蚀	红丹防锈漆第二遍	kg	2855.000	0.33	942.15	
60	031208003001	通风管道绝热	风管保温，铝箔玻璃棉，$\delta=30mm$	m³	52.490	2328.79	122238.19	
61	031208002001	管道绝热	水管保温，橡塑保温管 $\phi57,\delta=35mm$	m³	10.540	3937.14	41497.46	
62	031208002002	管道绝热	水管保温，橡塑保温管 $\phi133,\delta=35mm$	m³	3.000	3795.19	11385.57	
		措施项目						
	QTCSF	其他措施费部分						
63	031301017001	脚手架搭拆		项	1.000			

序号	项目编号	项目名称	项目特征描述	计量单位	工程量	金额/元		
						综合单价	合价	其中：暂估价
64	031301001001	吊装加固		项	1.000			
65	031301002001	金属抱杆安装、拆除、移位		项	1.000			
66	031301003001	平台铺设、拆除		项	1.000			
67	031301004001	顶升、提升装置		项	1.000			
68	031301005001	大型设备专用机具		项	1.000			
69	031301006001	焊接工艺评定		项	1.000			
70	031301007001	胎（模）具制作、安装、拆除		项	1.000			
71	031301008001	防护棚制作安装拆除		项	1.000			
72	031301009001	特殊地区施工增加		项	1.000			
73	031301010001	安装与生产同时进行施工增加		项	1.000			
74	031301011001	在有害身体健康环境中施工增加		项	1.000			
75	031301012001	工程系统检测、检验		项	1.000			
76	031301013001	设备、管道施工的安全、防冻和焊接保护		项	1.000			
77	031301014001	焦炉烘炉、热态工程		项	1.000			
78	031301015001	管道安拆后的充气保护		项	1.000			
79	031301016001	隧道内施工的通风、供水、供气、供电、照明及通信设施		项	1.000			
80	031302007001	高层施工增加		项	1.000			
81	031301018001	其他措施		项	1.000			
		本页小计						
		合计					838193.90	

表6-36 综合单价分析表

工程名称：广东省广州市某建筑工程学校办公楼空调工程　　标段：　　第 页，共 页

项目编码	030701003001		项目名称	空调器			计量单位	台（组）			

清单综合单价组成明细

定额编号	定额名称	定额单位	数量	单价/元				合价/元			
				人工费	材料费	机械费	管理费和利润	人工费	材料费	机械费	管理费和利润
C9-8-30	空调器安装（落地式）设备重量（0.8t以内）	台	1.000	296.62	5.51	132.63	135.61	296.62	5.51		135.61
C9-7-17	设备支架制作	100kg	0.500	199.92	97.27	132.63	91.41	99.96	48.64	66.32	45.71
C9-7-18	设备支架安装	100kg	0.500	85.68	35.35	7.00	39.17	42.84	17.68	3.50	19.59
人工单价			小计					439.42	71.83	69.82	200.91
51.00元/工日			未计价材料费					21156.00			
			清单项目综合单价					21937.96			

材料费明细

主要材料名称、规格、型号	单位	数量	单价/元	合价/元	暂估单价/元	暂估合价/元
型钢槽钢	kg	52.000	3.00	156.00		
空调器 K1	台	1.000	21000.00	21000.00		
其他材料费			—		—	
材料费小计			—	21156.00	—	

项目编码	030701004003		项目名称	风机盘管			计量单位	台			

清单综合单价组成明细

定额编号	定额名称	定额单位	数量	单价/元				合价/元			
				人工费	材料费	机械费	管理费和利润	人工费	材料费	机械费	管理费和利润
C9-8-54	风机盘管安装	台	1.000	40.04	2.30	132.63	18.31	40.04	2.30		18.31
C9-7-17	设备支架制作	100kg	0.100	199.92	97.27	132.63	91.41	19.99	9.73	13.26	9.14
C9-7-18	设备支架安装	100kg	0.100	85.68	35.35	7.00	39.17	8.57	3.54	0.70	3.92
人工单价			小计					68.60	15.57	13.96	31.37
51.00元/工日			未计价材料费					2131.20			
			清单项目综合单价					2260.69			

材料费明细

主要材料名称、规格、型号	单位	数量	单价/元	合价/元	暂估单价/元	暂估合价/元
型钢槽钢	kg	10.400	3.00	31.20		
风机盘管 FP-1200	台	1.000	2100.00	2100.00		
其他材料费			—		—	
材料费小计			—	2131.20	—	

项目编码	03070 2001004		项目名称		碳钢通风管道		计量单位		m²
清单综合单价组成明细									
定额编号	定额名称	定额单位	数量	单价/元					
				人工费	材料费	机械费	管理费和利润		
C9-1-16	镀锌薄钢板矩形风管（δ=1.2mm以内咬口）周长4000mm以上	10m²	0.100	240.31	215.20	9.20	109.87		
				合价/元					
				人工费	材料费	机械费	管理费和利润		
				24.03	21.52	0.92	10.99		
人工单价		小计		24.03	21.52	0.92	10.99		
51.00元/工日		未计价材料费			47.80				
清单项目综合单价						105.25			
材料费明细	主要材料名称、规格、型号	单位	数量	单价/元	合价/元	暂估单价/元	暂估合价/元		
	镀锌薄钢板1.2	m²	1.138	42.00	47.80	—	—		
	其他材料费				—		—		
	材料费小计				47.80		—		

项目编码	030703001004		项目名称		碳钢阀门		计量单位		个
清单综合单价组成明细									
定额编号	定额名称	定额单位	数量	单价/元					
				人工费	材料费	机械费	管理费和利润		
C9-2-44	调节阀安装 对开多叶调节阀（阀周长2800mm以内）	个	1.000	17.85	6.79	6.98	8.16		
				合价/元					
				人工费	材料费	机械费	管理费和利润		
				17.85	6.79	6.98	8.16		
人工单价		小计		17.85	6.79	6.98	8.16		
51.00元/工日		未计价材料费			310.00				
清单项目综合单价						349.78			
材料费明细	主要材料名称、规格、型号	单位	数量	单价/元	合价/元	暂估单价/元	暂估合价/元		
	对开多叶调节阀,500mm×500mm	个	1.000	310.00	310.00				
	其他材料费				—		—		
	材料费小计				310.00				

项目编码	030703007001		项目名称		碳钢风口、散流器、百叶窗		计量单位		个	

清单综合单价组成明细

定额编号	定额名称	定额单位	数量	单价/元				合价/元			
				人工费	材料费	机械费	管理费和利润	人工费	材料费	机械费	管理费和利润
C9-3-46	风口安装百叶风口周长(3300mm以内)	个	1.000	34.88	8.79	0.22	15.95	34.88	8.79	0.22	15.95
人工单价	小计			34.88	8.79	0.22	15.95				
51.00元/工日	未计价材料费							288.00			
	清单项目综合单价							347.84			

材料费明细	主要材料名称、规格、型号	单位	数量	单价/元	合价/元	暂估单价/元	暂估合价/元
	单层百叶回风口,800mm×800mm	个	1.000	288.00	288.00	—	—
	其他材料费			—	288.00	—	
	材料费小计			—	288.00	—	

项目编码	030703007003		项目名称		碳钢风口、散流器、百叶窗		计量单位		个	

清单综合单价组成明细

定额编号	定额名称	定额单位	数量	单价/元				合价/元			
				人工费	材料费	机械费	管理费和利润	人工费	材料费	机械费	管理费和利润
C9-3-66	风口安装方形散流器周长(2000mm以内)	个	1.000	14.28	1.64	65.00	6.53	14.28	1.64	65.00	6.53
人工单价	小计			14.28	1.64	65.00	6.53				
51.00元/工日	未计价材料费							65.00			
	清单项目综合单价							87.45			

材料费明细	主要材料名称、规格、型号	单位	数量	单价/元	合价/元	暂估单价/元	暂估合价/元
	方形散流器,300mm×300mm	个	1.000	65.00	65.00	—	—
	其他材料费			—	65.00	—	
	材料费小计			—	65.00	—	

表 6-37　总价措施项目清单与计价表

工程名称：广东省广州市某建筑工程学校办公楼空调工程　　　　　　标段：　　　　　　第　页，共　页

序号	项目编码	项目名称	计算基础	费率/%	金额/元	调整费率/%	调整后金额/元	备注
1	AQFHWMSG	安全文明施工措施费部分						
1.1	031302001001	安全文明施工	分部分项人工费	26.57	26429.64			按 26.57% 计算
		小计			26429.64			
2	QTCSF	其他措施费部分						
2.1	031302002001	夜间施工增加						按夜间施工项目人工的 20% 计算
2.2	031302003001	非夜间施工增加						
2.3	031302004001	二次搬运						
2.4	031302005001	冬雨季施工增加						
2.5	031302006001	已完工程及设备保护						
2.6	GGCS001	赶工措施	分部分项人工费	6.88	6843.66			费用标准为 0~6.88%
2.7	WMGDZJF001	文明工地增加费	分部分项工程费	0.20	1676.39			市级文明工地为 0.2%，省级文明工地为 0.4%
		小计			8520.05			
合计					34949.69			

编制人（造价人员）：　　　　　　　　　　　　　　　　复核人（造价工程师）：

表 6-38　其他项目清单与计价汇总表

工程名称：广东省广州市某建筑工程学校办公楼空调工程　　　　　　标段：　　　　　　第　页，共　页

序号	项目名称	金额/元	结算金额/元	备注
1	暂列金额	83819.39		
2	暂估价			
2.1	材料暂估价			
2.2	专业工程暂估价			
3	计日工	1879.74		
4	总承包服务费			
5	索赔费用			
6	现场签证费用			
7	材料检验试验费	1676.39		以分部分项项目费的 0.2% 计算（单独承包土石方工程除外）
8	预算包干费	16763.88		按分部分项项目费的 0~2% 计算
9	工程优质费	12572.91		市级质量奖 1.5%；省级质量奖 2.5%；国家级质量奖 4%
10	其他费用			
总计		116712.31		

表 6-39 暂列金额明细表

工程名称：广东省广州市某建筑工程学校办公楼空调工程 标段： 第 页，共 页

序号	项目名称	计量单位	暂列金额/元	备注
1	暂列金额		83819.39	以分部分项工程费为计算基础×10%
	合计		83819.39	

表 6-40 计日工表

工程名称：广东省广州市某建筑工程学校办公楼空调工程 标段： 第 页，共 页

序号	项目名称	单位	暂定数量	实际数量	综合单价/元	合价/元	
						暂定	实际
一	人工					867.00	
1	土石方工	工日	5.000		51.00	255.00	
2	电工	工日	12.000		51.00	612.00	
人工小计						867.00	
二	材料					704.84	
1	橡胶定型条	kg	12.000		5.39	64.68	
2	齿轮油	kg	24.000		4.34	104.16	
3	釉面砖	m²	25.000		21.44	536.00	
材料小计						704.84	
三	施工机械					307.90	
1	螺栓套丝机	台班	2.000		27.71	55.42	
2	交流电焊机	台班	4.000		63.12	252.48	
施工机械小计						307.90	
总计						1879.74	

表 6-41 总承包服务费计价表

工程名称：广东省广州市某建筑工程学校办公楼空调工程 标段： 第 页，共 页

序号	项目名称	项目价值/元	服务内容	计算基础	费率/%	金额/元
1	发包人发包专业工程				100.00	
2	发包人供应材料				100.00	
	合计					

表 6-42 规费、税金项目计价表

工程名称：广东省广州市某建筑工程学校办公楼空调工程 标段： 第 页，共 页

序号	项目名称	计算基础	计算基数	计算费率/%	金额/元
1	规费				989.86
1.1	工程排污费				
1.2	施工噪声排污费				
1.3	防洪工程维护费				
1.4	危险作业意外伤害保险费	分部分项工程费＋措施项目费＋其他项目费	989855.900	0.10	989.86

序号	项目名称	计算基础	计算基数	计算费率/%	金额/元
2	税金	分部分项工程费＋措施项目费＋其他项目费＋规费	990845.760	3.477	34451.71
合计					35441.57

编制人(造价人员)：   复核人(造价工程师)：

表 6-43　承包人提供主要材料和工程设备一览表
（适用于造价信息差额调整法）

工程名称：广东省广州市某建筑工程学校办公楼空调工程　　　　标段：　　　　　第　页，共　页

序号	名称、规格、型号	单位	数量	风险系数/%	基准单价/元	投标单价/元	发承包人确认单价/元	备注
1	综合工日	工日	1950.426			51.00		
2	综合工日(机械用)	工日	2.913			51.00		
3	型钢	kg	2645.900			3.00		
4	型钢 槽钢	kg	52.000			3.00		
5	型钢 型钢综合	kg	551.200			3.00		
6	圆钢 ϕ10 以内	kg	288.551			3.76		
7	扁钢(综合)	kg	319.274			4.02		
8	角钢(综合)	kg	6684.345			4.11		
9	镀锌薄钢板 0.5	m²	166.296			20.00		
10	镀锌薄钢板 0.75	m²	498.785			26.50		
11	镀锌薄钢板 1	m²	564.232			35.00		
12	镀锌薄钢板 1.2	m²	650.697			42.00		
13	钢板(综合)	kg	1.440			4.14		
14	橡胶板(综合)	kg	80.560			4.15		
15	橡胶板 1～15	kg	9.355			4.31		
16	石棉橡胶板 0.8～6	kg	1.320			11.60		
17	聚氯乙烯薄膜	kg	1.060			9.79		
18	聚四氟乙烯生料带 26mm×20m×0.1mm	m	3825.589			0.08		
19	棉纱	kg	48.736			11.02		
20	铆钉(综合)	kg	41.014			6.34		
21	六角螺栓(综合)	kg	18.331			6.32		
22	六角螺栓(综合)	10 套	9.324			8.95		
	……							

第七章　消防工程

第一节　消防工程基础知识

一、建筑消防系统

（一）消火栓给水系统

在民用建筑中，目前使用最广泛的是水消防系统。因为用水作为灭火工质，用于扑灭建筑物中一般物质的火灾，是最经济有效的方法。火灾统计资料表明，设有室内消防给水设备的建筑物内，火灾初期，主要是用室内消防给水设备控制和扑灭的。

如图 7-1 所示，对于低层建筑或高度不超过 50m 的高层建筑，室内消火栓给水系统由水枪、水龙带、消防管道、消防水池、消防水泵、增压设备等组成。而对于建筑高度超过 50m 的工业与民用建筑，当室内消火栓的静压力超过 80m H_2O（1m H_2O＝9.80665kPa）时，应按静压采用分区消防给水系统。室内消火栓、水龙带、水枪一般安装在消防箱内，消防栓箱一般用木材、铝合金或钢板制作而成，外装玻璃门，门上应有明显的标志。

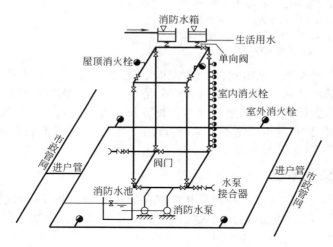

图 7-1　室内消火栓给水系统

（二）自动喷水灭火系统

自动喷水灭火系统分为闭式自动喷水灭火系统和开式自动喷水灭火系统，在民用建筑中闭式自动喷水灭火系统使用最多。

闭式自动喷水灭火系统由闭式喷头、管网、报警阀门系统、探测器、加压装置等组成。发生火灾时，建筑物内温度升高，达到作用温度时自动地打开闭式喷头灭火，并发出信号报警。其广泛布置在消防要求较高的建筑物或个别房间内，商场、宾馆、剧院、设有空调系统的旅馆和综合办公楼的走廊、办公室、餐厅、商店、库房和客房等。

闭式自动喷水灭火系统管网，主要有以下四种类型：湿式自动喷水灭火系统、干式自动喷水灭火系统、干湿式自动喷水灭火系统、预作用自动喷水灭火系统。图7-2所示为湿式自动喷水灭火系统示意图。

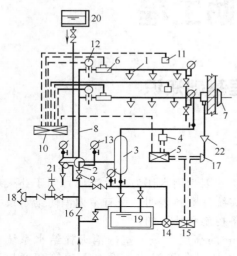

图7-2 湿式自动喷水灭火系统

1—闭式喷头；2—湿式报警阀；3—延迟器；

4—压力继电器；5—电气自控箱；6—水流指示器；

7—水力警铃；8—配水管；9—阀门；10—火灾收信机；

11—感温、感烟火灾探测器；12—火灾报警装置；

13—压力表；14—消防水泵；15—电动机；16—止回阀；

17—按钮；18—水泵接合器；19—水池；20—高位水箱；

21—安全阀；22—排水漏斗

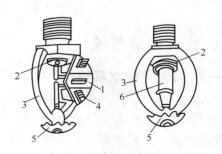

(a) 易熔合金闭式喷头　(b) 玻璃瓶闭式喷头

图7-3 闭式喷头

1—易熔合金锁闸；2—阀片；3—喷头框架；

4—八角支撑；5—溅水盘；6—玻璃球

如图7-3所示，闭式喷头是闭式自动喷水灭火系统的重要设备，由喷水口、控制器和溅水盘三部分组成。其形状和式样较多。闭式喷头是用耐腐蚀的铜质材料制造，喷水口平时被控制器所封闭。其布置形式，可采用正方形、长方形、菱形或梅花形。喷头与吊顶、楼板、屋面板的距离不宜小于7.5cm，也不宜大于15cm，但楼板、屋面板如为耐火极限不低于0.5h的非燃烧体，其距离可为30cm。

（三） 特殊消防灭火系统

因各建筑物与构筑物的功能不一样，其中贮存的可燃物质和设备可燃性也不同，有时，仅使用水作为消防手段并不能满足扑灭火灾的目的，或用水扑救会造成很大损失，故根据可燃物性质，分别采用不同的方法和手段。

1. 干粉灭火系统

以干粉作为灭火剂的系统称为干粉灭火系统。干粉有普通型干粉（BC类干粉）、多用途干粉（ABC类干粉）和金属专用灭火剂（D类火灾专用干粉）。干粉灭火系统的组成如图7-4所示。

2. 泡沫灭火系统

泡沫灭火系统按其使用方式有固定式（见图7-5）、半固定式和移动式之分，泡沫灭火系统广泛应用于油田、炼油石厂、油库、发电厂、汽车库等场所。泡沫灭火剂有化学泡沫灭火剂、蛋白泡沫灭火剂、合成型泡沫灭火剂等。

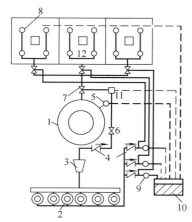

图 7-4　干粉灭火系统组成

1—干粉贮罐；2—氮气罐和集气管；3—压力控
制器；4—单向阀；5—压力传感器；6—减压阀；
7—球阀；8—喷嘴；9—启动气瓶；10—消防
控制中心；11—电磁阀；12—火灾探测器

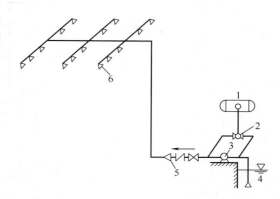

图 7-5　固定式泡沫喷淋灭火系统

1—泡沫液贮罐；2—比例混合器；3—消防泵；
4—水池；5—泡沫产生器；6—喷头

3. 卤代烷灭火系统

卤代烷灭火系统是把具有灭火功能的卤代烷碳氢化合物作为灭火剂的一种气体灭火系统。过去常用的灭火剂主要有二氟一氯一溴甲烷（CF_2ClBr，简称 1211）、三氟一溴甲烷（CF_3Br，简称 1301）等，这类灭火剂也常称为哈龙（简写为 HBFC）。这类灭火剂因对大气中的臭氧层有极强的破坏作用而被淘汰，国家标准化组织推荐用于替代哈龙的气体灭火剂共有 14 种，目前已较多应用的有 FM-200（七氟丙烷）和 INERGEN（烟烙尽）。图 7-6 所示为卤代烷灭火系统组成。卤代烷灭火系统适用于不能用水灭火的场所，如计算机房、图书档案室、文物资料库等建筑物。

4. 二氧化碳灭火系统

二氧化碳灭火系统可以用于扑灭某些气体、固体表面、液体和电器火灾，一般可以使用卤代烷灭火系统的场所均

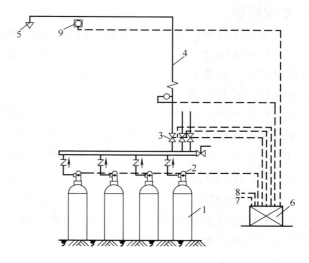

图 7-6　卤代烷灭火系统组成

1—灭火剂贮罐；2—容器阀；3—选择阀；4—管网；5—喷嘴；
6—自控装置；7—控制联动；8—报警；9—火警探测器

可采用二氧化碳灭火系统。但这种系统造价高，灭火时对人体有害。图 7-7 所示为其组成。

二、室内火灾报警系统

火灾自动报警系统是人们为了及早发现和通报火灾，并及时采取有效措施控制和扑灭火灾而设在建筑物中或其他场所的一种自动消防设施。火灾自动报警系统一般由触发器件、火灾报警装置以及具有其他辅助功能的装置组成。

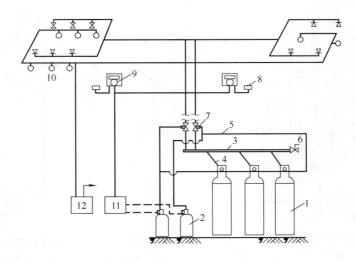

图 7-7 二氧化碳灭火系统组成

1—CO$_2$贮存容器；2—启动用气容器；3—总管；4—连接管；5—操作管；6—安全阀；7—选择阀；

8—报警阀；9—手动启动装置；10—探测器；11—控制盘；12—检测盘

（一）火灾自动报警系统常用设备

1. 触发器件

火灾自动报警系统设有自动和手动两种触发器件。

（1）火灾探测器　根据对火灾参数（如烟、温、光、火焰辐射、气体浓度）响应不同，火灾探测器分为感温火灾探测器、感烟火灾探测器、感光火灾探测器、气体火灾探测器和复合火灾探测器五种基本类型。

（2）手动火灾报警按钮　手动火灾报警按钮是另一类触发器件。它是用手动方式产生火灾报警信号，启动火灾自动报警系统的器件。手动火灾报警按钮应安装在墙壁上，在同一火灾报警系统中，应采用型号、规格、操作方法相同的同一种类型的手动火灾报警按钮。

2. 火灾报警控制器

火灾报警控制器是一种具有对火灾探测器供电，接收、显示和传输火灾报警等信号，并能对消防设备发出控制指令的自动报警装置。按其用途不同可分为区域火灾报警控制器和集中火灾报警控制器。

（二）火灾自动报警系统

火灾自动报警系统分为区域报警系统、集中报警系统和控制中心报警系统三种基本形式。

（1）区域报警系统　由区域火灾报警控制器、火灾探测器、手动火灾报警按钮、火灾警报装置等组成的火灾自动报警系统，其功能如图 7-8 所示。

（2）集中报警系统　由集中火灾报警控制器、区域火灾报警控制器、火灾探测器、手动火灾报警按钮、火灾警报装置等组成的功能较复杂的火灾自动报警系统，其功能如图 7-9 所示。集中报警系统通常用于功能较多的建筑，如高层宾馆、饭店等场合。这时，集中火灾报警控制器应设置在有专人值班的消防控制室或值班室内，区域火灾报警控制器设置在各层的服务台处。

（3）控制中心报警系统　由设置在消防控制室的消防联动控制设备、集中火灾报警控制器、区域火灾报警控制器、火灾探测器、手动火灾报警按钮等组成的功能复杂的火灾自动报警系统。其中消防联动控制设备主要包括：火灾警报装置，火警电话，火灾应急照明，火灾应急广播，防排烟、通风空调、消防电梯等联动装置，固定灭火系统的控制装置等。控制中心报警系统的功能如图 7-10 所示。

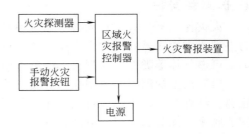

图 7-8　区域报警系统

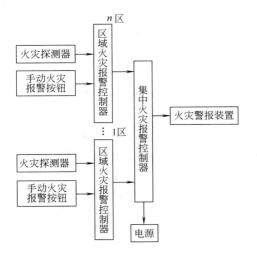

图 7-9　集中报警系统

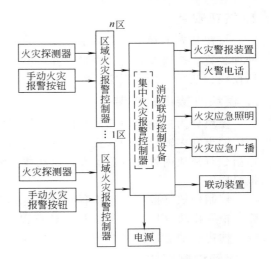

图 7-10　控制中心报警系统

第二节　火灾自动报警系统定额应用及清单项目设置

一、定额应用

本部分定额包括探测器、按钮、模块（接口）、报警控制器、联动控制器、报警联动一体机、重复显示器、警报装置、远程控制器、火灾事故广播、消防通信、报警备用电源安装等项目。

以下工作内容已经包含在定额中：①施工技术准备、施工机械准备、标准仪器准备、施工安全防护措施、安装位置的清理；②设备和箱、机及元件的搬运，开箱检查，清点，杂物回收，安装就位，接地，密封，箱、机内的校线、接线，挂锡，编码，测试，清洗，记录整理等；③定额中均包括了校线、接线和本体调试。

未包含在定额中的工作有：①设备支架、底座、基础的制作与安装；②构件加工、制作；③电机检查、接线及调试；④事故照明及疏散指示控制装置安装；⑤CRT 彩色显示装置安装。

定额中箱、机是以成套装置编制的；柜式及琴台式安装均执行落地式安装相应项目。

1. 探测器安装

火灾探测器是火灾自动报警系统中具有探测火灾信号功能的关键部件，按其警戒范围分为点型火灾探测器和线型火灾探测器。点型火灾探测器又可分为感烟、感温、红外光束、火焰、可燃气体等类型；线型火灾探测器则可分为缆式定温、空气管差温等。

（1）点型探测器　点型探测器安装的工程量计算，应按多线制和总线制，区别其感烟、感温、红外光束、火焰、可燃气体，分别以"只"为单位计算。工作内容包括校线、挂锡、安装底座、探头、编码、清洁、调测。

（2）线型探测器　线型探测器安装的工程量，以"10m"为单位计算。工作内容包括拉锁固定、校线、挂锡、调测。

2. 按钮安装

按钮是人工确定火灾后手动操作向消防控制室发出火灾报警信号或直接启动消防水泵的一种装置。按钮安装的工程量计算，不分型号和规格，均以"只"为单位计算。工作内容包括校线、挂锡、钻眼固定、安装、编码、调测。

3. 模块（接口）安装

模块分为控制模块和报警模块。控制模块亦称中继器，依据其给出的控制信号的数量分为单输出和多输出两种形式。控制模块连接于总线上，当接到控制器以编码方式传送来的动作指令时模块内置继电器动作，启动或关闭现场设备。报警模块不起控制作用，只能起监视报警作用。

控制模块（接口）的工程量计算，应区别单输出接口和多输出接口以"只"为单位计算。报警模块（接口）的工程量计算以"只"为单位计算。工作内容包括安装、固定、校线、挂锡、功能检测、编码、防潮和防尘处理。

4. 报警控制器安装

报警控制器按线制的不同分为多线制与总线制两种，目前大多为总线制。其中又按安装方式不同分为壁挂式和落地式。

报警控制器安装工程量的计算应区别其线制（总线制、多线制），根据其不同安装方式（壁挂式和落地式），区别其控制器的不同控制点数，分别以"台"为单位计算。工作内容：安装、固定、校线、挂锡、功能检测、防潮和防尘处理、压线、标志、绑扎。

多线制报警控制器控制点数分为 32 点以下、64 点以下两类；总线制报警控制器控制点数分为 200 点以下、500 点以下、1000 点以下及 1000 点以上等类。

5. 联动控制器安装

联动控制器安装工程量的计算应区别其线制（总线制、多线制），根据其不同安装方式（壁挂式和落地式），区别其控制器的不同控制点数，分别以"台"为单位计算。工作内容包括校线、挂锡、并线、压线、标志、安装、固定、功能检测、防潮和防尘处理。

多线制联动控制器控制点数分为 100 点以下、100 点以上两类；总线制联动控制器控制点数分为 100 点以下、200 点以下、500 点以下及 500 点以上等四类。

6. 报警联动一体机安装

报警联动一体机安装的工程量计算，应按其不同安装方式（壁挂式和落地式），区别其不同控制点数（500 点以下、1000 点以下、2000 点以下及 2000 点以上），分别以"台"为单位计算。工作内容：校线、挂锡、并线、压线、标志、安装、固定、功能检测、防潮和防尘处理。

7. 重复显示器、警报装置、远程控制器安装

重复显示器安装的工程量计算，不分型号，区别其多线制和总线制，分别以"台"为单位计算。警报装置安装的工程量按声光报警和警铃，分别以"台"为单位计算。远程控制器安装的工程量计算，应区别其控制器的不同控制回路（3 回路以下、5 回路以下），分别以"台"为单位计算。工作内容包括校线、挂锡、并线、压线、标志、编码、安装、固定、功能检测、防潮和防尘处理。

8. 火灾事故广播安装

功率放大器的安装工程量计算，应区别其不同功率（125W、250W），分别以"台"为单位计算。录音机、消防广播控制柜、广播分配器安装工程量，以"台"为单位计算。吸顶式扬声器、壁挂式音箱安装的工程量，均以"只"为单位计算。工作内容主要包括校线、挂锡、并线、压线、标志、安装、固定、功能检测、防潮和防尘处理。

9. 消防通信、报警备用电源

电话交换机安装的工程量计算，应区别其电话交换机的不同门数（20 门、40 门、60门），分别以"台"为单位计算；电话分机以"部"为单位计算；电话插孔以"个"为单位计算；消防报警备用电源以"台"为单位计算。工作内容包括校线、挂锡、并线、压线、安装、固定、功能检测、防潮和防尘处理。

二、清单项目设置

（一）清单项目设置

火灾自动报警系统主要包括探测器、按钮、模块（接口）、报警控制器、联动控制器、报警联动一体机、重复显示器、警报装置、远程控制器等。并按安装方式、控制点数量、控制回路、输出形式、多线制、总线制等不同特征列项，其清单项目设置见表 7-1。

（二）清单设置说明

（1）消防报警系统配管、配线、接线盒均应按《通用安装工程工程量清单计算规范》附录 D "电气设备安装工程"相关项目编码列项。

（2）消防广播及对讲电话主机包括功放、录音机、分配器、控制柜等设备。

（3）点型探测器包括火焰、烟感、温感、红外光束、可燃气体探测器等。

表 7-1　火灾自动报警系统清单项目设置

项目编码	项目名称	项目特征	计量单位	工程量计算规则	工作内容
030904001	点型探测器	1. 名称； 2. 规格； 3. 线制； 4. 类型	个	按设计图示数量计算	1. 底座安装； 2. 探头安装； 3. 校接线； 4. 编码； 5. 探测器调试
030904002	线型探测器	1. 名称； 2. 规格； 3. 安装方式	m	按设计图示长度计算	1. 探测器安装； 2. 接口模块安装； 3. 报警终端安装； 4. 校接线

项目编码	项目名称	项目特征	计量单位	工程量计算规则	工作内容
030904003	按钮	1. 名称； 2. 规格	个		1. 安装； 2. 校接线； 3. 编码； 4. 调试
030904004	消防警铃				
030904005	声光报警器				
030904006	消防报警电话插孔(电话)	1. 名称； 2. 规格； 3. 安装方式	个(部)		
030904007	消防广播(扬声器)	1. 名称； 2. 功率； 3. 安装方式	个		
030904008	模块(模块箱)	1. 名称； 2. 规格； 3. 安装类型； 4. 输出方式	个(台)	按设计图示数量计算	
030904009	区域报警控制箱	1. 多线制； 2. 总线制； 3. 安装方式； 4. 控制点数量； 5. 显示器类型	台		1. 本体安装； 2. 校接线、摇测绝缘电阻； 3. 排线、绑扎、导线标识； 4. 调试
030904010	联动控制箱				
030904011	远程控制箱(柜)	1. 规格； 2. 控制回路			
030904012	火灾报警系统控制主机	1. 规格、线制； 2. 控制回路； 3. 安装方式			1. 安装； 2. 校接线； 3. 调试
030904013	联动控制主机				
030904014	消防广播及对讲电话主机(柜)				
030904015	火灾报警控制微机(CRT)	1. 规格； 2. 安装方式			1. 安装； 2. 调试
030904016	备用电源及电池主机(柜)	1. 名称； 2. 容量； 3. 安装方式	套		1. 安装； 2. 调试
030904017	报警联动一体机	1. 规格、线制； 2. 控制回路； 3. 安装方式	台		1. 安装； 2. 校接线； 3. 调试

（4）火灾自动报警系统清单项目特征

① 探测器：按点型和线型分别编码。点型探测器按多线制、总线制分不同类型不同名称分别描述。其类型主要有感烟火灾探测器、感温火灾探测器、感光火灾探测器、可燃气体探测器、复合式火灾探测器等，名称主要是指各种类型下的具体描述，如离子感烟探测器、光电感烟探测器、复合式感烟感温探测器等。线型探测器按安装方式描述，常用的缆式线型定温探测器其安装方式主要有环绕式、正弦式、直线式。

② 按钮：包括消火栓按钮、手动报警按钮、气体报警启停按钮，不同厂家生产的按钮型号各不相同，应根据设计图样对不同的型号分别编制清单项目。例如 SHD-1 型手动报警按钮、Q-K/1644 地址编码手动报警开关等。

③ 模块：名称有输入模块、输出模块、输入输出模块、监视模块、信号模块、控制模块、信号接口、单控模块、双控模块等，不同厂家产品各异，名称也不同。输出形式指控制模块的单输出和多输出。

④ 控制器：各类控制器安装方式指落地式和壁挂式。控制点数量：多线制"点"是指报警控制器所带报警器件（探测器、报警按钮等）的数量，总线制"点"是指报警控制器所带的有地址编码的报警器件（探测器、报警按钮、模块等）的数量，如果一个模块带数个探测器，则只能计为一点。联动控制器：多线制"点"是指联动控制器所带联动设备的状态控制和状态显示的数量，总线制"点"是指联动控制器所带的有控制模块（接口）的数量。

⑤ 远程控制箱：一般按控制回路进行描述。

第三节　水灭火系统安装定额应用及清单项目设置

一、定额应用

本部分定额适用于工业和民用建（构）筑物设置的自动喷水灭火系统的管道、各种组件、消火栓、气压水罐的安装及管道支吊架的制作、安装。

（一）管道安装

（1）界线划分

① 室内外界线：以建筑物外墙皮 1.5m 为界，入口处设阀门者以阀门为界。

② 设在高层建筑内的消防泵间管道，以泵间外墙皮为界。

（2）工程量计算　水灭火系统管道主要采用镀锌钢管，小管径（$DN25 \sim DN100$）一般采用螺纹连接，大管径（$DN150$、$DN200$）则采用法兰连接。镀锌钢管（分螺纹连接、法兰连接）安装的工程量计算，区别其不同的公称直径，分别以"10m"为单位计算。工作内容包括水压试验。

镀锌钢管法兰连接定额，管件是按成品、弯头两端是按接短管焊法兰考虑的，定额中包括了直管、管件、法兰等全部安装工序内容，但管件、法兰及螺栓的主材数量应按设计规定另行计算。

（3）管道安装定额　也适用于镀锌无缝钢管的安装。

（4）设置于管道间、管廊内的管道　其定额人工乘以系数1.3。

（5）主体结构为现场浇注采用钢模施工的工程　内外浇注的定额人工乘以系数1.05，内浇外砌的定额人工乘以系数1.03。

（二）系统组件安装

喷头、报警装置及水流指示器安装定额均按管网系统试压、冲洗合格后安装考虑的，定额中已包括丝堵、临时短管的安装、拆除及其摊销。

（1）喷头安装　喷头由喷头架、溅水盘、喷水口堵水支撑等组成，如图7-11所示。常见有易熔合金锁片支撑型与玻璃球支撑型。安装方式可分为吊顶型和无吊顶型。

喷头安装的工程量计算，应区别其不同的安装部位（无吊顶和有吊顶）分别以"10个"为单位计算。

（2）湿式报警装置安装　应区别其不同公称直径（$DN65$、$DN80$、$DN100$、$DN150$、

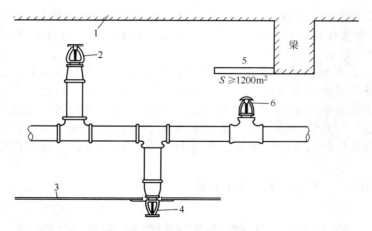

图 7-11 喷头安装示意图

1—楼板或屋面板；2—直立型喷淋头；3—吊顶板；4—下垂型喷头；5—集热罩；6—普通型喷头

$DN200$），分别以"组"为单位计算。其他报警装置适用于雨淋、干湿两用及预作用报警装置。

（3）温感式水幕装置安装　温感式水幕装置结构如图 7-12 所示。其安装应区别其不同公称直径（$DN20$、$DN25$、$DN32$、$DN40$、$DN50$），分别以"组"为单位计算。

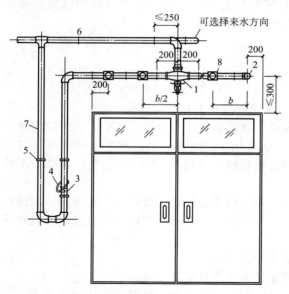

图 7-12　温感式水幕装置结构

1—ZSPD 型控制器；2—水幕喷头；3—球阀；4—铅封；5—单立管支架；6—横管托架；7—给水管；8—异径三通

温感式水幕装置安装定额中已包括给水三通至喷头、阀门间的管道、管件、阀门、喷头等全部安装内容。但管道的主材数量按设计管道中心长度另加损耗计算；喷头数量按设计数量另加损耗计算。

（4）水流指示器安装　水流指示器是一种由管网内水流作用启动，能发出电信号的组件，常用于湿式灭火系统中做电报警设施和区域报警用设备。在多层或大型建筑的自动喷水灭火系统上，为了便于明确火灾发生的保护分区，一般在每一层或每个分区的干管上或支管的始端安装一个水流指示器。水流指示器按叶片的形状，可分为板式和桨式两种。按安装基座分，可分为鞍座式、管式和法兰式。管式和法兰式一般采用桨式叶片，与管路连接时管式采用螺纹连接，法兰式采用法兰连接。鞍座式一般采用板式叶片，与管路连接时需在管路

上开孔放入叶片后进行焊接，施工较困难。图 7-13 所示为桨式水流指示器结构。

水流指示器（分螺纹连接、法兰连接）安装区别其不同公称直径（$DN50$、$DN65$、$DN80$、$DN100$），分别以"个"为单位计算。

（三）其他组件安装

减压孔板安装应区别减压孔板的不同公称直径（$DN50$、$DN70$、$DN80$、$DN100$、$DN150$），分别以"个"为单位计算。工作内容：切管、焊法兰、制垫加垫、孔板检查，二

次安装。

末端试水装置安装：在每个报警阀组控制的最不利点喷头处，应设末端试水装置，其结构示意图见图7-14。安装工程量应区别末端试水装置的不同公称直径（DN25、DN32），分别以"组"为单位计算。工作内容：切管、套丝、上零件、整体组装、放水试验。

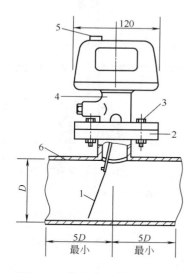

图 7-13　桨式水流指示器结构
1—桨片；2—底座；3—螺栓；4—本体；
5—接线孔；6—管路

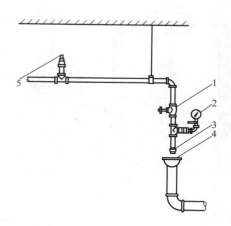

图 7-14　末端试水装置
1—截止阀；2—压力表；3—试水接头；
4—排水漏斗；5—最不利喷头

集热板制作与安装的工程量，以"个"为单位计算。工作内容：划线、下料、加工、支架制作及安装、整体安装固定。集热板的安装位置：当高架仓库分层板上方有孔洞、缝隙时，应在喷头上方设置集热板。

（四）消火栓安装

（1）室内消火栓安装　图7-15所示为室内消火栓结构示意图。室内消火栓安装的工程量计算，应按单栓和双栓，分别以"套"为单位计算。工作内容：预留洞、切管、套丝、箱体及消火栓安装、附件检查安装、水压试验。

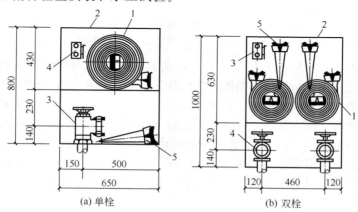

(a) 单栓　　　　　　　　(b) 双栓

图 7-15　室内消火栓
1—水龙带；2—消火栓箱；3—按钮；4—消火栓；5—水枪

（2）室外消火栓安装　分室外地下式消火栓和室外地上式消火栓两类。其组成如图 7-16、图 7-17 所示。

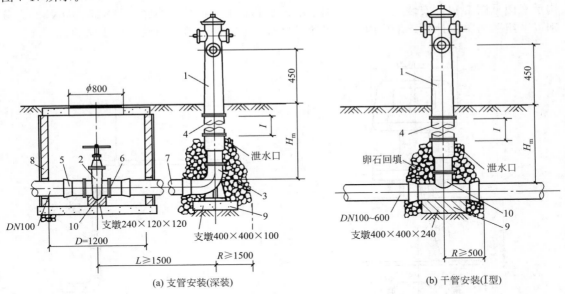

(a) 支管安装(深装)　　　　　　　　(b) 干管安装(I型)

图 7-16　室外地上式消火栓

1—本体；2—闸阀；3—弯管底座；4—法兰接管；5，6—短管；7—铸铁管；8—阀井；9—支墩；10—三通

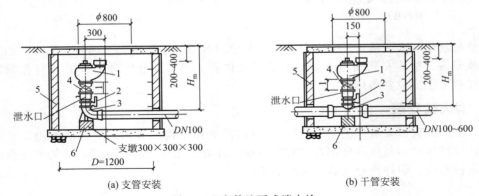

(a) 支管安装　　　　　　　　　　(b) 干管安装

图 7-17　室外地下式消火栓

1—地下式消火栓；2—蝶阀；3—弯管底座（三通）；4—法兰接管；5—阀井；6—混凝土支墩

　　室外地下式消火栓安装的工程量计算，应按其不同型号、规格（浅型、深 I 型、深 II 型），区别其管道的不同压力（1.0MPa、1.6MPa），分别以"套"为单位计算。工作内容：管口涂沥青、制垫、加垫、紧螺栓、消火栓安装。室外地上式消火栓安装的工程量计算，应按其不同型号、规格（浅 100 型、深 100 型、浅 100 型、深 150 型），区别其管道的不同压力（1.0MPa、1.6MPa），分别以"套"为单位计算。

　　（3）消防水泵接合器安装　消防水泵接合器结构示意见图 7-18。安装应按水泵接合器安装的不同形式（地下式、地上式、墙壁式），区别其不同公称直径（DN100、DN150），分别以"套"为单位计算。

（五）隔膜式气压水罐（气压罐）安装

　　隔膜式气压水罐是一种提供压力水的消防气压给水设备装置，其作用相当于高位水箱或水塔，可采用立式或卧式安装。其安装的工程量计算应按其不同公称直径（800mm以内、1000mm以内、1200mm以内、1400mm以内），分别以"台"为单位计算。

隔膜式气压水罐安装定额中地脚螺栓是按设备带有考虑的，定额中包括指导二次灌浆用工，但二次灌浆费用另计。

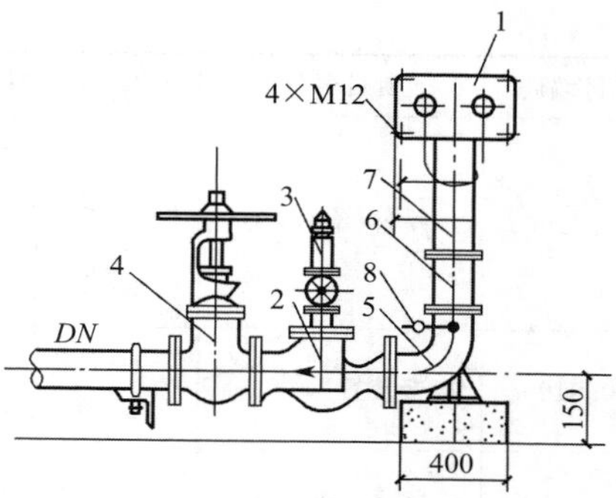

（六）管道支吊架制作与安装

管道支吊架制作与安装的工程计算，均以"100kg"为单位计算。管道支吊架制作安装定额中包括了支架、吊架及防晃支架。

（七）自动喷水灭火系统管网水冲洗

自动喷水灭火系统管网水冲洗的工程计算，应区别其管道的不同公称直径（$DN50$、$DN70$、$DN80$、$DN100$、$DN150$、$DN200$），分别以"100m"为单位计算。工作内容：准备工具和材料、制堵盲板、安装拆除临时管线、通水冲洗、检查、清理现场。

管网冲洗定额是按水冲洗考虑的，若采用水压气动冲洗法时，可按施工方案另行计算。定额只适用于自动喷水灭火系统。

（八）定额不包括以下工作内容，发生时需另外列项计算

（1）阀门、法兰安装，各种套管的制作安装，泵房间管道安装及管道系统强度试验、严密性试验。

（2）消火栓管道、室外给水管道安装及水箱制作安装。

（3）各种消防泵、稳压泵安装及设备二次灌浆等。

（4）各种仪表的安装及带电信号的阀门、水流指示器、压力开关的接线、校线。

（5）各种设备支架的制作安装。

（6）管道、设备、支架、法兰焊口除锈刷油。

（7）系统调试。

二、清单项目设置

（一）清单项目设置

水灭火系统的清单项目设置见表7-2。

图 7-18　消防水泵接合器
1—本体；2—止回阀；3—安全阀；
4—闸阀；5—弯管；6—法兰直管；
7—法兰弯管；8—截止阀

表 7-2　水灭火系统清单项目设置

项目编码	项目名称	项目特征	计量单位	工程量计算规则	工作内容
030901001	水喷淋钢管	1. 安装部位； 2. 材质、规格； 3. 连接形式； 4. 钢管镀锌设计要求； 5. 压力试验及冲洗设计要求； 6. 管道标识设计要求	m	按设计图示管道中心线以长度计算	1. 管道及管件安装； 2. 钢管镀锌； 3. 压力试验； 4. 冲洗； 5. 管道标识
030901002	消火栓钢管				

项目编码	项目名称	项目特征	计量单位	工程量计算规则	工作内容
030901003	水喷淋（雾）喷头	1. 安装部位； 2. 材质、型号、规格； 3. 连接形式； 4. 装饰盘设计要求	个	按设计图示数量计算	1. 安装； 2. 装饰盘安装； 3. 严密性试验
030901004	报警装置	1. 名称； 2. 型号、规格	组		1. 安装； 2. 电气接线； 3. 调试
030901005	温感式水幕装置	1. 型号、规格； 2. 连接形式			
030901006	水流指示器	1. 规格、型号； 2. 连接形式	个		
030901007	减压孔板	1. 材质、规格； 2. 连接形式			
030901008	末端试水装置	1. 规格； 2. 组装形式	组		
030901009	集热板制作安装	1. 材质； 2. 支架形式	个		1. 制作、安装； 2. 支架制作、安装
030901010	室内消火栓	1. 安装方式； 2. 型号、规格； 3. 附件材质、规格	套		1. 箱体及消火栓安装； 2. 配件安装
030901011	室外消火栓				1. 安装； 2. 配件安装
030901012	消防水泵接合器	1. 安装部位； 2. 型号、规格； 3. 附件材质、规格	套		1. 安装； 2. 附件安装
030901013	灭火器	1. 形式； 2. 规格、型号	具（组）	按设计图示数量计算	设置
030901014	消防水炮	1. 水炮类型； 2. 压力等级； 3. 保护半径	台		1. 本体安装； 2. 调试

（二）清单设置说明

（1）水灭火管道工程量计算，不扣除阀门、管件及各种组件所占长度以延长米计算。

（2）水喷淋（雾）喷头安装部位应区分有吊顶、无吊顶。

（3）报警装置适用于湿式报警装置、干湿两用报警装置、电动雨淋报警装置、预作用报警装置等报警装置安装。报警装置安装包括装配管（出水力警铃进水管）的安装，水力警铃进水管并入消防管道工程量。

① 湿式报警装置包括：湿式阀、蝶阀、装配管、供水压力表、装置压力表、试验阀、泄放试验阀、试验管流量计、过滤器、延时器、水力警铃、报警截止阀、漏斗、压力开关等。

② 干湿两用报警装置包括：两用阀、蝶阀、装配管、加速器、加速器压力表、供水压

力表、试验阀、泄放试验阀（湿式、干式）、挠性接头、泄放试验管、试验管流量计、排气阀、截止阀、漏斗、过滤器、延时器、水力警铃、压力开关等。

③ 电动雨淋报警装置包括：雨淋阀、蝶阀、装配管、压力表、泄放试验管、流量表、截止阀、注水阀、止回阀、电磁阀、排水阀、手动应急球阀、报警试验阀、漏斗、压力开关、过滤器、水力警铃等。

④ 预作用泄放试验管包括：报警阀、控制蝶阀、压力表、流量表、截止阀、排气阀、注水阀、止回阀、泄放阀、报警试验阀、液压切断阀、装配管、供水检验管、气压开关、试压电磁阀、空压机、应急手动试压器、漏斗、过滤器、水力警铃等。

（4）温感式水幕装置包括：给水三通至喷头、阀门间的管道、管件、阀门、喷头等全部内容的安装。

（5）末端试水装置包括：压力表、控制阀等附件安装。末端试水装置安装中不含连接管及排水管安装，其工程量并入消防管道。

（6）室内消火栓包括：消火栓箱、消火栓、水枪、水龙头、水龙带接扣、自救卷盘、挂架、消防按钮；落地消火栓箱包括：箱内手提灭火器。

（7）室外消火栓安装方式分地上式、地下式。地上式消火栓安装包括：地上式消火栓、法兰接管、弯管底座；地下式消火栓包括：地下式消火栓、法兰接管、弯管底座或消火栓三通。

（8）消防水泵接合器包括：法兰接管及弯头安装，接合器井内阀门、弯管底座、标牌等附件安装。

（9）减压孔板若在法兰盘内安装，其法兰计入组价中。

（10）消防水炮分普通手动水炮、智能控制水炮。

（11）对于既包括消火栓灭火系统又包括自动喷水灭火系统的室内消防工程，计算工程量时应按以下内容分别计算。

① 消防泵房部分：该部分是指水泵至泵间外墙皮之间的管路、阀门、水泵安装等项目。

② 消火栓部分：该部分是指从泵间外墙皮开始算起整个消火栓系统的管路、阀门、消火栓安装等项目。

③ 自动喷水灭火部分：该部分是指从泵间外墙皮开始算起整个自动喷水灭火系统的管路、阀门、报警装置、水流指示器、喷头安装等项目。

④ 计算管路部分：可按照水流的方向由干管到支管分管径分别计算。

⑤ 系统组件部分：该部分工程量计算较简单，只要按系统、楼层等进行统计即可。同时要注意湿式报警装置、温感水幕装置、末端试水装置等成套产品所包含的内容，以免重复计算。

（12）安装范围

① 泵房间内管道安装工程量清单按《通用安装工程工程量清单计算规范》附录 H "工业管道工程"有关项目编制。

② 各种消防泵、稳压泵安装工程量清单按《通用安装工程工程量清单计算规范》附录 A "机械设备安装工程"有关项目编制。

③ 各种仪表的安装工程量清单按《通用安装工程工程量清单计算规范》附录 F "自动化控制仪表安装工程"有关项目编制。

④ 水灭火系统的室外管道安装工程量清单按《通用安装工程工程量清单计算规范》附录 K "给排水、采暖、燃气工程"有关项目编制。

第四节 气体灭火系统定额应用及清单项目设置

一、定额应用

本部分定额适用于工业和民用建筑中设置的二氧化碳灭火系统、卤代烷 1211 灭火系统和卤代烷 1301 灭火系统中的管道、管件、系统组件等的安装。

1. 管道安装

(1) 无缝钢管 无缝钢管公称直径较小（$DN15 \sim DN80$）时采用螺纹连接，公称直径较大（$DN100$、$DN150$）时采用法兰连接。管道安装的工程量计算，应按不同的连接方式，区别其管道的不同公称直径分别以"10m"为单位计算。

(2) 气体驱动装置管道安装 气体驱动装置管道（一般为紫铜管）安装的工程量计算，区别管道的不同外径（10mm 以内、14mm 以内），分别以"10m"为单位计算。工作内容：切管、煨弯、安装、固定、调整、卡套连接。

(3) 钢制管件（螺纹连接）的安装 钢制管件（螺纹连接）的安装工程量计算，应区别其管件的不同公称直径，分别以"10 件"为单位计算。工作内容：切管、调直、车螺纹、清洗、镀锌后调直、管件连接。

(4) 定额中的无缝钢管、钢制管件、选择阀安装及系统组件试验等 均适用于卤代烷 1211 和 1301 灭火系统，二氧化碳灭火系统按卤代烷灭火系统相应定额乘以系数 1.20。

(5) 管道及管件安装定额

① 无缝钢管和钢制管件内外镀锌及场外运输费用另行计算。

② 螺纹连接的不锈钢管、铜管及管件安装时，按无缝钢管和钢制管件安装相应定额乘以系数 1.20。

③ 无缝钢管螺纹连接定额中不包括钢制管件连接内容，应按设计用量执行钢制管件连接定额。

④ 无缝钢管法兰连接定额，管件是按成品、弯头两端是按接短管焊接法兰考虑的，定额中包括了直管、管件、法兰等全部安装工序内容，但管件、法兰及螺栓的主材数量应按设计规定另行计算。

⑤ 气动驱动装置管道安装定额中卡套连接件的数量按设计用量另行计算。

2. 系统组件安装

(1) 喷头安装 工程量计算应区别其不同公称直径（$DN15$、$DN20$、$DN25$、$DN32$、$DN40$），分别以"10 个"为单位计算。工作内容：切管、调直、车丝、管件及喷头安装、喷头外观清洁。

喷头安装定额中包括管件安装及配合水压试验安装拆除丝堵的工作内容。

(2) 选择阀安装

① 螺纹连接 工程量计算应区别其不同公称直径（$DN25$、$DN32$、$DN40$、$DN50$、$DN65$、$DN80$），分别以"个"为单位计算。工作内容：外观检查、切管、车螺纹、活接头及阀门安装。

② 法兰连接 法兰连接选择阀安装的工程量计算，对公称直径（$DN100$ 以内），分别以"个"为单位计算。工作内容：外观检查、切管、坡口、对口、焊法兰、阀门安装。

(3) 贮存装置安装 工程量计算应按其不同贮存容器规格（按容积区分，4L、40L、

70L、90L、155L、270L），分别以"套"为单位计算。工作内容：外观检查、搬运、称重、支架框架安装、系统组件安装、阀驱动装置安装、氮气增压。

贮存装置安装，定额中包括灭火剂贮存容器和驱动气瓶的安装固定、支框架、系统组件（集流管，容器阀，气、液单向阀，高压软管），安全阀等贮存装置和阀驱动装置的安装及氮气增压。二氧化碳贮存装置安装时，不须增压，执行定额时，扣除高纯氮气，其余不变。

3. 二氧化碳称重检漏装置安装

二氧化碳称重检漏装置安装的工程量计算，以"套"为单位计算。工作内容：开箱检查、组合装配、安装、固定、试动调整。

二氧化碳称重检漏装置包括泄漏报警开关、配重及支架。

4. 系统组件试验

系统组件试验工程量计算，应区别其水压强度试验和气压严密性试验，分别以"个"为单位计算。系统组件包括选择阀，气、液单向阀和高压软管。工作内容：准备工具和材料、安装拆除临时管线、灌水加压、充氮气、停压检查、放水、泄压、清理及烘干、封口。

5. 定额不包括以下工作内容，实际发生时应另外列项计算

① 管道支吊架的制作安装应执行本部分定额第二章的相应项目。

② 不锈钢管、铜管及管件的焊接或法兰连接，各种套管的制作安装、管道系统强度试验、严密性试验和吹扫等均执行第六册《工业管道工程》定额相应项目。

③ 管道及支吊架的防腐刷油等执行第十一册《刷油、防腐蚀、绝热工程》相应项目。

④ 系统调试执行本部分定额第五章的相应项目。

⑤ 阀驱动装置与泄漏报警开关的电气接线等执行第十册《自动化控制仪表安装工程》相应项目。

二、清单项目设置

（一）清单项目设置

气体灭火系统清单项目设置见表7-3。

表7-3　气体灭火系统清单项目设置

项目编码	项目名称	项目特征	计量单位	工程量计算规则	工作内容
030902001	无缝钢管	1. 介质； 2. 材质、压力等级； 3. 规格； 4. 焊接方法； 5. 钢管镀锌设计要求； 6. 压力试验及吹扫设计要求； 7. 管道标识设计要求	m	按设计图示管道中心线以长度计算	1. 管道安装； 2. 管件安装； 3. 钢管镀锌； 4. 压力试验； 5. 吹扫； 6. 管道标识
030902002	不锈钢管	1. 材质、压力等级； 2. 规格； 3. 焊接方法； 4. 充氩保护方式、部位； 5. 压力试验及吹扫设计要求； 6. 管道标识设计要求			1. 管道安装； 2. 焊口充氩保护； 3. 压力试验； 4. 吹扫； 5. 管道标识

项目编码	项目名称	项目特征	计量单位	工程量计算规则	工作内容
030902003	不锈钢管管件	1. 材质、压力等级； 2. 规格； 3. 焊接方法； 4. 充氩保护方式、部位	个	按设计图示数量计算	1. 管道安装； 2. 管道焊口充氩保护
030902004	气体驱动装置管道	1. 材质、压力等级； 2. 规格； 3. 焊接方法； 4. 压力试验及吹扫设计要求； 5. 管道标识设计要求	m	按设计图示管道中心线以长度计算	1. 管道安装； 2. 压力试验； 3. 吹扫； 4. 管道标识
030902005	选择阀	1. 材质； 2. 型号、规格； 3. 连接方式	个	按设计图示数量计算	1. 安装； 2. 压力试验
030902006	气体喷头				喷头安装
030902007	贮存装置	1. 介质、类型； 2. 型号、规格； 3. 气体增压设计要求			1. 贮存装置安装； 2. 系统组件安装； 3. 气体增压
030902008	称重检漏装置	1. 型号； 2. 规格	套	按设计图示数量计算	
030902009	无管网气体灭火装置	1. 类型； 2. 型号、规格； 3. 安装部位； 4. 调试要求			1. 安装； 2. 调试

（二）清单设置说明

（1）气体灭火管道工程量计算，不扣除阀门、管件及各种组件所占长度以延长米计算。

（2）气体灭火介质，包括七氟丙烷灭火系统、IG541 灭火系统、二氧化碳灭火系统等。

（3）气体驱动装置管道安装，包括卡、套连接件。

（4）贮存装置安装，包括灭火剂存储器、驱动气瓶、支框架、集流阀、容器阀、单向阀、高压软管和安全阀等贮存装置和阀驱动装置、减压装置、压力指示仪等。

（5）无管网气体灭火系统由柜式预制灭火装置、火灾探测器、火灾自动报警灭火控制器等组件，具有自动控制和手动控制两种启动方式。无管网气体灭火装置安装，包括气瓶柜装置（内设气瓶、电磁阀、喷头）和自动报警控制装置（包括控制器，烟、温感，声光报警器，手动报警器，手/自动控制按钮）等。

第五节　泡沫灭火系统安装定额应用及结算项目设置

一、定额应用

本部分定额适用于高、中、低倍数固定式或半固定式泡沫灭火系统的发生器及泡沫比例混合器安装。

（一） 泡沫发生器安装

泡沫发生器安装的工程量计算，应按其不同型号和规格，区别其泡沫发生器的不同型式〔水轮机式（PFS3、PF4、PFS4、PFS10）和电动机式（PF20、BGP-200）〕，分别以"台"为单位计算。工作内容：开箱检查、整体吊装、找正、找平、安装固定、切管、焊法兰、调试。

（二） 泡沫比例混合器安装

泡沫发生器及泡沫比例混合器安装中包括整体安装、焊法兰、单体调试及配合管道试压时隔离本体所消耗的人工和材料。但不包括支架的制作、安装和二次灌浆的工作内容。地脚螺栓按本体带有考虑。

1. 压力储罐式泡沫比例混合器安装

压力储罐式泡沫比例混合器安装工程量计算应按其不同型号和规格（PHY32/30、PHY48/55、PHY64/76、PHY72/110），分别以"台"为单位计算。工作内容：开箱检查、整体吊装、找正、找平、安装固定、切管、焊法兰、调试。

2. 平衡压力式比例混合器安装

平衡压力式比例混合器安装工程量计算应按其不同型号和规格（PHP20、PHP40、PHP80），分别以"台"为单位计算。工作内容：开箱检查、切管、坡口、焊法兰、整体安装、调试。

3. 环泵式负压比例混合器安装

环泵式负压比例混合器安装工程量计算应按其不同型号和规格（PH32、PH48、PH64），分别以"台"为单位计算。工作内容：开箱检查、切管、坡口、焊法兰、本体安装、调试。

4. 管线式负压比例混合器安装

管线式负压比例混合器安装工程量计算应按其型号（PHF），分别以"台"为单位计算。工作内容：开箱检查、本体安装、找正、找平、螺栓固定、调试。

（三） 定额不包括以下工作内容，实际发生时的应另外列项计算

（1）泡沫灭火系统的管道、管件、法兰、阀门、管道支架等的安装及管道系统水冲洗、强度试验、严密性试验等执行第六册《工业管道工程》相应项目。

（2）泡沫喷淋系统的管道、组件、气压水罐、管道支吊架等安装可执行本册第二章相应项目及有关规定。

（3）消防泵等机械设备安装及二次灌浆执行第一册《机械设备安装工程》相应项目。

（4）泡沫液贮罐、设备支架制作安装执行第五册《静置设备与工艺金属结构制作安装工程》相应项目。

（5）油罐上安装的泡沫发生器及化学泡沫室执行第五册《静置设备与工艺金属结构制作安装工程》相应项目。

（6）除锈、刷油、保温等均执行第十一册《刷油、防腐蚀、绝热工程》相应项目。

（7）泡沫液充装定额是按生产厂在施工现场充装考虑的，若由施工单位充装时，可另行计算。

（8）泡沫灭火系统调试应按批准的施工方案另行计算。

二、清单项目设置

（一）清单项目设置

泡沫灭火系统工程量清单项目设置见表7-4。

表7-4　泡沫灭火系统工程量清单项目设置

项目编码	项目名称	项目特征	计量单位	工程量计算规则	工作内容
030903001	碳钢管	1. 材质、压力等级； 2. 规格； 3. 焊接方法； 4. 无缝钢管镀锌设计要求； 5. 压力试验及吹扫设计要求； 6. 管道标识设计要求	m	按设计图示管道中心线以长度计算	1. 管道安装； 2. 管件安装； 3. 无缝钢管镀锌； 4. 压力试验； 5. 吹扫； 6. 管道标识
030903002	不锈钢管	1. 材质、压力等级； 2. 规格； 3. 焊接方法； 4. 充氩保护方式、部位； 5. 压力试验及吹扫设计要求； 6. 管道标识设计要求			1. 管道安装； 2. 焊口充氩保护； 3. 压力试验； 4. 吹扫； 5. 管道标识
030903003	铜管	1. 材质、压力等级； 2. 规格； 3. 焊接方法； 4. 压力试验、吹扫设计要求； 5. 管道标识设计要求	m	按设计图示管道中心线以长度计算	1. 管道安装； 2. 压力试验； 3. 吹扫； 4. 管道标识
030903004	不锈钢管管件	1. 材质、压力等级； 2. 规格； 3. 焊接方法； 4. 充氩保护方式、部位	个	按设计图示数量计算	1. 管件安装； 2. 管家焊口充氩保护
030903005	铜管管件	1. 材质、压力等级； 2. 规格； 3. 焊接方法			管件安装
030903006	泡沫发生器	1. 类型； 2. 型号、规格； 3. 二次灌浆材料	台		1. 安装； 2. 调试； 3. 二次灌浆
030903007	泡沫比例混合器				
030903008	泡沫液贮罐	1. 质量/容量； 2. 型号、规格； 3. 二次灌浆材料			

（二）清单设置说明

（1）泡沫灭火管道工程量计算，不扣除阀门、管件及各种组件所占长度以延长米计算。

（2）泡沫发生器、泡沫比例混合器安装，包括整体安装、焊法兰、单体调试及配合管道试压时隔离本体所消耗的工料。

（3）泡沫贮存罐内如需充装泡沫液，应明确描述泡沫灭火剂品种、规格。

（4）泡沫灭火系统项目特征主要是指：

① 泡沫发生器型号、规格：水轮机式的主要有 PFS3 型、PF4 型、PFS4 型、PFS10 型、PFT4 型；电动机式的主要有 PF20 型、BGP—200 型。该清单项目不包括油罐上安装的泡沫发生器及化学泡沫比例混合器。

② 泡沫比例混合器型号、规格：压力储罐式主要有 PHY32/30 型、PHY48/55 型、PHY64/76 型、PHY72/110 型；平衡压力式主要有 PHP20 型、PHP40 型、PHP80 型；环泵负压式主要有 PH32 型、PH48 型、PH64 型；管线式负压主要有 PHF 型。

（5）编制工程量清单应注意的问题

① 泵房间管道安装工程量清单按《通用安装工程工程量清单计算规范》附录 H "工业管道工程"相应项目编制。

② 各种消防泵、稳压泵安装工程量清单按《通用安装工程工程量清单计算规范》附录 A "机械设备安装工程"相应项目编制。

第六节 消防系统调试定额应用及结算项目设置

一、定额应用

本部分包括自动报警系统装置调试，水灭火系统控制装置调试，火灾事故广播、消防通讯、消防电梯系统装置调试，电动防火门、防火卷帘门、正压送风阀、排烟阀、防火阀控制系统装置调试，气体灭火系统装置调试等项目。

系统调试是指消防报警和灭火系统安装完毕且联通，并达到国家有关消防施工验收规范、标准所进行的全系统的检测、调整和试验。

自动报警系统装置包括各种探测器、手动报警按钮和报警控制器，灭火系统控制装置包括消火栓、自动喷水、卤代烷、二氧化碳等固定灭火系统的控制装置。气体灭火系统调试试验时采取的安全措施，应按施工组织设计另行计算。

（一）自动报警系统装置调试

自动报警系统装置调试的工程量计算，应按其装置控制点的不同数量（128 点以下、256 点以下、500 点以下、1000 点以下、2000 点以下），分别以"系统"为单位计算。工作内容：技术和器具准备、检查接线、绝缘检查、程序装载或校对检查、功能测试、系统试验、记录。

（二）水灭火系统控制装置调试

水灭火系统控制装置调试的工程量计算，应按其装置控制点的不同数量（200 点以下、500 点以下、500 点以上），以"系统"为单位计算。工作内容：技术和器具准备、检查接线、绝缘检查、程序装载或校对检查、功能测试、系统试验、记录。

（三）火灾事故广播、消防通信、消防电梯系统装置调试

广播喇叭和音箱调试的工程量，分别以"10 只"为单位计算；通信分机和插孔的调试

工程量，分别以"10个"为单位计算；消防电梯的调试工程量，以"部"为单位计算。工作内容：技术和器具准备、检查接线、绝缘检查、程序装载或校对检查、功能测试、系统试验、记录整理等。

（四） 电动防火门、防火卷帘门、正压送风阀、排烟阀、防火阀控制系统装置调试

电动防火门、防火卷帘门、正压送风阀、排烟阀、防火阀的控制系统装置调试的工程量，均以"处"为单位计算。工作内容：技术和器具准备、检查接线、绝缘检查、程序装载或校对检查、功能测试、系统试验、记录。

（五） 气体灭火系统装置调试

气体灭火系统装置调试的工程量，应区别试验容器的不同规格（容积，4L、40L、70L、90L、155L、270L），分别以"个"为单位计算。工作内容：准备工具、材料，进行模拟喷气试验和对备用灭火剂贮存容器切换操作试验。

二、清单项目设置

（一） 清单项目设置

消防系统调试清单项目设置见表7-5。

表 7-5　消防系统调试清单项目设置

项目编码	项目名称	项目特征	计量单位	工程量计算规则	工作内容
030905001	自动报警系统调试	1. 点数； 2. 线制	系统	按系统计算	系统调试
030905002	水灭火控制装置调试	系统形式	点	按控制装置的点数计算	调试
030905003	防火控制装置调试	1. 名称； 2. 类型	个（部）	按设计图示数量计算	
030905004	气体灭火系统装置调试	1. 试验容器规格； 2. 气体试喷	点	按调试、检验和验收所消耗的试验容器总数计算	1. 模拟喷气试验； 2. 备用灭火器贮存容器切换操作试验； 3. 气体试验

（二） 清单设置说明

（1）自动报警系统，包括各种探测头、报警器、报警按钮、报警控制器、消防广播、消防电话等组成的报警系统，按不同点数以"系统"计算。

（2）水灭火控制装置，自动喷洒系统按水流指示器数量以"点（支路）"计算；消火栓系统按消火栓启泵按钮数量以"点"计算；消防水炮系统按水炮数量以"点"计算。

（3）防火控制装置，包括电动防火门、防火卷帘门、正压送风阀、排烟阀、防火控制阀、消防电梯等防火控制装置；电动防火门、防火卷帘门、正压送风阀、排烟阀、防火控制阀等调试以"个"计算，消防电梯以"部"计算。

（4）气体灭火系统调试，是由七氟丙烷、ID541、二氧化碳等组成的灭火系统；按气体灭火系统装置的瓶头阀以"点"计算。

第七节　消防工程定额应用及清单项目
设置应注意的问题

一、定额应用应注意的问题

（一）本部分定额的子目系数和综合系数

（1）脚手架搭拆费按人工费的 5％ 计算，其中人工工资占 25％。

（2）高层建筑增加费（指高度在 6 层或 20m 以上的工业与民用建筑）按表 7-6 计算（其中全部为人工工资）。

表 7-6　高层建筑增加费取值

层数	9 层以下（30m）	12 层以下（40m）	15 层以下（50m）	18 层以下（60m）	21 层以下（70m）	24 层以下（80m）	27 层以下（90m）	30 层以下（100m）	33 层以下（110m）
按人工费/％	1	2	4	5	7	9	11	14	17

层数	36 层以下（120m）	39 层以下（130m）	42 层以下（140m）	45 层以下（150m）	48 层以下（160m）	51 层以下（170m）	54 层以下（180m）	57 层以下（190m）	60 层以下（200m）
按人工费/％	20	23	26	29	32	35	38	41	44

（3）安装与生产同时进行增加的费用，按人工费的 10％ 计算。

（4）在有害身体健康的环境中施工增加的费用，按人工费的 10％ 计算。

（5）超高增加费：指操作物高度距离楼地面 5m 以上的工程，按其超过部分的定额人工乘以表 7-7 的系数。

表 7-7　超高增加费取值

标高/m(以内)	8	12	16	20
超高系数	1.10	1.15	1.20	1.25

（二）下列内容执行其他册相应定额

（1）电缆敷设、桥架安装、配管配线、接线盒、动力、应急照明控制设备、应急照明器具、电动机检查接线、防雷接地装置等安装，均执行第二册《电气设备安装工程》相应定额。

（2）阀门、法兰安装，各种套管的制作安装，不锈钢管和管件，铜管和管件及泵间管道安装，管道系统强度试验、严密性试验和冲洗等执行第六册《工业管道工程》相应定额。

（3）消火栓管道、室外给水管道安装及水箱制作安装执行第八册《给排水、采暖、燃气工程》相应项目。

（4）各种消防泵、稳压泵等机械设备安装及二次灌浆执行第一册《机械设备安装工程》相应项目。

（5）各种仪表的安装及带电信号的阀门、水流指示器、压力开关、驱动装置及泄漏报警开关的接线、校线等执行第十册《自动化控制仪表安装工程》相应项目。

（6）泡沫液储罐、设备支架制作、安装等执行第五册《静置设备与工艺金属结构制作安装工程》相应项目。

（7）设备及管道除锈、刷油及绝热工程执行第十一册《刷油、防腐蚀、绝热工程》相应项目。

二、清单项目设置应注意的问题

（1）管道界限的划分

① 喷淋系统水灭火管道：管道室内外界限应以建筑物外墙皮 1.5m 为界，入口处设阀门者应以阀门为界；设在高层建筑物内的消防泵间管道应以泵间外墙皮为界。

② 消火栓管道：给水管道室内外界限划分应以外墙皮 1.5m 为界，入口处设阀门者应以阀门为界。

③ 与市政给水管道的界限：以与市政给水管道碰头点（井）为界。

（2）消防管道如需进行探伤，应按《通用安装工程工程量计算规范》附录 H "工业管道工程"相关项目编码列项。

（3）消防管道上的阀门、管道及设备支架、套管制作安装，应按《通用安装工程工程量计算规范》附录 K "给排水、采暖、燃气工程"相关项目编码列项。

（4）涉及管道及设备除锈、刷油、保温工作内容的，除注明外，均应按《通用安装工程工程量计算规范》附录 M "刷油、防腐蚀、绝热工程"相关项目编码列项。

（5）消防工程措施项目，应按《通用安装工程工程量计算规范》附录 N "措施项目"相关项目编码列项。

第八章　刷油、防腐蚀、绝热工程

　　刷油、防腐蚀、绝热工程是各类设备、管道、结构所必须实施的项目，是安装工程造价的组成部分。

　　《全国统一安装工程预算定额》第十一册《刷油、防腐蚀、绝热工程》适用于新建、扩建项目中的设备、管道、金属结构等的刷油、绝热、防腐蚀工程。该册定额共分十一章，主要包括：除锈工程、刷油工程、防腐蚀涂料工程、绝热工程等内容。

　　《通用安装工程工程量计算规范》中给出了刷油、防腐蚀、绝热工程的工程量清单项目，除锈则未单独列项计价，其价格综合在相应主体工程中。

第一节　除锈工程定额应用

一、除锈方法和锈蚀等级

　　金属表面的除锈方法主要有手工、动力工具、喷砂除锈及化学除锈。

　　手工除锈是使用砂轮片、刮刀、锉刀、钢丝刷、纱布等简单工具摩擦外表面，将金属表面的锈层、氧化皮、铸砂等除掉，露出金属光泽。人工除锈劳动强度大，效率低，质量差，一般用在劳动力充足，或无法使用机械除锈的场合。

　　动力工具除锈是利用砂轮钢丝刷等动力工具打磨金属表面，将金属表面的锈层、氧化皮、铸砂等污物除净。

　　喷砂除锈是采用 0.4～0.6MPa 的压缩空气，把粒径为 0.5～2.0mm 的砂子喷射到有锈污的金属表面上，靠砂子的打击使金属材料表面的污物去掉，露出金属光泽，再用干净的废棉纱或废布擦干净。喷砂除锈可分为干法喷砂除锈和湿法喷砂除锈。干法喷砂除锈灰尘大，污染环境，影响身体健康。喷湿砂可减少尘埃的飞扬，但金属表面易再度生锈，因此常在水中加入 1%～5% 的缓蚀剂（磷酸三钠、亚硝酸钠），使除锈后的金属表面形成一层钝化膜，可保持短时间内不生锈。

　　化学除锈又称酸洗除锈。它是用浓度 10%～20%，温度 18～60℃ 的稀硫酸溶液（或用 10%～15% 的盐酸溶液在室温下），浸泡金属物件，清除金属表面的锈层、氧化皮。酸溶液中应加入缓蚀剂（如亚硝酸钠），以免损伤金属。酸洗后用水清洗，再用碱溶液中和，最后用热水冲洗 2～3 次，用热空气干燥。化学除锈方法一般用于形状复杂的设备或零部件。

　　手工、动力工具除锈分轻、中、重三种，区分标准如下。

　　轻锈：部分氧化皮开始破裂脱落，红锈开始发生。中锈：部分氧化皮破裂脱落，呈堆粉状，除锈后用肉眼能见到腐蚀小凹点。重锈：大部分氧化皮脱落，呈片状锈层或凸起的锈斑，除锈后出现麻点或麻坑。

　　喷砂除锈等级分为 Sa3 级、Sa2.5 级、Sa2 级。其中：Sa3 级为除净金属表面上油脂、氧化皮、锈蚀产物等一切杂物，呈现均一的金属本色，并有一定的粗糙度；Sa2.5 级为完全除去金属表面的油脂、氧化皮、锈蚀产物等一切杂物，可见的阴影条纹、斑痕等残留物不得超过单位面积的 5%；Sa2 级为除去金属表面上的油脂、锈皮，疏松氧化皮、浮锈等杂物，允许有附紧的氧化皮。

二、工程量的计算

（1）手工除锈　当采用手工除锈时，管道和设备工程量按表面积以"m²"为单位计算，金属结构以"100kg"为单位计算。管道和金属结构区分锈蚀不同等级，设备区分锈蚀不同等级和直径大小分别计算。

（2）动力工具除锈　即半机械化除锈。金属面区分锈蚀不同等级，以"m²"为单位计算。

（3）喷砂除锈　设备区分直径大小、内壁和外壁，管道区分内壁和外壁，气柜区分砂质的不同种类和部位，均以"m²"为单位计算；金属结构（包括气柜金属结构）以"100kg"为单位计算。

（4）化学除锈　金属面区分一般和特殊，均以"m²"为单位计算。

对于管道、设备均按展开表面积计算，对于金属结构可按100kg折算成5.8m²面积套相应定额。

三、使用定额应注意的问题

① 各种管件、阀件及设备上人孔、管口凸凹部分的除锈已综合考虑在定额内。

② 喷射除锈按Sa2.5级标准确定。若变更级别标准，如按Sa3级则人工、材料、机械乘以系数1.1，按Sa2级或Sa1级则人工、材料、机械乘以系数0.9。

③ 定额不包括除微锈（标准：氧化皮完全紧附，仅有少量锈点），发生时执行轻锈定额乘以系数0.2。

④ 因施工需要发生的二次除锈，应另行计算。

第二节　刷油工程定额应用及清单项目设置

一、定额应用

刷油是在金属表面、布面涂刷或喷涂普通油漆涂料，将空气、水分、腐蚀介质隔离起来，以保护金属表面不受侵蚀。油漆是一种有机天然高分子胶体混合物的溶液，过去制漆时，多采用天然的植物油为主要原料组成的漆。现在人造漆已经很少使用植物油为原料，改用有机合成的各种树脂，仍将其称为油漆是沿用习惯叫法。

刷油工程定额适用于金属面、管道、设备、通风管道、金属结构与玻璃布面、石棉布面、抹灰面等刷（喷）油漆工程。

刷油一般有底漆和面漆，其涂刷遍数、种类、颜色等根据设计图纸要求决定。刷油的方法可分为手工涂刷法和采用喷枪为工具的空气喷涂法。手工涂刷操作简便，适应性强，但效率低。空气喷涂的特点是漆膜厚度均匀，表面平整，效率高。无论采用哪种方法，均要求被涂物表面干燥清洁。多遍涂刷时，必须在上一层的漆膜干燥后或基本干燥后，方可涂刷下一遍。

（一）管道刷油工程量

管道（包括给排水、工艺、采暖、通风管道）刷油应根据不同底材，采用涂料的不同种类和涂刷遍数，分别按面积以"m²"为单位计算。各种管件、阀门的刷油已综合考虑在定额内，不得另行增加工程量。

管道标志色环等零星刷油，在执行定额相应项目时其人工乘以系数2.0。

1. 不保温管道表面刷油工程量的计算

钢管刷油工程量可按下式计算，也可查本部分定额附录：

$$S = L\pi D$$

铸铁管道刷油工程量按下式计算：

$$S = 1.2L\pi D$$

2. 保温管道保温层表面刷油工程量的计算

由于管道外表面包裹了保温层，因此，刷油的面积为保温层外表面面积，其值可按下式计算或查本部分定额附录：

$$S = L\pi(D + 2\delta + 2\delta \times 5\% + 2d_1 + 3d_2)$$

或

$$S = L\pi(D + 2.1\delta + 2d_1 + 3d_2)$$

式中，L 为管道长；D 为管道外径；δ 为绝热保温层厚度；5％为绝热层厚度允许偏差，硬质材料5％，软质材料8％，不允许负差；d_1 为绑扎绝热层的厚度、金属线网或钢带厚度，取定 $16^{\#}$ 铅丝 $2d_1 = 0.0032$；d_2 为防潮层厚度，取定 350g 油毡纸 $3d_2 = 0.005$。

（二）设备刷油工程量

设备与矩形管道刷油应根据不同底材、采用涂料的不同种类和涂刷遍数，分别按面积以"m²"为单位计算。各种管件、阀件、设备上人孔、管口凹凸部分的刷油已综合考虑在定额内，不另行增加工程量。

1. 设备不保温表面刷油量

（1）平封头　如图 8-1 所示，按下式计算表面刷油量，包括人孔、管口、凹凸部分。

$$S_{\text{平}} = L\pi D + 2\pi \left(\frac{D}{2}\right)^2$$

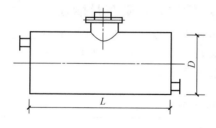 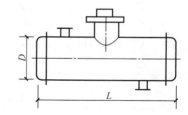

图 8-1　平封头不保温表面　　　　　　　图 8-2　圆封头不保温表面

（2）圆封头　如图 8-2 所示，按下式计算表面刷油量。

$$S_{\text{圆}} = L\pi D + 2\pi \left(\frac{D}{2}\right)^2 \times 1.6$$

式中，1.6 为圆封头展开面积系数。

2. 设备保温后表面刷油量

（1）平封头　如图 8-3 所示，按下式计算表面刷油量。

$$S_{\text{平}} = (L + 2\delta + 2\delta \times 5\%)\pi(D + 2\delta + 2\delta \times 5\%) + 2\pi \left(\frac{D + 2\delta + 2\delta \times 5\%}{2}\right)^2$$

或：

$$S_{\text{平}} = (L + 2.1\delta)\pi(D + 2.1\delta) + 2\pi \left(\frac{D + 2.1\delta}{2}\right)^2$$

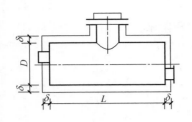
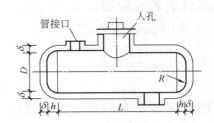

图 8-3　平封头保温表面　　　　　　　图 8-4　圆封头保温表面

（2）圆封头　如图 8-4 所示，按下式计算表面刷油量。

$$S_{圆} = (L + 2\delta + 2\delta \times 5\%)\pi(D + 2\delta + 2\delta \times 5\%) + 2\pi\left(\frac{D + 2\delta + 2\delta \times 5\%}{2}\right)^2 \times 1.6$$

或：　　　　$$S_{圆} = (L + 2.1\delta)\pi(D + 2.1\delta) + 2\pi\left(\frac{D + 2.1\delta}{2}\right)^2 \times 1.6$$

或：　　　　$$S_{圆} = (L + 2.1\delta)\pi(D + 2.1\delta) + 2\pi R(h + \delta + \delta \times 5\%)$$

（3）人孔及管接口　如图 8-5 所示。

人孔和管接口保温后刷油表面积按下式计算：

$$S = (d + 2.1\delta)\pi(h + 1.05\delta)$$

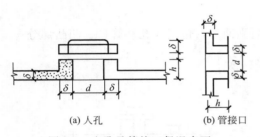

（a）人孔　　　　（b）管接口

图 8-5　人孔及管接口保温表面

（三）　金属结构刷油

金属结构刷油按不同油漆涂料种类和涂刷遍数，分别根据构件设计质量以"kg"为单位计算。

（四）　铸铁管、暖气片刷油

铸铁管、暖气片刷油按不同油漆（涂料）种类和遍数，均以"m²"为单位计算。铸铁散热片面积见表 8-1。

表 8-1　铸铁散热片面积

铸铁散热片	面积/(m²/片)	铸铁散热片	面积/(m²/片)	铸铁散热片	面积/(m²/片)
长翼型(大 60)	1.2	长翼型(大 60)	1.5	四柱 760	0.24
长翼型(大 60)	0.9	二柱	0.24	四柱 640	0.20
长翼型(大 60)	1.8	四柱 813	0.28	M132	0.24

（五）　使用定额应注意的问题

（1）金属面刷油不包括除锈工作内容。

（2）定额是按安装地点就地刷（喷）油漆考虑的，如安装前管道集中刷油，人工乘以系数 0.7（暖气片除外）。

（3）定额主材与稀干料可以换算，但人工与材料消耗量不变。

二、清单项目设置

1. 清单项目设置

刷油工程清单项目设置参见表 8-2。

表 8-2　刷油工程清单项目设置

项目编码	项目名称	项目特征	计量单位	工程量计算规则	工作内容
031201001	管道刷油	1. 除锈级别; 2. 涂料品种; 3. 涂刷遍数、漆膜厚度; 4. 标志色方式、品种	1. m²; 2. m	1. 以平方米计算,按设计图示表面积尺寸以面积计算; 2. 以米计算,按设计图示尺寸以长度计算	1. 除锈; 2. 调配、涂刷
031201002	设备与矩形管道刷油				
031201003	金属结构刷油	1. 除锈级别; 2. 涂料品种; 3. 结构类型; 4. 涂刷遍数、漆膜厚度	1. m²; 2. kg	1. 以平方米计算,按设计图示表面积尺寸以面积计算; 2. 以千克计算,按金属结构的理论质量计算	
031201004	铸铁管、暖气片刷油	1. 除锈等级; 2. 涂料品种; 3. 涂刷遍数、漆膜厚度	1. m²; 2. m	1. 以平方米计算,按设计图示表面积尺寸以面积计算; 2. 以米计算,按设计图示尺寸以长度计算	
031201009	喷漆	1. 除锈级别; 2. 涂料品种; 3. 喷涂遍数、漆膜厚度; 4. 喷涂部位	m²	按设计图示表面积计算	1. 除锈; 2. 调配、涂刷

2. 清单设置说明

（1）管道刷油以米计算，按图示中心线以延长米计算，不扣除附属构筑物、管件及阀门等所占长度。

（2）涂刷部位：指涂刷表面的部位，如设备、管道等部位。

（3）结构类型：指涂刷金属结构的类型，如一般钢结构、管廊钢结构、H 型钢钢结构等类型。

（4）设备筒形、管道表面积：$S = \pi D L$。π——圆周率，D——直径，L——设备筒体高或管道延长米。

（5）设备筒体、管道表面积包括管件、阀门、法兰、人孔、管口凹凸部分。

（6）带封头的设备面积：$S = L \pi D + (D/2) \pi K N$，$K$——1.05，$N$——封头个数。

【例 8-1】试对表 6-35 中的一般钢结构防腐蚀工程进行综合单价分析。

解：一般钢结构防腐蚀工程进行综合单价分析见表 8-3。

表 8-3 综合单价分析表

工程名称：广东省广州市某建筑工程学校办公楼空调工程
标段：

第 页，共 页

项目编码	031202003001	项目名称	一般钢结构防腐蚀	计量单位	kg

清单综合单价组成明细

定额编号	定额名称	定额单位/kg	数量	单价/元				合价/元			
				人工费	材料费	机械费	管理费和利润	人工费	材料费	机械费	管理费和利润
C11-1-8	手工除锈 一般钢结构 中锈	100	0.010	20.45	4.18	9.70	7.88	0.20	0.04	0.10	0.08
C11-2-67	一般钢结构 红丹防锈漆 第一遍	100	0.010	8.72	1.89	9.70	3.36	0.09	0.02	0.10	0.03
人工单价/(元/工日)		小计/元						0.29	0.06	0.20	0.11
51.00		未计价材料费/元							0.13		
		清单项目综合单价/元							0.78		

材料费明细	主要材料名称、规格、型号	单位	数量	单价/元	合价/元	暂估单价/元	暂估合价/元
	醇酸防锈漆 C53-1	kg	0.012	10.80	0.13	—	
	其他材料费				—		—
	材料费小计				0.13		—

第三节 防腐蚀涂料工程定额应用与清单项目设置

一、定额应用

防腐蚀涂料工程定额适用于设备、管道、金属结构等各种防腐涂料工程。

防腐工程量与刷油工程量相同，只不过设备、管道、支架不是刷普通涂料而是刷防腐涂料，如生漆、聚氨酯漆、环氧和酚醛树脂漆，聚乙烯漆、无机富锌漆、过氯乙烯漆等，仍以"m²"计量。所以工程量计算方法与不保温时的设备、管道的工程量计算相同，支架仍按100kg质量折算成5.8m²计算工程量。

阀门、法兰和弯头防腐工程量按下式计算。

阀门：
$$S = \pi D \times 2.5D \times 1.05n$$

法兰：
$$S = \pi D \times 1.5D \times 1.05n$$

弯头：
$$S = \pi D \times \frac{1.5D \times 2\pi}{B} \times n$$

式中，n 为个数；B 的取值，90°时为4，45°时为8。

（一）管道和设备刷涂料

管道和设备刷涂料应根据不同涂料的层数、采用涂料的不同种类和涂刷遍数，分别以"m²"为单位计算。

（二）钢结构刷涂料

钢结构刷涂料应按其涂料的不同种类和一般钢结构、管廊钢结构、H型钢制钢结构，区别其底漆、中间漆、面漆和涂刷的不同遍数，分别以"100kg"（一般钢结构、管廊钢结构）、"m²"（H型钢制钢结构）为单位计算。

（三）防静电涂料

金属油罐内壁的防静电涂料，应按其不同种类，区别其底漆、面漆和涂刷的不同遍数，分别以"10m²"为单位计算。

（四）涂料聚合一次

涂料聚合一次区分蒸汽和红外线聚合，以设备、管道、钢结构区分规格，设备、管道以"m²"为单位计算，钢结构以"100kg"为单位计算。

（五）使用定额应注意的问题

（1）本部分定额不包括除锈工作内容。

（2）涂料配合比与实际设计配合比不同时，可根据设计要求进行换算，其人工、机械消耗量不变。

（3）本部分定额聚合热固化是采用蒸汽及红外线间接聚合固化考虑的，如采用其他方法，应按施工方案另行计算。

（4）如采用本部分定额未包括的新品种涂料，应按相近定额项目执行，其人工、机械消耗量不变。

二、清单项目设置

1. 清单项目设置

防腐蚀涂料工程清单项目设置参见表 8-4。

表 8-4　防腐蚀涂料工程清单项目设置

项目编码	项目名称	项目特征	计量单位	工程量计算规则	工作内容
031202001	设备防腐蚀	1. 除锈级别； 2. 涂刷（喷）品种； 3. 分层内容； 4. 涂刷（喷）遍数、漆膜厚度	m^2	按设计图示表面积计算	1. 除锈； 2. 调配、涂刷（喷）
031202002	管道防腐蚀		1. m^2； 2. m	1. 以平方米计算，按设计图示表面积尺寸以面积计算； 2. 以米计算，按设计图示尺寸以长度计算	
031202003	一般钢结构防腐蚀		kg	按一般钢结构的理论质量计算	
031202004	管廊钢结构防腐蚀			按管廊钢结构的理论质量计算	
031202005	防火涂料	1. 除锈级别； 2. 涂刷（喷）品种； 3. 涂刷（喷）遍数、漆膜厚度； 4. 耐火极限（h）； 5. 耐火厚度（mm）	m^2	按设计图示表面积计算	
031202006	H 型钢制钢结构防腐蚀	1. 除锈级别； 2. 涂刷（喷）品种； 3. 分层内容； 4. 涂刷（喷）遍数、漆膜厚度	m^2	按设计图示表面积计算	1. 除锈； 2. 调配、涂刷（喷）
031202007	金属油罐内壁防静电				
031202008	埋地管道防腐蚀	1. 除锈级别； 2. 刷缠品种； 3. 分层内容； 4. 刷缠遍数	1. m^2； 2. m	1. 以平方米计算，按设计图示表面积尺寸以面积计算； 2. 以米计算，按设计图示尺寸以长度计算	1. 除锈； 2. 刷油； 3. 防腐蚀； 4. 缠保护层
031202009	环氧煤沥青防腐蚀				1. 除锈； 2. 涂刷、缠玻璃布
031202010	涂料聚合一次	1. 聚合类型； 2. 聚合部位	m^2	按设计图示表面积计算	聚合

2. 清单设置说明

（1）分层内容：指应注明每一层的内容，如底漆、中间漆、面漆及玻璃丝布等内容。

（2）如涉及要求热固化需注明。

（3）设备筒体、管道表面积：$S = \pi DL$。π——圆周率，D——直径，L——设备筒体高或管道延长米。

（4）阀门表面积：$S = \pi D \times 2.5DKN$，K——1.05，N——阀门个数。

（5）弯头表面积：$S = \pi D \times 1.5D \times 2\pi N/B$。$N$——弯头个数，$B$ 值：90°弯头 $B = 4$；

$45°$弯头 $B=8$。

（6）法兰表面积：$S=\pi D \times 1.5DKN$，K——1.05，N——法兰个数。

（7）设备、管道法兰翻边面积：$S=\pi（D+A）A$。A——法兰翻边宽。

（8）带封头的设备面积：$S=L\pi D+（D^2/2）\pi KN$。K——1.05，N——封头个数。

（9）计算设备、管道内壁防腐蚀工程量，当壁厚大于 10mm 时，按其内径计算；当壁厚小于 10mm 时，按其外径计算。

第四节　绝热工程定额应用及清单项目设置

一、定额应用

（一）绝热结构组成

绝热是减少系统热量向外传递（保温）或外部热量传入系统内（保冷）而采取的一种工程措施。

保温和保冷不同，保冷的要求比保温高。保冷结构的热传递方向是由外向内。在热传递过程中，由于保冷结构的内外温差，结构内的温度低于外部空气的露点温度，使得渗入保冷结构的空气温度降低，将空气中的水分凝结出来，在保冷结构内部积聚，甚至产生结冰现象，导致绝热材料的热导率增大，绝热效果降低甚至失效。为防止水蒸气渗入绝热结构，保冷结构的绝热层外必须设置防潮层，而保温结构在一般情况下不设置防潮层。

绝热材料应选择满足热导率小、无腐蚀性、耐热、持久、性能稳定、重量轻、有足够的强度、吸湿性小、易于施工成型等要求的材料。

目前绝热材料的种类很多，比较常用的绝热材料有岩棉、玻璃棉、矿渣棉、珍珠岩、硅藻土、石棉、水泥蛭石、泡沫塑料、泡沫玻璃、泡沫石棉等。

绝热结构一般由防腐层、绝热层、防潮层（对保冷结构）、保护层、防腐蚀及识别标志层构成。

保温结构（由内至外）：防腐层—保温层—保护层—识别层。

保冷结构（由内至外）：防腐层—保冷层—防潮层—保护层—识别层。

1. 防腐层

防腐层所用的材料为防锈漆等涂料，它直接涂刷在清洁干燥的管道和设备外表面。通常保温管道和设备的防锈层为刷两道红丹防锈漆，保冷管道和设备刷两道沥青漆。

2. 绝热层

绝热层是绝热结构的最重要的组成部分，其作用是减少管道和设备与外界的热量传递。定额分预制块式、包扎式、填充式、喷涂式、粘贴式、钉贴式等。

（1）预制块式　按管道外径和设备外形，预制成管壳、板块状，用铁丝、钢带、挂钉、粘接剂等，固定于管道或设备外壁上，板块之间用保温泥填缝抹平。块、板材料定额列有：珍珠岩、泡沫混凝土、泡沫硅藻土、硅藻土、蛭石、软木等。预制块式保温结构如图 8-6 所示。

（2）包扎式　将片状、带状、绳状保温材料缠包在管道外面，抹上保护壳而成。保温材料常用矿渣棉、玻璃棉毡、石棉绳、多孔石棉纸板、毛毡等。这种保温结构如图 8-7 所示。

（3）填充式　管道架设于不通人地沟内，在砌筑的地沟中填满保温材料即可。

（4）喷涂式　用专用喷涂设备将聚氨酯泡沫塑料喷涂于管道和设备表面，瞬间发泡形成闭孔型保温（冷）层。

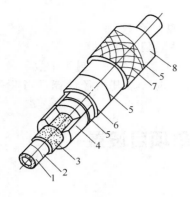

图 8-6 预制块式保温结构
1—管道；2—防锈漆；3—胶泥；
4—保温材料；5—镀锌铁丝；6—沥青
油毡；7—玻璃丝布；8—防腐漆

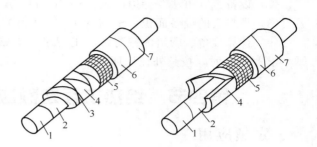

图 8-7 包扎式保温结构
1—管道；2—防锈漆；3—镀锌铁丝；4—保温毡；
5—铁丝网；6—保护层；7—防腐漆

（5）粘贴式 粘贴式绝热适用于各种绝热材料加工成型的预制品，它靠黏结剂与被绝热的固体固定，多用于空调系统及制冷系统的绝热。粘贴式所用的黏结剂，应符合绝热材料的特性，常用的黏结剂有沥青玛琋脂、101胶、乙酸乙烯乳胶、酚醛树脂、环氧树脂等，粘贴式保温结构见图8-8。

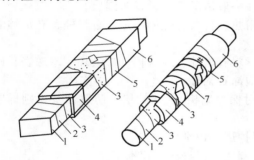

图 8-8 粘贴式保温结构
1—管道；2—防锈漆；3—粘接剂；4—保温材料；
5—玻璃丝布；6—防腐漆；7—聚氯乙烯膜

（6）钉贴式 钉贴式绝热是矩形风管采用较多的一种绝热方法，它用保温钉代替黏结剂将泡沫塑料绝热板固定在风管表面上。施工时，先用黏结剂将保温钉粘贴在风管表面上，粘贴的间距为：顶面每平方米不少于4个，侧面每平方米不少于6个，底面每平方米不少于12个。保温钉粘上后，将绝热板对准位置，轻轻拍打绝热板，保温钉便穿过绝热板面，然后套上垫片压紧即可。保温钉的种类有铁质、尼龙、一般垫片、自锁垫片等。

如图8-9所示，铝箔玻璃棉毡在风管上的保温即是采用这种方法。

3. 防潮层

防潮层是为防止大气中水分子凝结成水珠浸入保冷层，使其免受影响或损坏而设置的。一般用阻燃沥青胶或沥青漆粘贴聚乙烯薄膜、玻璃丝布而成防潮层。

4. 保护层

保护层是为防止雨水对保温、保冷、防潮等层的侵蚀而设置的，起到延长寿命，增加美观的作用。常用材料有玻璃丝布、塑料布、抹石棉水泥等。

（二）工程量的计算

1. 管道

管道绝热工程量的计算按"m³"计算，计算管道长度时不扣除法兰、阀门、管件所占长度。其保温工程量按正式计算或查定额附录相关内容。

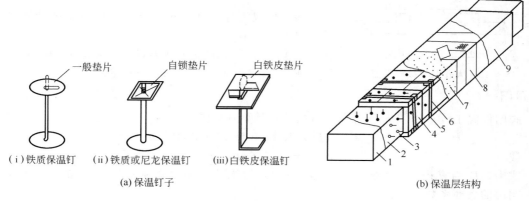

(a) 保温钉子

（ⅰ）铁质保温钉　（ⅱ）铁质或尼龙保温钉　（ⅲ）白铁皮保温钉

一般垫片　　自锁垫片　　白铁皮垫片

(b) 保温层结构

图 8-9　钉贴式保温结构

1—风管；2—防锈漆；3—保温钉；4—保温板；5—铁垫片；6—包扎带；7—粘贴剂；8—玻璃丝布；9—防腐漆

$$V_{管} = L\pi(D + \delta + \delta \times 3.3\%) \times (\delta + \delta \times 3.3\%)$$

或

$$V_{管} = L\pi(D + 1.033\delta) \times 1.033\delta$$

式中，D 为管道外径；δ 为保温层厚度；3.3% 为绝热层偏差。

管道绝热工程按保温材质不同，使用相应子目。铝箔玻璃棉筒、棉毡可使用毡类制品安装定额或按实计算。

2. 设备体

设备体绝热工程量的计算按"m^3"计算。圆形体（又称筒体，分为立式、卧式）保温工程量计算如下。

（1）平封头圆形体（立式、卧式）保温工程量计算（见图 8-10）

$$V_{平} = 筒体保温体积 + 两个平封头保温体积$$

$$V_{平} = (L + 2\delta + 2\delta \times 3.3\%)\pi(D + \delta + \delta \times 3.3\%)(\delta + \delta \times 3.3\%) + \pi\left(\frac{D}{2}\right)^2(\delta + \delta \times 3.3\%)n$$

式中，n 为平封头个数。

（2）圆封头圆形体（立式、卧式）保温工程量计算（见图 8-11）

$$V_{平} = L\pi(D + \delta + \delta \times 3.3\%)(\delta + \delta \times 3.3\%) + \pi\left(\frac{D + \delta + \delta \times 3.3\%}{2}\right)^2(\delta + \delta \times 3.3\%) \times 1.6n$$

式中，1.6 为封头展开面积系数。

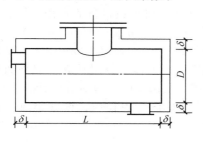

图 8-10　平封头筒体保温

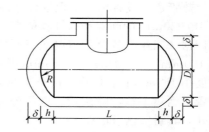

图 8-11　圆封头筒体保温

（3）有人孔和管接口的圆形体保温工程量计算　当有人孔和管接口时，还必须加上这些保温体积，如图 8-12 所示，其工程量按下式计算。

$$V_{孔} = \pi h(d + 1.033\delta) \times 1.033\delta$$

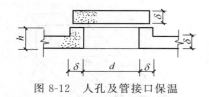

图 8-12　人孔及管接口保温

3. 法兰

法兰保温工程量以"m³"计算，可按下式计算（见图 8-13）：

$$V_{法兰} = 1.5\pi D \times 1.05 D(\delta + \delta \times 3.3\%)n$$

或

$$V_{法兰} = 1.6270\pi D^2 \delta n$$

4. 阀门

阀门保温工程量以"m³"计算，可按下式计算（见图 8-14）：

$$V_{阀门} = 2.5\pi D \times 1.05 D(\delta + \delta \times 3.3\%)n$$

或

$$V_{阀门} = 2.7116\pi D^2 \delta n$$

式中，D 为直径；δ 为保温层厚度；3.3% 为绝热层偏差系数；1.5、1.05、2.5 为法兰、阀门的表面系数。

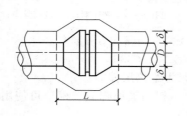

图 8-13　法兰保温

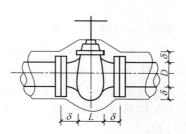

图 8-14　阀门保温

在部分省市编制的估价表中，法兰、阀门工程量也有用"个"为单位计算的。

5. 通风管道

通风管道保温工程量以"m³"计算，可按下式计算：

$$V_{风管} = 2\delta l(A + B + 2\delta)$$

式中，l 为风管长度；δ 为保温层厚度；A、B 为矩形边长。

6. 保护层制作安装工程量

保护层制作安装工程量以"m²"计算，计算方法与管道、设备保温后刷油工程量计算方法相同。

（三）　使用定额应注意的问题

（1）伴热管道、设备绝热工程量计算方法是：主绝热管道或设备的直径加伴热管道的直径、再加 10～20mm 的间隙作为计算的直径，即：$D = D_主 + d_伴 + (10\sim20\text{mm})$。

（2）依据《工业设备及管道绝热工程施工及验收规范》（GBJ 126—1989）要求，保温厚度大于 100mm、保冷厚度大于 80mm 时应分层施工，工程量分层计算。但是如果设计要求保温厚度小于 100mm、保冷厚度小于 80mm 也需分层施工时，也应分层计算工程量。

（3）管道绝热工程，除法兰、阀门外，其他管件均已考虑在内；设备绝热工程，除法兰、人孔外，其封头已考虑在内。

（4）保护层：

① 镀锌铁皮的规格按 1000mm×2000mm 和 900mm×1800mm，厚度 0.8mm 以下综合考虑，若采用其他规格铁皮时，可按实际调整。厚度大于 0.8mm 时，其人工乘以系数 1.2；卧式设备保护层安装，其人工乘以系数 1.05；

② 此项也适用于铝皮保护层，主材可以换算。

（5）采用不锈钢薄钢板作保护层安装，执行定额金属保护层相应项目，其人工乘以系数 1.25，钻头消耗量乘以系数 2.0，机械乘以系数 1.15。

（6）矩形管道绝热需要加防雨坡度时，其人工、材料、机械应另行计算。

（7）管道绝热均按现场安装后绝热施工考虑，若先绝热后安装时，其人工乘以系数 0.9。

（8）卷材安装应执行相同材质的板材安装项目，其人工、铁线消耗量不变，但卷材用量损耗率按 3.1% 考虑。

二、清单项目设置

1. 清单项目设置

绝热工程工程量清单项目、设置项目特征描述的内容、计量单位及工程量计算规则，应按表 8-5 的规定执行。

表 8-5　绝热工程

项目编码	项目名称	项目特征	计量单位	工程量计算规则	工作内容
031208001	设备绝热	1. 绝热材料品种； 2. 绝热厚度； 3. 设备形式； 4. 软木品种	m³	按图示表面积加绝热层厚度及调整系数计算	1. 安装； 2. 软木制品安装
031208002	管道绝热	1. 绝热材料品种； 2. 绝热厚度； 3. 管道外径； 4. 软木品种			
031208003	通风管道绝热	1. 绝热材料品种； 2. 绝热厚度； 3. 软木品种	1. m³； 2. m²	1. 以立方米计量，按图示表面积加绝热层厚度及调整系数计算； 2. 以平方米计量，按图示表面积及调整系数计算	
031208004	阀门绝热	1. 绝热材料； 2. 绝热厚度； 3. 阀门规格	m³	按图示表面积加绝热层厚度及调整系数计算	安装
031208005	法兰绝热	1. 绝热材料； 2. 绝热厚度； 3. 法兰规格			
031208006	喷涂、涂抹	1. 材料； 2. 厚度； 3. 对象	m²	按图示表面积计算	喷涂、涂抹安装
031208007	防潮层、保护层	1. 材料； 2. 厚度； 3. 层数； 4. 对象； 5. 结构形式	1. m²； 2. kg	1. 以平方米计量，按图示表面积加绝热层厚度及调整系数计算； 2. 以千克计量，按图示金属结构计算	安装
031208008	保温盒、保温托盘	名称	1. m²； 2. kg	1. 以平方米计量，按图示表面积计算； 2. 以千克计量，按图示金属结构计算	制作、安装

2. 清单设置说明

(1) 设备形式指立式、卧式或球形。

(2) 层数指一布二油、两布三油等。

(3) 对象指设备、管道、通风管道、阀门、法兰、钢结构等。

(4) 结构形式指钢结构:一般钢结构、H型钢制结构、管廊钢结构等。

(5) 如设计要求保温、保冷分层施工需注明。

(6) 设备筒形、管道绝热工程量 $V = \pi (D + 1.033\delta) \times 1.033\delta L$。$\pi$——圆周率,$D$——直径,1.033——调整系数,$\delta$——绝热层厚度,$L$——设备筒体高或管道延长米。

(7) 设备筒体、管道防潮和保护层工程量 $S = \pi (D + 2.1\delta + 0.0082) L$。2.1——调整系数,0.0082——捆扎线直径或钢带厚。

(8) 单管伴热管、双管伴热管(管径相同,夹角小于90°时)工程量:$D' = D_1 + D_2 + (10 \sim 20)$,$D'$——伴热管道综合值,$D_1$——主管道直径,$D_2$——伴热管道直径,$(10 \sim 20)$——主管道与伴热管道之间的间隙。

(9) 双管伴热(管径相同,夹角大于90°时)工程量:$D' = D_1 + 1.5D_2 + (10 \sim 20)$。

(10) 双管伴热(管径不同,夹角小于90°时)工程量:$D' = D_1 + D_{伴大} + (10 \sim 20)$。

将(8)~(10)的 D' 带入注(6)、(7)的公式即是伴热管道的绝热层、防潮层和保护层工程量。

(11) 设备封头绝热工程量:$V = [(D + 1.033\delta) / 2]^2 \pi \times 1.033\delta \times 1.5N$。$N$——设备封头个数。

(12) 设备封头防潮和保护层工程量 $S = [(D + 2.1\delta) / 2]^2 \pi \times 1.5N$。$N$——设备封头个数。

(13) 阀门绝热工程量:$V = \pi (D + 1.033\delta) \times 2.5D \times 1.033\delta \times 1.05N$。$N$——阀门个数。

(14) 阀门防潮和保护层工程量 $S = \pi (D + 2.1\delta) \times 2.5D \times 1.05N$。$N$——阀门个数。

(15) 法兰绝热工程量:$V = \pi (D + 1.033\delta) \times 1.5D \times 1.033\delta \times 1.05N$。1.05——调整系数,$N$——法兰个数。

(16) 法兰防潮和保护层工程量 $S = \pi (D + 2.1\delta) \times 1.5D \times 1.05N$。$N$——法兰个数。

(17) 弯头绝热工程量:$V = \pi (D + 1.033\delta) \times 1.5D \times 2\pi \times 1.033\delta N / B$。$N$——弯头个数,$B$ 值:90°弯头 $B = 4$;45°弯头 $B = 8$。

(18) 弯头防潮和保护层工程量 $S = \pi (D + 2.1\delta) \times 1.5D \times 2\pi N / B$。$N$——弯头个数,$B$ 值:90°弯头 $B = 4$;45°弯头 $B = 8$。

(19) 拱顶罐封头绝热工程量:$V = 2\pi r (h + 1.033\delta) \times 1.033\delta$。

(20) 拱顶罐封头防潮和保护层工程量 $S = 2\pi r (h + 2.1\delta)$。

(21) 绝热工程第二层(直径)工程量:$D = (D + 2.1\delta) + 0.0082$,以此类推。

(22) 计算规则中调整系数按本说明中的系数执行。

(23) 绝热工程前需除锈、刷油,应按《通用安装工程工程量计算规范》附录 M.1 "刷油工程" 相关项目编码列项。

【例 8-2】试对表 6-35 中的通风管道绝热工程进行综合单价分析。

解: 表 8-6 是通风管道绝热工程进行综合单价分析表。

工程名称：广东省广州市某建筑工程学校办公楼空调工程

表 8-6　综合单价分析表

标段：

项目编码	031208003001	项目名称	通风管道绝热	计量单位	m³

清单综合单价组成明细

定额编号	定额名称	定额单位	数量	单价/元				合价/元			
				人工费	材料费	机械费	管理费和利润	人工费	材料费	机械费	管理费和利润
C11-9-616	铝箔玻璃棉筒（毡）安装	m³	1.000	304.83			117.54	304.83			117.54
人工单价/（元/工日）				小计/元				304.83		1906.42	117.54
51.00				未计价材料费/元						2328.79	
清单项目综合单价											

材料费明细

主要材料名称、规格、型号	单位	数量	单价/元	合价/元	暂估单价/元	暂估合价/元
保温胶钉	10套	48.000	9.60	460.80		
黏结剂	kg	10.000	12.41	124.10		
铝箔粘胶带 21/2×50m	卷	2.000	5.56	11.12		
玻璃棉毡 30	m³	1.040	1260.00	1310.40		
其他材料费			—	—		—
材料费小计			—	1906.42		—

第五节　定额应用及清单项目设置应注意的问题

一、定额应用应注意的问题

（一）子目系数和综合系数

（1）脚手架搭拆费　按下列系数计算，其中人工工资占 25％：

① 刷油工程按人工费的 8％；

② 防腐蚀工程按人工费的 12％；

③ 绝热工程按人工费的 20％。

（2）操作超高增加费　以设计标高正负零为准，当安装高度超过 ±6.00m 时，人工和机械分别乘以表 8-7 所列系数。

表 8-7　操作超高增加费系数

20m 以内	30m 以内	40m 以内	50m 以内	60m 以内	70m 以内	80m 以内	80m 以上
0.30	0.40	0.50	0.60	0.70	0.80	0.90	1.00

（3）厂区外 1～10km 施工增加的费用　按超过部分的人工和机械乘以系数 1.10 计算。

（4）安装与生产同时进行增加的费用　按人工费的 10％计算。

（5）在有害身体健康的环境中施工增加的费用　按人工费的 10％计算。

（二）主要材料损耗率

主要材料损耗率见表 8-8。

表 8-8　主要材料损耗率

序号	材料名称	损耗率/％	序号	材料名称	损耗率/％
1	保温瓦块（管道）	8.00	11	软木瓦（设备）	12.00
2	保温瓦块（设备）	5.00	12	软木瓦（风道）	6.00
3	聚苯乙烯泡沫塑料瓦（管道）	2.00	13	岩棉瓦块（管道）	3.00
4	聚苯乙烯泡沫塑料瓦（设备）	20.00	14	岩板（设备）	3.00
5	聚苯乙烯泡沫塑料瓦（风道）	6.00	15	矿棉瓦块（管道）	3.00
6	泡沫玻璃（管道）	8～15 瓦块/20 板	16	矿棉席（设备）	2.00
7	泡沫玻璃（设备）	8 瓦块/20 板	17	玻璃棉毡（管道）	5.00
8	聚氨酯泡沫（管道）	3 瓦块/20 板	18	玻璃棉毡（设备）	3.00
9	聚氨酯泡沫（设备）	3 瓦块/20 板	19	超细玻璃棉毡（管道）	4.50
10	软木瓦（管道）	3.00	20	超细玻璃棉毡（设备）	4.50

二、清单设置应注意的问题

1. 一般钢结构（包括吊、支、托架，梯子，栏杆，平台）、管廊钢结构以 "kg" 为计量单位，大于 400mm 型钢及 H 型钢制结构以及 "m²" 为计量单位按展开面积计算。

2. 由钢管组成的金属结构的刷油按管道刷油相关项目编码；由钢板组成的金属结构的刷油按 H 型钢刷油相关项目编码。

第九章 工程结算

第一节 竣工验收

一、建设项目竣工验收的概念

建设项目竣工验收是指由建设单位、施工单位和项目验收委员会，以项目批准的设计任务书和设计文件，以及国家或部门颁发的施工验收规范和质量检验标准为依据，按照一定的程序和手续，在项目建成并试生产合格后（工业生产性项目），对工程项目的总体进行检验和认证、综合评价和鉴定的活动。竣工验收是建设工程的最后阶段。一个单位工程或一个建设项目在全部竣工后进行检查验收及交工，是建设、施工、生产准备工作进行检查评定的重要环节，也是对建设成果和投资效果的总检验。竣工验收是严格按照国家的有关规定组成验收组进行的。建设项目和单项工程要按照设计文件所规定的内容全部建成最终建筑产品，根据国家有关规定评定质量等级，进行竣工验收。

建设项目竣工验收，按被验收的对象划分，可分为：单项工程、单位工程验收（称为"交工验收"）及工程整体验收（称为"动用验收"）。通常所说的建设项目竣工验收，指的是"动用验收"，是指建设单位在建设项目按批准的设计文件所规定的内容全部建成后，向使用单位（国有资金建设的工程向国家）交工的过程。其验收程序是：整个建设项目按设计要求全部建成，经过第一阶段的交工验收，符合设计要求，并具备竣工图、竣工结算、竣工决算等必要的文件资料后，由建设项目主管部门或建设单位，按照国家有关部门关于《建设项目竣工验收办法》的规定，及时向负责验收的单位提出竣工验收申请报告，按现行验收组织规定，接受由银行、物资、环保、劳动、统计、消防及其他有关部门组成的验收委员会或验收组进行验收，办理固定资产移交手续。验收委员会或验收组负责建设的各个环节，听取有关单位的工作报告，审阅工程技术档案资料，并实地查验建筑工程和设备安装情况，对工程设计、施工和设备质量等方面做出全面的评价。

通过竣工验收工作，可以全面考核建设成果，检查设计、工程质量是否符合要求，确保项目按设计要求的各项技术经济指标正常使用。同时，通过竣工验收办理固定资产使用手续，可以总结工程建设经验，为提高建设项目的经济效益和管理水平提供重要依据。

二、建设项目竣工验收的内容

建设项目竣工验收的内容依据建设项目的不同而不同，一般包括以下两部分。

（一）工程资料验收

工程资料验收包括工程技术资料、工程综合资料和工程财务资料。

1. 工程技术资料验收内容

① 工程地质、水文、气象、地形、地貌、建筑物、构筑物及重要设备安装位置勘察报告、记录；

② 初步设计、技术设计或扩大初步设计、关键的技术试验、总体规划设计；

③ 土质试验报告、基础处理；

④ 建筑工程施工记录、单位工程质量检验记录、管线强度、密封性试验报告、设备及管线安装施工记录及质量检查、仪表安装施工记录；

⑤ 设备试车、验收运转、维修记录；

⑥ 产品的技术参数、性能、图纸、工艺说明、工艺规程、技术总结、产品检验、包装、工艺图；

⑦ 设备的图纸、说明书；

⑧ 涉外合同、谈判协议、意向书；

⑨ 各单项工程及全部管网竣工图等的资料。

2. 工程综合资料验收内容

项目建议书及批件，可行性研究报告及批件，项目评估报告，环境影响评估报告书，设计任务书；土地征用申报及批准的文件，承包合同，招标投标文件，施工执照，项目竣工验收报告，验收鉴定书。

3. 工程财务资料验收内容

① 历年建设资金供应（拨、贷）情况和应用情况；

② 历年批准的年度财务决算；

③ 历年年度投资计划、财务收支计划；

④ 建设成本资料；

⑤ 支付使用的财务资料；

⑥ 设计概算、预算资料；

⑦ 施工决算资料。

（二） 工程内容验收

工程内容验收包括建筑工程验收、安装工程验收。对于设备安装工程（这里指民用建筑物中的上下水管道、暖气、煤气、通风、电气照明等安装工程）主要验收内容包括检查设备的规格、型号、数量、质量是否符合设计要求，检查安装时的材料、材质、材种，检查试压、闭水试验、照明工程等。

三、 建设项目竣工验收的条件和依据

（一） 竣工验收的条件

国务院 2000 年 1 月发布的第 279 号令《建设工程质量管理条例》规定竣工验收应当具备以下条件：

① 完成建设工程设计和合同约定的各项内容；

② 有完整的技术档案和施工管理资料；

③ 有工程使用的主要建筑材料、建筑构配件和设备的进场试验报告；

④ 有勘察、设计、施工、工程监理等单位分别签署的质量合格文件；

⑤ 有施工单位签署的工程保修书。

（二） 竣工验收的标准

根据国家规定，建设项目竣工验收、交付生产使用，必须满足以下要求：

① 生产性项目和辅助性公用设施，已按设计要求完成，能满足生产使用；

② 主要工艺设备配套经联动负荷试车合格，形成生产能力，能够生产出设计文件所规定的产品；

③ 必要的生产设施，已按设计要求建成；

④ 生产准备工作能适应投产的需要；

⑤ 环境保护设施、劳动安全卫生设施、消防设施已按设计要求与主体工程同时建成使用；

⑥ 生产性投资项目如工业项目的土建工程、安装工程、人防工程、管道工程和通信工程等工程的施工和竣工验收，必须按照国家和行业施工及验收规范执行。

（三） 竣工验收的范围

① 国家颁布的建设法规规定，凡新建、扩建、改建的基本建设项目和技术改造项目（所有列入固定资产投资计划的建设项目或单项工程），已按国家批准的设计文件所规定的内容建成，符合验收标准，即：工业投资项目经负荷试车考核，试生产期间能够正常生产出合格产品，形成生产能力的；非工业投资项目符合设计要求，能够正常使用的，不论是属于哪种建设性质，都应及时组织验收，办理固定资产移交手续。有的工期较长、建设设备装置较多的大型工程，为了及时发挥其经济效益，对其能够独立生产的单项工程，也可以根据建成时间的先后顺序，分期分批地组织竣工验收；对能生产中间产品的一些单项工程，不能提前投料试车，可按生产要求与生产最终产品的工程同步建成竣工后，再进行全部验收。此外对于某些特殊情况，工程施工虽未全部按设计要求完成，也应进行验收，这些特殊情况主要有：因少数非主要设备或某些特殊材料短期内不能解决，虽然工程内容尚未全部完成，但已可以投产或使用的工程项目。

② 规定要求的内容已完成，但因外部条件的制约，如流动资金不足、生产所需原材料不能满足等，而使已建工程不能投入使用的项目。

③ 有些建设项目或单项工程，已形成部分生产能力，但近期内不能按原设计规模续建，应从实际情况出发，经主管部门批准后，可缩小规模对已完成的工程和设备组织竣工验收，移交固定资产。

（四） 竣工验收的依据

① 上级主管部门对该项目批准的各种文件；

② 可行性研究报告；

③ 施工图设计文件及设计变更洽商记录；

④ 国家颁布的各种标准和现行的施工验收规范；

⑤ 工程承包合同文件；

⑥ 技术设备说明书；

⑦ 建筑安装工程统一规定及主管部门关于工程竣工的规定；

⑧ 从国外引进的新技术和成套设备的项目，以及中外合资建设项目，要按照签订的合同和进口国提供的设计文件等进行验收；

⑨ 利用世界银行等国际金融机构贷款的建设项目，应按世界银行规定，按时编制《项目完成报告》。

四、建设项目竣工验收的质量

为了确保施工质量，国家颁布了《建筑工程施工质量验收规范》，规范是法令性的文件，所有建筑安装企业和其他企事业单位、工程技术人员都必须严格遵守这些技术法规。

《建筑工程施工质量验收规范》以"验评分离、强化验收、完善手段、过程控制"为指导思想，由《建筑工程施工质量验收统一标准》和其他 14 本建筑工程的专业工程质量验收规范组成。《建筑工程施工质量验收统一标准》以技术立法的形式，统一建筑工程施工质量验收的方法、内容和单位工程的质量验收指标。各专业工程质量验收规范规定了各分项工程验收指标的具体内容。因此，应用《建筑工程施工质量验收统一标准》时，必须同时满足各专业工程质量验收规范的要求。

专业工程质量验收规范一般按分部工程编制，每册规范一般由总则、术语、基本规定、各子分部工程安装、分部（子分部）工程质量验收、附录及条文说明。与本专业相关的主要有：《机械设备安装工程施工及验收通用规范》、《建筑电气工程施工质量验收规范》、《建筑给水排水及采暖工程施工质量验收规范》、《通风与空调工程施工质量验收规范》等。

在《建筑工程施工质量验收规范》的专业工程质量验收规范中，许多为满足使用安全要求，防止使用中任何由其引起的事故发生，以及施工质量直接涉及人民生命财产安全和公众利益而设立的条文，称为强制性条文，施工过程中必须严格执行。规范中的强制性条文以黑体字标示。

在《建筑工程施工质量验收规范》的专业工程质量验收规范中，各子分部工程的安装要求均分一般规定、主控项目及一般项目。

一般规定主要说明本子分部工程的适用范围及安装中的基本要求。

主控项目则是建筑工程中对安全、卫生、环境保护和公众利益起决定性作用的检验项目。

五、建设项目竣工验收的形式与程序

（一）建设项目竣工验收的形式

根据工程的性质及规模，分为以下三种。

① 事后报告验收形式，对一些小型项目或单纯的设备安装项目适用。

② 委托验收形式，对一般工程项目，委托某个有资格的机构为建设单位验收。

③ 成立竣工验收委员会验收。

（二）建设项目竣工验收的程序

建设项目全部建成，经过各单项工程的验收符合设计的要求，并具备竣工图表、竣工决算、工程总结等必要文件资料，由建设项目主管部门或建设单位向负责验收的单位提出竣工验收申请报告，按程序验收。竣工验收的一般程序如下。

1. 承包商申请交工验收

承包商在完成了合同工程或按合同约定可分步移交工程的，可申请交工验收。竣工验收一般为单项工程，但在某些特殊情况下也可以是单位工程的施工内容，诸如特殊基础处理工程、发电站单机机组完成后的移交等。承包商施工的工程达到竣工条件后，应先进行预检验，对不符合要求的部位和项目，确定修补措施和标准，修补有缺陷的工程部位；对于设备安装工程，要与甲方和监理工程师共同进行无负荷的单机和联动试车。承包商在完成了上述工作和准备好竣工资料后，即可向甲方提交竣工验收申请报告，一般由基层施工单位先进行自验、项目经理自验、公司级预验三个层次进行竣工验收预验收，亦称竣工预验，为正式验收做好准备。

2. 监理工程师现场初验

施工单位通过竣工预验收，对发现的问题进行处理后，决定正式提请验收，应向监理工程师提交验收申请报告，监理工程师审查验收申请报告，如认为可以验收，则由监理工程师组成验收组，对竣工的工程项目进行初验。在初验中发现的质量问题，要及时书面通知施工单位，令其修理甚至返工。

3. 正式验收

由业主或监理工程师组织，由业主、监理单位、设计单位、施工单位、工程质量监督站等参加的正式验收。工作程序如下。

① 参加工程项目竣工验收的各方对已竣工的工程进行目测检查和逐一核对工程资料所列内容是否齐备和完整。

② 举行各方参加的现场验收会议，由项目经理对工程施工情况、自验情况和竣工情况进行介绍，并出示竣工资料，包括竣工图和各种原始资料及记录；由项目总监理工程师通报工程监理中的主要内容，发表竣工验收的监理意见；业主根据在竣工项目目测中发现的问题，按照合同规定对施工单位提出限期处理的意见；然后暂时休会，由质检部门会同业主及监理工程师讨论正式验收是否合格；最后复会，由业主或总监理工程师宣布验收结果，质检站人员宣布工程质量等级。

③ 办理竣工验收签证书，三方签字盖章。

4. 单项工程验收

单项工程验收又称交工验收，即验收合格后业主方可投入使用。由业主组织的交工验收，主要依据国家颁布的有关技术规范和施工承包合同，对以下几方面进行检查或检验。

① 检查、核实竣工项目，准备移交给业主的所有技术资料的完整性、准确性。

② 按照设计文件和合同，检查已完工程是否有漏项。

③ 检查工程质量、隐蔽工程验收资料，关键部位的施工记录等，考察施工质量是否达到合同要求。

④ 检查试车记录及试车中所发现的问题是否得到改正。

⑤ 在交工验收中发现需要返工、修补的工程，明确规定完成期限。

⑥ 其他涉及的有关问题。

经验收合格后，业主和承包商共同签署"交工验收证书"。然后由业主将有关技术资料和试车记录、试车报告及交工验收报告一并上报主管部门，经批准后该部分工程即可投入使用。验收合格的单项工程，在全部工程验收时，原则上不再办理验收手续。

5. 全部工程的竣工验收

全部施工完成后，由国家主管部门组织的竣工验收，又称为动用验收。业主参与全部工程竣工验收分为验收准备、预验收和正式验收三个阶段。正式验收，在自验的基础上，确认工程全部符合验收标准，具备了交付使用的条件后，即可开始正式竣工验收工作。

① 发出《竣工验收通知书》。施工单位应于正式竣工验收之日的前10天，向建设单位发送《竣工验收通知书》。

② 组织验收工作。工程竣工验收工作由建设单位邀请设计单位及有关方面参加，同施工单位一起进行检查验收。国家重点工程的大型建设项目，由国家有关部门邀请有关方面参加，组成工程验收委员会，进行验收。

③ 签发《竣工验收证明书》并办理移交。在建设单位验收完毕并确认工程符合竣工标准和合同条款规定要求以后，向施工单位签发《竣工验收证明书》。

④ 进行工程质量评定。建筑工程按设计要求和建筑安装工程施工的验收规范和质量标

准进行质量评定验收。验收委员会或验收组，在确认工程符合竣工标准和合同条款规定后，签发竣工验收合格证书。

⑤ 整理各种技术文件材料，办理工程档案资料移交。建设项目竣工验收前，各有关单位应将所有技术文件进行系统整理，由建设单位分类立卷；在竣工验收时，交生产单位统一保管，同时将与所在地区有关的文件交当地档案管理部门，以适应生产、维修的需要。

⑥ 办理固定资产移交手续。在对工程检查验收完毕后，施工单位要向建设单位逐项办理工程移交和其他固定资产移交手续，加强固定资产的管理，并应签认交接验收证书，办理工程结算手续。工程结算由施工单位提出，送建设单位审查无误后，由双方共同办理结算签认手续。工程结算手续办理完毕，除施工单位承担保修工作（一般保修期为一年）以外，甲乙双方的经济关系和法律责任予以解除。

⑦ 办理工程决算。整个项目完工验收后，并且办理了工程结算手续，要由建设单位编制工程决算，上报有关部门。

⑧ 签署竣工验收鉴定书。竣工验收鉴定书是表示建设项目已经竣工，并交付使用的重要文件，是全部固定资产交付使用和建设项目正式动用的依据，也是承包商对建设项目消除法律责任的证件。竣工验收鉴定书一般包括：工程名称、地点、验收委员会成员、工程总说明、工程据以修建的设计文件、竣工工程是否与设计相符合、全部工程质量鉴定、总的预算造价和实际造价、结论、验收委员会对工程动用时的意见和要求等主要内容。至此，项目的全部建设过程全部结束。

整个建设项目进行竣工验收后，业主应及时办理固定资产交付使用手续。在进行竣工验收时，已验收过的单项工程可以不再办理验收手续，但应将单项工程交工验收证书作为最终验收的附件而加以说明。

第二节　竣工结算

一、工程竣工结算的概念

竣工结算是反映工程造价计价规定执行情况的最终文件。工程完工后，发、承包双方应在合同约定时间内办理工程竣工结算。

根据《中华人民共和国建筑法》第六十一条："交付竣工验收的建筑工程，必须符合规定的建筑工程质量标准，有完整的工程技术经济资料和经签署的工程保修书，并具备国家规定的其他竣工条件"的规定，工程竣工结算书作为工程竣工验收备案、交付使用的必备条件，发、承包双方竣工结算办理完毕后应由发包人向工程造价管理机构备案。

工程竣工结算由承包人或受其委托具有相应资质的工程造价咨询人编制，由发包人或受其委托具有相应资质的工程造价咨询人核对。实行总承包的工程，由总承包人对竣工结算的编制负总责。

工程竣工结算的依据包括：

① 《建设工程工程量清单计价规范》（GB 50500—2008）；

② 施工合同；

③ 工程竣工图纸及资料；

④ 双方确认的工程量；

⑤ 双方确认追加（减）的工程价款；

⑥ 双方确认的索赔、现场签证事项及价款；

⑦ 投标文件；

⑧ 招标文件；

⑨ 其他依据，

二、工程竣工结算费用的计算

1. 分部分项工程费

分部分项工程费应依据双方确认的工程量、合同约定的综合单价计算；如发生调整的，以发、承包双方确认调整的综合单价计算。

2. 措施项目费

办理竣工结算时，措施项目费应依据合同约定的措施项目和金额或发、承包双方确认调整后的措施项目费金额计算。

措施项目费中的安全文明施工费应按照国家或省级、行业建设主管部门的规定计算。施工过程中，国家或省级、行业建设主管部门对安全文明施工费进行了调整的，措施项目费中的安全文明施工费应作相应调整。

3. 其他项目费

其他项目费在办理竣工结算时按下列要求计算。

① 计日工的费用应按发包人实际签证确认的数量和合同约定的相应单价计算。

② 当暂估价中的材料是招标采购的，其单价按中标价在综合单价中调整。当暂估价中的材料为非招标采购的，其单价按发、承包双方最终确认的单价在综合单价中调整。

③ 总承包服务费应依据合同约定的金额计算，发、承包双方依据合同约定对总承包服务费进行了调整，应按调整后的金额计算。

④ 索赔事件产生的费用在办理竣工结算时应在其他项目费中反映。索赔费用的金额应依据发、承包双方确认的索赔项目和金额计算。

⑤ 现场签证发生的费用在办理竣工结算时应在其他项目费中反映。现场签证费用金额依据发、承包双方签证确认的金额计算。

⑥ 合同价款中的暂列金额在用于各项价款调整、索赔与现场签证后，若有余额，则余额归发包人，若出现差额，则由发包人补足并反映在相应的工程价款中。

4. 规费和税金

竣工结算中规费和税金的计取应按照国家或省级、行业建设主管部门对规费和税金的计取标准计算。

三、工程竣工结算的程序

1. 竣工结算书的编制和递交

承包人应在合同约定时间内编制完成竣工结算书，并在提交竣工验收报告的同时递交给发包人。承包人未在合同约定时间内递交竣工结算书，经发包人催促后仍未提供或没有明确答复的，发包人可以根据已有资料办理结算。

承包人无正当理由在约定时间内未递交竣工结算书，造成工程结算价款延期支付的，责任由承包人承担。

发包人应对承包人递交的竣工结算书签收，拒不签收的，承包人可以不交付竣工工程。

工程竣工结算按《建设工程工程量清单计价规范》（GB 50500—2008）规定的格式进行计算。

2. 竣工结算书的核对

竣工结算书的核对是工程造价计价中发、承包双方应共同完成的重要工作。发包人在收到承包人递交的竣工结算书后，应按合同约定时间核对。发包人或受其委托的工程造价咨询人收到承包人递交的竣工结算书后，在合同约定时间内，不核对竣工结算或未提出核对意见的，视为对承包人递交的竣工结算书已经认可，发包人应向承包人支付工程结算价款。

（1）竣工结算书的核对时间　竣工结算书的核对时间按发、承包双方合同约定的时间完成。

《最高人民法院关于审理建设工程施工合同纠纷案件适用法律问题的解释》（法释〔2004〕14 号）第二十条规定："当事人约定，发包人收到竣工结算文件后，在约定期限内不予答复，视为认可竣工结算文件的，按照约定处理。承包人请求按照竣工结算文件结算工程价款的，应予支持"。根据这一规定，要求发、承包双方不仅应在合同中约定竣工结算的核对时间，并应约定发包人在约定时间内对竣工结算不予答复，视为认可承包人递交的竣工结算。

合同中对核对竣工结算书时间没有约定或约定不明的，按表 9-1 规定时间进行核对并提出核对意见。

表 9-1　竣工结算书核对时间

序号	工程竣工结算书金额	核对时间
1	500 万元以下	从接到竣工结算书之日起 20 天
2	500 万～2000 万元	从接到竣工结算书之日起 30 天
3	2000 万～5000 万元	从接到竣工结算书之日起 45 天
4	5000 万元以上	从接到竣工结算书之日起 60 天

建设项目竣工总结算在最后一个单项工程竣工结算核对确认后 15 天内汇总，送发包人后 30 天内核对完成。

合同约定或本规范规定的结算核对时间含发包人委托工程造价咨询人核对的时间。

（2）竣工结算核对完成的标志　发、承包双方签字确认后作为竣工结算核对完成的标志。此后，禁止发包人又要求承包人与另一个或多个工程造价咨询人重复核对竣工结算。

承包人在接到发包人提出的核对意见后，在合同约定时间内，不确认也未提出异议的，视为对发包人提出的核对意见已经认可，竣工结算办理完毕。

3. 工程结算价款的支付

竣工结算办理完毕，发包人应在合同约定时间内向承包人支付工程结算价款，若合同中没有约定或约定不明的，发包人应在竣工结算书确认后 15 天内向承包人支付工程结算价款。

发包人按合同约定应向承包人支付而未支付的工程款视为拖欠工程款。发包人未在合同约定时间内向承包人支付工程结算价款的，承包人可催告发包人支付结算价款。如达成延期支付协议的，发包人应按同期银行同类贷款利率支付拖欠工程价款的利息。如未达成延期支付协议，承包人可以与发包人协商将该工程折价，或申请人民法院将该工程依法拍卖，承包人就该工程折价或者拍卖的价款优先受偿。

四、竣工结算表格

根据《建设工程工程量清单计价规范》的要求，工程竣工结算要使用统一的表格。具体见表 9-2～表 9-17。

表 9-2　竣工结算书封面

_____工程

竣工结算书

发　包　人：_____
（单位盖章）

承　包　人：_____
（单位盖章）

造价咨询人：_____
（单位盖章）

年　月　日

表 9-3　竣工结算价扉页

_____工程

竣工结算总价

签约合同价(小写)：_____（大写）_____

竣工结算价(小写)：_____（大写）_____

发包人：_____承包人：_____造价咨询人：_____
（单位盖章）　　　　　　　　（单位盖章）　　　　　　　　　　（单位盖章）

法定代表人　　　　　　　　法定代表人　　　　　　　　　法定代表人
或其授权人：_____或其授权人：_____或其授权人：_____
（签字或盖章）　　　　　　　（签字或盖章）　　　　　　　　（签字或盖章）

编制人：_____核对人：_____
（造价人员签字盖专用章）　　　　　　　（造价人员签字盖专用章）

编制时间：　　年　月　日　校对时间：　　年　月　日

表 9-4　总说明

工程名称：_____　　　　　　　　　　　　第　页，共　页

表 9-5　建设项目竣工结算汇总表

工程名称：　　　　　　　　　　　　　　　　　　　　　　　　　　　　　　第　页，共　页

序号	单项工程名称	金额/元	其中/元	
			安全文明施工费	规费
合计				

表 9-6　单项工程竣工结算汇总表

工程名称：　　　　　　　　　　　　　　　　　　　　　　　　　　　　　　第　页，共　页

序号	单项工程名称	金额/元	其中/元	
			安全文明施工费	规费
合计				

表 9-7　单位工程竣工结算汇总表

工程名称：　　　　　　　　　　　　　标段：　　　　　　　　　　第　页，共　页

序号	汇总内容	金额/元
1	分部分项工程	
1.1		
1.2		
1.3		
1.4		
1.5		
2	措施项目	
2.1	其中:安全文明施工费	
3	其他项目	
3.1	其中:专业工程结算价	
3.2	其中:计日工	
3.3	其中:总承包服务费	
3.4	其中:索赔与现场签证	
4	规费	
5	税金	
竣工结算总价合计＝1＋2＋3＋4＋5		

表 9-8 综合单价调整表

序号	项目编码	项目名称	已标价清单综合单价/元					调整后综合单价/元				
			综合单价	其中				综合单价	其中			
				人工费	材料费	机械费	管理费和利润		人工费	材料费	机械费	管理费和利润

造价工程师(签章): 　　发包人代表(签章)　　　　　造价人员(签章): 　　承包人代表(签章)

日期: 　　　　　　　　　　　　　　日期:

注:综合单价调整应附调整依据。

表 9-9 索赔与现场签证计价汇总表

工程名称: 　　　　　　　　　　　　　　标段: 　　　　　第 页,共 页

序号	签证及索赔项目名称	计量单位	数量	单价/元	合价/元	索赔及签证依据
	本页小计					
	合计					

注:签证及索赔依据是指经双方认可的签证单和索赔依据的编号。

表 9-10 费用索赔申请（核准）表

工程名称: 　　　　　　　　　　　　　　标段: 　　　　　第 页,共 页

致:_____(发包人全称)

　　根据施工合同条款____条的约定,由于____原因,我方要求索赔金额(大写)_____(小写_____),请予核准。

附:1. 费用索赔的详细理由和依据:

　　2. 索赔金额的计算:

　　3. 证明材料:

承包人(章)

造价人员_____　　　承包人代表_____　　　日期_____

复核意见： 　　根据施工合同条款＿＿＿条的约定，你方提出的费用索赔申请经复核： 　　□不同意此项索赔，具体意见见附件。 　　□同意此项索赔，索赔金额的计算，由造价工程师复核。 　　　　　　　　监理工程师＿＿＿＿＿ 　　　　　　　　日期＿＿＿＿＿	复核意见： 　　根据施工合同条款＿＿＿条的约定，你方提出的费用索赔申请经复核，索赔金额为（大写）＿＿＿＿＿＿（小写＿＿＿＿＿） 　　　　　　　　造价工程师＿＿＿＿＿ 　　　　　　　　日期＿＿＿＿＿
审核意见： 　　□不同意此项索赔。 　　□同意此项索赔，与本期进度款同期支付。 　　　　　　　　　　　　　　　发包人（章） 　　　　　　　　　　　　　　　发包人代表＿＿＿＿＿ 　　　　　　　　　　　　　　　日　　期＿＿＿＿＿		

注：1. 在选择栏中的"□"内作标识"√"。

　　2. 本表一式四份，由承包人填报，发包人、监理人、造价咨询人、承包人各存一份。

表 9-11　现场签证表

工程名称：　　　　　　　　　　　　　　　　标段：　　　　　　编号：

施工单位		日期	

致：＿＿＿＿＿＿＿＿＿＿＿＿＿＿＿＿＿＿＿＿＿＿＿＿＿＿＿＿（发包人全称）

　　根据＿＿＿（指令人姓名）　　年　月　日的口头指令或你方＿＿＿（或监理人）　　年　月　日的书面通知，我方要求完成此项工作应支付价款金额为（大写）＿＿＿＿＿＿（小写＿＿＿＿＿），请与核准。

附：1. 签证事由及原因：

　　2. 附图及计算公式：

　　　　　　　　　　　　　　　　　　　　　　　承包人（章）

造价人员＿＿＿＿＿＿＿＿＿　承包人代表＿＿＿＿＿＿＿＿＿　日期＿＿＿＿＿＿＿＿＿

复核意见： 　　你方提出的此项签证申请经复核： 　　□不同意此项签证，具体意见见附件。 　　□同意此项签证，签证金额的计算，由造价工程师复核。 　　　　　　　　监理工程师＿＿＿＿＿ 　　　　　　　　日　　期＿＿＿＿＿	复核意见： 　　□此项签证按承包人中标的计日工单价计算，金额为（大写）＿＿＿＿＿元，（小写＿＿＿＿＿元）。 　　□此项签证因无计日工单价，金额为（大写）＿＿＿＿＿元，（小写＿＿＿＿＿元）。 　　　　　　　　造价工程师＿＿＿＿＿ 　　　　　　　　日　　期＿＿＿＿＿
审核意见： 　　□不同意此项签证。 　　□同意此项签证，价款与本期进度款同期支付。 　　　　　　　　　　　　　　　发包人（章） 　　　　　　　　　　　　　　　发包人代表＿＿＿＿＿ 　　　　　　　　　　　　　　　日　　期＿＿＿＿＿		

注：1 在选择栏中的"□"内标识"√"。

　　2. 本表一式四份，由承包人在收到发包人（监理人）的口头或书面通知后填写，发包人、监理人、造价咨询师、承包人各存一份。

表 9-12　工程计量申请（核准）表

工程名称：　　　　　　　　　　　　　　　　　标段：　　　　　　第　页，共　页

序号	项目编号	项目名称	计量单位	承包人申请数量	发包人核实数量	发承包人确认数量	备注

承包人代表：　　　　　监理工程师：　　　　　　　造价工程师：　　　　　　发包人代表：

日期：　　　　　　　　日期：　　　　　　　　　日期：　　　　　　　　日期：

表 9-13　预付款支付申请（核准）表

工程名称：　　　　　　　　　　　　　　　　　标段：　　　　　　编号：

致：＿＿＿＿＿＿＿＿＿＿＿＿＿＿＿＿＿＿＿＿＿＿＿＿＿＿＿＿（发包人全称）

我方根据施工合同的约定，现申请支付工程款额为（大写）＿＿＿＿＿＿＿＿（小写＿＿＿＿），请予核准。

序号	名称	申请金额/元	复核金额/元	备注
1	已签约合同价款金额			
2	其中：安全文明施工费			
3	应支付的预付款			
4	应支付的安全文明施工费			
5	合计应支付的预付款			

承包人（章）

造价人员＿＿＿＿＿＿＿　承包人代表＿＿＿＿＿＿＿　日期＿＿＿＿＿＿＿

复核意见：
□与合同约定不相符，修改意见见附件。
□与合同约定相符，具体金额由造价工程师复核。

监理工程师＿＿＿＿＿
日期＿＿＿＿＿

复核意见：
你方提出的支付申请经复核，应支付预付款金额为（大写）＿＿＿＿＿（小写＿＿＿＿）。

造价工程师＿＿＿＿＿
日期＿＿＿＿＿

审核意见：
□不同意。
□同意，支付时间为本表签发后的 15 天内。

发包人（章）
发包人代表＿＿＿＿＿
日　期＿＿＿＿＿

注：1. 在选择栏中的"□"内标识"√"。
2. 本表一式四份，由承包人填报，发包人、监理人、造价咨询师、承包人各存一份。

表 9-14 总价项目进度款支付分解表

工程名称：　　　　　　　　　　　　　　　　　　　　标段：　　　　　　　　　　单位：元

序号	项目名称	总价金额	首次 支付	二次支付	三次支付	四次支付	五次支付
	安全文明施工费						
	夜间施工增加费						
	二次搬运费						
	社会保险费						
	住房公积金						
	合 计						

编制人（造价人员）：　　　　　　　　　　　　复核人（造价工程师）：

注：1. 本表应由承包人在投标报价时根据发包人在招标文件中明确的进度款支付周期与报价填表，签订合同时，发承包双方可就支付分解协商调整后作为合同附件。

2. 单价合同使用本表，"支付"栏时间应与单价项目进度款支付周期相同。

3. 总价合同使用本表，"支付"栏时间应与约定的工程计量周期相同。

表 9-15 进度款支付申请（核准）表

工程名称：　　　　　　　　　　　　　　　　　　标段：　　　　　　　　编号：

致：＿＿＿＿＿＿＿＿＿＿＿＿＿＿＿＿＿＿＿＿＿＿＿＿＿＿＿＿＿＿＿＿＿＿＿＿＿＿（发包人全称）

　　我方于＿＿＿至＿＿＿期间已完成了＿＿＿＿工作，根据施工合同约定，现申请支付本周期的合同款额为（大写）＿＿＿＿＿＿＿＿＿（小写＿＿＿＿＿＿＿＿＿），请予核准。

序号	名称	实际金额/元	申请金额/元	复核金额/元	备注
1	累计已完成的合同价款				
2	累计已实际支付的合用价款				
3	本周期合计完成的合同价款				
3.1	本周期已完成单价项目的金额				
3.2	本周期应支付的总价项目的金额				
3.3	本周期已完成的计日工价款				
3.4	本周期应支付的安全文明施工费				
3.5	本周期应增加的合同价款				
4	本周期合计应扣减的金额				
4.1	本周期应抵扣的预付款				
4.2	本周期应扣减的金额				
5	本周期应支付的合用价款				

上述 3、4 详见附录清单。

承包人（章）

造价人员＿＿＿＿＿＿＿＿＿　　　承包人代表＿＿＿＿＿＿＿＿＿　　　日期＿＿＿＿＿＿＿＿＿

复核意见：	复核意见：
□与实际施工情况不相符，修改意见见附件。 □与实际施工情况相符，具体金额由造价工程师复核。 监理工程师_____ 日期_____	你方提出的支付申请经复核，本周期已完成合同款额为（大写）_____（小写_____），本周期应支付金额为（大写）_____（小写_____）。 造价工程师_____ 日期_____

审核意见：
□不同意。 □同意，支付时间为本表签发后的15天内。   发包人（章） 发包人代表_____ 日　　　期_____

注：1. 在选择栏中的"□"内作标识"√"。

2. 本表一式四份，由承包人填报，发包人、监理人、造价咨询人、承包人各存一份。

表 9-16　竣工结算款支付申请（核准）表

工程名称：　　　　　　　　　　　　　标段：　　　　　　　编号：

致：_____（发包人全称）

　　我方于____至____期间已完成合同约定的工作，工程已完工，根据施工合同的约定，现申请竣工结算合同款额为（大写）_____（小写____），请予核准。

序号	名称	申请金额/元	复核金额/元	备注
1	竣工结算合同价款总额			
2	累计已实际支付的合同价款			
3	应预留的质量保证金			
4	应支付的竣工结算金额			

上述 3、4 详见附录清单。

承包人（章）

造价人员_____　　承包人代表_____　　日期_____

复核意见：	复核意见：
□与实际施工情况不相符，修改意见见附件。 □与实际施工情况相符，具体金额由造价工程师复核。 监理工程师_____ 日期_____	你方提出的竣工结算款支付申请经复核，竣工结算款总额为（大写）_____（小写_____），扣除前期支付以及质量保证金后应支付金额为（大写）_____（小写_____）。 造价工程师_____ 日期_____

审核意见：

□不同意。

□同意，支付时间为本表签发后的 15 天内。

发包人（章）

发包人代表＿＿＿＿＿＿

日　期＿＿＿＿＿＿

注：1. 在选择栏中的"□"内做标识"√"。

2. 本表一式四份，由承包人填报，发包人、监理人、造价咨询人、承包人各存一份。

表 9-17　最终结清支付申请（核准）表

工程名称：　　　　　　　　　　　　　标段：　　　　　　　　　编号：

致：＿＿＿＿＿＿＿＿＿＿＿＿＿＿＿＿＿＿＿＿＿＿＿＿＿＿＿（发包人全称）

　　我方于＿＿＿至＿＿＿期间已完成了缺陷修复工作，根据施工合同约定，现申请支付最终结清合同款额为（大写）＿＿＿＿＿＿＿＿（小写＿＿＿＿＿＿），请予核准。

序号	名称	申请金额/元	复核金额/元	备注
1	已预留的质量保证金			
2	应增加因发包人原因造成缺陷的修复金额			
3	应扣减承包人不修复缺陷、发包人组织修复的金额			
4	最终应支付的合同价款			

上述 3、4 详见附录清单。

承包人（章）

造价人员＿＿＿＿＿＿＿＿　　承包人代表＿＿＿＿＿＿＿＿　　日期＿＿＿＿＿＿＿＿

复核意见：	复核意见：
□与实际施工情况不相符，修改意见见附件。 □与实际施工情况相符，具体金额由造价工程师复核。 　　　　　　　　监理工程师＿＿＿＿＿＿ 　　　　　　　　日期＿＿＿＿＿＿	你方提出的支付申请经复核，最终应支付金额为（大写）＿＿＿＿＿＿（小写＿＿＿＿＿＿）。 　　　　　　　　造价工程师＿＿＿＿＿＿ 　　　　　　　　日期＿＿＿＿＿＿

审核意见：

□不同意。

□同意，支付时间为本表签发后的 15 天内。

发包人（章）

发包人代表＿＿＿＿＿＿

日　期＿＿＿＿＿＿

注：1. 在选择栏中的"□"内做标识"√"。如监理人已退场，监理工程师栏可空缺。

2. 本表一式四份，由承包人填报，发包人、监理人、造价咨询人、承包人各存一份。

第十章 建设工程招投标及施工合同

第一节 建设工程招投标

一、建设工程招投标的基本概念

建筑工程招投标是指以建筑产品作为商品进行交换的一种交易形式，它由唯一的买主设定标的，招请若干个卖主通过秘密报价进行竞争，买主从中选择优胜者并与之达成交易协议，随后按照协议实现标的。建设工程招投标最突出的优点是将竞争机制引入到工程建设领域，将工程项目的发包方、承包方和中介方统一纳入到建筑市场体系当中，实行公开交易，通过严格、规范、科学合理的运作程序与监管机制充分保证竞争在公平、公正、公开的环境下进行，从而最大限度地实现投资效益的最优化。

工程招标和投标是招投标工作的两个方面，工程招标指招标人用招标文件将委托的工作内容和要求告知有兴趣参与竞争的投标人，让他们按规定条件提出实施计划和价格，然后通过评审比较选出信誉可靠、技术能力强、管理水平高、报价合理的可信赖单位，以合同形式委托其完成。各投标人依据自身能力和管理水平，按照招标文件规定的统一投标，争取获得实施资格。

《中华人民共和国招标投标法》于 2000 年 1 月 1 日起施行，它将招标与投标的过程纳入法制管理的轨道，主要内容包括通行的招标投标程序；招标人和投标人应遵循的基本规则；任何违反法律规定应承担的后果责任等。该法的基本宗旨是，招标投标活动属于当事人在法律规定范围内自主进行的市场行为，但必须接受政府行政主管部门的监督。

1. 标

标是指发包单位公开的建设项目的规模、内容、条件、工程量、质量、工期、适用标准等要求，以及不公开的标底价。标的公开部分是招、投标过程中发包单位和所有投标单位必须遵守的条件，是投标单位报价和评比竞争的基础。

2. 招标

招标是指工程发包单位利用报价的经济手段择优选择承包单位的商业行为。发包单位在发包建设工程项目、购买物资之前，以文件形式标明参加条件和工程（物资）内容、要求，由符合条件的承包单位按照文件内容和要求提出自己的价格，参与竞争，经过评比，选择优胜者作为该项目承包者。

3. 投标

投标是工程承包单位根据招标要求提出价格和条件，供招标单位选择，以期获得承包权的活动。投标过程实质是一个商业竞争过程，它不只是在价格方面的竞争，还包括信誉、管理、技术、实力、经验等多方面的综合竞争。投标的目的在于中标，在投标过程中应正确理解招标条件和要求，投标文件中要充分体现、证明自己在各方面的优势。

4. 开标

开标是指招标单位在规定的时间和地点，在有公证监督和所有投标单位出席的情况下，当众公开拆开投标书，宣布投标各单位投标项目、投标价格等主要内容，并加以记录和认可的过程。开标过程必须按法定的程序进行。

5. 评标

评标是指由招标单位组织专门的评标委员会，按照招标文件和有关法规的要求，对投标单位递交的投标资料进行审查、评比，择优选择中标单位的过程。评标过程要按招标要求，对投标单位提供的投标文件中的投标工程价格、质量、期限、商务条件等进行全面的审查，因此要求生产、质量、检验、供应、财务和计划等各方面的专业人员和公证机关参加。

6. 中标

招标单位以书面的形式通知在评标中择优选出的投标单位，被选中的投标单位为中标单位，即该投标单位中标。

二、建设工程招投标的分类

1. 建设工程招标按照工程承发包范围分类

（1）工程总承包招标　指对工程建设项目的全部内容（项目调研评估、工程勘察设计、施工与竣工验收等）或实施阶段的内容（勘察、设计、施工等）进行的招投标。

（2）施工承包招标　指对工程的建筑安装工程内容进行的招投标。

（3）专业分包招标　指对建筑安装工程中规模比较大、施工比较复杂、专业性比较强或有特殊要求的分部或分项工程进行的招投标。一般其由总包单位进行招标确定，由建设单位选定的叫做指定分包商，但合同还是与总包单位签订。

2. 建设工程招标按照工程的构成分类

按照建设项目的构成可以分为建设工程招标、单项工程招标、单位工程招标、分部工程招标和分项工程招标等五种，但应强调的是我国为了防止任意肢解工程发包，一般不允许分部和分项工程招标，但特殊专业工程不受限制（打桩工程、大型土石方工程等）。

三、建设工程招投标的方式

招标方式是指招标人与投标人之间为达成交易而采取的联系方式，一般分为公开招标、邀请招标及协议招标等三种形式。

1. 公开招标

公开招标是指招标人以招标公告的方式邀请不特定的法人或其他组织投标，采用这种方式一般需通过报纸、专业性刊物或其他媒体发布招标公告，公开招请承包商参加投标竞争，凡符合规定条件的承包商均可参与投标。公开招标是目前应用最广的一种方式，这种方式通常适用于工程数量大、技术复杂、报价水平悬殊不易掌握的大中型建设项目以及采购数量多、金额大的设备或材料的供应等，但其招标时间过长、招标费用较高、工作繁杂，不太适合比较紧迫的工程或小型工程。应当公开招标的项目是：全部使用国有资金投资或者国有资金投资占控股或者主导地位的项目。

2. 邀请招标

邀请招标是招标人向预先选择的若干家具备相应资质、符合招标条件的法人组织发出邀请函，并将招标工程的概况、工作范围和实施条件等作出简要说明，请他们参加投标竞争。邀请对象的数目以 5～7 家为宜，但不应少于 3 家。被邀请人同意参加投标竞争后，从招标人处获取招标文件，按规定要求进行投标报价。邀请招标的优点是不需要发布招标公告和设置资格预审程序，节约招标费用和节省时间；由于对招标人以往的业绩和履约能力比较了解，减少了合同履行过程中承包方违约的风险。为了体现公平竞争和便于招标人选择综合能力最强的投标人中标，仍要求在投标书内报送表明投标人资质能力的有关部门证明材料，作为评标时的评审内容之一（通常称为资格后审）。邀请招标的缺点是，由于邀请范围较小选择面窄，可能排斥了某些在技术或报价上有竞争实力的潜在投标人，因此投标竞争的激烈程度相对较差。

可以采用邀请招标的项目是：

① 因技术复杂、专业性强或者其他特殊要求等原因，只有少数几家潜在投标人可以选择的；

② 采购规模小，为合理减少采购费用和采购时间而不适宜公开招标的；

③ 法律或者国务院规定的其他不适宜公开招标的情形。

3. 协议招标

又称议标，招标单位直接向一个或几个承包单位发出招标通知，双方通过谈判，就招标条件、要求和价格等达成协议。

议标是一种无竞争性招标。适用于专业性强、工期要求紧、工程性质特殊（如有保密要求）；设计资料不完整，需要承包单位配合；或主体工程的后续工程等。

此外，按招标项目的工作范围，招标可分为全过程招标和工程各环节招标。

全过程招标又称"交钥匙工程"招标，是指包括从工程的可行性研究、勘测、设计、材料设备采购、施工、安装调试、生产准备、试运行到竣工交付使用整个过程的全部内容的招标。工程各环节的招标包括勘察设计招标、工程施工招标和材料、设备采购招标等，其内容为全过程招标中的某一部分。

四、建设工程招投标的范围

由于招投标在提高工程经济效益和保证工程质量等方面具有显著作用，世界各国和一些国际组织都规定某些工程建设必须实行招投标，特别是对于政府投资建设的工程或对社会影响重大的工程都必须实行招投标，并从法律制度上进行了严格的规定，在执行过程中还要接受政府有关部门的监督检查。我国在《中华人民共和国招标投标法》中对工程招标范围进行了明确规定。主要内容包括：

① 大型基础设施、公用事业等关系社会公共利益、公众安全的项目；

② 全部或者部分使用国有资金投资或者国家融资的项目；

③ 使用国际组织或外国政府贷款、援助资金的项目；

④ 对于不适宜公开招标的国家或地方重点项目，经有关部门批准后可实行邀请招标。

以上内容规定比较粗略，其具体范围和规模标准一般可由各部委和地方政府制定具体的实施细则，但不能与《中华人民共和国招标投标法》中的有关规定相冲突，并应报国务院批准。

各类工程项目的建设活动，达到下列标准之一者，必须进行招标：

① 施工单位合同估算价在 200 万元人民币以上；

② 重要设备、材料等货物的采购，单项合同估算价在 100 万元人民币以上；

③ 勘察、设计、监理等服务的采购，单项合同估算价在 50 万元人民币以上。

为了防止将应该招标的工程项目化整为零规避招标，即使单项合同估算价低于以上第①、②、③项规定的标准，但项目总投资在 3000 万元人民币以上的勘察、设计、施工、监理以及与工程建设有关的重要设备、材料等的采购，也必须采用招标方式委托工作任务。

按照规定，属于下列情形之一的，可以不进行招标，采用直接委托的方式发包建设任务：

① 涉及国家安全、国家秘密的工程；

② 抢险救灾工程；

③ 利用扶贫实行以工代赈、需要使用农民工等特殊情况；

④ 建筑造型有特殊要求的设计；

⑤ 采用特定专利技术、专有技术进行勘察、设计或施工；

⑥ 停建或者缓建后恢复建设的单位工程，且承包人未发生变更的；

⑦ 施工企业自建自用的工程，且该施工企业资质等级符合工程要求的；

⑧ 在建工程追加的附属小型工程或者主体加层工程，且承包人未发生变更的；

⑨ 法律、法规、规章规定的其他情形。

五、建设工程招投标应具备的条件

建设部颁布的《工程建设施工招标投标管理办法》中从建设单位资质和建设项目两方面作了详细规定。

1. 建设单位招标应具备的条件

① 具有法人资格或依法成立的其他组织；

② 有与招标工程相适应的经济、技术管理人员；

③ 有组织编制招标文件的能力；

④ 有审查投标单位资质的能力；

⑤ 有组织开标、评标、定标的能力。

不具备上述②～⑤项条件的建设单位必须委托具有相应资质的招标代理机构代理招标。

2. 建设项目招标应具备的条件

① 概算已经批准；

② 建设项目已正式列入国家、部门或地方的年度固定资产投资计划；

③ 建设用地的征用工作已经完成；

④ 有能够满足施工需要的施工图纸及技术材料；

⑤ 建设资金和主要建筑材料、设备的来源已经落实；

⑥ 已经建设项目所在地规划部门批准，施工现场的"三通一平"已经完成或一并列入施工招标范围。

六、建设工程招投标的运行机制

建筑市场是由建筑市场主体、建筑市场客体和建筑市场交易行为三个要素相互作用和相互依靠组成的统一体。建筑市场中的各类交易关系包括供求关系、竞争关系、协作关系、经济关系、服务关系、监督关系和法律关系等。

建设工程招投标活动一般受到市场机制和组织机制的双重作用。买卖双方的行为一方面要受到市场机制的自发调节作用，另一方面还要通过组织机制对其运作过程进行有目的的人为控制，从而避免产生不公正的交易行为。招投标活动的调节机制可参见图10-1所示。

七、建设工程招投标程序

建设工程招投标的基本程序如图10-2所示。

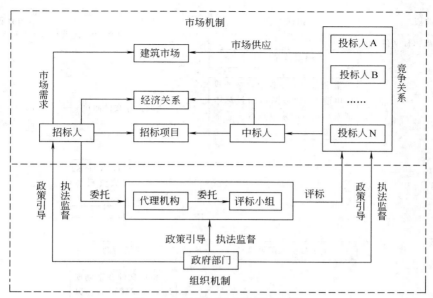

图 10-1　招投标活动的调节机制

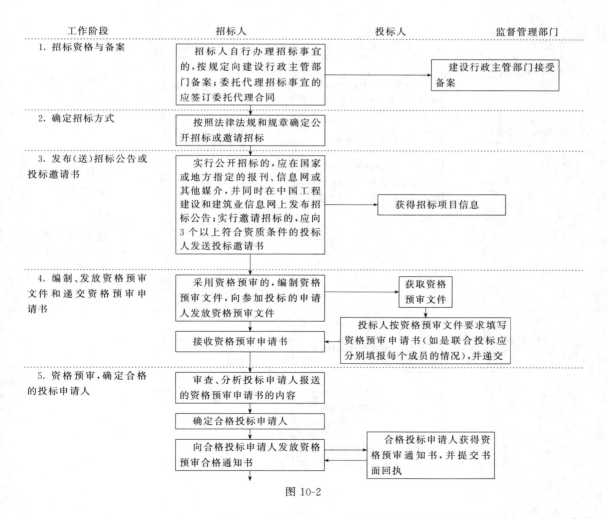

工作阶段	招标人	投标人	监督管理部门
1. 招标资格与备案	招标人自行办理招标事宜的,按规定向建设行政主管部门备案;委托代理招标事宜的应签订委托代理合同		建设行政主管部门接受备案
2. 确定招标方式	按照法律法规和规章确定公开招标或邀请招标		
3. 发布(送)招标公告或投标邀请书	实行公开招标的,应在国家或地方指定的报刊、信息网或其他媒介,并同时在中国工程建设和建筑业信息网上发布招标公告;实行邀请招标的,应向3个以上符合资质条件的投标人发送投标邀请书	获得招标项目信息	
4. 编制、发放资格预审文件和递交资格预审申请书	采用资格预审的,编制资格预审文件,向参加投标的申请人发放资格预审文件	获取资格预审文件	
	接收资格预审申请书	投标人按资格预审文件要求填写资格预审申请书(如是联合投标应分别填报每个成员的情况),并递交	
5. 资格预审,确定合格的投标申请人	审查、分析投标申请人报送的资格预审申请书的内容		
	确定合格投标申请人		
	向合格投标申请人发放资格预审合格通知书	合格投标申请人获得资格预审通知书,并提交书面回执	

图 10-2

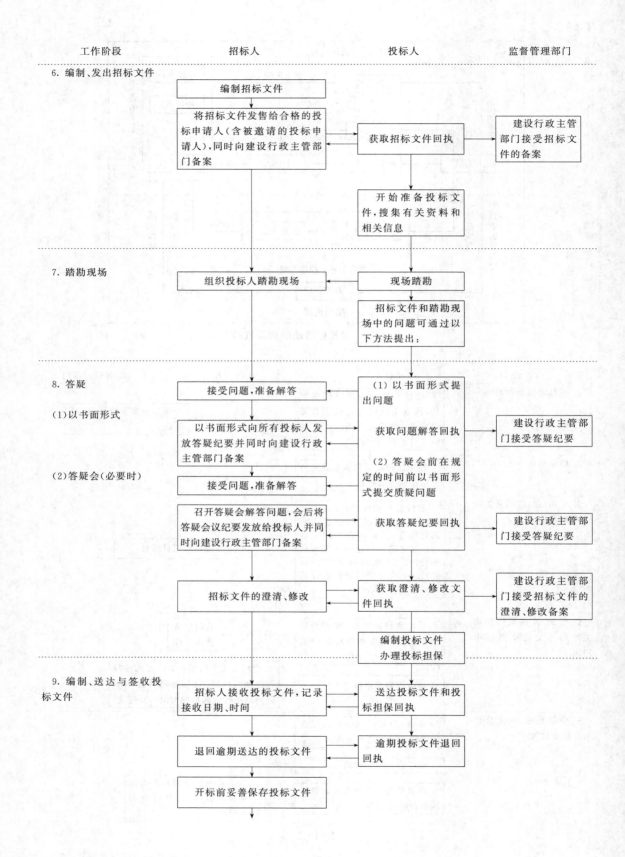

工作阶段	招标人	投标人	监督管理部门
6. 编制、发出招标文件	编制招标文件		
	将招标文件发售给合格的投标申请人(含被邀请的投标申请人),同时向建设行政主管部门备案	获取招标文件回执	建设行政主管部门接受招标文件的备案
		开始准备投标文件,搜集有关资料和相关信息	
7. 踏勘现场	组织投标人踏勘现场	现场踏勘	
		招标文件和踏勘现场中的问题可通过以下方法提出:	
8. 答疑 (1)以书面形式	接受问题,准备解答	(1)以书面形式提出问题	
	以书面形式向所有投标人发放答疑纪要并同时向建设行政主管部门备案	获取问题解答回执	建设行政主管部门接受答疑纪要
(2)答疑会(必要时)	接受问题,准备解答	(2)答疑会前在规定的时间前以书面形式提交质疑问题	
	召开答疑会解答问题,会后将答疑会议纪要发放给投标人并同时向建设行政主管部门备案	获取答疑纪要回执	建设行政主管部门接受答疑纪要
	招标文件的澄清、修改	获取澄清、修改文件回执	建设行政主管部门接受招标文件的澄清、修改备案
		编制投标文件 办理投标担保	
9. 编制、送达与签收投标文件	招标人接收投标文件,记录接收日期、时间	送达投标文件和投标担保回执	
	退回逾期送达的投标文件	逾期投标文件退回回执	
	开标前妥善保存投标文件		

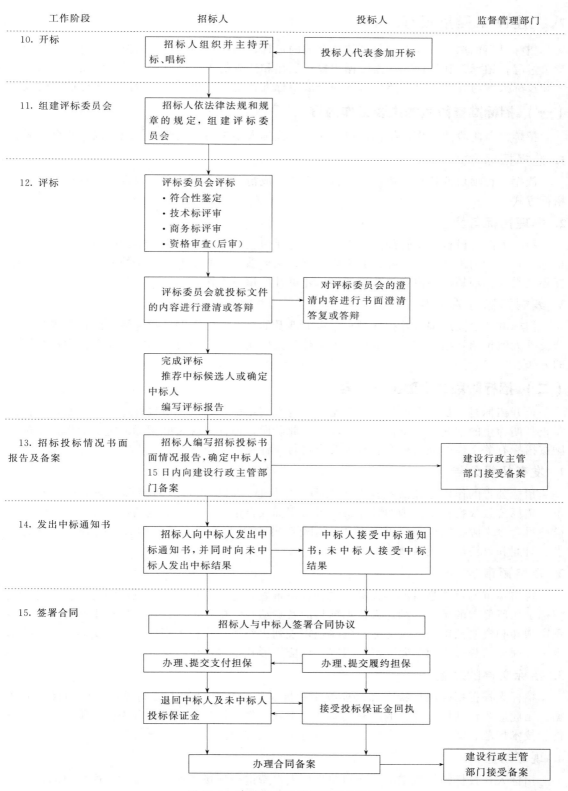

工作阶段	招标人	投标人	监督管理部门

10. 开标
招标人组织并主持开标、唱标 ← 投标人代表参加开标

11. 组建评标委员会
招标人依法律法规和规章的规定,组建评标委员会

12. 评标
评标委员会评标
· 符合性鉴定
· 技术标评审
· 商务标评审
· 资格审查(后审)

评标委员会就投标文件的内容进行澄清或答辩 → 对评标委员会的澄清内容进行书面澄清答复或答辩

完成评标
推荐中标候选人或确定中标人
编写评标报告

13. 招标投标情况书面报告及备案
招标人编写招标投标书面情况报告,确定中标人,15日内向建设行政主管部门备案 → 建设行政主管部门接受备案

14. 发出中标通知书
招标人向中标人发出中标通知书,并同时向未中标人发出中标结果 → 中标人接受中标通知书;未中标人接受中标结果

15. 签署合同
招标人与中标人签署合同协议

办理、提交支付担保 ← 办理、提交履约担保

退回中标人及未中标人投标保证金 → 接受投标保证金回执

办理合同备案 → 建设行政主管部门接受备案

图 10-2 建设工程招投标的基本程序

八、建设工程招投标过程

招标是招标选择中标人并与其签订合同的过程，而投标则是投标人力争获得实施合同的竞争过程，招标人和投标人均需遵循招投标法律和法规的规定进行招标投标活动。按照招标人和投标人参与程度，可将招标过程划分成招标准备阶段、招标投标阶段和决标成交阶段。

（一）招标准备阶段的主要工作内容

招标准备阶段的工作由招标人单独完成，投标人不参与。主要工作包括以下几个方面。

1. 选择招标方式

依据工程项目的特点、招标前准备工作的完成情况、合同类型等因素的影响程度，确定招标方式。

2. 办理招标备案

招标人向建设行政主管部门办理申请招标手续。招标备案文件应说明：招标工作范围；招标方式；计划工期；对投标人的资质要求；招标项目的前期准备工作的完成情况；自行招标还是委托代理招标等内容，获得认可后才可开展招标工作。

3. 编制招标有关文件

招标准备阶段应编制好招标过程中可能涉及的有关文件，保证招标活动的正常进行。这些文件大致包括：招标广告、资格预审文件、招标文件、合同协议书，以及资格预审和评标的方法。

（二）招标阶段的主要工作内容

公开招标时，从发布招标公告开始，若为邀请招标，则从发出投标邀请函开始，到投标截止日期为止的期间称为招标投标阶段。在此阶段，招标人应做好招标的组织工作，投标人则按招标有关文件的规定程序和具体要求进行投标报价竞争。

1. 发布招标公告

招标公告的作用是让潜在投标人获得招标信息，以便进行项目筛选，确定是否参与竞争。招标公告或投标邀请函的具体格式可由招标人自定，内容一般包括：招标单位名称；建设项目资金来源；工程项目概况和本次招标工作范围的简要介绍；购买资格预审文件的地点、时间和价格等有关事项。

2. 资格预审

资格预审的目的是对潜在投标人进行资格审查，主要考察该企业总体能力是否具备完成招标工作所要求的条件。招标人依据项目的特点编写资格预审文件，资格预审文件分为资格预审须知和资格预审表两大部分。资格预审表列出对潜在投标人资质条件、实施能力、技术水平、商业信誉等方面需要了解的内容，以应答形式给出的调查文件。

3. 招标文件的发售

招标人根据招标项目特点和需要编制招标文件，它是投标人编制投标文件和报价的依据，因此应当包括招标项目的所有实质性要求和条件。招标文件通常分为投标须知、合同条件、技术规范、图纸和技术资料、工程量清单几大部分内容。

4. 现场考察

招标人在投标须知规定的时间组织投标人自费进行现场考察。设置此程序的目的，一方面让投标人了解工程项目的现场情况、自然条件、施工条件以及周围环境条件，以便于编制投标书；另一方面也是要求投标人通过自己的实地考察确定投标的原则和策略，避免合同履行过程中投标人以不了解现场情况为理由推卸应承担的合同责任。

5. 解答投标人的质疑

投标人研究招标文件和现场考察后会以书面形式提出某些质疑问题，招标人应及时给予书面解答。招标人对任何一位投标人所提问题的回答，必须发给每一位投标人保证招标的公开和公平，但不必说明问题的来源。回答函件作为招标文件的组成部分，如果书面解答的问题与招标文件中的规定不一致，以函件的解答为准。

（三） 决标成交阶段的主要工作内容

从开标日到签订合同这一期间称为决标成交阶段，是对各投标书进行评审比较，最终确定中标人的过程。

1. 开标

公开招标和邀请招标均应在规定的时间和地点由招标人主持开标会议，所有投标人均应参加，并邀请项目建设有关部门代表出席。开标时，由投标人或其推选的代表检验投标文件的密封情况。确认无误后，工作人员当众拆封，宣读投标人名称、投标价格和投标文件的其他主要内容。开标过程应当记录，并存档备查。开标后，任何投标人都不允许更改投标书的内容和报价，也不允许再增加优惠条件。投标书经启封后不得再更改招标文件中说明的评标、定标办法。

在开标时，如果发现投标文件出现下列情形之一，应当作为无效投标文件，不再进入评标：

① 投标文件未按照招标文件的要求予以密封；

② 投标文件中的投标函未加盖投标人的企业及企业法定代表人的印章，或者企业法定代表人委托代理人没有合法、有效的委托书（原件）及委托代理人的印章；

③ 投标文件的关键内容字迹模糊、无法辨认；

④ 投标人未按照招标文件的要求提供投标保证金或者投标保函；

⑤ 组成联合体投标的，投标文件未附联合体各方共同投标协议。

2. 评标

评标是对各投标书优劣的比较，以便最终确定中标人，由评标委员会负责评标工作。

（1）评标委员会的组成　评标委员会由招标人的代表和有关技术、经济等方面的专家组成，成员人数为 5 人以上单数，其中招标人以外的专家不得少于成员总数的 2/3。专家人选应来自于国务院有关部门或省、自治区、直辖市政府有关部门提供的专家名册中以随机抽取方式确定。

（2）评标工作程序　大型工程项目的评标通常分为初评和详评两个阶段进行。

① 初评。评标委员会以招标文件为依据，审查各投标书是否为响应性投标，确定投标书的有效性。检查内容包括：投标人的资格、投标保证有效性、报送资料的完整性、投标书与招标文件的要求无实质性的背离、报价计算的正确性等。

② 详评。评标委员会对各投标书实施方案和计划进行实质性评价与比较。评审时不应再采用招标文件中要求投标人考虑因素以外的任何条件作为标准。

详评通常分为两个步骤进行。首先对各投标书进行技术和商务方面的审查，评定其合理性以及若将合同授予该投标人在履行过程中可能给招标人带来的风险。评标委员会认为必要时可以单独约请该投标人对标书中含义不明确的内容作必要的澄清或说明，但澄清或说明不得超出投标文件的范围或改变投标文件的实质性内容。澄清内容也要整理成文字材料，作为投标书的组成部分。在对投标书审查的基础上，评标委员会会依据评标规则量化比较各投标书的优劣，并编写评标报告。

（3）评标报告　评标报告是评标委员会经过对各投标书评审后向招标人提出的结论性报告，作为定标的主要依据。评标报告应包括评标情况说明、对各个合格投标书的评价、推荐合格的中标候选人等内容。

3. 定标

招标人应该根据评标委员会提出的评标报告和推荐的中标候选人确定中标人，也可以授权评标委员会直接确定中标人。中标人确定后，招标人向中标人发出中标通知书，同时将中标结果通知未中标的投标人并退还他们的投标保证金或保函。中标通知书对招标人和中标人具有法律效力，招标人改变中标结果或中标人拒绝签订合同均要承担相应的法律责任。

中标通知书发出后的 30 天内，双方应按照招标文件和投标文件订立书面合同。招标人确定中标人后 15 天内，应向有关行政监督部门提交招标投标情况的书面报告。

《中华人民共和国招标投标法》规定，中标人的投标应当符合下列之一：能够最大限度地满足招标文件中规定的各项综合评价标准；能够满足招标文件各项要求，并经评审的价格最低，但投标价格低于成本的除外。

第二节　施工合同

一、施工合同示范文本

（一）合同示范文本

《中华人民共和国合同法》（以下简称《合同法》）第 12 条规定："当事人可以参照各类合同的示范文本订立合同。"合同示范文本是将各类合同的主要条款、式样等制定出规范的、指导性的文本，在全国范围内积极宣传和推广，引导当事人采用示范文本签订合同，以实现合同签订的规范化。示范文本使当事人订立合同更加认真、更加规范，对于当事人在订立合同时明确各自的权利义务、减少合同约定缺款少项、防止合同纠纷，起到了积极的作用。

在建设工程领域，自 1991 年起就陆续颁布了一些示范文本。1999 年 10 月 1 日实施《合同法》后，建设部与国家工商行政管理局联合颁布了《建设工程施工合同（示范文本）》、《建设工程勘察合同（示范文本）》、《建设工程设计合同（示范文本）》、《建设工程委托监理合同（示范文本）》，使这些示范文本更符合市场经济的要求，对完善建设施工合同管理制度起到了极大的推动作用。

（二）施工合同示范文本的组成

作为推荐使用的施工合同示范文本由协议书、通用条款、专用条款三部分组成，并附有三个附件。

1. 协议书

合同协议书是施工合同的总纲性法律文件，经过双方当事人签字盖章后合同即成立。标准化的协议书格式需要结合承包工程特点填写，约定主要内容包括：工程概况、工程承包范围、合同工期、质量标准、合同价款、合同生效时间，并明确对双方有约束力的合同文件组成。

2. 通用条款

"通用"的含义是所列条款的约定不区分具体工程的行业、地域、规模等特点，只要属于建筑安装工程均可适用。通用条款是规范承发包双方履行合同义务的标准化条款。通用条款包括：词语定义及合同文件，双方一般权利和义务，施工组织设计和工期，质量与检验，安全施工，合同价款与支付，材料设备供应，工程变更，竣工验收与结算，违约、索赔和争议，其他等11个部分，共47个条款。通用条款在使用时不作任何改动。

3. 专用条款

由于具体实施工程项目的工作内容各不相同，施工现场和外部环境条件各异，因此还必须有反映招标工程具体特点和要求的专用条款的约定。施工合同示范文本中的"专用条款"部分只为当事人提供了编制具体合同时应包括内容的指南，具体内容由当事人根据发包工程的实际要求细化。

4. 附件

施工合同示范文本中为使用者提供了"承包人承揽工程项目一览表"、"发包人供应材料设备一览表"和"房屋建设工程质量保修书"三个标准化附件。

二、施工合同订立

根据施工合同示范文本订立施工合同时必须明确通用条款及专用条款中的相关问题。

（一）工期和合同价款

1. 工期

在合同协议书内应明确注明开工日期、竣工日期和合同工期总日历天数。如果是招标选择的承包人，工期总日历天数应为投标书内承包人承诺的天数，不一定是招标文件要求的天数。因为招标文件通常规定本招标工程最长允许的完工时间，而承包人为了竞争，申报的投标工期往往短于招标文件限定的最长工期，此项因素通常也是评标比较的一项内容。

合同内如果有发包人要求分阶段移交的单位工程或部分工程时，在专用条款内还需明确约定中间交工工程的范围和竣工时间。此项约定也是判定承包人是否按合同履行了义务的标准。

2. 合同价款

（1）合同约定的合同价款　在合同协议书内要注明合同价款。非招标工程的合同价款，由当事人双方依据工程预算书协商后，填写在协议书内。

（2）追加合同价款　在合同的许多条款内涉及"费用"和"追加合同价款"两个专用术语。追加合同价款是指合同履行中发生需要增加合同价款的情况，经发包人确认后，按照计算合同价款的方法给承包人增加的合同价款。费用指不包含在合同价款之内的应当由发包人或承包人承担的经济支出。

（3）合同的计价方式　通用条款中规定有三类可选择的计价方式，合同采用哪种方式需在专用条款中说明。可选择的计价方式有以下几种。

① 固定价格合同。指在约定的风险范围内价款不再调整的合同。这种合同的价款并不是绝对不可调整，而是约定范围内的风险由承包人承担。工程承包活动中采用的总价合同和单价合同均属于此类合同。双方需在专用条款内约定合同价款包含的风险范围、风险费用的计算方法和承包风险范围以外对合同价款影响的调整方法，在约定的风险范围内合同价款不再调整。

② 可调价格合同。通常用于工期较长的施工合同，如工期在18个月以上的合同，发包人和承包人在招投标阶段和签订合同时不可能合理预见到一年半以后物价浮动和后续法规变化对合同价款的影响，为了合理分担外界因素影响的风险，可采用可调价格合同。对于工期

较短的合同，专用条款内也要约定因外部条件变化对施工产生成本影响可以调整合同价款的内容。可调价格合同在专用条款内应明确约定调价的计算方法。

③ 成本加酬金合同。是指发包人负担全部工程成本，对承包人完成的工作支付相应酬金的计价方式。这类计价方式通常用于紧急工程施工，如灾后修复工程；或采用新技术新工艺施工，双方对施工成本均心中无底，为了合理分担风险采用此种方式。合同双方应在专用条款内约定成本构成和酬金的计算方法。

（4）工程预付款的约定　施工合同的支付程序中是否有预付款，取决于工程的性质、承包工程量的大小以及发包人在招标文件中的规定。预付款是发包人为了帮助承包人解决工程施工前期资金紧张的困难，提前给付的一笔款项。在专用条款内应约定预付款总额、一次或分阶段支付的时间及每次付款的比例（或金额）、扣回的时间及每次扣回的计算方法、是否需要承包人提供预付款保函等相关内容。

（5）支付工程进度款的约定　在专用条款内约定工程进度款的支付时间和支付方式。工程进度款支付可以采用按月计量支付、按里程碑完成工程的进度分阶段支付或完成工程后一次性支付等方式。

（二）　对双方有约束力的合同文件

在协议书和通用条款中规定，对合同当事人双方有约束力的合同文件包括签订合同时已形成的文件和履行过程中构成对双方有约束力的文件两大部分。

订立合同时已形成的文件包括：①施工合同协议书；②中标通知书；③投标书及其附件；④施工合同专用条款；⑤施工合同通用条款；⑥标准、规范及有关技术文件；⑦图纸；⑧工程量清单；⑨工程报价单或预算书。

合同履行过程中，双方有关工程的洽商、变更等书面协议或文件也构成对双方有约束力的合同文件，将其视为协议书的组成部分。

通用条款规定，上述合同文件原则上应能够互相解释、互相说明。但当合同文件中出现含糊不清或不一致时，订立合同时已形成的文件的序号就是合同的优先解释顺序。如果双方不同意这种次序安排，可以在专用条款内约定本合同的文件组成和解释次序。

（三）　标准和规范

标准和规范是检验承包人施工应遵循的准则以及判定工程质量是否满足要求的标准。国家规范中的标准是强制性标准，合同约定的标准不得低于强制性标准，但发包人从建筑产品功能要求出发，可以对工程或部分工程部位提出更高的质量要求。在专用条款内必须明确规定本工程及主要部位应达到的质量要求，以及施工过程中需要进行质量检测和试验的时间、试验内容、试验地点和方式等具体约定。

对于采用新技术、新工艺施工的部分，如果国内没有相应标准、规范时，在合同内也应约定对质量检验的方式、检验的内容及应达到的指标要求，否则无从判定施工的质量是否合格。

（四）　发包人和承包人的工作

1. 发包人义务

通用条款规定以下工作属于发包人应完成的工作。

① 办理土地征用、拆迁补偿、平整施工场地等工作，使施工场地具备施工条件，并在开工后继续解决以上事项的遗留问题。专用条款内需要约定施工场地具备施工条件的要求及完成的时间，以便承包人能够及时接收适用的施工现场，按计划开始施工。

② 将施工所需水、电、电信线路从施工场地外部接至专用条款约定地点，并保证施工

期间需要，专用条款内需要约定三通的时间、地点和供应要求。某些偏僻地域的工程或大型工程，可能要求承包人自己从水源地（如附近的河中）取水或自己用柴油机发电解决施工用电，则也应在专用条款内明确。

③ 开通施工场地与城乡公共道路的通道，以及专用条款约定的施工场地内的主要交通干道，保证施工期间的畅通，满足施工运输的需要。专用条款内需要约定移交给承包人交通通道或设施的开通时间和应满足的要求。

④ 向承包人提供施工场地的工程地质和地下管线资料，保证数据真实，位置准确。专用条款内需要约定向承包人提供工程地质和地下管线资料的时间。

⑤ 办理施工许可证和临时用地、停水、停电、中断道路交通、爆破作业以及可能损坏道路、管线、电力、通信等公共设施法律、法规规定的申请批准手续及其他施工所需的证件（证明承包人自身资质的证件除外）。专用条款内需要约定发包人提供施工所需证件、批件的名称和时间，以便承包人合理进行施工组织。

⑥ 确定水准点与坐标控制点，以书面形式交给承包人，并进行现场交验。专用条款内需要分项明确约定放线依据资料的交验要求，以便合同履行过程中合理地区分放线错误的责任归属。

⑦ 组织承包人和设计单位进行图纸会审和设计交底。专用条款内需要约定具体的时间。

⑧ 协调处理施工现场周围地下管线和邻近建筑物、构筑物（包括文物保护建筑）、古树名木的保护工作，并承担有关费用。专用条款内需要约定具体的范围和内容。

⑨ 发包人应做的其他工作，双方在专用条款内约定。专用条款内需要根据项目的特点和具体情况约定相关的内容。

虽然通用条款内规定上述工作内容属于发包人的义务，但发包人可以将上述部分工作委托承包方办理，具体内容可以在专用条款内约定，其费用由发包人承担。属于合同约定的发包人义务，如果出现不按合同约定完成，导致工期延误或给承包人造成损失时，发包人应赔偿承包人的有关损失，延误的工期相应顺延。

2. 承包人义务

通用条款规定，以下工作属于承包人的义务。

① 根据发包人的委托，在其设计资质允许的范围内，完成施工图设计或与工程配套的设计，经工程师确认后使用，发生的费用由发包人承担。如果属于设计施工总承包合同或承包工作范围内包括部分施工图设计任务，则专用条款内需要约定承担设计任务单位的设计资质等级及设计文件的提交时间和文件要求（可能属于施工承包人的设计分包人）。

② 向工程师提供年、季、月工程进度计划及相应进度统计报表。专用条款内需要约定应提供计划、报表的具体名称和时间。

③ 按工程需要提供和维修非夜间施工使用的照明、围栏设施，并负责安全保卫。专用条款内需要约定具体的工作位置和要求。

④ 按专用条款约定的数量和要求，向发包人提供在施工现场办公和生活的房屋及设施，发生的费用由发包人承担。专用条款内需要约定设施名称、要求和完成时间。

⑤ 遵守有关部门对施工场地交通、施工噪声以及环境保护和安全生产等的管理规定，按管理规定办理有关手续，并以书面形式通知发包人。发包人承担由此发生的费用，因承包人责任造成的罚款除外。专用条款内需要约定需承包人办理的有关内容。

⑥ 已竣工工程未交付发包人之前，承包人按专用条款约定负责已完成工程的成品保护工作，保护期间发生损坏，承包人自费予以修复。要求承包人采取特殊措施保护的单位工程的部位和相应追加合同价款，在专用条款内约定。

⑦ 按专用条款的约定做好施工现场地下管线和邻近建筑物、构筑物（包括文物保护建

筑）、古树名木的保护工作。专用条款内约定需要保护的范围和费用。

⑧ 保证施工场地清洁符合环境卫生管理的有关规定。交工前清理现场达到专用条款约定的要求，承担因自身原因违反有关规定造成的损失和罚款。专用条款内需要根据施工管理规定和当地的环保法规，约定对施工现场的具体要求。

⑨ 承包人应做的其他工作，双方在专用条款内约定。

承包人不履行上述各项义务，造成发包人损失的，应对发包人的损失给予赔偿。

（五） 材料和设备的供应

目前很多工程采用包工部分包料承包的合同，主材经常采用由发包人提供的方式。在专用条款中应明确约定发包人提供材料和设备的合同责任。施工合同范本附件提供了标准化的表格格式。

（六） 担保和保险

1. 履行合同的担保

合同是否有履约担保不是合同有效的必要条件，按照合同具体约定来执行。如果合同约定有履约担保和预付款担保，则需在专用条款内明确说明担保的种类、担保方式、有效期、担保金额以及担保书的格式。担保合同将作为施工合同的附件。

2. 保险责任

工程保险是转移工程风险的重要手段，如果合同约定有保险的话，在专用条款内应约定投保的险种、保险的内容、办理保险的责任以及保险金额。

（七） 解决合同争议的方式

发生合同争议时，应按如下程序解决：双方协商和解解决；达不成一致时请第三方调解解决；调解不成，则需通过仲裁或诉讼最终解决。因此在专用条款内需要明确约定双方共同接受的调解人，以及最终解决合同争议是采用仲裁还是诉讼方式、仲裁委员会或法院的名称。

三、合同的履行、变更和终止

（一） 合同的履行

合同履行，是指合同各方当事人按照合同的规定，全面履行各自的义务，实现各自的权利，使各方的目的得以实现的行为。合同依法成立，当事人就应当按照合同的约定，全部履行自己的义务。合同履行的原则如下。

1. 全面履行的原则

当事人应当按照约定全面履行自己的义务。即按合同约定的标价、价款、数量、质量、地点、期限、方式等全面履行各自的义务。按照约定履行自己的义务，既包括全面履行义务，也包括正确适当履行合同义务。施工合同订立后，双方应当严格履行各自的义务，不按期支付预付款、工程款，不按照约定时间开工、竣工，都是违约行为。

2. 诚实信用原则

当事人应当遵守诚实信用原则，根据合同性质、目的和交易习惯履行通知、协助和保密的义务。当事人首先要保证自己全面履行合同约定的义务，并为对方履行义务创造必要的条件。当事人双方应关心合同履行情况。发现问题应及时协商解决。一方当事人在履行过程中发生困难，另一方当事人应在法律允许的范围内给予帮助。在合同履行过程中应信守商业道德，保守商业秘密。

（二）合同的变更

合同变更是指当事人对已经发生法律效力，但尚未履行或者尚未完全履行的合同，进行修改或补充所达成的协议。《合同法》规定，当事人协商一致可以变更合同。

合同变更必须针对有效的合同，协商一致是合同变更的必要条件，任何一方都不得擅自变更合同。由于合同签订的特殊性，有些合同需要有关部门的批准或登记，对于此类合同的变更需要重新登记或批准。合同的变更一般不涉及已履行的内容。

有效的合同变更必须要有明确的合同内容的变更。如果当事人对合同的变更约定不明确，视为没有变更。

合同变更后原合同债消灭，产生新的合同债。因此，合同变更后，当事人不得再按原合同履行，而须按变更后的合同履行。

（三）合同的终止

合同终止指当事人之间根据合同确定的权利义务在客观上不复存在，据此合同不再对双方具有约束力。按照《合同法》的规定，有下列情形之一的，合同的权利义务终止：①债务已按照约定履行；②合同解除；③债务相互抵消；④债务人依法将标的物提存；⑤债权人免除债务；⑥债权债务同归于一人；⑦法律规定或者当事人约定终止的其他情形。

1. 债务已按照约定履行

债务已按照约定履行即是债的清偿，是按照合同约定实现债权目的的行为。其含义与履行相同，但履行侧重于合同动态的过程，而清偿则侧重于合同静态的实现结果。

清偿是合同的权利义务终止的最主要和最常见的原因。施工合同也不例外，双方当事人按照合同的约定，各自完成了自己的义务、实现了自己的权利，就是清偿。清偿一般由债务人为之，但不以债务人为限，也可能由债务人的代理人或者第三人进行合同的清偿。清偿的标的物一般是合同规定的标的物，但是债权人同意，也可用合同规定的标的物以外的物品来清偿其债务。

2. 合同解除

合同解除是指对已经发生法律效力、但尚未履行或者尚未完全履行的合同，因当事人一方的意思表示或者双方的协议而使债权债务关系提前归于消灭的行为。合同解除可分为约定解除和法定解除两类。

（1）约定解除　约定解除是当事人通过行使约定的解除权或者双方协商决定而进行的合同解除。当事人协商一致可以解除合同，即合同的协商解除。当事人也可以约定一方解除合同的条件，解除合同条件成就时，解除权人可以解除合同，即合同约定解除权的解除。

合同的这两种约定解除有很大的不同。合同的协商解除一般是合同已开始履行后进行的约定，且必然导致合同的解除；而合同约定解除权的解除则是合同履行前的约定，它不一定导致合同的真正解除，因为解除合同的条件不一定成就。

（2）法定解除　法定解除是解除条件直接由法律规定的合同解除。当法律规定的解除条件具备时，当事人可以解除合同。它与合同约定解除权的解除都是具备一定解除条件时，由一方行使解除权；区别则在于解除条件的来源不同。

有下列情形之一的，当事人可以解除合同：

① 因不可抗力致使不能实现合同目的的；

② 在履行期限届满之前，当事人一方明确表示或者以自己的行为表明不履行主要债务；

③ 当事人一方延迟履行主要债务，经催告后在合理的期限内仍未履行；

④ 当事人一方延迟履行债务或者有其他违法行为，致使不能实现合同目的的；

⑤ 法律规定的其他情形。

四、合同违约责任

合同违约责任是指当事人任何一方不履行合同义务或者履行合同义务不符合约定而应当承担的法律责任。违约行为的表现形式包括不履行和不适当履行。不履行是指当事人不能履行或者拒绝履行合同义务。不能履行合同的当事人一般也应承担违约责任。不适当履行则包括不履行以外的其他所有违约情况。当事人一方不履行合同义务，或履行合同义务不符合约定的，应当承担继续履行、采取补救措施或者赔偿损失等违约责任。当事人双方都违反合同的，应各自承担相应的责任。

（一）承担违约责任的条件和原则

1. 承担违约责任的条件

当事人承担违约责任的条件，是指当事人承担违约责任应当具备的要件。按照《合同法》规定，承担违约责任的条件采用严格责任原则，只要当事人有违约行为，即当事人不履行合同或者履行合同不符合约定的条件，就应当承担违约责任。

2. 承担违约责任的原则

《合同法》规定的承担违约责任是以补偿性为原则的。补偿性是指违约责任旨在弥补或者补偿因违约行为造成的损失，对于财产损失的赔偿范围，《合同法》规定，赔偿损失额应当相当于因违约行为所造成的损失，包括合同履行后可获得的利益。

但是，违约责任在有些情况下也具有惩罚性。如：合同约定了违约金，违约行为没有造成损失或者损失小于约定的违约金；约定了定金，违约行为没有造成损失或者损失小于约定的定金等。

（二）承担违约责任的方式

1. 继续履行

继续履行是指违反合同的当事人不论是否承担了赔偿金或者承担了其他违约责任，都必须根据对方的要求，在自己能够履行的条件下，对合同未履行的部分继续履行。承担赔偿金或者违约金责任不能免除当事人的履约责任。

特别是金钱债务，违约方必须继续履行，因为金钱是一般等价物，没有别的方式可以替代履行。因此，当事人一方未支付价款或者报酬的，对方可以要求其支付价款或者报酬。

当事人一方不履行非金钱债务或者履行非金钱债务不符合约定的，对方也可以要求继续履行。但有下列情形之一的除外：

① 法律上或者事实上不能履行；

② 债务的标的不适于强制履行或者履行费用过高；

③ 债权人在合理期限内未要求履行。

当事人就延迟履行约定违约金的，违约方支付违约金后，还应当履行债务。这也是承担继续履行违约责任的方式。如施工合同中约定了延期竣工的违约金，承包人没有按照约定期限完成施工任务，承包人应当支付延期竣工的违约金，但发包人仍然有权要求承包人继续施工。

2. 采取补救措施

所谓的补救措施主要是指《民法通则》和《合同法》中所确定的，在当事人违反合同的事实发生后，为防止损失发生或者扩大，而由违反合同一方依照法律规定或者约定采取的修理、更换、重新制作、退货、减少价格或者报酬等措施，以给权利人弥补或者挽回损失的责任形式。采取补救措施的责任形式，主要发生在质量不符合约定的情况下。施工合同中，采取补救措施是施工单位承担违约责任常用的方法。

采取补救措施的违约责任，对于质量不合格的违约责任，有约定的，从其约定；没有约定或约定不明的，双方当事人可再协商确定；如果不能通过协商达成违约责任的补充协议的，则按照合同有关条款或者交易习惯确定，以上方法都不能确定违约责任时，可适用《合同法》的规定，即质量要求不明确的，按照国家标准、行业标准履行；没有国家标准、行业标准的，按照通常标准或者符合合同目的的特定标准履行。但是，由于建设工程中的质量标准往往都是强制性的，因此，当事人不能约定低于国家标准、行业标准的质量标准。

3. 赔偿损失

当事人一方不履行合同义务或者履行合同义务不符合约定的，给对方造成损失的，应当赔偿对方的损失。损失赔偿应当相当于因违约所造成的损失，包括合同履行后可以获得的利益，但不得超过违约合同一方订立合同时预见或应当预见的因违反合同可能造成的损失。这种方式是承担违约责任的主要方式。

当事人一方不履行合同义务或履行合同义务不符合约定的，在履行义务或采取补救措施后，对方还有其他损失的，应承担赔偿责任。当事人一方违约后，对方应当采取适当措施防止损失的扩大，没有采取措施致使损失扩大的，不得就扩大的损失请求赔偿，当事人因防止损失扩大而支出的合理费用，由违约方承担。

4. 支付违约金

当事人可以约定一方违约时应当根据违约情况向对方支付一定数额的违约金，也可以约定因违约产生的损失额的赔偿办法。约定违约金低于造成损失的，当事人可以请求人民法院或仲裁机构予以增加；约定违约金过分高于造成损失的，当事人可以请求人民法院或仲裁机构予以适当减少。

支付违约金与赔偿损失不能同时采用。如果当事人约定了违约金，则应当按照支付违约金承担违约责任。

5. 定金罚则

当事人可以约定一方向对方给付定金作为债权的担保。债务人履行债务后定金应当抵作价款或收回。给付定金的一方不履行约定债务的，无权要求返还定金；收受定金的一方不履行约定债务的，应当双倍返还定金。

当事人既约定违约金，又约定定金的，一方违约时，对方可以选择适用违约金或定金条款。但是，这两种违约责任不能合并使用。

（三） 因不可抗力无法履约的责任承担

因不可抗力不能履行合同的，根据不可抗力的影响，部分或全部免除责任。当事人延迟履行后发生的不可抗力事件，不能免除责任。当事人因不可抗力事件不能履行合同的，应当及时通知对方，以减轻给对方造成的损失，并应当在合理的期限内提供证明。

当事人可以在合同中约定不可抗力的范围。为了公平的目的，避免当事人滥用不可抗力的免责权，约定不可抗力的范围是必要的。在有些情况下还应当约定不可抗力的风险分担责任。

五、施工索赔

施工索赔是当事人在合同实施过程中，根据法律、合同规定及惯例，对不应由自己承担责任的情况造成的损失，向合同的另一方当事人提出给予赔偿或补偿要求的行为。在工程建设的各个阶段，都有可能发生索赔，但在施工阶段索赔发生较多。

（一） 施工索赔的分类

1. 按索赔目的分类

（1）工期索赔　由于非承包人责任的原因而导致施工进程延误，要求批准顺延合同工期的索赔，称为工期索赔。工期索赔形式上是对权利的要求，以避免在原定合同竣工日不能完工时，被发包人追究拖期违约责任。一旦获得批准合同工期顺延后，承包人不仅免除了承担拖延期违约赔偿的严重风险，而且可能因提前工期得到奖励，最终仍反映在经济收益上。

（2）费用索赔　费用索赔的目的是要求经济补偿。当施工的客观条件改变导致承包人增加开支时，要求对超出计划成本的附加开支给予补偿，以挽回不应由他承担的经济损失。

2. 按索赔事件的性质分类

（1）工程延误索赔　因发包人未按合同要求提供施工条件，如未及时交付设计图纸、施工现场、道路等，或因发包人指令工程暂停或不可抗力事件等原因造成工期拖延的，承包人对此提出索赔。这是工程中常见的一类索赔。

（2）工程变更索赔　由于发包人或监理工程师指令增加或减小工程量或增加附加工程、修改设计、变更工程顺序等，造成工期延长和费用增加，承包人对此提出索赔。

（3）合同被迫终止的索赔　由于发包人或承包人违约以及不可抗力事件等原因造成合同非正常终止，无责任的受害方因其蒙受经济损失而向对方提出索赔。

（4）工程加速索赔　由于发包人或工程师指令承包人加快施工速度，缩短工期，引起承包人人、财、物的额外开支而提出的索赔。

（5）意外风险和不可预见因素索赔　在工程实施过程中，因人力不可抗拒的自然灾害、特殊风险以及一个有经验承包人通常不能合理预见的不利施工条件或外界障碍，如地下水、地质断层、溶洞、地下障碍物等引起的索赔。

（6）其他索赔　如因货币贬值、汇率变化、物价、工资上涨、政策法令变化等原因引起的索赔。

（二） 索赔程序

承包人的索赔程序通常可分为以下几个步骤。

1. 承包人提出索赔要求

（1）发出索赔意向通知　索赔事件发生后，承包人应在索赔事件发生后的 28 天内向工程师递交索赔意向通知，声明将对此事提出索赔。该意向通知是承包人就具体的索赔事件向工程师和发包人表示的索赔愿望和要求。如果超过这个限期，工程师和发包人有权拒绝承包人的索赔要求。索赔事件发生后，承包商有义务做好现场施工的同期记录，工程师有权随时检查和调阅，以判断索赔事件造成的实际损害。

（2）递交索赔报告　索赔意向通知提交后的 28 天内，或工程师可能同意的其他合理时间，承包人应递送正式的索赔报告。索赔报告的内容应包括：事件发生的原因，对其权益影响的证据资料，索赔的依据，此项索赔要求补偿的款项和工期展延天数的详细计算等有关材料。

如果索赔事件的影响持续存在，28 天内还不能算出索赔额和工期展延天数时，承包人应按工程师合理要求的时间间隔（一般为 28 天），定期陆续报出每一个时间段内的索赔证据资料和索赔要求。在该项索赔事件的影响结束后的 28 天内，报出最终详细报告，提出索赔论证资料和累计索赔金额。

2. 工程师审核索赔报告

接到承包人的索赔意向通知后，工程师应建立自己的索赔档案，密切关注事件的影响，检查承包人的同期记录时，随时就记录内容提出他的不同意见或他希望应予以增加的记录项目。

工程师在接到正式索赔报告以后，认真研究承包人报送的索赔资料。首先在不确认责任归属的情况下，客观分析事件发生的原因，分析合同的有关条款，研究承包人的索赔证据，并检查同期施工记录；其次通过对事件的分析，再依据合同条款划清责任界限，必要时还可以要求承包人进一步提供补充资料。尤其是对承包人与发包人或工程师都负有一定责任的事件影响，更应划出各方应该承担合同责任的比例。最后再审查承包人提出的索赔补偿要求，剔除其中不合理部分，拟定自己计算的合理索赔款额和工期顺延天数。

工程师判定承包人索赔成立的条件为：

① 与合同相对照，事件已造成了承包人施工成本的额外支出，或总工期延误；

② 造成费用增加或工期延误的原因，按合同约定不属于承包人应承担的责任，包括行为责任或风险责任；

③ 承包人按合同规定的程序提交了索赔意向通知和索赔报告。

上述三个条件没有先后主次之分，应当同时具备。只有工程师认定索赔成立后，才处理应该给予承包人的补偿额。

3. 对索赔报告的审查

（1）事态调查　通过对合同实施的跟踪、分析了解事件经过、前因后果，掌握事件详细情况。

（2）损害事件原因分析　即分析索赔事件是由何种原因引起，责任应由谁来承担。在实际工作中，损害事件的责任有时是多方面原因造成的，故必须进行责任分解，划分责任范围，按责任大小，承担损失。

（3）索赔理由分析　主要依据合同文件判明索赔事件是否属于未履行合同规定义务或未正确履行合同任务导致，是否在合同规定的索赔范围之内。只有符合合同规定的索赔要求才有合法性、才能成立。例如某合同规定，在工程总价5‰范围内的工程变更属于承包人承担的风险。则发包人在这个范围内指令增加工程量，承包人不能提出索赔。

（4）证据资料分析　主要分析证据资料的有效性、合理性、正确性，这也是索赔要求有效的前提条件。如果在索赔报告中提不出证明其索赔理由、索赔事件的影响、索赔值的计算方面的详细资料，索赔要求是不能成立的。如果工程师认为承包人提出的证据不能足以说明其要求的合理性时，可以要求承包人进一步提交索赔的证据资料。

4. 确定合理的补偿额

（1）工程师与承包人协商补偿　工程师核查后初步确定应予以补偿的额度往往与承包人的索赔报告中要求的额度不一致，甚至差额较大。主要原因大多为对承担事件损害责任的界限划分不一致，索赔证据不充分，索赔计算的依据和方法分歧较大等，因此双方应就索赔的处理进行协商。

（2）工程师索赔处理决定　工程师收到承包人送交的索赔报告和有关资料后，于28天内给予答复或要求承包人进一步补充索赔理由和证据。《建设工程施工合同示范文本》规定，工程师收到承包人递交的索赔报告和有关资料后，如果在28天内既未予答复，也未对承包人作进一步要求的话，则视为对承包人提出的该项索赔要求已经认可。

工程师在经过认真分析研究，与承包人、发包人广泛讨论后，应该向发包人和承包人提出自己的"索赔处理决定"。

不论工程师与承包人协商达到一致，还是单方面作出的处理决定，批准给予补偿的款额和顺延工期的天数如果在授权范围之内，则可将此结果通知承包人，并抄送发包人。如果批准的额度超过工程师权限，则应报请发包人批准。

　　通常，工程师的处理决定不是终局性的，对发包人和承包人都不具有强制性的约束力。承包人对工程师的决定不满意，可以按合同中的争议条款提交约定的仲裁机构仲裁或诉讼。

5. 发包人审查索赔处理

　　当工程师确定的索赔额超过其权限范围时，必须报请发包人批准。

　　发包人首先根据事件发生的原因、责任范围、合同条款审核承包人的索赔申请和工程师的处理报告，在依据工程建设的目的、投资控制、竣工投产日期要求以及针对承包人在施工中的缺陷或违反合同规定等的有关情况，决定是否同意工程师的处理意见。例如，承包人某项索赔理由成立，工程师根据相应条款规定，既同意给予一定的费用补偿，也批准顺延相应的工期。但发包人权衡了施工的实际情况和外部条件的要求后，可能不同意顺延工期，而宁可给承包人增加费用补偿额，要求他采取赶工措施，按期或提前完工。这样的决定只有发包人才有权作出。

　　索赔报告经发包人同意后，工程师即可签发有关证书。

6. 承包人是否接受最终索赔处理

　　承包人接受最终的索赔处理决定，索赔事件的处理即告结束。如果承包人不同意，就会导致合同争议。合同争议按和解、调解、仲裁或诉讼的方式来解决。

参 考 文 献

［1］ 中华人民共和国建设部.全国统一安装工程预算定额［M］.北京：中国计划出版社，2000.

［2］ 中华人民共和国住房和城乡建设部，中华人民共和国国家监督检验检疫总局.GB 50500—2013 建设工程工程量清单计价规范［S］.北京：中国计划出版社，2013.

［3］ 中华人民共和国住房和城乡建设部，中华人民共和国国家监督检验检疫总局.GB 50856—2013 通用安装工程工程量计算规范［S］.北京：中国计划出版社，2013.

［4］ 万建武主编.建筑设备工程［M］.北京：中国建筑工业出版社，2000.

［5］ 全国造价工程师执业资格考试培训教材编审委员会.工程造价计价与控制［M］.北京：中国计划出版社，2009.

［6］ 周承绪.安装工程概预算手册［M］.北京：中国建筑工业出版社，2001.

［7］ 陶学明.工程造价计价与管理［M］.北京：中国建筑工业出版社，2004.

［8］ 李作富，李德兴.电气设备安装工程预算知识问答［M］.北京：机械工业出版社，2004.

［9］ 张银龙.工程量清单计价及企业定额编制与应用［M］.北京：中国石化出版社，2004.

［10］ 丁云飞，等.安装工程预算与工程量清单计价［M］.北京：化学工业出版社，2012.

［11］ 广东省建设厅.广东省安装工程综合定额（2010）［M］.北京：中国计划出版社，2010.

［12］ 广东省建设厅.广东省安装工程计价办法（2010）［M］.北京：中国计划出版社，2010.

［13］ 广东省建设工程造价管理总站.建设工程计价应用与案例：安装工程［M］.北京：中国建筑工业出版社，2011.

［14］ 电子工业部第十设计研究院.空气调节设计手册［M］.第 2 版.北京：中国建筑工业出版社，2005.

［15］ 杨万高.建筑电气安装工程手册［M］.北京，中国电力出版社，2005.

［16］ 中国建设监理协会.建设工程合同管理［M］.北京：知识产权出版社，2013.

［17］ 中国建设监理协会.建设工程进度控制管理［M］.北京：知识产权出版社，2013.

［18］ 丁云飞.建筑设备工程施工技术与管理［M］.北京：中国建筑工业出版社，2013.

［19］ 全国一级建造师执业资格考试用书编写委员会.机电工程管理与实务［M］.北京：中国建筑工业出版社，2010.

［20］ 王智伟.建筑设备安装工程经济与管理［M］.北京：中国建筑工业出版社，2003.